Lehrbuch der höheren Mathematik

für Universitäten und Technische Hochschulen

Bearbeitet nach den Vorlesungen

von

Dr. Gerhard Kowalewski

o. Professor an der Technischen Hochschule zu Dresden
o. Mitglied der Sächsischen Akademie der Wissenschaften zu Leipzig

Dritter Band

Fortsetzung der Differential- u. Integralrechnung.
Differentialgleichungen. Differentialgeometrie.
Funktionen einer komplexen Veränderlichen.
Probleme der Variationsrechnung

Mit 12 Figuren

Walter de Gruyter & Co.

vormals G. J. Göschen'sche Verlagshandlung
J. Guttentag, Verlagsbuchhandlung — Georg
Reimer — Karl J. Trübner — Veit & Comp.

Berlin W 10 und Leipzig

1933

Archiv-Nr. 12 06 33

Druck von Walter de Gruyter & Co., Berlin W 10

Inhaltsübersicht des dritten Bandes.

Fortsetzung der Differential- und Integralrechnung.

Differentialgleichungen.

Differentialgeometrie.

Funktionen einer komplexen Veränderlichen.

Einige Probleme der Variationsrechnung.

Fortsetzung der Differential- und Integralrechnung.

§ 1. Höhere Ableitungen und Differentiale.

Die Ableitung $f'(x)$ einer Funktion $f(x)$ ist selbst eine Funktion von x. Hat $f'(x)$ eine Ableitung, so bezeichnet man sie mit $f''(x)$ und nennt sie die zweite Ableitung von $f(x)$. Ebenso wird die Ableitung von $f''(x)$ durch $f'''(x)$ dargestellt und heißt die dritte Ableitung von $f(x)$. Die n-te Ableitung definiert man als die Ableitung der $(n-1)$-ten Ableitung und verwendet für sie, da bei großem n die Anbringung von n Strichen nicht gut möglich ist, das Symbol $f^{(n)}(x)$, in Worten: „f n Strich x".

Bei manchen Funktionen läßt sich eine Formel für die n-te Ableitung aufstellen. So hat z. B. $e^{\alpha x}$ die Ableitung $\alpha e^{\alpha x}$, die zweite Ableitung $\alpha^2 e^{\alpha x}$ usw. Die n-te Ableitung lautet also $\alpha^n e^{\alpha x}$. Die Ableitung von $\sin x$ ist $\cos x$ oder $\sin\left(x + \frac{\pi}{2}\right)$, die Ableitung hiervon $\sin\left(x + \frac{\pi}{2} + \frac{\pi}{2}\right)$ oder $\sin\left(x + 2 \cdot \frac{\pi}{2}\right)$ usw. Als n-te Ableitung von $\sin x$ ergibt sich hiernach $\sin\left(x + n\,\frac{\pi}{2}\right)$. Ebenso findet man als n-te Ableitung von $\cos x$ den Ausdruck $\cos\left(x + n\,\frac{\pi}{2}\right)$. In den meisten Fällen gelingt es nicht, eine Formel für die n-te Ableitung zu gewinnen oder, wie man zu sagen pflegt, eine independente Darstellung dieser Ableitung zu erreichen.

Man braucht die höheren Ableitungen, wenn man genauere Aussagen über das Inkrement $\Delta f(x)$ machen will, das einem Zuwachs h der unabhängigen Variablen x entspricht. Wir wissen bereits, daß

$$\Delta f(x) = f'(x)h + \alpha h \tag{1}$$

ist, wobei α gleichzeitig mit h nach Null konvergiert. Will man diese Formel verschärfen, so muß man die höheren Ableitungen heranziehen.

Es gibt verschiedene Wege, um die gewünschte Verschärfung der Formel (1) zu erreichen. Wir schlagen ein Verfahren ein, das wichtige Nebenergebnisse liefert. In (1) wird eine grundlegende Beziehung zwischen dem Differenzenquotienten und der Ableitung festgestellt. Newton hat den allgemeinen Begriff der höheren Differenzenquotienten von $f(x)$ eingeführt, und mit dem n-ten Newtonschen Differenzenquotienten hängt die n-te Ableitung in ähnlicher Weise zusammen wie f' mit dem ersten. Auf diese Weise wird sogar eine Möglichkeit eröffnet, die n-te Ableitung ohne Kenntnis der niedrigeren Ableitungen zu berechnen. Damit ist dann, so könnte man sagen, eine independente Darstellung der n-ten Ableitung gewonnen, wobei man allerdings einen Grenzübergang in Kauf nehmen muß. Die Independenz bedeutet die Unabhängigkeit von den niedrigeren Ableitungen.

Die Newtonsche Theorie der höheren Differenzenquotienten gehört in das Gebiet der Differenzenrechnung, die in neuerer Zeit immer größere Bedeutung gewonnen und erstaunliche Fortschritte gemacht hat. Viele in dieser Disziplin behandelte Probleme haben ihr Analogon in der Differential- und Integralrechnung. Schon Euler hat auf diese Analogien hingewiesen.

Man kommt auf den ersten Differenzenquotienten der Funktion $f(x)$, wenn man durch zwei Punkte der Kurve $y = f(x)$, die etwa den Abszissen x_1 und x_2 entsprechen, eine Gerade $y = a_0 x + a_1$ hindurchlegt. Der Koeffizient a_0 ist der Differenzenquotient. Soll nämlich die genannte Gerade durch die beiden Punkte $x_1, f(x_1)$ und $x_2, f(x_2)$ hindurchgehen, so müssen die Gleichungen

$$f(x_1) = a_0 x_1 + a_1, \qquad f(x_2) = a_0 x_2 + a_1$$

gelten, aus denen sich sofort

$$\frac{f(x_2) - f(x_1)}{x_2 - x_1} = a_0$$

ergibt. Dieses Verfahren läßt sich nun verallgemeinern. Man kann durch drei Kurvenpunkte mit den Abszissen x_1, x_2, x_3 eine Parabel $y = a_0 x^2 + a_1 x + a_2$ hindurchlegen und den Höchstkoeffizienten a_0 betrachten. Dadurch wird man auf den zweiten Newtonschen Differenzenquotienten geführt. Man muß a_0 aus den drei Gleichungen

$$\left\{\begin{aligned} f(x_1) &= a_0 x_1^2 + a_1 x_1 + a_2, \\ f(x_2) &= a_0 x_2^2 + a_1 x_2 + a_2, \\ f(x_3) &= a_0 x_3^2 + a_1 x_3 + a_2 \end{aligned}\right. \tag{2}$$

berechnen. Aus der ersten und zweiten erhält man

$$\frac{f(x_2) - f(x_1)}{x_2 - x_1} = a_0(x_2 + x_1) + a_1,$$

aus der ersten und dritten

$$\frac{f(x_3) - f(x_1)}{x_3 - x_1} = a_0(x_3 + x_1) + a_1$$

und aus beiden Ergebnissen

$$\frac{\dfrac{f(x_3) - f(x_1)}{x_3 - x_1} - \dfrac{f(x_2) - f(x_1)}{x_2 - x_1}}{x_3 - x_2} = a_0. \tag{3}$$

Die linke Seite ist nichts anderes als der zu x_2, x_3 gehörige Differenzenquotient der Funktion

$$\frac{f(x) - f(x_1)}{x - x_1},$$

also des mit x_1, x gebildeten ersten Differenzenquotienten. a_0 ergibt sich somit durch zweimalige Bildung eines Differenzenquotienten und wird deshalb als ein zweiter Differenzenquotient bezeichnet Da das System (2) bei beliebiger Vertauschung von x_1, x_2, x_3 erhalten bleibt, so wird der zu x_1, x_2, x_3 gehörige zweite Differenzenquotient von solchen Vertauschungen nicht berührt. Er ist symmetrisch in x_1, x_2, x_3. Diese Aussage bestätigt sich, wenn man den Ausdruck (3) nach $f(x_1), f(x_2), f(x_3)$ ordnet. Er erhält auf diese Weise folgende Form:

$$(3') \qquad \frac{f(x_1)}{(x_1 - x_2)(x_1 - x_3)} + \frac{f(x_2)}{(x_2 - x_1)(x_2 - x_3)} + \frac{f(x_3)}{(x_3 - x_1)(x_3 - x_2)},$$

wo nun x_1, x_2, x_3 vollkommen gleichberechtigt erscheinen. Wenn man das Polynom

$$L(x) = (x - x_1)(x - x_2)(x - x_3)$$

nach der Leibnizschen Produktregel differenziert, so ergibt sich

$$L'(x) = (x - x_2)(x - x_3) + (x - x_1)(x - x_3) + (x - x_1)(x - x_2).$$

Hiernach ist

$$L'(x_1) = (x_1 - x_2)(x_1 - x_3), \; L'(x_2) = (x_2 - x_1)(x_2 - x_3),$$
$$L'(x_3) = (x_3 - x_1)(x_3 - x_2).$$

Verwertet man diese Feststellung für die Formel (3'), so erscheint der zweite Newtonsche Differenzenquotient in folgender Gestalt:

$$(3^*) \qquad \frac{f(x_1)}{L'(x_1)} + \frac{f(x_2)}{L'(x_2)} + \frac{f(x_3)}{L'(x_3)}.$$

Wir wollen diesen Ausdruck mit $f(x_1, x_2, x_3)$ bezeichnen, ebenso den ersten Differenzenquotienten $\frac{f(x_2) - f(x_1)}{x_2 - x_1}$ mit $f(x_1, x_2)$. Der oben gefundene Zusammenhang zwischen beiden läßt sich dann durch die Gleichung

$$(4) \qquad f(x_1, x_2, x_3) = \frac{f(x_1, x_3) - f(x_1, x_2)}{x_3 - x_2}$$

wiedergeben.

Um nun die Beziehung zwischen dem zweiten Differenzenquotienten $f(x_1, x_2, x_3)$ und der zweiten Ableitung $f''(x)$ herauszuarbeiten, muß man folgende Überlegung anstellen: Ist

$$P(x) = a_0 x^2 + a_1 x + a_2$$

das Polynom zweiten Grades, welches mit $f(x)$ an den Stellen x_1, x_2, x_3 übereinstimmt, so hat $f(x) - P(x)$ die Nullstellen x_1, x_2, x_3. Wir denken uns die Numerierung so gewählt, daß x_2 zwischen x_1 und x_3 liegt. Dann können wir nach dem Rolleschen Theorem schließen, daß die Ableitung $f'(x) - P'(x)$ zwischen x_1 und x_2, aber auch zwischen x_2 und x_3 verschwindet. Es gibt also zwischen x_1 und x_2 eine Nullstelle ξ_1 und zwischen x_2 und x_3 eine Nullstelle ξ_2

der Funktion $f'(x) - P'(x)$. Unter nochmaliger Anwendung des Rolleschen Theorems folgt also, daß es zwischen ξ_1 und ξ_2 eine Nullstelle ξ der Ableitung von $f'(x) - P'(x)$, d. h. der Funktion $f''(x) - P''(x)$ gibt. Da nun $P'(x) = 2a_0x + a_1$, $P''(x) = 2a_0$ ist, so besteht die Gleichung $f''(\xi) - 2a_0 = 0$, d. h.

$$f(x_1, x_2, x_3) = \tfrac{1}{2} f''(\xi). \tag{5}$$

Es wird hierdurch die Beziehung zwischen dem zweiten Differenzenquotienten und der zweiten Ableitung hergestellt, ähnlich wie beim Mittelwertsatz zwischen $f(x_1, x_2)$ und $f'(x)$. Über die Voraussetzungen, die der Formel (5) zugrunde liegen, wäre noch zu sagen, daß die Existenz und Stetigkeit der auftretenden Ableitung im geschlossenen Intervall $x_1 \ldots x_3$ sicher ausreicht. Läßt man x_1, x_2, x_3 und x konvergieren, so wird

$$\lim f(x_1, x_2, x_3) = \tfrac{1}{2} f''(x).$$

Auf diese Weise ist mit Hilfe eines Grenzübergangs die independente Darstellung der zweiten Ableitung gewonnen.

Wir wollen die Formel (5) noch auf andere Weise verwerten. Aus (4) ergibt sich

$$f(x_1, x_3) = f(x_1, x_2) + (x_3 - x_2) f(x_1, x_2, x_3).$$

Verbindet man dies mit

$$f(x_3) = f(x_1) + (x_3 - x_1) f(x_1, x_3),$$

so gelangt man zu

$$f(x_3) = f(x_1) + (x_3 - x_1) f(x_1, x_2) + (x_3 - x_1)(x_3 - x_2) f(x_1, x_2, x_3),$$

also nach (5)

$$f(x_3) = f(x_1) + (x_3 - x_1) f(x_1, x_2) + (x_3 - x_1)(x_3 - x_2) \frac{f''(\xi)}{2}.$$

Nun wollen wir x_2 mit x_1 zusammenrücken lassen, wobei wir uns vorstellen, daß x_2 zwischen x_1 und x_3 liegt und eine nach x_1 konvergierende Folge durchläuft. Gleichzeitig wird dann ξ eine im Intervall $x_1, \ldots x_3$ befindliche Folge durchlaufen, und zwar eine konvergente Folge, wenn wir gewisse Streichungen vornehmen. Wir wissen nämlich, daß eine beschränkte Zahlenfolge mindestens einen Häufungswert hat und so zusammengestrichen werden kann, daß dieser zum Grenzwert wird, weil ein Häufungswert stets der Grenzwert einer Teilfolge ist. Es sei also $\lim x_2 = x_1$ und $\lim \xi = \xi^*$. Dann wird $\lim f(x_1, x_2) = f'(x_1)$ und $\lim f''(\xi) = f''(\xi^*)$.

Wir erhalten also

$$f(x_3) = f(x_1) + (x_3 - x_1) f'(x_1) + \tfrac{1}{2} (x_3 - x_1)^2 f''(\xi^*).$$

Ersetzen wir x_1 durch x und x_3 durch $x + h$ und schreiben wir

$$f''(\xi^*) = f''(x) + \alpha,$$

so lautet das Ergebnis

$$\Delta f(x) = f'(x)h + \frac{1}{2} f''(x) h^2 + \frac{\alpha}{2} h^2. \tag{6}$$

Wegen der Stetigkeit von f'' konvergiert α gleichzeitig mit h nach Null. Hiermit ist der erste Schritt zur Verschärfung der Formel (1) getan.

Um den zweiten Schritt zu machen, muß man den dritten Newtonschen Differenzenquotienten $f(x_1, x_2, x_3, x_4)$ in Anspruch nehmen. Er ist der Höchstkoeffizient des Polynoms $a_0x^3 + a_1x^2 + a_2x + a_3$, das mit $f(x)$ an den vier Stellen x_1, x_2, x_3, x_4 übereinstimmt. Bezeichnen wir allgemein mit $P(x \mid x_1, x_2, \ldots, x_n)$ das Polynom $(n-1)$-ten oder niederen Grades, das an den Stellen $x_1, x_2, \ldots, x_n$ mit $f(x)$ übereinstimmt, so läßt sich sofort erkennen, daß es wirklich ein und nur ein solches Polynom gibt. Man findet nämlich die Koeffizienten $A_0, A_1, \ldots, A_{n-1}$ dieses Polynoms aus den n linearen Gleichungen

$$\begin{aligned} A_0x_1^{n-1} + A_1x_1^{n-2} + \cdots + A_{n-1} &= f(x_1)\,, \\ A_0x_2^{n-1} + A_1x_2^{n-2} + \cdots + A_{n-1} &= f(x_2)\,, \\ \cdots\cdots\cdots\cdots\cdots\cdots\cdots \\ A_0x_n^{n-1} + A_1x_n^{n-2} + \cdots + A_{n-1} &= f(x_n)\,. \end{aligned}$$

Ihre Determinante ist das Differenzenprodukt der Größen $x_1, x_2, \ldots, x_n$, die als verschieden vorausgesetzt werden. Da die Determinante also nicht verschwindet, gibt es tatsächlich eine und nur eine Lösung $A_0, A_1, \ldots, A_{n-1}$.

Für uns kommt jetzt das Polynom $P(x \mid x_1, x_2, x_3, x_4)$ in Frage. Man kann dieses Polynom in einfacher Weise aus $P(x \mid x_1, x_2, x_3)$ und $P(x \mid x_1, x_2, x_4)$ zusammenbauen. Diese Polynome haben an den Stellen x_1, x_2 beide die Werte $f(x_1)$, $f(x_2)$, die wir von $P(x \mid x_1, x_2, x_3, x_4)$ fordern. An der Stelle x_3 hat nur das erste, an der Stelle x_4 nur das zweite den gewünschten Wert. Wir müssen also eine Verbindung herstellen, die an der Stelle x_3 das zweite und an der Stelle x_4 das erste Polynom ausschaltet. Machen wir den Ansatz

$$(7) \qquad \frac{x_4 - x}{x_4 - x_3} P(x \mid x_1, x_2, x_3) + \frac{x - x_3}{x_4 - x_3} P(x \mid x_1, x_2, x_4),$$

so kommen für $x = x_1$ und $x = x_2$ die Werte $f(x_1)$ und $f(x_2)$ richtig heraus, weil beide P gleich $f(x_1)$ oder gleich $f(x_2)$ werden und

$$\frac{x_4 - x}{x_4 - x_3} + \frac{x - x_3}{x_4 - x_3} = 1$$

ist. Für $x = x_3$ fällt in (7) das zweite Glied fort, und das erste wird zu $f(x_3)$. Für $x = x_4$ bleibt nur das zweite Glied stehen und reduziert sich auf $f(x_4)$. Da der Ausdruck (7) offenbar ein Polynom dritten oder niedrigeren Grades ist, so muß er mit $P(x \mid x_1, x_2, x_3, x_4)$ zusammenfallen. Ganz ebenso ergibt sich die allgemeine Beziehung

$$(8) \qquad P(x \mid x_1, x_2, \ldots, x_n, x_{n+1})$$
$$= \frac{x_{n+1} - x}{x_{n+1} - x_n} P(x \mid x_1, x_2, \ldots, x_{n-1}, x_n) + \frac{x - x_n}{x_{n+1} - x_n} P(x \mid x_1, x_2, \ldots, x_{n-1} x_{n+1}).$$

Der Höchstkoeffizient der linken Seite ist der n-te Newtonsche Differenzenquotient $f(x_1, x_2, \ldots, x_n, x_{n+1})$. Der Höchstkoeffizient der rechten Seite setzt sich in leicht erkennbarer Weise aus den Höchstkoeffizienten der beiden beteiligten P zusammen. Man findet auf diese Weise die grundlegende Relation

$$(9) \qquad f(x_1, x_2, \ldots, x_n, x_{n+1}) = \frac{f(x_1, x_2, \ldots, x_{n-1}, x_{n+1}) - f(x_1, x_2, \ldots, x_{n-1}, x_n)}{x_{n+1} - x_n},$$

d. h. $f(x_1, x_2, \ldots, x_n, x_{n+1})$ ist der Differenzenquotient von $f(x_1, x_2, \ldots, x_{n-1}, x)$, gebildet mit den beiden x-Werten x_n und x_{n+1}. Da $x_1, x_2, \ldots, x_n, x_{n+1}$ beliebig vertauscht werden dürfen, kann man $f(x_1, x_2, \ldots, x_n, x_{n+1})$ auch auf zwei andere Differenzenquotienten der vorangehenden Ordnung zurückführen. Wenn man z. B. die zwei n-gliedrigen Differenzenquotienten

$$f(x_1, x_2, \ldots, x_{n-1}, x_n), \qquad f(x_2, x_3, \ldots, x_n, x_{n+1})$$

betrachtet, so läßt sich auf Grund der Symmetrieeigenschaft der erste von ihnen auch in der Form $f(x_2, x_3, \ldots, x_n, x_1)$ darstellen. Daher ist der Quotient

$$\frac{f(x_2, x_3, \ldots, x_n, x_{n+1}) - f(x_1, x_2, \ldots, x_{n-1}, x_n)}{x_{n+1} - x_1}$$

nur eine andere Schreibung von

$$\frac{f(x_2, x_3, \ldots, x_n, x_{n+1}) - f(x_2, x_3, \ldots, x_n, x_1)}{x_{n+1} - x_1},$$

also nach (9) gleich $f(x_2, x_3, \ldots, x_n, x_1, x_{n+1})$, d. h. gleich $f(x_1, x_2, \ldots, x_n, x_{n+1})$. Es gilt demnach die Relation

$$(9') \qquad f(x_1, x_2, \ldots, x_n, x_{n+1}) = \frac{f(x_2, x_3, \ldots, x_n, x_{n+1}) - f(x_1, x_2, \ldots, x_n)}{x_{n+1} - x_1}.$$

Diese Relation braucht man, wenn es sich darum handelt, für $f(x)$ die Tabelle der Differenzenquotienten aufzustellen. Diese Tabelle hat folgendes Aussehen:

$$(10) \qquad \left\{\begin{array}{llllll} x_1 & f(x_1) & & & & \\ & & f(x_1, x_2) & & & \\ x_2 & f(x_2) & & f(x_1, x_2, x_3) & & \\ & & f(x_2, x_3) & & f(x_1, x_2, x_3, x_4) & \ldots \\ x_3 & f(x_3) & & f(x_2, x_3, x_4) & & \\ & & f(x_3, x_4) & \cdot & \cdot & \\ x_4 & f(x_4) & \cdot & \cdot & \cdot & \\ \cdot & \cdot & \cdot & & & \\ \cdot & \cdot & & & & \\ \cdot & & & & & \end{array}\right.$$

An der Spitze ihrer Kolonnen stehen die Höchstkoeffizienten $f(x_1), f(x_1, x_2), f(x_1, x_2, x_3), \ldots$ der Polynome

$$P(x \mid x_1),\ P(x \mid x_1, x_2),\ P(x \mid x_1, x_2, x_3), \ldots.$$

$P(x \mid x_1)$ ist das Polynom nullten Grades, das an der Stelle x_1 mit $f(x)$ übereinstimmt, also die Konstante $f(x_1)$, $P(x \mid x_1, x_2)$ das Polynom ersten Grades, das $f(x)$ an den Stellen x_1 und x_2 richtig wiedergibt, usw. Bildet man den Ausdruck

$$(11) \quad P(x \mid x_1, x_2, \ldots, x_n) + (x - x_1)(x - x_2) \ldots (x - x_n)\, f(x_1, x_2, \ldots, x_{n+1}),$$

so hat man ein Polynom vor sich, das denselben Grad n und denselben Höchstkoeffizienten aufweist wie $P(x \mid x_1, x_2, \ldots, x_n, x_{n+1})$. Offenbar nimmt das Polynom (11) an den Stellen $x_1, x_2, \ldots, x_n$ die Werte $f(x_1), f(x_2), \ldots, f(x_n)$ an, also dieselben Werte wie $P(x \mid x_1, x_2, \ldots, x_n, x_{n+1})$. Bildet man also die Differenz aus (11) und aus $P(x \mid x_1, x_2, \ldots, x_n, x_{n+1})$, so erhält man ein Polynom von höchstens $(n-1)$-tem Grade, das an den Stellen $x_1, x_2, \ldots, x_n$ gleich Null wird. Schreibt man die Gleichungen auf, die dieses Faktum ausdrücken, so sind es n lineare homogene Gleichungen für die Koeffizienten des genannten Polynoms. Die Determinante ist von Null verschieden. Folglich müssen alle Koeffizienten verschwinden, und es ergibt sich also

$$(12)\qquad P(x \mid x_1, x_2, \ldots, x_n, x_{n+1}) = P(x \mid x_1, x_2, \ldots, x_n) \\ + (x - x_1)(x - x_2) \ldots (x - x_n) f(x_1, x_2, \ldots, x_{n+1}).$$

Setzt man die Kette der Gleichungen (12)

$$P(x \mid x_1) = f(x_1),$$
$$P(x \mid x_1, x_2) = P(x \mid x_1) + (x - x_1) f(x_1, x_2),$$
$$\ldots\ldots\ldots\ldots\ldots\ldots\ldots$$

bis zur n-ten Gleichung fort, so gewinnt man durch Addition aller Gleichungen

$$(13)\qquad P(x \mid x_1, x_2, \ldots, x_n) = f(x_1) + (x - x_1) f(x_1, x_2) + \cdots \\ + (x - x_1)(x - x_2) \ldots (x - x_{n-1}) f(x_1, x_2, \ldots, x_n).$$

Man sieht, daß zur Aufstellung des Polynoms $P(x \mid x_1, x_2, \ldots, x_n)$ nur die Kenntnis der Kolonnenspitzen $f(x_1), f(x_1, x_2), \ldots, f(x_1, x_2, \ldots, x_n)$ in Tabelle (10) erforderlich ist. Darauf beruht die Wichtigkeit dieser Tabelle. Das Polynom $P(x \mid x_1, x_2, \ldots, x_n)$ wird zur angenäherten Darstellung der Funktion $f(x)$ benutzt. Es liefert, wenn nur $f(x_1), f(x_2), \ldots, f(x_n)$ bekannt sind, die zwischenliegenden Funktionswerte $f(x)$ mit einer gewissen Annäherung. Man nennt dieses Verfahren zur angenäherten Berechnung der $f(x)$-Werte I n t e r p o l a t i o n und spricht im vorliegenden Falle von Newtonscher Interpolation. Es ist leicht, eine Aussage über die Abweichung des Näherungspolynoms P von der darzustellenden Funktion $f(x)$ zu machen. Wenn wir in Formel (12) $x = x_{n+1}$ setzen, so wird die linke Seite gleich $f(x_{n+1})$, und es entsteht nach Fortlassung des Index $n+1$, der zuletzt ganz belanglos ist, die Gleichung

$$(14)\qquad f(x) = P(x \mid x_1, x_2, \ldots, x_n) \\ + (x - x_1)(x - x_2) \ldots (x - x_n) f(x_1, x_2, \ldots, x_n, x).$$

Der F e h l e r, mit welchem das Näherungspolynom $P(x \mid x_1, x_2, \ldots, x_n)$ die Funktion $f(x)$ darstellt, ist also genau gleich

$$(15)\qquad (x - x_1)(x - x_2) \ldots (x - x_n) f(x_1, x_2, \ldots, x_n, x).$$

Der Fehler ist die Korrektion, die man anbringen muß, um das Richtige zu erhalten. Mit dem genauen Fehlerausdruck (15) ist in praktischen Fällen nicht viel anzufangen. Wir können ihm aber leicht eine bequemere Fassung geben, und zwar auf Grund folgender Überlegung: Die Differenz $f(x) - P(x \mid x_1, x_2, \ldots, x_n)$ verschwindet an den Stellen $x_1, x_2, \ldots, x_n$, wobei wir uns $x_1 < x_2 < \cdots < x_n$ denken wollen. Daher wird nach dem Rolleschen Satz die Ableitung $f' - P'$ an $n - 1$ Zwischenstellen gleich Null, die zweite Ableitung $f'' - P''$ an $n - 2$ neuen Zwischenstellen usw., schließlich die $(n - 1)$-te Ableitung an einer gewissen Stelle ξ, die jedenfalls zwischen x_1 und x_n liegt. Diese $(n - 1)$-te Ableitung lautet mit Rücksicht auf (13)

$$f^{(n-1)}(x) - (n-1)!\, f(x_1, x_2, \ldots, x_n),$$

und unser Ergebnis drückt sich in folgender Form aus:

$$f(x_1, x_2, \ldots, x_n) = \frac{1}{(n-1)!} f^{(n-1)}(\xi). \tag{16}$$

Konvergieren $x_1, x_2, \ldots, x_n$ alle nach x, so wird auch ξ mitgerissen. Wenn also $f^{(n-1)}$ stetig ist, so folgt

$$\lim f(x_1, x_2, \ldots, x_n) = \frac{f^{(n-1)}(x)}{(n-1)!}. \tag{16'}$$

Auf Grund von (16), wobei noch n durch $n + 1$ ersetzt werden muß, können wir nun statt (14) schreiben

$$f(x) = P(x \mid x_1, x_2, \ldots, x_n) + (x - x_1)(x - x_2) \ldots (x - x_n) \frac{f^{(n)}(\xi)}{n!}. \tag{14'}$$

ξ ist ein Zwischenwert zwischen $x, x_1, x_2, \ldots, x_n$, liegt also zwischen dem größten und kleinsten dieser $n + 1$ Werte. Das Fehlerglied erscheint hier in einer handlicheren Form.

Unser eigentliches Ziel war die Verschärfung der Formel (1). Wir hatten den ersten Schritt hierzu bereits gemacht und gelangten zu der Aussage (6). Jetzt können wir sogleich das allgemeine Ergebnis hinschreiben, das die weiteren Schritte liefern. Wir lassen in Formel (14') die Werte $x_2, \ldots, x_n$ alle nach x_1 konvergieren, wobei wir uns vorstellen, daß sie alle zwischen x und x_1 liegen. ξ durchläuft bei diesem Grenzübergang eine Folge im Intervall $x \ldots x_1$, die durch Streichungen konvergent gemacht werden kann, so daß dann

$$x_2 \to x_1, \ldots, x_n \to x_1, \xi \to \xi^*$$

ist. Nun wird, wenn man den Ausdruck (13) benutzt und sich auf die Feststellung (16') stützt,

$$\lim P(x \mid x_1, x_2, \ldots, x_n) = f(x_1) + (x - x_1)\frac{f'(x_1)}{1!} + \cdots$$
$$+ (x - x_1)^{n-1} \frac{f^{(n-1)}(x_1)}{(n-1)!}$$

und wir erhalten aus (14')

$$f(x) = f(x_1) + (x - x_1)\frac{f'(x_1)}{1!} + \cdots + (x - x_1)^{n-1}\frac{f^{(n-1)}(x_1)}{(n-1)!} \tag{17}$$

$$+ (x - x_1)^n \frac{f^{(n)}(\xi^*)}{n!},$$

wobei ξ^* jedenfalls dem Intervall $x_1 \ldots x$ angehört. Ersetzen wir x_1 und x durch x und $x + h$ und schreiben wir

$$f^{(n)}(\xi^*) = f^{(n)}(x) + \alpha,$$

so lautet das obige Ergebnis

$$(17^*) \quad \Delta f(x) = f'(x)\frac{h}{1!} + f''(x)\frac{h^2}{2!} + \cdots + f^{(n)}(x)\frac{h^n}{n!} + \frac{\alpha h^n}{n!}.$$

Hierbei bedeutet α eine Größe, die zusammen mit h nach Null konvergiert. Vorausgesetzt wird bei dieser Formel, daß $f(x)$ nebst seinen n ersten Ableitungen in dem geschlossenen Intervall $x \ldots x + h$ stetig ist. Wenigstens sind diese Voraussetzungen hinreichend. In (17*) sehen wir die gesuchte Verschärfung der Aussage (1). Formel (17), die sogenannte Taylorsche Formel, enthält eine Feststellung über die Abweichung des Polynoms

$$T_n(x \mid x_1) = f(x_1) + (x - x_1)\frac{f'(x_1)}{1!} + \cdots + (x - x_1)^{n-1}\frac{f^{(n-1)}(x_1)}{(n-1)!}$$

von der Funktion $f(x)$. Dieses Polynom heißt das Taylorsche Polynom $(n-1)$-ten Grades an der Stelle x_1. Es wird zur angenäherten Darstellung von $f(x)$ in der Umgebung dieser Stelle benutzt. Wir haben $T_n(x \mid x_1)$ aus $P(x \mid x_1, x_2, \ldots, x_n)$ durch Zusammenrücken der Werte $x_1, x_2, \ldots, x_n$ erhalten. Das Taylorsche Polynom ist also ein Grenzfall des Newtonschen Näherungspolynoms.

Wir wollen nun eine von Johann Bernoulli herrührende vollkommenere Darstellung des Fehlergliedes der Taylorschen Formel herleiten. Es handelt sich in (17) um den Ausdruck

$$(18) \quad f(x) - f(x_1) - (x - x_1)\frac{f'(x_1)}{1!} - \cdots - (x - x_1)^{n-1}\frac{f^{(n-1)}(x_1)}{(n-1)!},$$

der als Einzelwert der Funktion

$$(19) \quad \varphi(z) = f(x) - f(z) - (x - z)\frac{f'(z)}{1!} - \cdots - (x - z)^{n-1}\frac{f^{(n-1)}(z)}{(n-1)!}$$

betrachtet werden kann, und zwar ist (18) nichts anderes als $\varphi(x_1)$. Setzen wir andererseits $z = x$, so ergibt sich offenbar $\varphi(x) = 0$. Nun wissen wir aber, daß der Zuwachs $\varphi(x_1) - \varphi(x)$, den die Funktion $\varphi(z)$ beim Übergange von $z = x$ zu $z = x_1$ erfährt, durch das Integral

$$\int_x^{x_1} \varphi'(z)\, dz$$

dargestellt werden kann. Bildet man aber an Hand von (19) die Ableitung $\varphi'(z)$, so kommt heraus

$$-f'(z) - (x - z)\frac{f''(z)}{1!} - \cdots - (x - z)^{n-2}\frac{f^{(n-1)}(z)}{(n-2)!} - (x - z)^{n-1}\frac{f^{(n)}(z)}{(n-1)!}$$

$$+ f'(z) + \cdots + (x - z)^{n-2}\frac{f^{(n-1)}(z)}{(n-2)!}.$$

Es hebt sich alles fort bis auf ein Glied, und man findet

$$\varphi'(z) = -(x-z)^{n-1}\frac{f^{(n)}(z)}{(n-1)!},$$

mithin unter Vertauschung der Integrationsgrenzen

$$\varphi(x_1) - \varphi(x) = \int_{x_1}^{x} (x-z)^{n-1}\frac{f^{(n)}(z)}{(n-1)!}\,dz.$$

Erinnert man sich, daß $\varphi(x) = 0$ ist und $\varphi(x_1)$ mit dem Ausdruck (18) zusammenfällt, so hat man folgende Aussage gewonnen:

$$(17^{**})\quad f(x) = f(x_1) + \frac{x-x_1}{1!}f'(x_1) + \cdots + \frac{(x-x_1)^{n-1}}{(n-1)!}f^{(n-1)}(x_1) + \int_{x_1}^{x}\frac{(x-z)^{n-1}}{(n-1)!}f^{(n)}(z)dz.$$

Das ist die **Taylorsche Formel** in der Bernoullischen Fassung. Das Fehlerglied erscheint hier in Integralform. Der Integrand entsteht aus dem letzten Gliede des Taylorschen Polynoms dadurch, daß man $f^{(n-1)}$ durch $f^{(n)}$ und x_1 durch z ersetzt. Daß die Gleichung (17**) gilt, sobald $f(x)$ im geschlossenen Intervall $x \ldots x + h$ stetige Ableitungen bis zur n-ten Ordnung besitzt oder, wie man kurz sagt, n-mal stetig differenzierbar ist, wird als **Taylorscher Lehrsatz** bezeichnet.

Man kann diesen Lehrsatz auch dadurch gewinnen, daß man das Fehlerglied oder **Restglied** einer Reihe von Umformungen unterwirft. Der Integrand in

$$\int_{x_1}^{x}\frac{(x-z)^{n-1}}{(n-1)!}f^{(n)}(z)\,dz$$

ist ein Bestandteil der Ableitung von

$$\frac{(x-z)^{n-1}}{(n-1)!}f^{(n-1)}(z)$$

nach z. Diese Ableitung lautet nämlich

$$\left\{\frac{(x-z)^{n-1}}{(n-1)!}f^{(n-1)}(z)\right\}' = \frac{(x-z)^{n-1}}{(n-1)!}f^{(n)}(z) - \frac{(x-z)^{n-2}}{(n-2)!}f^{(n-1)}(z).$$

Man kann also schreiben

$$\int_{x_1}^{x}\frac{(x-z)^{n-1}}{(n-1)!}f^{(n)}(z)\,dz = \int_{x_1}^{x}\left\{\frac{(x-z)^{n-1}}{(n-1)!}f^{(n-1)}(z)\right\}'dz + \int_{x_1}^{x}\frac{(x-z)^{n-2}}{(n-2)!}f^{(n-1)}(z)\,dz.$$

Nun ist aber

$$\int_{x_1}^{x}\left\{\frac{(x-z)^{n-1}}{(n-1)!}f^{(n-1)}(z)\right\}'dz$$

gleich dem Zuwachs der Funktion $\frac{(x-z)^{n-1}}{(n-1)!} f^{(n-1)}(z)$ im Intervall $x_1 \ldots x$, also gleich

$$-\frac{(x-x_1)^{n-1}}{(n-1)!} f^{(n-1)}(x_1).$$

Daher wird

$$\int_{x_1}^{x} \frac{(x-z)^{n-1}}{(n-1)!} f^{(n)}(z)\,dz = -\frac{(x-x_1)^{n-1}}{(n-1)!} f^{(n-1)}(x_1) + \int_{x_1}^{x} \frac{(x-z)^{n-2}}{(n-2)!} f^{(n-1)}(z)\,dz.$$

Ebenso ist

$$\int_{x_1}^{x} \frac{(x-z)^{n-2}}{(n-2)!} f^{(n-1)}(z)\,dz = -\frac{(x-x_1)^{n-2}}{(n-2)!} f^{(n-2)}(x_1) + \int_{x_1}^{x} \frac{(x-z)^{n-3}}{(n-3)!} f^{(n-2)}(z)\,dz.$$

Man kann diese Kette von Gleichungen solange fortsetzen, bis man zu

$$\int_{x_1}^{x} (x-z)\, f''(z)\,dz = -(x-x_1)\, f'(x_1) + \int_{x_1}^{x} f'(z)\,dz,$$

$$\int_{x_1}^{x} f'(z)\,dz = -f(x_1) + f(x)$$

gelangt. Addiert man alles, so entsteht die Formel (17**). Dieser Beweis ist eine Modifikation des von Bernoulli selbst gegebenen.

§ 2. Anwendungen der Taylorschen Formel.

Man kann von der Taylorschen Formel zur Newtonschen Interpolationsformel gelangen. In § 1 haben wir umgekehrt aus der Interpolationsformel die Taylorsche Formel hergeleitet. Das Taylorsche Polynom $(n-1)$-ten Grades erschien dort als Grenzfall des Newtonschen Näherungspolynoms $P(x \mid x_1, x_2, \ldots, x_n)$. Jetzt nehmen wir an, der Taylorsche Lehrsatz sei etwa nach dem Bernoullischen Verfahren bewiesen, und wollen versuchen, aus diesem Lehrsatz die Interpolationsformel herzuleiten.

Lagrange hat gewisse Polynome $(n-1)$-ten Grades eingeführt, aus denen sich $P(x \mid x_1, x_2, \ldots, x_n)$ in einfacher Weise aufbaut. Wir nennen sie die Lagrangeschen Grundpolynome. Diese Polynome $L_1(x), \ldots, L_n(x)$ sind dadurch definiert, daß $L_\nu(x)$ für $x = x_\nu$ den Wert 1 hat, während es an den übrigen Stellen $x_1, x_2, \ldots, x_n$ verschwindet. Wir wissen, daß es nur ein solches Polynom gibt, und können es auch sofort hinschreiben. Es lautet

$$L_\nu(x) = \frac{(x-x_1)\cdots(x-x_{\nu-1})(x-x_{\nu+1})\cdots(x-x_n)}{(x_\nu-x_1)\cdots(x_\nu-x_{\nu-1})(x_\nu-x_{\nu+1})\cdots(x_\nu-x_n)}.$$

Setzt man

$$L(x) = (x-x_1)(x-x_2)\ldots(x-x_n),$$

so ist der Nenner von $L_\nu(x)$ nichts anderes als $L'(x_\nu)$. Man hat also

$$L_\nu(x) = \frac{L(x)}{(x - x_\nu)\, L'(x_\nu)}\,.$$

Will man nun für eine Funktion $f(x)$ das Polynom $P(x \mid x_1, x_2, \ldots, x_n)$ haben, d. h. das Polynom $(n-1)$-ten oder niedrigeren Grades, welches die Funktion $f(x)$ an den Stellen $x_1, x_2, \ldots, x_n$ richtig darstellt, so braucht man nur zu setzen

$$(1) \qquad P(x \mid x_1, x_2, \ldots, x_n) = \Sigma L_\nu(x) f(x_\nu).$$

Rechts steht nämlich ein Polynom von höchstens $(n-1)$-tem Grade, und dieses Polynom nimmt an der Stelle x_ν den Wert $f(x_\nu)$ an, weil an dieser Stelle nur $L_\nu(x)$ von Null verschieden ist und gleich 1 wird. Da es nur ein solches Polynom gibt, so muß die rechte Seite von (1) mit $P(x \mid x_1, x_2, \ldots, x_n)$ zusammenfallen.

Die Lagrangeschen Polynome $L_1(x), \ldots, L_\nu(x)$ haben eine charakteristische Eigenschaft, die von Cauchy aufgedeckt, wenn auch nicht in vollem Umfange ausgesprochen worden ist. Wir wollen die Matrix

$$(2) \qquad \begin{pmatrix} L_1(x) & , & L_2(x) & , \ldots, & L_n(x) \\ \frac{L_1'(x)}{1!} & , & \frac{L_2'(x)}{1!} & , \ldots, & \frac{L_n'(x)}{1!} \\ \cdots & & \cdots & & \cdots \\ \frac{L_1^{(n-1)}(x)}{(n-1)!} & , & \frac{L_2^{(n-1)}(x)}{(n-1)!} & , \ldots, & \frac{L_n^{(n-1)}(x)}{(n-1)!} \end{pmatrix}$$

als Wronskische Matrix der Funktionen $L_1(x), \ldots, L_n(x)$ bezeichnen. Die $(\nu+1)$-te Zeile dieser Matrix besteht aus den ν-ten Ableitungen von $L_1(x), \ldots, L_n(x)$, dividiert durch $\nu!$ Die Matrix (2) steht, und das ist die erwähnte von Cauchy hervorgehobene Eigenschaft, in engster Beziehung zu folgender Matrix, die man als die Cauchysche Matrix oder die Potenzenmatrix der Größen $x_1 - x, x_2 - x, \ldots, x_n - x$ bezeichnet:

$$(3) \qquad \begin{pmatrix} 1, & x_1 - x, \ldots, & (x_1 - x)^{n-1} \\ 1, & x_2 - x, \ldots, & (x_2 - x)^{n-1} \\ \cdots & \cdots & \cdots \\ 1, & x_n - x, \ldots, & (x_n - x)^{n-1} \end{pmatrix}.$$

In der ν-ten Zeile dieser Matrix sieht man die Potenzen der Größe $x_\nu - x$ von der nullten bis zur $(n-1)$-ten. Wenn man die ν-te Zeile der Matrix (3) mit der μ-ten Spalte von (2) zusammensetzt, so ergibt sich

$$L_\mu(x) + (x_\nu - x)\frac{L_\mu'(x)}{1!} + \cdots + (x_\nu - x)^{n-1}\frac{L_\mu^{(n-1)}(x)}{(n-1)!}\,.$$

Das ist aber nach dem Taylorschen Lehrsatz gleich $L_\mu(x_\nu)$, weil hier wegen $L_\mu^{(n)}(x) = 0$ das Fehlerglied fortfällt. Nun verschwindet $L_\mu(x_\nu)$ im Falle $\mu \gtrless \nu$ und ist gleich 1 im Falle $\mu = \nu$. Daher weist die aus (3) und (2) gebildete Produktmatrix in ihrer Hauptdiagonale lauter Einsen auf, sonst aber lauter Nullen, d. h. sie ist die Einheitsmatrix. Die Cauchysche Matrix (3) gibt also mit (2), d. h. mit der Wronskischen Matrix der Lagrangeschen Polynome

$L_1(x), \ldots, L_n(x)$, als Produkt die Einheitsmatrix. Man nennt zwei solche Matrizen **reziprok**. Diese Beziehung ist eine wechselseitige, d. h. (2) und (3) geben in beliebiger Reihenfolge multipliziert die Einheitsmatrix. Bezeichnet man die Einheitsmatrix mit $\mathfrak{E}$ und stehen zwei Matrizen $\mathfrak{A}$ und $\mathfrak{B}$ in der Beziehung $\mathfrak{A}\mathfrak{B} = \mathfrak{E}$, so ist das Produkt ihrer Determinanten A und B nach dem Multiplikationssatz gleich 1. Diese Determinanten sind also von Null verschieden. Da nun durch $\mathfrak{A}\mathfrak{B} = \mathfrak{E}$ jeder Spalte von $\mathfrak{B}$ offenbar n lineare Bedingungsgleichungen auferlegt werden mit der von Null verschiedenen Determinante A, so steht zunächst fest, daß $\mathfrak{B}$ durch die Forderung $\mathfrak{A}\mathfrak{B} = \mathfrak{E}$ eindeutig bestimmt ist. Ist nun

$$\mathfrak{A} = \begin{pmatrix} a_{11} & a_{12} & \ldots & a_{1n} \\ a_{21} & a_{22} & \ldots & a_{2n} \\ \cdot & \cdot & \cdot & \cdot \\ a_{n1} & a_{n2} & \ldots & a_{nn} \end{pmatrix}$$

und A_{rs} der Faktor oder das Komplement von a_{rs} in der Determinante A, so genügt offenbar

$$\mathfrak{B} = \begin{pmatrix} A^{-1}A_{11}, & A^{-1}A_{21}, \ldots, & A^{-1}A_{n1} \\ A^{-1}A_{12}, & A^{-1}A_{22}, \ldots, & A^{-1}A_{n2} \\ \cdot & \cdot & \cdot \\ A^{-1}A_{1n}, & A^{-1}A_{2n}, \ldots, & A^{-1}A_{nn} \end{pmatrix}$$

der Bedingung $\mathfrak{A}\mathfrak{B} = \mathfrak{E}$. Nachdem $\mathfrak{B}$ auf diese Weise ermittelt ist, erkennt man sofort auf Grund der bekannten Beziehungen zwischen den Elementen einer Determinante und ihren Komplementen, daß auch die Relation $\mathfrak{B}\mathfrak{A} = \mathfrak{E}$ besteht. Setzt man nämlich die ν-te Zeile von $\mathfrak{B}$ mit der μ-ten Spalte von $\mathfrak{A}$ zusammen, so ergibt sich

$$A^{-1}(A_{1\nu}a_{1\mu} + A_{2\nu}a_{2\mu} + \cdots + A_{n\nu}a_{n\mu}),$$

also 0 oder 1, je nachdem μ und ν ungleich oder gleich sind.

Kehren wir nun zu den Matrizen (2) und (3) zurück, so folgt aus der Feststellung (3) (2) $= \mathfrak{E}$, daß auch (2) (3) $= \mathfrak{E}$ ist. Es kommen also insbesondere die Ergebnisse $1, 0, \ldots, 0$ heraus, wenn man die erste Zeile der Matrix (2) mit den Spalten von (3) zusammensetzt, d. h. es gelten folgende Gleichungen:

$$(4)\quad \begin{cases} L_1(x) + L_2(x) + \cdots + L_n(x) = 1, \\ (x_1 - x)\, L_1(x) + (x_2 - x)\, L_2(x) + \cdots + (x_n - x)\, L_n(x) = 0, \\ \cdots\cdots\cdots\cdots\cdots\cdots \\ (x_1 - x)^{n-1} L_1(x) + (x_2 - x)^{n-1} L_2(x) + \cdots + (x_n - x)^{n-1} L_n(x) = 0. \end{cases}$$

Man findet sie in **Cauchys** Cours d'analyse algébrique. Setzt man die zweite Zeile von (2) mit den Spalten von (3) zusammen, so lauten die Ergebnisse $0, 1, \ldots, 0$. Man kann das auch durch Differentiation der Gleichungen (4) erkennen. Differenziert man weiter, so ergeben sich die Zusammensetzungsergebnisse für die übrigen Zeilen der Matrix (2). Aus den Cauchyschen Relationen (4) ergeben sich, wie man sieht, alle anderen in (2) (3) $= \mathfrak{E}$ steckenden

Aussagen durch Differentiation. So hat also Cauchy den Kernpunkt dieser Aussagen richtig getroffen.

Mit Hilfe der Relationen (4) läßt sich nun aus dem Taylorschen Lehrsatz die Interpolationsformel herleiten. Nach diesem Lehrsatz gelten, falls $f(x)$ sich n-mal stetig differenzieren läßt, folgende n Gleichungen:

$$f(x_\nu) = f(x) + \frac{x_\nu - x}{1!} f'(x) + \cdots + \frac{(x_\nu - x)^{n-1}}{(n-1)!} f^{(n-1)}(x) + \int_x^{x_\nu} \frac{(x_\nu - z)^{n-1}}{(n-1)!} f^{(n)}(z)\, dz.$$

$$(\nu = 1, \ldots, n)$$

Multipliziert man mit $L_\nu(x)$ und summiert nach ν, so ergibt sich mit Rücksicht auf (4)

$$\Sigma f(x_\nu) L_\nu(x) = f(x) + \Sigma L_\nu(x) \int_x^{x_\nu} \frac{(x_\nu - z)^{n-1}}{(n-1)!} f^{(n)}(z)\, dz.$$

Die linke Seite ist das Näherungspolynom $P(x \mid x_1, \ldots, x_n)$, das an den Stellen $x_1, \ldots, x_n$ mit $f(x)$ zusammenfällt, so daß wir also schreiben können

$$(5) \qquad f(x) = P(x \mid x_1, \ldots, x_n) - \Sigma L_\nu(x) \int_x^{x_\nu} \frac{(x_\nu - z)^{n-1}}{(n-1)!} f^{(n)}(z)\, dz$$

oder auch

$$(5') \qquad f(x) = \Sigma L_\nu(x) \left\{ f(x_\nu) - \int_x^{x_\nu} \frac{(x_\nu - z)^{n-1}}{(n-1)!} f^{(n)}(z)\, dz \right\}.$$

Das ist die Interpolationsformel mit exaktem Fehlerglied. Läßt man die Integrale in (5′) fort, so entsteht rechts das Näherungspolynom $P(x \mid x_1, \ldots, x_n)$, das nur an den Stellen $x_1, \ldots, x_n$ mit $f(x)$ zusammenfällt und sonst von $f(x)$ abweicht. Der Ausdruck $\Sigma L_\nu(x) f(x_\nu)$ wird aber genau gleich $f(x)$, wenn man die festen Werte $f(x_\nu)$ durch die Funktionen

$$(6) \qquad F_\nu(x) = f(x_\nu) - \int_x^{x_\nu} \frac{(x_\nu - z)^{n-1}}{(n-1)!} f^{(n)}(z)\, dz$$

ersetzt. Lagrange nennt dieses Ersetzen fester Werte durch Funktionen Variation der Konstanten.

Nach dem Taylorschen Lehrsatz ist $F_\nu(x)$ nichts anderes als

$$(7) \qquad f(x) + \frac{x_\nu - x}{1!} f'(x) + \cdots + \frac{(x_\nu - x)^{n-1}}{(n-1)!} f^{(n-1)}(x).$$

Diese Bemerkung führt zu einem sehr einfachen Beweise der Formel (5′). Man denke sich unter u einen festen Wert und betrachte das Polynom

$$Q(x) = f(u) + \frac{x - u}{1!} f'(u) + \cdots + \frac{(x - u)^{n-1}}{(n-1)!} f^{(n-1)}(u).$$

Dann gilt die Gleichung

$$Q(x) = \Sigma L_\nu(x) Q(x_\nu),$$

oder in ausführlicher Schreibung

$$f(u) + \frac{x-u}{1!} f'(u) + \cdots + \frac{(x-u)^{n-1}}{(n-1)!} f^{(n-1)}(u)$$

$$= \Sigma L_\nu(x) \left\{ f(x_\nu) + \frac{x_\nu - u}{1!} f'(u) + \cdots + \frac{(x_\nu - u)^{n-1}}{(n-1)!} f^{(n-1)}(u) \right\}.$$

Da u ein beliebiger Wert ist, können wir auch $u = x$ setzen. Dann erhalten wir

$$f(x) = \Sigma L_\nu(x) \left\{ f(x) + \frac{x_\nu - x}{1!} f'(x) + \cdots + \frac{(x_\nu - x)^{n-1}}{(n-1)!} f^{(n-1)}(x) \right\}.$$

Da nach dem Taylorschen Lehrsatz der Ausdruck (7) auf die Form (6) gebracht werden kann, ergibt sich also die Aussage (5′).

Als zweite Anwendung der Taylorschen Formel behandeln wir die sogenannte Trapezregel, eine der einfachsten Methoden zur angenäherten Berechnung von Integralen. Wir fassen das Integral

$$(8) \qquad I = \int_a^b f(z)\,dz$$

als Einzelwert der Funktion

$$(9) \qquad \varphi(x) = \int_{a+x}^{b-x} f(z)\,dz = \int_{a+x}^{a+m} + \int_{b-m}^{b-x}$$

auf, wobei $m = \frac{b-a}{2}$ sein soll. Offenbar ist $\varphi(0) = I$ und $\varphi(m) = 0$, weil im Falle $x = m$ die Integrationsgrenzen zusammenrücken. Nach dem Taylorschen Lehrsatz können wir nun schreiben

$$(10) \qquad \varphi(m) = \varphi(0) + m\varphi'(0) + \int_0^m (m-z)\,\varphi''(z)\,dz.$$

Aus (9) ergibt sich aber, wenn man daran denkt, wie ein Integral nach der oberen oder unteren Grenze differenziert wird,

$$\varphi'(x) = -f(a+x) - f(b-x),$$
$$\varphi''(x) = -f'(a+x) + f'(b-x).$$

Setzt man diese Ausdrücke in (10) ein, so entsteht folgende Aussage:

$$(11) \qquad \int_a^b f(z)\,dz = (b-a)\,\frac{f(a)+f(b)}{2} + \int_0^{\frac{b-a}{2}} \left(\frac{b-a}{2} - z\right) \{f'(a+z) - f'(b-z)\}\,dz.$$

Das erste Glied der rechten Seite ist das von $f(a)$ und $f(b)$ über $a \ldots b$ gebildete Trapez. Die Formel macht eine Angabe über den Unterschied zwischen diesem Trapez und dem über $a \ldots b$ stehenden Kurvensegment. Wir denken uns hierbei $f(x)$ positiv. Nehmen wir an, daß $f'(x)$ beim Durchlaufen des

Intervalles $a \ldots b$ beständig abnimmt. Dann ist die Differenz $f'(a+z) - f'(b-z)$ für $z = 0$ am größten, und zwar gleich $f'(a) - f'(b)$, für $z = \frac{b-a}{2}$ am kleinsten, und zwar gleich Null. Da der Faktor $\frac{b-a}{2} - z$ gleichfalls positiv ist, so kann man aus der Definition des Integrals entnehmen, daß die Ungleichungen

$$0 < \int_0^{\frac{b-a}{2}} \left(\frac{b-a}{2} - z\right)\{f'(a+z) - f'(b-z)\}dz < \{f'(a) - f'(b)\} \int_0^{\frac{b-a}{2}} \left(\frac{b-a}{2} - z\right)dz$$

gelten werden. Da $-\frac{1}{2}\left(\frac{b-a}{2} - z\right)^2$ eine Stammfunktion für $\frac{b-a}{2} - z$ ist, so hat man

$$\int_0^{\frac{b-a}{2}} \left(\frac{b-a}{2} - z\right) dz = \frac{1}{2}\left(\frac{b-a}{2}\right)^2,$$

mithin

$$\int_0^{\frac{b-a}{2}} \left(\frac{b-a}{2} - z\right)\{f'(a+z) - f'(b-z)\}dz$$
$$= \frac{\vartheta}{8} (b-a)^2 \{f'(a) - f'(b)\}.$$

Dabei bezeichnet ϑ eine Zahl, die zwischen 0 und 1 liegt. Das gewonnene Ergebnis gilt offenbar auch dann, wenn $f'(x)$ beim Durchlaufen des Intervalls $a \ldots b$ ständig zunimmt. Wir können also sagen, daß Formel (11) bei monotonem $f'(x)$ zu folgender Aussage führt:

$$(11^*) \qquad \int_a^b f(z)\, dz = (b-a)\frac{f(a)+f(b)}{2} + \frac{\vartheta}{8}(b-a)^2\{f'(a) - f'(b)\}.$$

Von hier aus läßt sich nun eine allgemeine Formel gewinnen, die für die Anwendungen von größter Wichtigkeit ist. Man denke sich ein großes Intervall $\alpha \ldots \beta$, das in n gleiche Teile $a \ldots b$ zerlegt wird. Dann hat man

$$\int_\alpha^\beta f(z)\, dz = \Sigma \int_a^b f(z)\, dz,$$

wobei sich die Summation über alle Teilintervalle erstreckt. Verhält sich nun die Ableitung $f'(z)$ in dem großen Intervall $\alpha \ldots \beta$ monoton, so kann man auf jedes Teilintervall $a \ldots b$ die Formel (11*) anwenden. Setzt man dann $b - a = h$ und

$$\Sigma(b-a)\frac{f(a)+f(b)}{2}=T,$$

so ergibt sich

$$\int_\alpha^\beta f(z)dz=T+\frac{h^2}{8}\Sigma\vartheta\{f'(a)-f'(b)\}.$$

Da nun alle Differenzen $f'(a)-f'(b)$ dasselbe Zeichen haben, so liegt die hier auftretende Summe zwischen Null und $\Sigma\{f'(a)-f'(b)\}$ oder $f'(\alpha)-f'(\beta)$ und kann deshalb in der Form $\vartheta^*\{f'(\alpha)-f'(\beta)\}$ geschrieben werden mit einem zwischen 0 und 1 enthaltenen ϑ^*. Bei monotonem $f'(x)$ gilt also die Formel

$$\int_\alpha^\beta f(z)dz=T+\frac{\vartheta^* h^2}{8}\{f'(\alpha)-f'(\beta)\}. \tag{12}$$

Das ist die Trapezregel mit Fehlerglied. Um eine kleine Anwendung zu zeigen, betrachten wir das Integral

$$\int_1^2\frac{dx}{x}=\ln 2.$$

Hier nimmt

$$f'(x)=-\frac{1}{x^2}$$

bei wachsendem x zu, und zwar von $f'(1)=-1$ bis $f'(2)=-\frac{1}{4}$. Wenn wir das Intervall 1. . . 2 in zehn gleiche Teile zerlegen, so wird das Fehlerglied ein Bruchteil von $\frac{10^{-2}}{8}\left(-1+\frac{1}{4}\right)=-\frac{3}{3200}$ sein, d. h. ein Bruchteil von $-\frac{1}{1000}$. Die Trapezsumme T lautet

$$\frac{1}{20}\left(\frac{1}{1}+\frac{1}{1,1}+\frac{1}{1,1}+\frac{1}{1,2}+\cdots+\frac{1}{1,9}+\frac{1}{2}\right)$$
$$=\frac{3}{40}+\frac{1}{11}+\frac{1}{12}+\cdots+\frac{1}{19}.$$

Sie stellt ln 2 mit einem Fehler dar, der ein Bruchteil von $-\frac{1}{1000}$ beträgt, und übertrifft also ln 2 um weniger als $\frac{1}{1000}$. Man findet nun für T den Wert 0,693 . . . und ist also sicher, daß ln 2 zwischen 0,692 und 0,694 liegt, was mit den Angaben der Tafeln durchaus übereinstimmt.

Wir wollen noch eine Anwendung der Interpolationsformel besprechen, die sich auf die gestaltliche Untersuchung einer Kurve bezieht. Es handelt sich um die geometrische Bedeutung des Vorzeichens der zweiten Ableitung. Die Interpolationsformel lautet für den Fall zweier Koinzidenzpunkte

$$f(x) = L_1(x)\{f(x_1) - \int_x^{x_1} (x_1 - z) f''(z)dz\}$$
$$+ L_2(x)\{f(x_2) - \int_x^{x_2} (x_2 - z) f''(z)dz\}.$$

Da

$$L_1(x) = \frac{x_2 - x}{x_2 - x_1}, \quad L_2(x) = \frac{x - x_1}{x_2 - x_1}$$

ist, so lautet sie in ausführlicher Schreibung

$$f(x) = \frac{x_2 - x}{x_2 - x_1} f(x_1) + \frac{x - x_1}{x_2 - x_1} f(x_2)$$
$$- \frac{x_2 - x}{x_2 - x_1} \int_{x_1}^{x} (z - x_1) f''(z)\, dz - \frac{x - x_1}{x_2 - x_1} \int_{x}^{x_2} (x_2 - z) f''(z) dz.$$

Wenn $x_1 < x_2$ angenommen wird und x zwischen x_1 und x_2 liegt, so sind im Falle $f''(z) > 0$ beide Integrale positiv. Dasselbe gilt von den Faktoren $\frac{x_2 - x}{x_2 - x_1}$ und $\frac{x - x_1}{x_2 - x_1}$. Man hat also, wenn f'' im Intervall $x_1 \ldots x_2$ positiv ist, in diesem Intervall die Ungleichung

$$f(x) < \frac{x_2 - x}{x_2 - x_1} f(x_1) + \frac{x - x_1}{x_2 - x_1} f(x_2).$$

Links steht die Ordinate der Kurve $y = f(x)$, rechts die der Sehne. Die Ungleichung besagt, daß die Kurve unterhalb ihrer Sehne liegt, wenn wie gewöhnlich die positive y-Richtung nach oben geht. Ist nun in einem Intervall $\alpha \ldots \beta$ die zweite Ableitung positiv, so gilt für jedes in $\alpha \ldots \beta$ fallende Intervall $x_1 \ldots x_2$ die obige Feststellung, d. h. jedes Bogenstück der Kurve liegt unterhalb der zugehörigen Sehne. Man sagt in solchem Falle, die Kurve sei nach oben konkav (nach unten konvex). Ist f'' im Intervall $\alpha \ldots \beta$ negativ, so kehrt sich die Beziehung zwischen Kurvenbogen und Sehne um, die Kurve ist nach unten konkav (nach oben konvex). Man kann sich stets an dem Beispiel der Parabel $y = \frac{x^2}{2a}$, bei der $y'' = \frac{1}{a}$ ist, klarmachen, welches Vorzeichen der zweiten Ableitung zur Aussage „konkav nach oben" berechtigt. Die Parabel ist nämlich im Falle $a > 0$ konkav nach oben, im Falle $a < 0$ konkav nach unten.

Die Ermittelung der Maxima und Minima einer Funktion kann oft mit Hilfe der höheren Ableitungen leicht durchgeführt werden. Die Begründung liefert die Taylorsche Formel. Wenn in der Umgebung einer Stelle x_0 stetige Ableitungen bis zur n-ten Ordnung vorhanden sind, so gilt für kleine Beträge von h folgende Darstellung:

$$(13)\quad f(x_0+h)=f(x_0)+\frac{h}{1!}f'(x_0)+\cdots+\frac{h^{n-1}}{(n-1)!}f^{(n-1)}(x_0)$$
$$+\int\limits_{x_0}^{x_0+h}\frac{(x_0+h-z)^{n-1}}{(n-1)!}f^{(n)}(z)\,dz\,.$$

Wir wollen nun annehmen, daß in der Reihe $f'(x_0), f''(x_0), \ldots$ das erste von Null verschiedene Glied $f^{(n)}(x_0)$ sei. Wegen der Stetigkeit werden dann in einer gewissen Umgebung von x_0 alle Werte $f^{(n)}(z)$ dasselbe Zeichen haben wie $f^{(n)}(x_0)$. Wäre es nicht so, dann gäbe es in jedem Intervall $\left(x_0-\frac{1}{p}\right)\ldots\left(x_0+\frac{1}{p}\right)$ eine Stelle x_p, wo $f^{(n)}(x_p)$ das entgegengesetzte Zeichen hat oder verschwindet. Dabei verstehen wir unter p eine positive ganze Zahl. Bei zunehmendem p wird $\lim x_p = x_0$, und wegen der Stetigkeit müßte dann $\lim f^{(n)}(x_p) = f^{(n)}(x_0)$ sein. Da die Werte $f^{(n)}(x_1), f^{(n)}(x_2), \ldots$ nicht dasselbe Zeichen haben wie $f^{(n)}(x_0)$, sind sie von $f^{(n)}(x_0)$ mindestens ebensoweit entfernt wie die Null, können also unmöglich in beliebige Nähe des Grenzwertes gelangen. Wir sind somit zu dem Schluß genötigt, daß in irgendeinem der Intervalle $\left(x_0-\frac{1}{p}\right)\ldots\left(x_0+\frac{1}{p}\right)$ alle Werte $f^{(n)}(z)$ dasselbe Zeichen haben, wie $f^{(n)}(x_0)$. Wenn h zwischen $-\frac{1}{p}$ und $\frac{1}{p}$ liegt, wird also $f^{(n)}(z)$ im Intervall $x_0\ldots x_0+h$ zeichenbeständig sein. In dem Restglied der Formel (13) haben nun x_0+h-z und dz das Zeichen von h und daher $\frac{(x_0+h-z)^{n-1}}{(n-1)!}f^{(n)}(z)\,dz$ das Zeichen von $h^n f^{(n)}(x_0)$. Dasselbe Zeichen hat auch das Restglied selbst, wie aus der Summendefinition des Integrals unmittelbar hervorgeht. Da $f^{(n)}(x_0)$ in der Reihe $f'(x_0), f''(x_0), \ldots$ das erste nichtverschwindende Glied sein sollte, so reduziert sich die Gleichung (13) auf

$$(13')\quad f(x_0+h)-f(x_0)=\int\limits_{x_0}^{x_0+h}\frac{(x_0+h-z)^{n-1}}{(n-1)!}f^{(n)}(z)\,dz\,,$$

und wir wissen nun, daß $f(x_0+h)-f(x_0)$ das Zeichen von $h^n f^{(n)}(x_0)$ hat. Bei ungeradem n ändert sich dieses Zeichen, wenn man h durch $-h$ ersetzt. In der Nähe von x_0 gibt es dann auf der einen Seite größere, auf der anderen kleinere Werte als $f(x_0)$. Bei geradem n hat $f(x_0+h)-f(x_0)$ ein festes Zeichen. Alle Werte von $f(x)$ in der Umgebung von x_0 liegen also auf derselben Seite von $f(x_0)$. Im Falle $f^{(n)}(x_0)>0$ sind sie alle größer als $f(x_0)$, im Falle $f^{(n)}(x_0)<0$ dagegen kleiner. Im ersten Falle hat $f(x)$ an der Stelle x_0 ein Minimum, im zweiten ein Maximum. Ein Extremum (Maximum oder Minimum) tritt also nur dann ein, wenn die erste nichtverschwindende Ableitung in der Reihe $f'(x_0), f''(x_0), \ldots$ eine gerade Ordnung hat. Ist diese nichtverschwindende Ableitung positiv, so liegt ein Minimum vor, ist sie negativ, ein Maximum. Ein solches Maximum oder Minimum bezieht sich immer nur auf eine gewisse Umgebung. Nur für diese Umgebung ist $f(x_0)$ der größte bzw. kleinste Funktionswert. In größerer Entfernung kann es Funktionswerte geben, die ihn überbieten oder unterbieten. Etwas ganz anderes ist der größte oder kleinste Funktionswert in einem ganzen Intervall, von dem der Weierstraßsche Extremumssatz handelt. Tritt dieser Funktionswert im Innern des Intervalles auf, so kann er durch die oben entwickelte Methode erfaßt werden. Er ist dann zugleich ein örtliches Extremum. Tritt er aber an der Grenze des Intervalles ein, so kann dort sogar $f'(x_0) \neq 0$ sein, so daß die Methode, die mit der Aufsuchung des ersten nichtverschwindenden Gliedes der Folge $f'(x_0), f''(x_0), \ldots$ operiert, ihn nicht als Extremum feststellen würde.

Es gibt übrigens auch Fälle, in denen die Methode versagt, obwohl es sich um ein örtliches Extremum handelt. Darauf hat bereits Cauchy, der Begründer der modernen Analysis, hingewiesen. Wenn man $f(x) = e^{-\frac{1}{x^2}}$ setzt und $f(0) = 0$, so ist dadurch eine Funktion definiert, und zwar für alle Werte von x. Im Falle $x \neq 0$ hat man

$$f'(x) = e^{-\frac{1}{x^2}}\left(-\frac{1}{x^2}\right)' = \frac{2}{x^3}\, e^{-\frac{1}{x^2}},$$

also

$$f'(x) = \frac{2}{x^3}\, f(x),$$

ferner

$$f''(x) = \frac{2}{x^3}\, f'(x) - \frac{6}{x^4}\, f(x) = \left(\frac{4}{x^6} - \frac{6}{x^4}\right) f(x),$$

$$f'''(x) = \left(\frac{8}{x^9} - \frac{36}{x^7} + \frac{24}{x^5}\right) f(x),$$

$$\cdots\cdots\cdots\cdots\cdots\cdots$$

und allgemein

$$f^{(n)}(x) = \left(\frac{2^n}{x^{3n}} + \cdots\right) f(x). \tag{14}$$

Die durch Punkte angedeuteten Glieder enthalten die Potenzen $\frac{1}{x^{3n-2}}, \ldots, \frac{1}{x^{n+2}}$.

Für die nun folgende Betrachtung müssen wir wissen, wie sich $e^{-\frac{1}{x^2}}$ bei hinschwindendem x verhält. Da $\frac{1}{x^2}$ hierbei über alle Grenzen wächst, so handelt es sich schließlich um das Verhalten von e^z bei unendlich zunehmendem z. Da alle Ableitungen von e^z gleich e^z sind und $e^0 = 1$ ist, so liefert die Taylorsche Formel

$$f(z) = f(0) + \frac{z}{1!}\, f'(0) + \cdots + \frac{z^{n-1}}{(n-1)!}\, f^{(n-1)}(0) + \int_0^z \frac{(z-u)^{n-1}}{(n-1)!}\, f^{(n)}(u)\, du,$$

angewandt auf $f(z) = e^z$, folgende Aussage:

$$e^z = 1 + \frac{z}{1!} + \cdots + \frac{z^{n-1}}{(n-1)!} + \int_0^z \frac{(z-u)^{n-1}}{(n-1)!} e^u \, du .$$

Das Restglied ist, wenn wir $z > 0$ annehmen, offenbar positiv, so daß wir schließen können

$$e^z > 1 + \frac{z}{1!} + \cdots + \frac{z^{n-1}}{(n-1)!} .$$

Wird eine ganze Zahl p vorgelegt ($p = 0, 1, 2, \ldots$), so können wir $n > p$ m chen und dadurch bewirken, daß unter den Summanden der rechten Seite $\frac{z^p}{p!}$ vorkommt. Da diese Summanden alle positiv sind, so gilt die Ungleichung

$$e^z > \frac{z^p}{p!} . \qquad (z > 0) .$$

Hieraus ersehen wir, daß bei unbegrenztem Anwachsen von z auch e^z über alle Grenzen zunimmt. Da wir in obiger Ungleichung p durch jede größere Zahl $p + q$ ersetzen können, so ist zugleich

$$e^z > \frac{z^{p+q}}{(p+q)!}$$

und daher

$$\frac{e^z}{z^p} > \frac{z^q}{(p+q)!} .$$

Bei unbegrenztem Anwachsen von z nimmt also e^z so stark zu, daß auch noch $e^z : z^p$ über alle Grenzen wächst. Man sagt deshalb, daß e^z bei unendlich zunehmendem z stärker unendlich wird als jede Potenz von z. Wir können das Ergebnis auch durch die Limesrelation

$$\lim \left(\frac{z^p}{e^z}\right) = 0 \qquad (z \to \infty)$$

ausdrücken. Hiernach ist, wenn man $z = \frac{1}{x^2}$ setzt,

$$\lim (x^{-2p} e^{-\frac{1}{x^2}}) = 0 . \qquad (x \to 0).$$

Dies gilt für $p = 0, 1, 2, \ldots$ Nicht nur $e^{-\frac{1}{x^2}}$ strebt also gleichzeitig mit x der Null zu, sondern auch $x^{-2} e^{-\frac{1}{x^2}}$, $x^{-4} e^{-\frac{1}{x^2}}, \ldots$ Nach (14) können wir nun schreiben

$$f^{(n)}(x) = \left(\frac{2^n}{x^{3n}} + \cdots\right) e^{-\frac{1}{x^2}} = (x^{-4n} e^{-\frac{1}{x^2}}) \, (2^n x^n + \cdots).$$

Da beide Faktoren bei hinschwindendem x nach Null konvergieren, so wird auch $f^{(n)}(x)$ der Null zustreben, ebenso $x^{-2} f^{(n)}(x)$, $x^{-4} f^{(n)}(x), \ldots$, weil das Hinzutreten des Faktors x^{-2p} zu $x^{-4n} e^{-\frac{1}{x^2}}$ den Limestod nicht abwendet.

Wir können jetzt beweisen, daß die durch $f(x) = e^{-\frac{1}{x^2}}$, $f(0) = 0$ definierte Funktion an der Stelle $x = 0$ alle Ableitungen besitzt, daß aber diese Ableitungen sämtlich verschwinden. Zunächst ist

$$f'(0) = \lim \frac{f(x) - f(0)}{x} = \lim (x^{-1} e^{-\frac{1}{x^2}}) = \lim \{x(x^{-2} e^{-\frac{1}{x^2}})\} = 0,$$

weil die Faktoren x und $x^{-2} e^{-\frac{1}{x^2}}$ beide der Null zustreben. Ferner wird

$$f''(0) = \lim \frac{f'(x) - f'(0)}{x} = \lim (x^{-1} f'(x)) = \lim \{x(x^{-2} f'(x))\} = 0,$$

weil x und $x^{-2} f'(x)$ beide nach Null konvergieren. Angenommen, es wäre bereits bewiesen, daß $f'(0), f''(0), \ldots, f^{(n)}(0)$ alle verschwinden. Dann folgt

$$f^{(n+1)}(0) = \lim \frac{f^{(n)}(x) - f^{(n)}(0)}{x} = \lim (x^{-1} f^{(n)}(x)) = \lim \{x(x^{-2} f^{(n)}(x))\} = 0.$$

Offenbar ist nun $f(0) = 0$ der kleinste Wert von $f(x)$, da für $x \neq 0$ die Erklärung $f(x) = e^{-\frac{1}{x^2}}$ gilt, woraus $f(x) > 0$ folgt. Aber dieses Minimum $f(0)$ wird durch die oben dargelegte Methode nicht erfaßt, weil es in der Folge $f'(0), f''(0), \ldots$ überhaupt kein von Null verschiedenes Glied gibt und die Methode gerade vorschreibt, das erste nichtverschwindende Glied in dieser Folge aufzusuchen.

Älter als die Taylorsche Formel ist die Taylorsche Reihe. Wenn in einem Intervall $\alpha \ldots \beta$ alle Ableitungen der Funktion $f(x)$ existieren, so gilt für irgend zwei Stellen x_0 und x dieses Intervalls und für beliebig hohes n die Taylorsche Formel

$$f(x) = f(x_0) + \frac{x - x_0}{1!} f'(x_0) + \cdots + \frac{(x - x_0)^{n-1}}{(n-1)!} f^{(n-1)}(x_0)$$
$$+ \int_{x_0}^{x} \frac{(x-u)^{n-1}}{(n-1)!} f^{(n)}(u)\, du.$$

Es kann nun sein, daß bei unendlich zunehmendem n das Fehlergebiet

$$(15) \qquad \int_{x_0}^{x} \frac{(x-u)^{n-1}}{(n-1)!} f^{(n)}(u)\, du$$

nach Null konvergiert. In diesem Falle ist also

$$(16) \quad f(x) = \lim_{n \to \infty} \left\{ f(x_0) + \frac{x - x_0}{1!} f'(x_0) + \cdots + \frac{(x - x_0)^{n-1}}{(n-1)!} f^{(n-1)}(x_0) \right\},$$

wofür man zu schreiben pflegt

$$(16^*) \quad f(x) = f(x_0) + \frac{x - x_0}{1!} f'(x_0) + \frac{(x - x_0)^2}{2!} f''(x_0) + \cdots.$$

Früher fügte man hinter den Punkten noch hinzu „in infinitum“. Was auf der rechten Seite der Gleichung (16*) steht, ist eine unendliche Reihe, und zwar die **Taylorsche Reihe** der Funktion $f(x)$ an der Stelle x_0. Die Gleichung ist nur eine andere Schreibung der Limesrelation (16) und besagt also, daß die n-te **Partialsumme** der Taylorschen Reihe, d. h. die Summe ihrer n ersten Glieder, dem Grenzwert $f(x)$ zustrebt. Man nennt diesen Grenzwert der n-ten Partialsumme einer unendlichen Reihe die **Summe** dieser Reihe.

Die Taylorsche Reihe hat dann und nur dann die Summe $f(x)$, wenn das **Restglied** (15) der Null zustrebt. Dies ist die notwendige und hinreichende Bedingung für die Gültigkeit der Gleichung (16*), die überhaupt nichts anderes behauptet, als daß jenes Restglied nach Null konvergiert.

Es gibt Fälle, in denen man besonders leicht feststellen kann, daß das Restglied (15) nach Null konvergiert. Nehmen wir z. B. die $f(x) = e^x$, so lautet das Integral (15)

$$(15') \qquad \int_{x_0}^{x} \frac{(x-u)^{n-1}}{(n-1)!} e^u \, du .$$

Dieses Integral liegt zwischen den Grenzen

$$(17) \qquad \int_{x_0}^{x} \frac{(x-u)^{n-1}}{(n-1)!} e^{x_0} \, du , \qquad \int_{x_0}^{x} \frac{(x-u)^{n-1}}{(n-1)!} e^x \, du .$$

Um das zu beweisen, muß man feststellen, daß die Integrale

$$(18) \qquad \int_{x_0}^{x} \frac{(x-u)^{n-1}}{(n-1)!} (e^x - e^u) \, du , \qquad \int_{x_0}^{x} \frac{(x-u)^{n-1}}{(n-1)!} (e^u - e^{x_0}) \, du$$

gleiche Zeichen haben. Da e^u bei wachsendem u zunimmt, ist e^u, wenn u im Intervall $x_0 \ldots x$ variiert, zwischen e^{x_0} und e^x enthalten. Daher hat $e^x - e^u$ dasselbe Zeichen wie $e^x - e^{x_0}$. Dasselbe gilt von $e^u - e^{x_0}$. Das Zeichen von $e^x - e^{x_0}$ ist aber zugleich das von $x - x_0$. Auch du und $x - u$ haben dieses Zeichen, das infolgedessen in $(n+1)$-ter Potenz den Integralen (18) zukommt. Es ist also sicher, daß die beiden Integrale (17) das Integral (15′) einschließen. Da die Faktoren e^{x_0} und e^x bei der Integration konstant bleiben, kann man sie vor die Integrale ziehen. $\frac{(x-u)^{n-1}}{(n-1!)}$ hat als Funktion von u die Stammfunktion $-\frac{(x-u)^n}{n!}$. Daher ist

$$\int_{x_0}^{x} \frac{(x-u)^{n-1}}{(n-1)!} du = -\left(\frac{(x-u)^n}{n!}\right)_{u=x_0}^{u=x} = \frac{(x-x_0)^n}{n!} .$$

Man gelangt übrigens zu dieser Feststellung auch dadurch, daß man die Taylorsche Formel auf $f(x) = \frac{(x-x_0)^n}{n!}$ anwendet.

Wir wissen jetzt also, daß das Restglied (15′) zwischen den Grenzen

$$e^{x_0} \frac{(x-x_0)^n}{n!} , \qquad e^x \frac{(x-x_0)^n}{n!}$$

liegt. Beide konvergieren aber nach Null, weil

$$\lim \frac{(x - x_0)^n}{n!} = 0$$

ist. Um sich hiervon zu überzeugen, genügt es festzustellen, daß für jedes positive z die Limesrelation

$$(19) \qquad \lim \frac{z^n}{n!} = 0$$

gilt. Wir haben gesehen, daß $1 + \frac{z}{1!} + \cdots + \frac{z^p}{p!}$ stets kleiner als e^z ist, wie groß auch p sein mag. Wäre nun die Behauptung (19) nicht richtig, so gäbe es ein positives ε, das von unendlich vielen Gliedern der Folge $1, \frac{z}{1!}, \frac{z^2}{2!}, \ldots$ übertroffen wird. Man könnte dann p so groß wählen, daß beliebig viele, z. B. m solche Glieder in der Summe $1 + \frac{z}{1!} + \cdots + \frac{z}{p!}$ auftreten. Dann wäre diese Summe größer als $m\varepsilon$ und auch $e^z > m\varepsilon$. Hierin liegt aber ein Widerspruch. Einerseits läßt sich m beliebig vergrößern, andererseits ist es kleiner als $\varepsilon^{-1}e^z$. Daher muß die Behauptung (19) richtig sein. Auch $\frac{(-z)^n}{n!}$ strebt der Null zu und nun steht vollkommen fest, daß das Integral (15′) nach Null konvergiert. Daher gilt für $f(x) = e^x$ die Taylorsche Reihenentwicklung (16*). Setzt man noch $x_0 = 0$, so lautet das Ergebnis

$$(20) \qquad e^x = 1 + \frac{x}{1!} + \frac{x^2}{2!} + \cdots$$

Insbesondere ergibt sich für $x = 1$

$$(20') \qquad e = 1 + \frac{1}{1!} + \frac{1}{2!} + \cdots$$

Als zweites Beispiel benutzen wir $f(x) = \sin x$. Hier ist

$$f'(x) = \cos x = \sin\left(x + \frac{\pi}{2}\right), \text{ also } f''(x = \sin\left(x + 2\frac{\pi}{2}\right), \ldots,$$

allgemein $f^{(n)}(x) = \sin\left(x + n\frac{\pi}{2}\right)$. Das Restglied der Taylorschen Formel lautet

$$\int_{x_0}^{x} \frac{(x-u)^{n-1}}{(n-1)!} \sin\left(u + n\frac{\pi}{2}\right) du.$$

Da der Sinus zwischen -1 und $+1$ liegt, so wird das Integral durch die Werte

$$-\int_{x_0}^{x} \frac{(x-u)^{n-1}}{(n-1)!} du, \qquad \int_{x_0}^{x} \frac{(x-u)^{n-1}}{(n-1)!} du.$$

eingeschlossen, d. h. durch

$$-\frac{(x-x_0)^n}{n!}, \quad \frac{(x-x_0)^n}{n!}.$$

Beide konvergieren nach Null, so daß auch das Restglied der Null zustrebt. Daher gilt für $f(x) = \sin x$ die Taylorsche Reihenentwicklung (16*). Es ist also

$$\text{(21)} \quad \sin x = \sin x_0 + \frac{x-x_0}{1!}\sin\left(x_0+\frac{\pi}{2}\right) + \frac{(x-x_0)^2}{2!}\sin\left(x_0+2\,\frac{\pi}{2}\right), + \cdots$$

Für $x_0 = 0$ ergibt sich

$$\text{(21')} \quad \sin x = \frac{x}{1!} - \frac{x^3}{3!} + \frac{x^5}{5!} - \frac{x^7}{7!} + \cdots$$

Setzt man in (21) statt x und x_0 die Werte $x + \frac{\pi}{2}$, $x_0 + \frac{\pi}{2}$ ein, so entsteht folgende Darstellung der Funktion $\cos x$:

$$\text{(22)} \quad \cos x = \cos x_0 + \frac{x-x_0}{1!}\cos\left(x_0+\frac{\pi}{2}\right) + \frac{(x-x_0)^2}{2!}\cos\left(x_0+2\,\frac{\pi}{2}\right) + \cdots$$

Für $x_0 = 0$ ergibt sich

$$\text{(22')} \quad \cos x = 1 - \frac{x^2}{2!} + \frac{x^4}{4!} - \cdots.$$

Wenn wir die Funktion $f(x) = \ln x$ zugrunde legen, so wird $f'(x) = \frac{1}{x}$, $f''(x) = -\frac{1}{x^2}$, $f'''(x) = \frac{2}{x^3}, \ldots,$ allgemein $f^{(n)}(x) = (-1)^{n-1}\frac{(n-1)!}{x^n}$. Das Restglied der Taylorschen Reihe lautet also

$$\int_{x_0}^{x} \frac{(x-u)^{n-1}}{(n-1)!} f^{(n)}(u)\,du = \int_{x_0}^{x} \frac{(u-x)^{n-1}}{u^n}\,du.$$

Bezeichnen wir es mit R_n, so ergibt sich

$$R_{n+1} - R_n = -\int_{x_0}^{x} \frac{(u-x)^{n-1}x}{u^{n+1}}\,du.$$

Nun hat $\left(1-\frac{x}{u}\right)^n$ die Ableitung

$$n\left(1-\frac{x}{u}\right)^{n-1}\frac{x}{u^2},$$

so daß wir schließen können

$$R_{n+1} - R_n = -\frac{1}{n}\left\{\left(1-\frac{x}{u}\right)^n\right\}_{u=x_0}^{u=x} = \frac{1}{n}\left(1-\frac{x}{x_0}\right)^n.$$

Da die Funktion Logarithmus nur für positive x-Werte erklärt ist, so sind x_0 und x beide positiv. Soll nun R_n bei wachsendem n der Null zustreben, so muß, weil dann R_{n+1} dasselbe tut, $R_{n+1} - R_n$ ebenfalls nach Null konvergieren. Im Falle $x > 2x_0$ hat $R_{n+1} - R_n$ offenbar den Betrag

$$\frac{1}{n}\left(\frac{x}{x_0}-1\right)^n = \frac{e^{n\ln\left(\frac{x}{x_0}-1\right)}}{n\ln\left(\frac{x}{x_0}-1\right)}\cdot\ln\left(\frac{x}{x_0}-1\right).$$

Da nun $x > 2x_0$, also $\frac{x}{x_0} > 2$ ist, so hat $\ln\left(\frac{x}{x_0}-1\right)$ einen positiven Wert. Wir wissen aber, daß bei unendlich zunehmendem z der Quotient $e^z : z$ über alle Grenzen wächst. Daher kann im Falle $x > 2x_0$ unmöglich $\lim R_n = 0$ sein. Ist $x = 2x_0$, so hat man

$$R_n = (-1)^{n-1}\int\limits_{x_0}^{2x_0}\frac{(2x_0-u)^{n-1}}{u^n}\,du.$$

Ersetzt man den Integranden durch $\frac{(2x_0-u)^{n-1}}{x_0^n}$, so tritt eine Vergrößerung des Integrals ein, das dann folgenden Wert annimmt:

$$\frac{1}{x_0^n}\int\limits_{x_0}^{2x_0}(2x_0-u)^{n-1}\,du = -\frac{1}{x_0^n}\left\{\frac{(2x_0-u)^n}{n}\right\}_{u=x_0}^{u=2x_0} = \frac{1}{n}.$$

Es ist also sicher $\lim R_n = 0$. Liegt x zwischen x_0 und $2x_0$, so hat man

$$\int\limits_{x_0}^{x}\frac{(x-u)^{n-1}}{u^n}\,du < \int\limits_{x_0}^{x}\frac{(2x_0-u)^{n-1}}{u^n}\,du < \int\limits_{x_0}^{2x_0}\frac{(2x_0-u)^{n-1}}{u^n}\,du$$

und daher auch in diesem Falle $\lim R_n = 0$. Jetzt bleibt noch die Möglichkeit, $x < x_0$ zu prüfen. Es handelt sich alsdann um das Integral

$$-R_n = \int\limits_{x}^{x_0}\frac{(u-x)^{n-1}}{u^n}\,du.$$

Der Integrand hat die Ableitung

$$\frac{(n-1)(u-x)^{n-2}}{u^n} - \frac{n(u-x)^{n-1}}{u^{n+1}} = \frac{(u-x)^{n-2}(nx-u)}{u^{n+1}}.$$

Der zwischen $(n-1)x$ und $nx-x_0$ liegende Faktor $nx-u$ ist bei hinreichend großem n positiv, so daß $\frac{(u-x)^{n-1}}{u^n}$ für $u = x_0$ am größten wird. Ersetzt man den Integranden durch diesen größten Wert $\frac{(x_0-x)^{n-1}}{x_0^n}$, so wächst das Integral zu $\frac{(x_0-x)^n}{x_0^n}$ oder $\left(1-\frac{x}{x_0}\right)^n$ an. Da $\frac{x}{x_0}$ zwischen 0 und 1 enthalten ist, so konvergiert das vergrößerte Integral, folglich auch R_n, nach Null.

Zusammenfassend können wir sagen, daß R_n dann und nur dann nach Null konvergiert, wenn

$$0 < x \leqq 2x_0$$

ist. Es gilt dann die Taylorsche Entwicklung

$$(23)\quad \ln x = \ln x_0 + \frac{x-x_0}{x_0} - \frac{(x-x_0)^2}{2x_0^2} + \frac{(x-x_0)^3}{3x_0^3} - \cdots$$

Hierbei haben wir benutzt, daß

$$\frac{f^{(n)}(x_0)}{n!} = \frac{(-1)^{n-1}}{n x_0^n}$$

ist. Macht man in (23) die Einsetzung $\frac{x}{x_0} = u$, so ergibt sich

$$(23')\quad \ln u = u - 1 - \frac{1}{2}(u-1)^2 + \frac{1}{3}(u-1)^3 - \cdots$$

Diese Entwicklung gilt unter der Bedingung $0 < u \leqq 2$ und auch nur dann. Setzt man schließlich noch $u - 1 = z$, so entsteht folgende Formel:

$$(23^*)\quad \ln(1+z) = z - \frac{1}{2}z^2 + \frac{1}{3}z^3 - \cdots,$$

wobei man $0 < 1 + z \leqq 2$, d. h. $-1 < z \leqq 1$ zu fordern hat. (23*) ist die berühmte Reihe von Nikolaus Mercator. Im Falle $-1 < z < 1$ erfüllt $-z$ dieselben Ungleichungen. Daher wird neben (23*)

$$(23^{**})\quad \ln(1-z) = -z - \frac{1}{2}z^2 - \frac{1}{3}z^3 - \cdots$$

gelten, und man kann unter Rückgang auf die Partialsummen schließen

$$(24)\quad \ln\left(\frac{1+z}{1-z}\right) = 2\left(z + \frac{z^3}{3} + \frac{z^5}{5} + \cdots\right).$$

Jede positive Zahl w kann in der Form

$$w = \frac{1+z}{1-z}$$

dargestellt werden, und zwar muß man setzen

$$z = \frac{w-1}{w+1}.$$

Ist $w \geqq 1$, so liegt z offenbar unterhalb 1 und nicht unterhalb 0. Ist $w < 1$, so wird $-z$ gleich $\frac{1-w}{1+w}$, also gleich einer Zahl zwischen 0 und 1. Auf alle Fälle hält sich z zwischen den Grenzen -1 und 1. Für jedes positive w gilt demnach die Entwicklung

$$(24^*)\quad \ln w = 2\left\{\frac{w-1}{w+1} + \frac{1}{3}\left(\frac{w-1}{w+1}\right)^3 + \frac{1}{5}\left(\frac{w-1}{w+1}\right)^5 + \cdots\right\}.$$

Z. B. erhält man, wenn $w = 2$ ist,

$$\ln 2 = 2\left\{\frac{1}{3} + \frac{1}{3.3^3} + \frac{1}{5.3^5} + \cdots\right\}.$$

Ersetzt man in (24*) w durch $\frac{w_2}{w_1}$, so ergibt sich die allgemeinere Formel

$$(25)\quad \ln w_2 - \ln w_1 = 2\left\{\frac{w_2-w_1}{w_2+w_1} + \frac{1}{3}\left(\frac{w_2-w_1}{w_2+w_1}\right)^3 + \frac{1}{5}\left(\frac{w_2-w_1}{w_2+w_1}\right)^5 + \cdots\right\}.$$

Ist $\ln w_1$ bereits bekannt, so kann man $\ln(w_1+1)$ und $\ln(w_1-1)$ nach dieser Formel berechnen, und zwar hat man

$$\ln(w_1+1)-\ln w_1 = 2\left\{\frac{1}{2w_1+1}+\frac{1}{3(2w_1+1)^3}+\frac{1}{5(2w_1+1)^5}+\cdots\right\},$$

$$\ln(w_1-1)-\ln w_1 = -2\left\{\frac{1}{2w_1-1}+\frac{1}{3(2w_1-1)^3}+\frac{1}{5(2w_1-1)^5}+\cdots\right\}.$$

Im zweiten Falle muß $w_1 > 1$ gefordert werden.

Wir wollen noch eine andere Herleitung der Mercatorschen Reihe geben, die eine strengere Fassung des von Mercator selbst benutzten Verfahrens ist. Die Funktion $f(x) = \ln(1+x)$ hat die Ableitung $1:(1+x)$. Nun schreibe man

$$\frac{1}{1+x} = \frac{1+x-x}{1+x} = 1-\frac{x}{1+x}.$$

Hieraus folgt

$$\frac{1}{1+x} = 1-x\left(1-\frac{x}{1+x}\right) = 1-x+\frac{x^2}{1+x}$$
$$= 1-x+x^2\left(1-\frac{x}{1+x}\right) = 1-x+x^2-\frac{x^3}{1+x}$$

u. s. f. Allgemein ist

$$\frac{1}{1+x} = 1-x+x^2-\cdots+(-1)^{n-1}x^{n-1}+\frac{(-1)^n x^n}{1+x}.$$

Integriert man von $x = 0$ bis $x = z$, so ergibt sich

$$\ln(1+z) = z-\frac{z^2}{2}+\frac{z^3}{3}-\cdots+(-1)^{n-1}\frac{z^n}{n}+(-1)^n\int_0^z\frac{x^n\,dx}{1+x}.$$

Um die Stetigkeit des Integranden zu sichern, müssen wir annehmen, daß der Wert -1 nicht im Intervall $0\ldots z$ enthalten ist. Das hier auftretende Integral ist, wie man leicht feststellt, zwischen den Grenzen

$$\int_0^z x^n\,dx, \qquad \int_0^z \frac{x^n\,dx}{1+z}$$

enthalten, d. h. zwischen

$$\frac{z^{n+1}}{n+1}, \qquad \frac{z^{n+1}}{(n+1)(1+z)}.$$

Diese konvergieren im Falle $-1 < z \leqq 1$ beide nach Null, so daß sich die Gleichung (23*) ergibt. Im Falle $z > 1$ streben sie beide nach Unendlich.

Ganz ähnlich kann man bei der Funktion $f(x) = \operatorname{arc\,tan} x$ verfahren. Hier ist

$$f'(x) = \frac{1}{1+x^2} = 1-x^2+x^4-\cdots+(-1)^{n-1}x^{2n-2}+(-1)^n\frac{x^{2n}}{1+x^2}.$$

Integriert man von $x = 0$ bis $x = z$, so ergibt sich

$$\operatorname{arc\,tan} z = z-\frac{z^3}{3}+\frac{z^5}{5}-\cdots+(-1)^{n-1}\frac{z^{2n-1}}{2n-1}+(-1)^n\int_0^z\frac{x^{2n}\,dx}{1+x^2}.$$

Das Integral liegt zwischen den Grenzen

$$\int_0^z x^{2n}\,dx\,, \qquad \int_0^z \frac{x^{2n}\,dx}{1+z^2}\,,$$

d. h. zwischen

$$(26) \qquad \frac{z^{2n+1}}{2n+1}\,, \qquad \frac{z^{2n+1}}{(1+z^2)(2n+1)}\,.$$

Im Falle $-1 \leqq z \leqq 1$ konvergieren sie beide nach Null. Dann gilt also die Gleichung

$$(27) \qquad \operatorname{arc\,tan} z = z - \frac{z^3}{3} + \frac{z^5}{5} - \cdots.$$

Im Falle $z > 1$ kann man schreiben

$$\frac{z^{2n+1}}{2n+1} = \frac{e^{(2n+1)\ln z}}{(2n+1)\ln z}\cdot \ln z$$

und erkennt sofort, daß diese Größe bei wachsendem n unendlich wird. Dies gilt dann auch von der zweiten Größe (26). Im Falle $z < -1$ konvergieren diese Größen nach $-\infty$. Die Entwicklung (27) verliert daher außerhalb des Intervalles $-1 \ldots 1$ ihre Gültigkeit.

Bedenkt man, daß $\tan\frac{\pi}{4} = 1$, also $\operatorname{arc\,tan} 1 = \frac{\pi}{4}$ ist, so erkennt man, daß (27) im Falle $z = 1$ die berühmte Leibnizsche Reihe für $\frac{\pi}{4}$ liefert:

$$\frac{\pi}{4} = 1 - \frac{1}{3} + \frac{1}{5} - \cdots$$

Für die Berechnung der Zahl π ist eine andere Reihe besonders zweckmäßig. Man gelangt zu ihr durch folgende Überlegung: Es sei $\alpha = \operatorname{arc\,tan}\frac{1}{5}$, also $\tan\alpha = \frac{1}{5}$. Dann ist

$$\tan 2\alpha = \frac{2\tan\alpha}{1-\tan^2\alpha} = \frac{\frac{2}{5}}{1-\frac{1}{25}} = \frac{5}{12}\,,$$

$$\tan 4\alpha = \frac{2\tan 2\alpha}{1-\tan^2 2\alpha} = \frac{\frac{5}{6}}{1-\frac{25}{144}} = \frac{120}{119}\,.$$

Da $\tan 4\alpha > 1$ ist, übertrifft 4α den Bogen $\frac{\pi}{4}$. Die Tangente des Überschusses $4\alpha - \frac{\pi}{4}$ läßt sich in bekannter Weise berechnen. Man findet

$$\tan\left(4\alpha - \frac{\pi}{4}\right) = \frac{\tan 4\alpha - 1}{\tan 4\alpha + 1} = \frac{1}{239}\,.$$

Nach (27) ist nun

$$\alpha = \frac{1}{5} - \frac{1}{3.5^3} + \frac{1}{5.5^5} - \cdots,$$

$$4\alpha - \frac{\pi}{4} = \frac{1}{239} - \frac{1}{3.239^3} + \frac{1}{5.239^5} - \cdots$$

Hieraus folgt

$$\frac{\pi}{4} = 4\left(\frac{1}{5} - \frac{1}{3.5^3} + \frac{1}{5.5^5} - \cdots\right)$$
$$- \left(\frac{1}{239} - \frac{1}{3.239^3} + \frac{1}{5.239^5} - \cdots\right).$$

Noch eine berühmte Reihenentwicklung müssen wir hier besprechen, die **Newtonsche Binomialreihe.** Wenn $1 + x > 0$ ist, hat $(1 + x)^p$ für beliebige Exponenten einen Sinn, und zwar haben wir seinerzeit die Erklärung

$$(1 + x)^p = e^{p \ln(1+x)}$$

aufgestellt. Wir wollen nun für die Funktion $f(x) = (1 + x)^p$ die Taylorsche Reihe an der Stelle $x = 0$ aufstellen. Zu diesem Zweck gehen wir von der Taylorschen Formel aus und schreiben

$$(28) \qquad f(x) = f(0) + \frac{x}{1!} f'(0) + \cdots + \frac{x^{n-1}}{(n-1)!} f^{(n-1)}(0)$$
$$+ \int_0^x \frac{(x-u)^{n-1}}{(n-1)!} f^{(n)}(u)\, du.$$

Aus $f(u) = (1 + u)^p$ ergibt sich durch wiederholtes Differenzieren

$$f'(u) = p(1 + u)^{p-1},$$
$$f''(u) = p(p-1)(1 + u)^{p-2},$$
$$\cdots\cdots\cdots\cdots\cdots$$

und allgemein

$$f^{(n)}(u) = p(p-1)\ldots(p-n+1)(1 + u)^{p-n}.$$

Hiernach ist

$$\frac{f^{(n)}(u)}{n!} = \binom{p}{n}(1 + u)^{p-n},$$

wobei wir die allgemein übliche Bezeichnung

$$\binom{p}{n} = \frac{p(p-1)\ldots(p-n+1)}{n!}$$

benutzen. Formel (28) lautet nunmehr

$$(29) \qquad (1 + x)^p = 1 + \binom{p}{1}x + \cdots + \binom{p}{n-1}x^{n-1}$$
$$+ n\binom{p}{n}\int_0^x (x-u)^{n-1}(1 + u)^{p-n}\, du.$$

Da wir unter p einen beliebigen Exponenten verstehen, müssen wr dafür sorgen, daß $(1 + u)^{p-n}$ einen Sinn hat, daß also $1 + u > 0$ ist. Des wird der Fall sein, wenn wir $x > -1$ voraussetzen.

Setzt man nun

$$R_n = n\binom{p}{n}\int_0^x (x-u)^{n-1}(1+u)^{p-n}\,du\,,$$

so wird

$$R_{n+1} = (p-n)\binom{p}{n}\int_0^x (x-u)^{n}(1+u)^{p-n-1}\,du$$

und daher

$$R_{n+1}-R_n = \binom{p}{n}\int_0^x \{(p-n)(x-u)^n(1+u)^{p-n-1} - n(x-u)^{n-1}(1+u)^{p-n}\}\,du.$$

Der Integrand ist offenbar die Ableitung von

$$(x-u)^n(1+u)^{p-n}.$$

Daher wird

$$R_{n+1}-R_n = -\binom{p}{n}x^n.$$

Dasselbe Ergebnis läßt sich übrigens noch viel einfacher erreichen, indem man die beiden Gleichungen

$$(1+x)^p = 1 + \binom{p}{1}x + \cdots + \binom{p}{n-1}x^{n-1} + R_n$$

und

$$(1+x)^p = 1 + \binom{p}{1}x + \cdots + \binom{p}{n-1}x^{n-1} + \binom{p}{n}x^n + R_{n+1}$$

voneinander abzieht. Soll nun R_n bei wachsendem n nach Null konvergieren, so muß dasselbe von R_{n+1} und von $R_{n+1} - R_n$ gelten, d. h. es muß

$$\lim\left\{\binom{p}{n}x^n\right\} = 0 \tag{30}$$

sein. Wir schließen den trivialen Fall, daß p einen der Werte $0, 1, 2, \ldots$ hat, aus und beachten, daß beim Übergange von $\binom{p}{n}x^n$ zu $\binom{p}{n+1}x^{n+1}$ der Faktor $\frac{p-n}{n+1}x$ hinzutritt. $\frac{p-n}{n+1} = \frac{p+1}{n+1} - 1$ strebt offenbar mit wachsendem n dem Grenzwert -1 zu, also $\frac{p-n}{n+1}x$ dem Grenzwert $-x$. Im Falle $|x| > 1$ wird also von einem gewissen n angefangen auch $\left|\frac{p-n}{n+1}x\right| > 1$ sein. Dann kann aber unmöglich die Limesrelation (30) gelten, weil von jenem n ab der Betrag von $\binom{p}{n}x^n$ stets zunimmt. Es ergibt sich also als notwendige Bedingung $|x| \leqq 1$.

Ist nun $|x| < 1$, so kann man durch folgende Überlegung erkennen, daß $\lim R_n = 0$ wird. Die Ableitung von $(x-u)^{n-1}(1+u)^{p-n}$ lautet

$$(p-n)(x-u)^{n-1}(1+u)^{p-n-1}-(n-1)(x-u)^{n-2}(1+u)^{p-n}$$
$$=(x-u)^{n-2}(1+u)^{p-n-1}\{(p-n)(x-u)-(n-1)(1+u)\}.$$

Der letzte Faktor liegt, wenn u das Intervall $0\ldots x$ durchläuft, zwischen

$$(p-n)x-(n-1), \qquad -(n-1)(1+x).$$

Beide Werte sind bei hinreichend großem n negativ. $(x-u)^{n-1}(1+u)^{p-n}$ variiert also monoton von x^{n-1} bis 0, und R_n liegt zwischen $n\binom{p}{n}x^n$ und 0. Gelingt es zu zeigen, daß $u_n = n\binom{p}{n}x^n$ nach Null konvergiert, so weiß man, daß R_n dasselbe tut. Beim Übergange von n zu $n+1$ tritt zu u_n der Faktor $\frac{p-n}{n}x$, der bei wachsendem n den Grenzwert $-x$ zustrebt und daher für $n > N$ ebenso wie x seinem Betrage nach kleiner als 1 ist. Die Folge $|u_1|, |u_2|, |u_3|, \ldots$ wird also schließlich absteigend. Daher existiert $\lim |u_n|$. Nennen wir diesen Grenzwert g, so folgt aus $|u_{n+1}| = |u_n|\left|\frac{(p-n)x}{n}\right|$

$$g = g\,|x|.$$

Mit Rücksicht auf $|x| < 1$ muß also $g = 0$ sein, d. h. $\lim u_n = 0$.

Im Falle $|x| < 1$ gilt demnach die Newtonsche Entwicklung

$$(31) \qquad (1+x)^p = 1 + \binom{p}{1}x + \binom{p}{2}x^2 + \cdots,$$

was auch p sein mag. Es bleibt noch die Möglichkeit, $x = 1$ zu prüfen. Vor allem muß festgestellt werden, wie es im Falle $x = 1$ mit der notwendigen Bedingung (30) steht. Da beim Übergange von n zu $n+1$ die Größe $v_n = \binom{p}{n}$ den Faktor $\frac{p+1}{n+1} - 1$ erhält, so kann v_n unmöglich der Null zustreben, wenn $p+1$ verschwindet oder negativ ist. Es wäre dann nämlich $|v_{n+1}| \geqq |v_n|$. Wir müssen also im Falle $x = 1$ die Bedingung $p + 1 > 0$, d. h. $p > -1$, stellen. Es fragt sich, ob diese Bedingung auch hinreichend ist. Das Restglied R_n unterscheidet sich von $\binom{p}{n}$ um den Faktor

$$n\int_0^1 (1-u)^{n-1}(1+u)^{p-n}\,du.$$

Der Integrand ist bei hinreichend großem n kleiner als $(1-u)^{n-1}$, das Integral selbst also kleiner als

$$\int_0^1 (1-u)^{n-1}\,du = -\left\{\frac{(1-u)^n}{n}\right\}_0^1 = \frac{1}{n}.$$

Daher liegt der erwähnte Faktor zwischen 0 und 1. Wenn also $\binom{p}{n}$ der Null zustrebt, wird R_n dasselbe tun. Somit ist nur noch die Frage zu erörtern, ob im Falle $p > -1$ der Ausdruck $\binom{p}{n}$ nach Null konvergiert. Beim Übergange zu $n+1$ multipliziert sich $(-1)^n \binom{p}{n} = w_n$ mit dem Faktor $\frac{n-p}{n+1}$ oder $1 - \frac{p+1}{n+1}$. Wenn n bereits größer als p ist, so liegt $\frac{p+1}{n+1}$ zwischen 0 und 1. Daher ist

$$-\ln\left(1 - \frac{p+1}{n+1}\right) = \frac{p+1}{n+1} + \frac{1}{2}\left(\frac{p+1}{n+1}\right)^2 + \cdots$$

und jedenfalls

$$\frac{p+1}{n+1} < -\ln\left(1 - \frac{p+1}{n+1}\right),$$

d. h.

$$\ln\left(\frac{w_n}{w_{n+1}}\right) > \frac{p+1}{n+1}.$$

Hieraus folgt

$$\ln\left(\frac{w_n}{w_{n+m}}\right) > (p+1)\left(\frac{1}{n+1} + \frac{1}{n+2} + \cdots + \frac{1}{n+m}\right).$$

Zerlegt man nun das Integral

$$\int_{n+1}^{n+m+1} \frac{dx}{x}$$

in die Summanden

$$\int_{n+1}^{n+2} \frac{dx}{x}, \int_{n+2}^{n+3} \frac{dx}{x}, \ldots, \int_{n+m}^{n+m+1} \frac{dx}{x}$$

und bedenkt, daß $\frac{1}{n+1}, \frac{1}{n+2}, \ldots, \frac{1}{n+m}$ die größten Werte des Integranden in den einzelnen Integrationsintervallen sind, so ergibt sich folgendes System von Ungleichungen:

$$\int_{n+1}^{n+2} \frac{dx}{x} < \frac{1}{n+1}, \ldots, \int_{n+m}^{n+m+1} \frac{dx}{x} < \frac{1}{n+m}.$$

Demnach ist

$$\frac{1}{n+1} + \frac{1}{n+2} + \cdots + \frac{1}{n+m} > \int_{n+1}^{n+m+1} \frac{dx}{x} = \ln\left(\frac{n+m+1}{n+1}\right).$$

Man erkennt auf diese Weise, daß bei wachsendem m die Summe

$$\frac{1}{n+1} + \frac{1}{n+2} + \cdots + \frac{1}{n+m}$$

über alle Grenzen zunimmt. Dasselbe gilt also um so mehr von $\ln\left(\frac{w_n}{w_{n+m}}\right)$ und von $\frac{w_n}{w_{n+m}}$. Der reziproke Wert $\frac{w_{n+m}}{w_n}$ konvergiert bei wachsendem m nach Null. Da n bei dieser Betrachtung festliegt, können wir schließen, daß der Zähler dem Grenzwert Null zustrebt. Das aber sollte bewiesen werden.

Wir wissen jetzt, daß die Newtonsche Entwicklung (31) für $x = 1$ dann und nur dann gilt, wenn $p > -1$ ist. Z. B. wird die Gleichung

$$(1+1)^{-1} = 1 + \binom{-1}{1} + \binom{-1}{2} + \cdots$$

nicht gelten. Da

$$\binom{-1}{1} = -1, \quad \binom{-1}{2} = \frac{(-1)(-2)}{1 \cdot 2} = 1,$$
$$\binom{-1}{3} = \frac{(-1)(-2)(-3)}{1 \cdot 2 \cdot 3} = -1, \ldots$$

ist, so würde jene Gleichung lauten

$$\frac{1}{2} = 1 - 1 + 1 - 1 + \cdots \tag{32}$$

Diese Gleichung ist deshalb sinnlos, weil die unendliche Reihe, die hier auftritt, überhaupt keine Summe hat. Die n-te Partialsumme ist nämlich bei geradem n gleich Null, bei ungeradem n gleich 1. Also strebt die Folge der Partialsummen, die $1, 0, 1, 0, \ldots$ lautet, keinem Grenzwert zu, und gerade der Grenzwert der Partialsummen ist es, den wir als Summe der unendlichen Reihe definiert haben. Wo dieser Grenzwert fehlt, kann von einer Summe der Reihe nicht die Rede sein, wenigstens solange die erwähnte Summendefinition in Kraft bleibt. Schon Leibniz versuchte trotzdem mit der Gleichung (32) einen Sinn zu verbinden. Er benutzte dabei eine eigentümliche Überlegung. Die n-te Partialsumme s_n ist hier 1 oder 0, je nachdem n einen ungeraden oder geraden Wert hat. Nun war für Leibniz $\lim s_n$ sozusagen die Partialsumme s_∞ und er berief sich darauf, daß man $n = \infty$ weder für gerade noch für ungerade erklären könne. Daher sei denn gerechterweise s_∞ weder 0 noch 1, sondern die Mitte zwischen beiden, also $\frac{1}{2}$. Wir können heute die Gleichung (32) auf eine andere Weise retten, nämlich durch eine weitere Fassung des Summenbegriffs. Wenn bei einer unendlichen Reihe $\lim s_n$ existiert, so kann man leicht erkennen, daß dann auch das arithmetische Mittel der n ersten Partialsummen demselben Grenzwert zustrebt. Man hat mit anderen Worten

$$\lim\left(\frac{s_1 + s_2 + \cdots + s_n}{n}\right) = \lim s_n,$$

falls $\lim s_n$ existiert. Das ist ein allgemeiner Grenzwertsatz. Um ihn zu beweisen, schreibe man

$$(33)\qquad \frac{s_1+s_2+\cdots+s_n}{n}=\frac{s_1+\cdots+s_m}{n}+\frac{s_{m+1}+\cdots+s_n}{n-m}\cdot\frac{n-m}{n}.$$

Bei hinreichend großem m liegen $s_{m+1}, s_{m+2}, \ldots$ zwischen $\sigma-\varepsilon$ und $\sigma+\varepsilon$, wobei wir $\sigma=\lim s_n$ setzen. Ebenso liegt das arithmetische Mittel aus $s_{m+1}, \ldots, s_n$ zwischen $\sigma-\varepsilon$ und $\sigma+\varepsilon$. Hält man m fest und läßt n wachsen, so wird $\frac{s_1+\cdots+s_m}{n}$ der Null zustreben und $\frac{n-m}{n}$ der 1. Von einem bestimmten Stadium an wird dann der erste Bestandteil von (33) zwischen $-\varepsilon$ und ε, der zweite zwischen $\sigma-2\varepsilon$ und $\sigma+2\varepsilon$ bleiben, das Ganze also zwischen $\sigma-3\varepsilon$ und $\sigma+3\varepsilon$. Da ε beliebig klein gewählt werden kann, so bedeutet diese Aussage, daß $\frac{s_1+s_2+\cdots+s_n}{n}$ bei wachsendem n nach σ konvergiert. Sobald also $\lim s_n$ existiert, strebt auch das arithmetische Mittel der n ersten Partialsummen demselben Grenzwert zu. Es kann aber sehr wohl der Fall eintreten, daß $\lim s_n$ nicht existiert und trotzdem das genannte arithmetische Mittel nach einem Grenzwert konvergiert. Diesen Grenzwert darf man in solchem Falle als die Summe der unendlichen Reihe ansehen, deren n-te Partialsumme s_n ist. Bei der Reihe (32) z. B. lauten die Partialsummen $1, 0, 1, 0, \ldots$ Daher wird bei geradem n

$$\frac{s_1+s_2+\cdots+s_n}{n}=\frac{1}{2},$$

bei ungeradem n

$$\frac{s_1+s_2+\cdots+s_n}{n}=\frac{n+1}{2n}=\frac{1}{2}+\frac{1}{2n}.$$

Jedenfalls ist

$$\lim\frac{s_1+s_2+\cdots+s_n}{n}=\frac{1}{2}.$$

Die Reihe hat also nach der verallgemeinerten Summendefinition tatsächlich die Summe $\frac{1}{2}$.

Wir haben bei der Newtonschen Binomialreihe von vornherein $x>-1$ angenommen, weil wir $(1+x)^p$ durch $e^{p\ln}(1+x)$ erklärten. Man kann aber unabhängig davon die Frage aufwerfen, wann die Reihe

$$1+\binom{p}{1}x+\binom{p}{2}x^2+\cdots$$

eine Summe hat oder, wie man sagt, konvergent ist. Die Summe wird dabei im alten Sinne verstanden, ist also der Grenzwert der n-ten Partialsumme s_n. Demselben Grenzwert strebt s_{n+1} zu und die Differenz $s_{n+1}-s_n$ oder $\binom{p}{n}x^n$ dem Grenzwert Null. Wir schließen, wie schon einmal gesagt wurde, die Fälle $p=0, 1, 2, \ldots$ aus, weil dann die Binomialreihe abbricht und eine endliche Reihe ist. Da $\binom{p}{n}x^n$ beim Übergange von n zu $n+1$ den Faktor

$\frac{p-n}{n+1}x$ oder $\left(\frac{p+1}{n+1}-1\right)x$ erhält, der dem Grenzwert x zustrebt, so muß $|x| \leqq 1$ sein. Sonst wäre nämlich von einer bestimmten Stelle ab jener hinzutretende Faktor seinem Betrage nach größer als 1 und $\binom{p}{n} x^n$ könnte nicht nach Null konvergieren. Das haben wir früher schon festgestellt. Die einzige noch nicht untersuchte Möglichkeit ist $x = -1$. In diesem Falle kann man s_n leicht berechnen. Es wird nämlich

$$s_2 = 1 - \frac{p}{1} = -\frac{p-1}{1},$$

$$s_3 = s_2 + \frac{p(p-1)}{1.2} = \frac{(p-1)(p-2)}{1.2},$$

$$s_4 = s_3 - \frac{p(p-1)(p-2)}{1.2.3} = -\frac{(p-1)(p-2)(p-3)}{1.2.3},$$

$$\cdots\cdots\cdots\cdots\cdots\cdots$$

also allgemein

$$s_n = (-1)^{n-1}\binom{p-1}{n-1}. \tag{34}$$

Von der Untersuchung des Falles $x = 1$ wissen wir, daß $\binom{p}{n}$ nach Null konvergiert, wenn $p > -1$ ist. Daher wird im Falle $p > 0$ der Ausdruck (34) nach Null konvergieren. Wenn man also $(1-1)^p = 0$ setzt, so gilt die Newtonsche Entwicklung (31) auch für $x = -1$ und $p > 0$. Die Festsetzung $(1-1)^p = 0$ für den Fall $p > 0$ läßt sich leicht mit der Erklärung $(1+x)^p = e^{p \ln(1+x)}$ in Einklang bringen. Wenn x sich abnehmend dem Werte -1 unbegrenzt nähert, so konvergiert $1 + x$ durch positive Werte nach Null und $\ln(1+x)$ nach $-\infty$. Da $p > 0$ ist, wird auch $p \ln(1+x)$ negativ unendlich und $(1+x)^p$ konvergiert also nach Null. Durch die Festsetzung $(1-1)^p = 0$ wird also die Stetigkeit an der Stelle $x = -1$ hergestellt. Wir erinnern daran, daß p keine ganze Zahl ist. Bei positivem ganzzahligem p bedarf die Gleichung $(1-1)^p = 0$ keiner Rechtfertigung. Wenn $x = 1$ und $p < 0$ ist, also $p = -q$ und q positiv, so wird offenbar

$$s_n = \frac{(q+1)(q+2)\ldots(q+n-1)}{1.2\ldots(n-1)},$$

d. h.

$$s_n = \left(1+\frac{q}{1}\right)\left(1+\frac{q}{2}\right)\cdots\left(1+\frac{q}{n-1}\right),$$

also

$$s_n > q\left(\frac{1}{1}+\frac{1}{2}+\cdots+\frac{1}{n-1}\right).$$

Wir wissen aber, daß

$$\frac{1}{1}+\frac{1}{2}+\cdots+\frac{1}{n-1} > \int_1^n \frac{dx}{x},$$

also größer als Logarithmus n ist. Daher wächst s_n bei zunehmendem n über alle Grenzen. Die Binomialreihe hat also keine Summe im gewöhnlichen Sinne. Man könnte ihr höchstens die Summe ∞ beilegen. Wenn man $(1-1)^p$ als Grenzwert von $(1+x)^p$ für den Fall $\lim x = -1$ ansieht $(x > -1)$, so bleibt die Newtonsche Gleichung in Kraft. Der genannte Grenzwert ist nämlich ebenfalls positiv unendlich, da der Exponent in $e^{-q \ln(1+x)}$ positiv unendlich wird, wenn x absteigend nach -1 konvergiert. Wir legen auf diese Rettung der Newtonschen Entwickelung für $x = -1$ und $p < 0$ keinen besonderen Wert. Im Falle $x = -1$, $p = 0$, der schließlich noch übrigbleibt, wird $s_n = 1$, weil die Reihe sich auf $1 + 0 + 0 + \cdots$ reduziert. Will man auch in diesem Falle die Gleichung (31) aufrecht erhalten, so muß man $(1-1)^0 = 1$ setzen. Wenn man $(1-1)^0$ als Grenzwert von $e^{-0 \ln(1+x)}$ ansieht, so rechtfertigt sich diese Festsetzung.

§ 3. Allgemeines über unendliche Reihen.

Wir wissen, daß eine unendliche Reihe konvergent ist oder konvergiert, wenn ihre Partialsummen eine konvergente Folge bilden. Der Grenzwert dieser Folge ist die Summe der unendlichen Reihe. Alle nicht konvergenten Reihen nennt man divergent. Unter den divergenten Reihen bilden diejenigen eine besondere Klasse, deren Partialsummen zwischen endlichen Schranken bleiben. Es gibt dann für die Partialsummen einen unteren und einen oberen Häufungswert, und man könnte unter Verallgemeinerung des Summenbegriffs von einer unteren und oberen Summe der Reihe sprechen und überhaupt jeden Häufungswert H der Partialsummen eine Summe der betrachteten unendlichen Reihe nennen. Da es in der Folge der Partialsummen $s_1, s_2, s_3, \ldots$ stets eine nach H konvergierende Teilfolge $s_{n_1}, s_{n_2}, s_{n_3}, \ldots$ gibt $(n_1 < n_2 < n_3 < \cdots)$, so wird die unendliche Reihe konvergent und erhält die Summe H, wenn man gewisse aufeinanderfolgende Glieder zusammenfaßt, und zwar die n_1 ersten, dann die $n_2 - n_1$ nächsten, die $n_3 - n_2$ nächsten usw. Aber wir wollen diesen Gedanken nicht weiter verfolgen und nur konvergente Reihen betrachten. Es kommt uns darauf an, die wichtigsten Eigenschaften dieser Reihen hervorzuheben. Zunächst machen wir einige naheliegende Bemerkungen.

1. Wenn die Reihe $u_1 + u_2 + u_3 + \cdots$ konvergiert, so ist auch jeder Rest dieser Reihe konvergent. Ein solcher Rest ergibt sich dadurch, daß man die p ersten Glieder streicht. Umgekehrt ist die Konvergenz der Reihe gesichert, wenn man einen konvergenten Rest aufzeigen kann. Setzt man $s_m = u_1 + u_2 + \cdots + u_m$ und $\sigma_n = u_{p+1} + u_{p+2} + \cdots + \cdots + u_{p+n}$, so ist offenbar $\sigma_n = s_{p+n} - s_p$. Sobald nun die Reihe $u_1 + u_2 + u_3 + \cdots$ konvergent ist und die Summe s hat, wird offenbar $\lim \sigma_n = s - s_p$, d. h. $u_{p+1} + u_{p+2} + \cdots$ ebenfalls konvergent sein. Weiß man umgekehrt, daß $u_{p+1} + u_{p+2} + \cdots$ konvergiert und die Summe σ hat, so folgt aus $s_n = \sigma_{n-p} + s_p$ sofort $\lim s_n = \sigma + s_p$, d. h. $u_1 + u_2 + u_3 + \cdots$ ist ebenfalls konvergent. Zugleich hat sich hier ergeben, daß man aus

$$\sigma = u_{p+1} + u_{p+2} + \cdots$$

schließen kann

$$u_1 + u_2 + \cdots + u_p + \sigma = u_1 + u_2 + u_3 + \cdots$$

und daß aus

$$s = u_1 + u_2 + u_3 + \cdots$$

folgt

$$s - u_1 - u_2 - \cdots - u_p = u_{p+1} + u_{p+2} + \cdots$$

2. Wenn die konvergenten Reihen $u_1 + u_2 + u_3 + \cdots$ und $v_1 + v_2 + v_3 + \cdots$ die Summen s und t haben, so sind auch die Reihen $u_1 + v_1 + u_2 + v_2 + \cdots$ und $u_1 - v_1 + u_2 - v_2 + \cdots$ konvergent, und ihre Summen lauten $s + t$ und $s - t$. Die n-te Partialsumme der Reihe $u_1 + v_1 + u_2 + v_2 + \cdots$ heiße σ_n. Dann ist offenbar $\sigma_{2n} = s_n + t_n$ und $\sigma_{2n+1} = \sigma_{2n} + u_{n+1} = \sigma_{2n} + s_{n+1} - s_n$. Nun wird $\lim \sigma_{2n} = s + t$ und $\lim \sigma_{2n+1} = s + t + s - s = s + t$. Also strebt auch die Folge $\sigma_1, \sigma_2, \sigma_3, \ldots$ dem Grenzwert $s + t$ zu. Ist τ_n die n-te Partialsumme der Reihe $u_1 - v_1 + u_2 - v_2 + \cdots$, d. h. der Reihe $u_1 + (-v_1) + u_2 + (-v_2) + \cdots$, so hat man $\tau_{2n} = s_n - t_n$, $\tau_{2n+1} = \tau_{2n} + u_{n+1} = \tau_{2n} + s_{n+1} - s_n$. Daher wird $\lim \tau_{2n} = s - t$, $\lim \tau_{2n+1} = s - t + s - s = s - t$. Also strebt die Folge $\tau_1, \tau_2, \tau_3, \ldots$ dem Grenzwert $s - t$ zu.

3. Bei einer konvergenten Reihe darf man aufeinanderfolgende Glieder gruppenweise zusammenfassen. Dabei bleibt die Konvergenz und die Summe der Reihe erhalten. Sind nämlich $s_1, s_2, s_3, \ldots$ die Partialsummen der Reihe $u_1 + u_2 + u_3 + \cdots$, so hat die Reihe

$$(u_1 + \cdots + u_{n_1}) + (u_{n_1+1} + \cdots + u_{n_2}) + (u_{n_2+1} + \cdots + u_{n_3}) + \cdots$$

die Partialsummen $s_{n_1}, s_{n_2}, s_{n_3}, \ldots$ Sie bilden eine Teilfolge von $s_1, s_2, s_3, \ldots$ Ist nun $\lim s_n = s$, so streben auch alle Teilfolgen von $s_1, s_2, s_3, \ldots$ dem Grenzwert s zu. Mithin hat die verklammerte Reihe dieselbe Summe wie $u_1 + u_2 + u_3 + \cdots$.

Wenn man in einer konvergenten Reihe Klammern allzu leichtsinnig fortlassen würde, könnte die Konvergenz aufhören. Eine endliche Anzahl von Malen darf man natürlich Klammern streichen. Das geht aus Bemerkung 1 hervor. Unter Umständen schaden auch unendlich viele Streichungen gar nichts. Dies ergibt sich aus Bemerkung 2, wenn man z. B. die Reihe $(u_1 + v_1) + (u_2 + v_2) + \cdots$ betrachtet und die Reihen $u_1 + u_2 + \cdots$, $v_1 + v_2 + \cdots$ konvergieren.

Daß die Fortlassung von Klammern die Konvergenz zerstören kann, zeigt die Reihe $(1 - 1) + (1 - 1) + (1 - 1) + \cdots$

4. Aus $s = u_1 + u_2 + u_3 + \cdots$ folgt $ks = ku_1 + ku_2 + ku_3 + \cdots$, weil $\lim s_n = s$ die Limesrelation $\lim (ks_n) = ks$ nach sich zieht.

Wir wenden uns nun einer besonders wichtigen Reihenklasse zu, nämlich den Reihen mit positiven Gliedern.

Wenn alle u_n positiv (oder null) sind, so bilden die Partialsummen $s_1, s_2, s_3, \ldots$ der Reihe $u_1 + u_2 + u_3 + \cdots$ eine aufsteigende Zahlenfolge.

Es ist nämlich $s_{n+1} = s_n + u_{n+1} \geqq s_n$, weil $u_{n+1} \geqq 0$. Bei einer solchen Reihe braucht man nur festzustellen, ob das anwachsende s_n über alle Grenzen zunimmt, oder ob es unterhalb einer gewissen Schranke bleibt. Im zweiten Falle existiert $\lim s_n$, während im ersten Falle von einem eigentlichen Grenzwert nicht die Rede sein kann. So ergibt sich der grundlegende Satz, daß eine Reihe mit positiven Gliedern dann und nur dann konvergiert, wenn alle Partialsummen unterhalb einer Schranke liegen.

Man kann die Summe einer konvergenten Reihe mit positiven Gliedern auf eine solche Weise definieren, daß sie nur von den Reihengliedern, nicht aber von ihrer Anordnung oder Numerierung abhängig erscheint. Wenn man eine Anzahl von Reihengliedern $u_{n_1}, u_{n_2}, \ldots, u_{n_p}$ nach Belieben herausgreift, wobei wir uns $n_1 < n_2 < \cdots < n_p$ denken, so soll $u_{n_1} + u_{n_2} + \cdots + u_{n_p}$ eine Teilsumme heißen. Eine solche Teilsumme ist offenbar kleiner als die Partialsumme s_{n_p}, wenn sie nicht mit s_{n_p} zusammenfällt. Die Teilsummen haben also jedenfalls dieselben oberen Schranken wie die Partialsummen, d. h. wenn eine gewisse Größe alle Partialsummen übertrifft, so übertrifft sie auch alle Teilsummen und umgekehrt. Nun kann man, wie wir wissen, den Grenzwert der aufsteigenden Zahlenfolge $s_1, s_2, s_3, \ldots$ auch als die obere Grenze (kleinste obere Schranke) aller s_n betrachten, mithin auch als die obere Grenze aller Teilsummen. Die Summe einer konvergenten Reihe mit positiven Gliedern ist demnach nichts anderes als die obere Grenze aller Teilsummen. Die Teilsummen bleiben aber in ihrer Gesamtheit erhalten, wenn man die Reihenglieder anders ordnet. Daher behält eine solche Reihe bei allen Umordnungen dieselbe Summe. Das ist der sogenannte Umordnungssatz. Wir wollen unter $\mathfrak{M}$ die Menge aller u_n verstehen und $\mathfrak{M}$ in eine Folge von Teilmengen $\mathfrak{M}_1, \mathfrak{M}_2, \mathfrak{M}_3, \ldots$ zerlegen. Jede dieser Teilmengen kann eine endliche Anzahl oder auch unendlich viele u_n enthalten. Die Hauptsache ist, daß jedes u_n in einer und nur einer jener Teilmengen auftritt. Wäre es nicht so, dann würden wir das Wort Zerlegung nicht anwenden. $s_{\mathfrak{M}}$ sei die Summe der konvergenten Reihe $u_1 + u_2 + u_3 + \cdots$, also das, was wir früher mit $\lim s_n$ bezeichneten. Da die Teilsummen von $\mathfrak{M}_\nu$ zugleich Teilsummen von $\mathfrak{M}$ sind, also wie diese beschränkt sind, so existiert auch für $\mathfrak{M}_\nu$ eine Summe $s_{\mathfrak{M}_\nu}$, und es gilt nun der Satz, daß diese Summen eine konvergente Reihe mit der Summe $s_{\mathfrak{M}}$ bilden, daß also

$$(1) \qquad s_{\mathfrak{M}} = s_{\mathfrak{M}_1} + s_{\mathfrak{M}_2} + s_{\mathfrak{M}_3} + \cdots$$

ist. Um diesen Satz, den man als Zerlegungssatz bezeichnet, zu beweisen, muß man sich überzeugen, daß $s_{\mathfrak{M}}$ die obere Grenze aller Partialsummen der Reihe $s_{\mathfrak{M}_1} + s_{\mathfrak{M}_2} + \cdots$ ist.

Sind $s_{\mathfrak{m}_1}, s_{\mathfrak{m}_2}, \ldots, s_{\mathfrak{m}_p}$ beliebige Teilsummen von $\mathfrak{M}_1, \mathfrak{M}_2, \ldots, \mathfrak{M}_p$, so ist $s_{\mathfrak{M}_1} + s_{\mathfrak{M}_2} + \cdots + s_{\mathfrak{M}_p}$ offenbar eine obere Schranke für die Größen $s_{\mathfrak{m}_1} + s_{\mathfrak{m}_2} + \cdots + s_{\mathfrak{m}_p}$, und zwar die kleinste obere Schranke, also die obere Grenze, weil man die endlichen Teilmengen $\mathfrak{m}_1, \mathfrak{m}_2, \ldots, \mathfrak{m}_p$ so wählen kann, daß jedes $s_{\mathfrak{m}_\nu}$ dem entsprechenden $s_{\mathfrak{M}_\nu}$ beliebig nahe rückt. Nun ist aber

$s_{m_1} + s_{m_2} + \cdots + s_{m_p}$ zugleich eine Teilsumme von $\mathfrak{M}$. Also stellt $s_{\mathfrak{M}}$ ebenfalls eine obere Schranke dieser Größen dar, und man kann schließen, daß

$$s_{\mathfrak{M}_1} + s_{\mathfrak{M}_2} + \cdots + s_{\mathfrak{M}_p} \leqq s_{\mathfrak{M}}$$

sein muß. Dies gilt für $p = 1, 2, 3, \ldots$ Jetzt fehlt nur noch der Nachweis, daß bei wachsendem p die linke Seite der rechten beliebig nahe kommt. Nimmt man nun in der Reihe $u_1 + u_2 + \cdots$ eine Partialsumme $u_1 + u_2 + \cdots + u_n$, die an $s_{\mathfrak{M}}$ bis auf ε herangerückt ist, so wird jedes Glied dieser Partialsumme in irgendeinem $\mathfrak{M}_r$ stecken. Wenn man also p genügend groß macht, werden $u_1, u_2, \ldots, u_n$ in den Mengen $\mathfrak{M}_1, \mathfrak{M}_2, \ldots, \mathfrak{M}_p$ enthalten sein, und es werden daher die Ungleichungen gelten

$$u_1 + u_2 + \cdots + u_n \leqq s_{\mathfrak{M}_1} + s_{\mathfrak{M}_2} + \cdots + s_{\mathfrak{M}_p} \leqq s_{\mathfrak{M}},$$

so daß sich auch $s_{\mathfrak{M}_1} + s_{\mathfrak{M}_2} + \cdots + s_{\mathfrak{M}_p}$ von $s_{\mathfrak{M}}$ um weniger als ε unterscheidet. Dann folgt aber die Aussage (1).

Wenn sich bei einer Reihe mit positiven Gliedern aus der Anwendung des Zerlegungssatzes Widersprüche ergeben, so kann man sicher sein, daß die betreffende Reihe divergent ist. Im Falle der Konvergenz würde nämlich die Gleichung (1) gelten. Auf diesem Wege läßt sich manchmal die Divergenz einer Reihe nachweisen. Ein berühmtes Beispiel hierfür verdanken wir Johann Bernoulli. Es handelt sich um die Reihe $\frac{1}{1} + \frac{1}{2} + \frac{1}{3} + \cdots$ Leibniz hatte bemerkt, daß

$$(2) \qquad \frac{1}{a(a+1)} + \frac{1}{(a+1)(a+2)} + \frac{1}{(a+2)(a+3)} + \cdots = \frac{1}{a}$$

ist. Man hat nämlich

$$\frac{1}{a(a+1)} = \frac{1}{a} - \frac{1}{a+1}, \quad \frac{1}{(a+1)(a+2)} = \frac{1}{a+1} - \frac{1}{a+2}, \ldots,$$

also

$$s_n = \left(\frac{1}{a} - \frac{1}{a+1}\right) + \left(\frac{1}{a+1} - \frac{1}{a+2}\right) + \cdots + \left(\frac{1}{a+n-1} - \frac{1}{a+n}\right)$$
$$= \frac{1}{a} - \frac{1}{a+n},$$

woraus sofort folgt $\lim s_n = \frac{1}{a}$. Nach (2) ist nun

$$\frac{1}{1.2} + \frac{1}{2.3} + \frac{1}{3.4} + \cdots = \frac{1}{1},$$
$$\frac{1}{2.3} + \frac{1}{3.4} + \cdots = \frac{1}{2},$$
$$\frac{1}{3.4} + \cdots = \frac{1}{3},$$
$$\cdots\cdots\cdots\cdots\cdots$$

Hieraus folgt, wenn man die links stehenden Glieder nach Spalten zusammenfaßt,

$$\frac{1}{1.2}+\frac{2}{2.3}+\frac{3}{3.4}+\cdots=\frac{1}{1}+\frac{1}{2}+\frac{1}{3}+\cdots,$$

d. h.

$$\frac{1}{2}+\frac{1}{3}+\frac{1}{4}+\cdots=\frac{1}{1}+\frac{1}{2}+\frac{1}{3}+\cdots$$

oder $0=1$. Dieser Widerspruch beruht darauf, daß die Reihe $1+\frac{1}{2}+\frac{1}{3}+\cdots$ divergent ist, während wir so gerechnet haben, als wäre sie konvergent.

Die Multiplikation läßt sich bei Reihen mit positiven Gliedern besonders einfach durchführen. Sind $u_1+u_2+u_3+\cdots$ und $v_1+v_2+v_3+\cdots$ zwei solche Reihen und U, V ihre Summen, so ist UV die Summe aller Einzelprodukte $u_r v_s$, die man sich irgendwie zu einer Reihe geordnet denken muß, z. B. in der Weise, daß die Summe $r+s$ nicht abnimmt und, wenn sie sich gleichbleibt, r zunimmt. Dadurch erhält man $u_1v_1+u_1v_2+u_2v_1+u_1v_3+u_2v_2+u_3v_1+\cdots$. Wenn man eine Partialsumme dieser Reihe betrachtet und ϱ,σ die größten in ihr vorkommenen Werte von r und s sind, so steckt diese Partialsumme als Bestandteil in dem ausgerechneten Produkt

$$(u_1+u_2+\cdots+u_\varrho)(v_1+v_2+\cdots+v_\sigma).$$

Andererseits kann man, wenn ein solches Produkt vorliegt, die Partialsumme der erwähnten Reihe so weit erstrecken, daß sie alle Glieder des ausgerechneten Produktes umfaßt. Aus beiden Feststellungen folgt, daß

$$UV=u_1v_1+u_1v_2+u_2v_1+u_1v_3+u_2v_2+u_3v_1+\cdots$$

ist oder kurz

$$\Sigma u_r\cdot\Sigma v_s=\Sigma u_r v_s\,. \qquad (u_r\geqq 0,\ v_s\geqq 0). \tag{3}$$

Es zeigt sich auch hier wieder, daß man mit Reihen positiver Glieder so rechnen kann, wie mit gewöhnlichen Summen. Um eine kleine Anwendung des Satzes (3) zu zeigen, setzen wir $u_n=v_n=q^{n-1}$ und verstehen unter q eine Zahl zwischen 0 und 1. Dann hat man

$$\frac{1}{1-q}=1+q+q^2+\cdots.$$

Übrigens handelt es sich hier um einen Sonderfall der Binomialreihe, da

$$\binom{-1}{n}=\frac{(-1)(-2)\ldots(-n)}{1.2\ldots n}=(-1)^n$$

ist. Nun folgt nach (3)

$$\frac{1}{(1-q)^2}=\Sigma q^r q^s\,. \qquad (r,s=0,1,2,\ldots)$$

Faßt man die Glieder mit übereinstimmender Exponentensumme zusammen, so ergibt sich

$$\frac{1}{(1-q)^2} = 1 + 2q + 3q^2 + \cdots.$$

Die Summe $n = r + s$ kommt nämlich in den $n + 1$ Formen $0 + n$, $1 + (n-1), \ldots, n + 0$ vor. Man kann das Ergebnis mit Hilfe der Binomialformel verifizieren. Es ist nämlich

$$\binom{-2}{n} = \frac{(-2)(-3)\ldots(-n-1)}{1.2\ldots n} = (-1)^n (n+1).$$

Um die Konvergenz einer Reihe mit positiven Gliedern festzustellen, bedient man sich in vielen Fällen der Majorantenmethode. $U_1 + U_2 + U_3 + \cdots$ heißt eine Majorante der aus positiven Gliedern bestehenden Reihe $u_1 + u_2 + u_3 + \cdots$, wenn von einem bestimmten Index an $u_n \leqq U_n$ ist. Man nennt auch $u_1 + u_2 + u_3 + \cdots$ eine Minorante von $U_1 + U_2 + U_3 + \cdots$ Aus der Konvergenz der Majorante folgt die der Minorante und daher aus der Divergenz der Minorante die der Majorante. Gilt etwa für $n > p$ die Ungleichung $u_n \leqq U_n$, so sind die Glieder der Reihe $u_{p+1} + u_{p+2} + \cdots$ kleiner als die entsprechenden Glieder von $U_{p+1} + U_{p+2} + \cdots$ Bleiben also die Partialsummen der zweiten Reihe unterhalb einer endlichen Schranke, so gilt dies auch für die Partialsummen der ersten Reihe. Ist also $U_{p+1} + U_{p+2} + \cdots$ konvergent, so auch $u_{p+1} + u_{p+2} + \cdots$. Diese Reihen sind Reste von $U_1 + U_2 + \cdots$ und $u_1 + u_2 + \cdots$. Ein Rest hat aber stets denselben Charakter der Konvergenz oder Divergenz wie die Reihe selbst. Damit ist der oben ausgesprochene Satz bewiesen.

Wir sind auf Grund dieser Bemerkung imstande, das Cauchysche Konvergenzkriterium zu beweisen. Cauchy bildet, wenn eine Reihe mit positiven Gliedern $u_1 + u_2 + u_3 + \cdots$ vorliegt, die Zahlenfolge

$$u_1,\ u_2^{\frac{1}{2}},\ u_3^{\frac{1}{3}},\ \ldots. \tag{4}$$

Das allgemeine Glied dieser Cauchyschen Folge ist die n-te Wurzel aus u_n. Zeigt sich nun, daß der oberste Häufungswert h dieser Folge kleiner als 1 ist, so konvergiert die Reihe $u_1 + u_2 + u_3 + \cdots$. Wenn man nämlich einen Zwischenwert k zwischen h und 1 herausgreift, so sind fast alle Glieder von (4) kleiner als k. Es wird also von einer bestimmten Stelle an, etwa für $n > p$, die Ungleichung $u_n^{\frac{1}{n}} < k$ oder $u_n < k^n$ gelten, d. h. die Reihe (4) hat die konvergente Majorante $k + k^2 + k^3 + \cdots$, ist also ebenfalls konvergent. Wenn der oberste Häufungswert h der Cauchyschen Folge (4) größer als 1 ist, so gibt es in dieser Folge unendlich viele Glieder, die so nahe an h liegen, daß sie ebenfalls größer als 1 sind. Es wird also unendlich oft die Ungleichung $u_n^{\frac{1}{n}} > 1$, d. h. $u_n > 1$, gelten. In diesem Falle kann die Reihe $u_1 + u_2 + u_3 + \cdots$ unmöglich konvergent sein. Da nämlich bei einer konvergenten Reihe die Partialsummen s_{n-1}, s_n beide mit wachsendem n demselben Grenzwert, und zwar der Summe der Reihe, zustreben, so muß $\lim (s_n - s_{n-1}) = \lim u_n = 0$ sein. Das allgemeine Glied einer konvergenten Reihe hat also notwendig den Grenzwert Null. Dies ist aber nicht der Fall, wenn unendlich viele u_n größer als 1 sind.

Wenn die Folge (4) keine obere Schranke hat, so sind unendlich viele ihrer Glieder größer als irgendeine vorgelegte Zahl. Es wird also z. B. auch die 1 von unendlich vielen Gliedern übertroffen, so daß die Ungleichung $u_n > 1$ unendlich oft zutrifft. Hier wird also die Reihe $u_1 + u_2 + u_3 + \cdots$ auch nicht konvergent sein. Übrigens könnte man in diesem Falle sagen, daß der oberste Häufungswert h der Folge (4) unendlich groß ist.

Es bleibt nur noch der Fall $h = 1$ übrig. Liegen unendlich viele Glieder der Folge oberhalb h oder fallen sie mit h zusammen, so ist unendlich oft die Ungleichung $u_n \geqq 1$ erfüllt, so daß die Reihe $u_1 + u_2 + u_3 + \cdots$ divergiert.

Nur wenn $h = 1$ ist und fast alle u_n kleiner als 1 sind, läßt sich keine allgemein gültige Aussage machen. Man kann das durch Beispiele belegen. Nehmen wir die Reihe $\frac{1}{1^2} + \frac{1}{2^2} + \frac{1}{3^2} + \cdots$ Sie ist konvergent, weil sie die konvergente Majorante $1 + \frac{1}{1.2} + \frac{1}{2.3} + \cdots$ hat. Bei dieser Reihe ist

$$u_n^{\frac{1}{n}} = n^{-\frac{2}{n}} = e^{-\frac{2\ln n}{n}}.$$

Da $\frac{\ln n}{n}$ nach Null konvergiert, so hat man hier $\lim u_n^{\frac{1}{n}} = 1$. Daher ist auch $h = 1$. Im Grenzwert vereinigt sich nämlich der unterste mit dem obersten Häufungswert. Wir sehen ferner aus der obigen Gleichung, daß $u_n^{\frac{1}{n}} < 1$ und nur im Falle $n = 1$ gleich 1 ist. Es liegt hier also gerade der Fall vor, daß die Cauchysche Folge den obersten Häufungswert 1 hat und nur endlich viele Glieder nicht von ihm übertroffen werden. Auch die Reihe $\frac{1}{1} + \frac{1}{2} + \frac{1}{3} + \cdots$ ordnet sich diesem Fall unter, ist aber divergent. Es gibt also tatsächlich keine allgemeine Aussage über Konvergenz und Divergenz. Das Cauchysche Kriterium versagt hier.

Für solche Reihen, deren allgemeines Glied u_n eine absteigende positive Funktion von n ist, hat Cauchy ein Konvergenzkriterium aufgestellt, das man als **Cauchysches Integralkriterium** bezeichnet. Es sei $f(x)$ eine für $x > 0$ erklärte positive Funktion, die bei wachsendem x abnimmt. Betrachtet man die Reihe $f(a) + f(a+1) + f(a+2) + \cdots$, wobei $a > 0$ gedacht ist, so erkennt man sofort, daß

$$f(a) + f(a+1) + \cdots + f(a+n-1) > \int_a^{a+n} f(x)\,dx$$

ist. Das Integral zerlegt sich nämlich in die Summanden

$$\int_a^{a+1} f(x)dx\,, \quad \int_{a+1}^{a+2} f(x)dx, \ldots, \int_{a+n-1}^{a+n} f(x)dx\,,$$

und in diesen Integralen sind $f(a)$, $f(a+1), \ldots, f(a+n-1)$ die größten Werte des Integranden. Ebenso überzeugt man sich von dem Bestehen folgender Ungleichung:

$$f(a+1)+f(a+2)+\cdots+f(a+n)<\int_a^{a+n} f(x)\,dx\,.$$

Aus beiden Ungleichungen folgt, daß die Reihe $f(a)+f(a+1)+f(a+2)+\cdots$ dann und nur dann konvergiert, wenn das Integral $\int_a^{\omega} f(x)\,dx$ bei wachsendem ω unterhalb einer endlichen Schranke bleibt. Läßt man ω eine nach ∞ aufsteigende Folge $\omega_1, \omega_2, \omega_3, \ldots$ durchlaufen, so bilden die zugehörigen Integralwerte eine beschränkte aufsteigende Folge. Es existiert also der Grenzwert $\lim \int_a^{\omega_n} f(x)\,dx$. Er ist unabhängig von der Wahl der aufsteigenden Folge $\omega_1, \omega_2, \omega_3, \ldots$ Man kann nämlich, wenn $\omega_1^*, \omega_2^*, \omega_3^*, \ldots$ eine andere nach ∞ aufsteigende Folge ist, unter $\omega_{n_1}^*$ das erste ω^* verstehen, das über ω_1 hinausgeht, unter $\omega_{n_2}^*$ das zweite ω^*, das ω_2 überbietet usw. Dann stellt $\omega_{n_1}^*, \omega_{n_2}^*, \omega_{n_3}^*, \ldots$ eine Teilfolge von $\omega_1^*, \omega_2^*, \omega_3^*, \ldots$ dar mit der Eigenschaft $\omega_{n_p}^* > \omega_p$. Daher wird

$$\int_a^{\omega_{n_p}^*} f(x)\,dx > \int_a^{\omega_p} f(x)\,dx$$

sein. Hieraus folgt

$$\lim \int_a^{\omega_n^*} f(x)\,dx \geqq \lim \int_a^{\omega_n} f(x)\,dx\,. \tag{5}$$

Dabei stützen wir uns auf den Satz, daß alle Teilfolgen einer konvergenten Folge demselben Grenzwert zustreben wie die Folge selbst. Aus demselben Grunde wie (5) gilt auch die Ungleichung

$$\lim \int_a^{\omega_n} f(x)\,dx \geqq \lim \int_a^{\omega_n^*} f(x)\,dx. \tag{5'}$$

Daher können die beiden Grenzwerte nicht verschieden sein. Man bezeichnet diesen Grenzwert von $\int_a^{\omega} f(x)\,dx$, der immer derselbe bleibt, wie man auch ω nach ∞ aufsteigen läßt, mit $\int_a^{\infty} f(x)\,dx$. Das Cauchysche Integralkriterium läßt sich dann in folgender Weise formulieren: Die Reihe $f(a)+f(a+1)+f(a+2)+\cdots$, in der $f(x)$ eine positive absteigende Funktion bedeutet, ist dann und nur dann konvergent, wenn das Integral $\int_a^{\infty} f(x)\,dx$ existiert.

Die Funktion $f(x) = x^{-s}$, deren Ableitung $f'(x) = -s x^{-s-1}$ lautet, erfüllt bei positivem s die Bedingung des Cauchyschen Theorems. Die Reihe $\frac{1}{1^s} + \frac{1}{2^s} + \frac{1}{3^s} + \cdots$ wird also dann und nur dann konvergent sein, wenn das Integral

$$\int_1^\infty x^{-s}\,dx$$

existiert. Dieses Integral ist der Grenzwert von $\int_1^\omega x^{-s}\,dx$ bei unbegrenzt zunehmendem ω. Das letztere Integral können wir aber berechnen. Im Falle $s \neq 1$ lautet die Stammfunktion des Integranden $\frac{x^{1-s}}{1-s}$. Daher ist

$$\int_1^\omega x^{-s}\,dx = \left(\frac{x^{1-s}}{1-s}\right)_1^\omega = \frac{\omega^{1-s}}{1-s} - \frac{1}{1-s}.$$

Wenn nun s zwischen 0 und 1 liegt, wächst ω^{1-s} mit ω über alle Grenzen, während für $s > 1$

$$\lim \int_1^\omega x^{-s}\,dx = \frac{1}{1-s}$$

wird. Im Falle $s = 1$ hat man das Integral

$$\int_1^\omega x^{-1}\,dx = \ln \omega$$

zu betrachten und stellt fest, daß es mit ω über alle Grenzen wächst. Daher können wir schließen, daß die Reihe $\frac{1}{1^s} + \frac{1}{2^s} + \frac{1}{3^s} + \cdots$ für $0 < s \leqq 1$ divergent, dagegen für $s > 1$ konvergent ist.

Wir wollen jetzt zwei verschiedene Reihen von der Form $\frac{1}{1^s} + \frac{1}{2^s} + \frac{1}{3^s} + \cdots$ betrachten, und zwar konvergente Reihen, also solche, bei denen $s > 1$ ist. s_1 und $s_2 > s_1$ seien die zugehörigen s-Werte. Setzen wir

$$R_{1,n} = \frac{1}{n^{s_1}} + \frac{1}{(n+1)^{s_1}} + \cdots,$$

$$R_{2,n} = \frac{1}{n^{s_2}} + \frac{1}{(n+1)^{s_2}} + \cdots.$$

Da

$$\frac{1}{(n+p)^{s_2}} = \frac{1}{(n+p)^{s_2-s_1}} \cdot \frac{1}{(n+p)^{s_1}} < \frac{1}{n^{s_2-s_1}} \cdot \frac{1}{(n+p)^{s_1}}$$

ist, so hat man

$$\frac{R_{2,n}}{R_{1,n}} < \frac{1}{n^{s_2-s_1}}$$

und daher

$$\lim \frac{R_{2,n}}{R_{1,n}} = 0.$$

Beide Reste konvergieren nach Null, aber $R_{2,n}$ soviel mehr als $R_{1,n}$, daß der Quotient $R_{2,n} : R_{1,n}$ der Null zustrebt. Man sagt in solchem Falle, daß die Reihe mit dem Rest $R_{2,n}$ stärker konvergiert als die andere oder diese schwächer als jene. Man kann sich leicht überzeugen, daß es zu jeder konvergenten Reihe mit positiven Gliedern eine schwächer konvergierende gibt. $u_1 + u_2 + u_3 + \cdots$ sei irgendeine konvergente Reihe mit positiven Gliedern. Setzt man $r_n = u_n + u_{n+1} + \cdots$, so konvergiert die Reihe

$$(\sqrt{r_1} - \sqrt{r_2}) + (\sqrt{r_2} - \sqrt{r_3}) + (\sqrt{r_3} - \sqrt{r_4}) + \cdots,$$

jedoch schwächer als $u_1 + u_2 + u_3 + \cdots$ Die n-te Partialsumme der neuen Reihe lautet $\sqrt{r_1} - \sqrt{r_{n+1}}$. Sie hat den Grenzwert $\sqrt{r_1}$, da r_{n+1}, die Differenz zwischen $u_1 + u_2 + \cdots$ und $u_1 + u_2 + \cdots + u_n$, nach Null konvergiert, weil $\lim (u_1 + u_2 + \cdots + u_n) = u_1 + u_2 + \cdots$ ist. Der mit dem Gliede $\sqrt{r_n} - \sqrt{r_{n+1}}$ beginnende Rest R_n hat den Wert $\sqrt{r_n}$. Da nun

$$\lim \frac{r_n}{R_n} = \lim \sqrt{r_n} = 0$$

ist, so konvergiert die Reihe $(\sqrt{r_1} - \sqrt{r_2}) + (\sqrt{r_2} - \sqrt{r_3}) + \cdots$ schwächer als die Reihe $u_1 + u_2 + \cdots$.

Auch bei divergenten Reihen mit positiven Gliedern kann man von stärkerer und schwächerer Divergenz reden. Sind $u_1 + u_2 + u_3 + \cdots$ und $v_1 + v_2 + v_3 + \cdots$ zwei divergente Reihen mit positiven Gliedern und s_n und S_n ihre n-ten Partialsummen, so wachsen beide gleichzeitig mit n über alle Grenzen. Es kann aber sein, daß S_n in höherem Maße unendlich wird als s_n und $\lim \frac{s_n}{S_n} = 0$ ist. Dann sagt man, daß die Reihe $v_1 + v_2 + v_3 + \cdots$ stärker divergiert als $u_1 + u_2 + u_3 + \cdots$ und diese schwächer als jene. Zu jeder divergenten Reihe mit positiven Gliedern gibt es eine schwächer divergierende. Z. B. lautet die n-te Partialsumme s_n der Reihe

$$\sqrt{S_1} + (\sqrt{S_2} - \sqrt{S_1}) + (\sqrt{S_3} - \sqrt{S_2}) + \cdots$$

offenbar $\sqrt{S_n}$. Es ist also $s_n : S_n = 1 : \sqrt{S_n}$ und daher $\lim (s_n : S_n) = 0$. Die neue Reihe divergiert demnach schwächer als $v_1 + v_2 + v_3 + \cdots$

D'Alembert hat für Reihen mit positiven Gliedern ein Konvergenzkriterium angegeben, das sehr häufig benutzt wird. Er bildet, wenn eine solche Reihe $u_1 + u_2 + u_3 + \cdots$ vorliegt, die Zahlenfolge

$$\frac{u_2}{u_1}, \frac{u_3}{u_2}, \frac{u_4}{u_3}, \ldots. \tag{6}$$

Wenn der oberste Häufungswert h dieser Folge kleiner als 1 ist, so läßt sich zeigen, daß die Reihe $u_1 + u_2 + u_3 + \cdots$ konvergiert. Greift man nämlich irgendeinen Zwischenwert k zwischen h und 1 heraus ($h < k < 1$), so liegen fast alle Glieder der D'Alembertschen Folge unterhalb k. Es wird also, sobald n eine gewisse Grenze überschritten hat, $\frac{u_{n+1}}{u_n} < k$ sein. Aus

$$\frac{u_{p+1}}{u_p} < k, \quad \frac{u_{p+2}}{u_{p+1}} < k, \ldots, \frac{u_n}{u_{n-1}} < k$$

folgt aber

$$\frac{u_n}{u_p} < k^{n-p},$$

d. h. $u_p + u_{p+1} + \cdots$ hat die konvergente Majorante $u_p + ku_p + k^2 u_p + \cdots$ Sind fast alle Glieder der D'Alembertschen Folge größer oder gleich 1, so divergiert die Reihe $u_1 + u_2 + u_3 + \cdots$. Aus

$$\frac{u_{p+1}}{u_p} \geqq 1, \quad \frac{u_{p+2}}{u_{p+1}} \geqq 1, \ldots, \frac{u_n}{u_{n-1}} \geqq 1$$

folgt nämlich $u_n \geqq u_p$ für $n \geqq p$, so daß die notwendige Konvergenzbedingung $\lim u_n = 0$ nicht erfüllt ist. Wenn der unterste Häufungswert der D'Alembertschen Folge oberhalb 1 liegt, dann sind fast alle ihre Glieder größer als 1, so daß die Reihe $u_1, + u_2 + u_3 + \cdots$ divergiert.

Auch bei diesem Kriterium gibt es Fälle, in denen es keine Entscheidung liefert. Z. B. ist bei der früher betrachteten Reihe $\frac{1}{1^s} + \frac{1}{2^s} + \frac{1}{3^s} + \cdots$

$$\frac{u_{n+1}}{u_n} = \frac{1}{\left(1 + \frac{1}{n}\right)^s}$$

und daher

$$\lim \frac{u_{n+1}}{u_n} = 1,$$

zugleich aber $\frac{u_{n+1}}{u_n} < 1$. Hier kann man mit dem D'Alembertschen Kriterium nichts anfangen.

Wir wollen jetzt Reihen betrachten, deren Glieder nicht alle positiv sind. Zunächst läßt sich leicht feststellen, daß die Reihe $u_1 + u_2 + u_3 + \cdots$ konvergiert, wenn die mit den absoluten Beträgen der u_n gebildeten Reihe $|u_1| + |u_2| + |u_3| + \cdots$ konvergent ist. Es gelten nämlich die Ungleichungen

$$(7) \qquad 0 \leqq \frac{|u_n| + u_n}{2} \leqq |u_n|, \quad 0 \leqq \frac{|u_n| - u_n}{2} \leqq |u_n|,$$

da bei positivem u_n offenbar $|u_n| = u_n$, also $\frac{|u_n| + u_n}{2} = |u_n|$, $\frac{|u_n| - u_n}{2} = 0$ ist, bei negativem u_n dagegen $|u_n| = -u_n$, also $\frac{|u_n| + u_n}{2} = 0$, $\frac{|u_n| - u_n}{2} = |u_n|$, während im Falle $u_n = 0$ alle diese Größen verschwinden. Aus den Ungleichungen (7) sehen wir nun, daß die Reihen

$$\frac{|u_1| + u_1}{2} + \frac{|u_2| + u_2}{2} + \cdots$$

und

$$\frac{|u_1| - u_1}{2} + \frac{|u_2| - u_2}{2} + \cdots,$$

deren Glieder positiv oder wenigstens nicht negativ sind, beide die konvergente Majorante $|u_1| + |u_2| + \cdots$ besitzen. Sie sind also gleichfalls konvergent. Dasselbe gilt dann von der Reihe

$$\left(\frac{|u_1| + u_1}{2} - \frac{|u_1| - u_1}{2}\right) + \left(\frac{|u_2| + u_2}{2} - \frac{|u_2| - u_2}{2}\right) + \cdots,$$

d. h. von der Reihe $u_1 + u_2 + \cdots$. Damit ist bewiesen, daß aus der Konvergenz der Reihe $|u_1| + |u_2| + \cdots$ die der Reihe $u_1 + u_2 + \cdots$ folgt. Man nennt $u_1 + u_2 + \cdots$ in diesem Falle absolut konvergent.

Nicht jede konvergente Reihe ist absolut konvergent. Beispiele hierfür finden wir unter den von Leibniz betrachteten alternierenden Reihen. Das sind Reihen mit abwechselnd positiven und negativen Gliedern, also Reihen von der Form $v_1 - v_2 + v_3 - v_4 + \cdots$, wobei alle v_n positiv vorausgesetzt werden. Leibniz hat besonders den Fall absteigend alternierender Reihen betrachtet, d. h. den Fall $v_1 \geqq v_2 \geqq v_3 \geqq \cdots$. Er fand, daß bei absteigend alternierenden Reihen die notwendige Konvergenzbedingung $\lim v_n = 0$ auch hinreichend ist. Eine absteigend alternierende Reihe konvergiert also dann und nur dann, wenn das allgemeine Glied dem Grenzwert Null zustrebt. Durchläuft man bei einer solchen Reihe $v_1 - v_2 + v_3 - v_4 + \cdots$ die Folge der Partialsummen

$$s_1 = v_1, \quad s_2 = v_1 - v_2, \quad s_3 = v_1 - v_2 + v_3, \ldots,$$

so bewegt man sich auf der Zahlenlinie, von deren Nullpunkt man ausgeht, zuerst um v_1 nach rechts, dann um v_2 nach links, dann um v_3 nach rechts usw. Da $v_1, v_2, v_3, \ldots$ eine absteigende Folge bilden, werden die Ausschläge bei jedem Schritt kleiner. Es vollziehen sich gedämpfte Schwingungen auf der Zahlenlinie. Die gegenseitige Lage der s_n läßt sich durch die Ungleichungen

$$s_2 \leqq s_4 \leqq s_6 \leqq \cdots \leqq s_5 \leqq s_3 \leqq s_1$$

wiedergeben. Man sieht, daß hier zwei beschränkte monotone Folgen $s_2, s_4, s_6, \ldots$ und $s_1, s_3, s_5, \cdots$ zum Vorschein kommen, die erste aufsteigend, die zweite absteigend. Daher existiert sowohl der Grenzwert $\lim s_{2n}$ als auch $\lim s_{2n+1}$. Aber auch $v_1, v_2, v_3, \ldots$ ist eine beschränkte monotone Folge, nämlich eine absteigende Folge positiver Werte. Offenbar ist nun $s_{2n+1} - s_{2n} = v_{2n+1}$ und daher $\lim v_{2n+1}$ oder, was auf dasselbe hinauskommt, $\lim v_n$ die Differenz der Grenzwerte $\lim s_{2n+1}$ und $\lim s_{2n}$. Diese beiden Grenzwerte werden also dann und nur dann übereinstimmen und einen einheitlichen Grenzwert $\lim s_n$ liefern, wenn $\lim v_n = 0$ ist. Damit haben wir das Leibnizsche Konvergenzkriterium für absteigend alternierende Reihen bewiesen.

Unter diesen Reihen lassen sich nun leicht solche angeben, die zwar konvergent, aber nicht absolut konvergent sind. Wir wissen z. B., daß im Falle $0 < s \leqq 1$ die Reihe $\frac{1}{1^s} + \frac{1}{2^s} + \frac{1}{3^s} + \cdots$ divergiert. Andererseits hat die absteigend alternierende Reihe $\frac{1}{1^s} - \frac{1}{2^s} + \frac{1}{3^s} - \frac{1}{4^s} + \ldots$ offenbar ein nach Null strebendes allgemeines Glied, ist also konvergent, aber nicht absolut konvergent.

Nach dieser Zwischenbemerkung kehren wir wieder zu den absolut konvergenten Reihen zurück. Wir sahen, daß eine absolut konvergente Reihe $u_1 + u_2 + u_3 + \cdots$ sich stets als Differenz zweier konvergenter Reihen mit nicht negativen Gliedern darstellen läßt, die $v_1 + v_2 + v_3 + \cdots$ und $w_1 + w_2 + w_3 + \cdots$ lauten mögen. Es war

$$u_1 + u_2 + u_3 + \cdots = (v_1 - w_1) + (v_2 - w_2) + (v_3 - w_3) + \cdots$$

Nennen wir U, V, W die Summen der Reihen $u_1 + u_2 + \cdots$, $v_1 + v_2 + \cdots$, $w_1 + w_2 + \cdots$, so besteht die Beziehung $U = V - W$. Will man nun eine Umordnung der Glieder von $u_1 + u_2 + \cdots$ herbeiführen, so braucht man nur die entsprechende Umordnung in den Reihen $v_1 + v_2 + \cdots$ und $w_1 + w_2 + \cdots$ vorzunehmen. Dabei behalten diese Reihen, weil keines ihrer Glieder negativ ist, ihre Konvergenz und ihre Summen. Dasselbe gilt folglich von der Reihe $u_1 + u_2 + \cdots$. Damit ist folgender Satz gewonnen: Wenn man die Glieder einer absolut konvergenten Reihe beliebig umordnet, so bleibt sie konvergent und behält dieselbe Summe. Man nennt ihn den **Umordnungssatz**.

Auch der früher für Reihen mit positiven Gliedern bewiesene **Zerlegungssatz** überträgt sich sofort auf absolut konvergente Reihen. Dasselbe gilt von dem Multiplikationsverfahren, das wir für Reihen mit positiven Gliedern kennen. Darüber sei folgendes gesagt: $u_1 + u_2 + \cdots$ und $\mathfrak{u}_1 + \mathfrak{u}_2 + \cdots$ seien zwei absolut konvergente Reihen. Sie lassen sich als Differenzen konvergenter Reihen mit nicht negativen Gliedern darstellen. Diese Reihen mögen $v_1 + v_2 + \cdots$ und $w_1 + w_2 + \cdots$ bzw. $\mathfrak{v}_1 + \mathfrak{v}_2 + \cdots$ und $\mathfrak{w}_1 + \mathfrak{w}_2 + \cdots$ lauten. Die Reihensummen wollen wir mit den entsprechenden großen Buchstaben benennen. Es ist dann $U = V - W$, $\mathfrak{U} = \mathfrak{V} - \mathfrak{W}$ und daher

$$U\mathfrak{U} = V\mathfrak{V} - V\mathfrak{W} - W\mathfrak{V} + W\mathfrak{W}.$$

Nun gelten aber folgende Gleichungen:

$$V\mathfrak{V} = \Sigma v_r \mathfrak{v}_s, \quad V\mathfrak{W} = \Sigma v_r \mathfrak{w}_s,$$
$$W\mathfrak{V} = \Sigma w_r \mathfrak{v}_s, \quad W\mathfrak{W} = \Sigma w_r \mathfrak{w}_s.$$

Hieraus kann man schließen

$$V\mathfrak{V} - V\mathfrak{W} = \Sigma (v_r \mathfrak{v}_s - v_r \mathfrak{w}_s),$$
$$W\mathfrak{W} - W\mathfrak{V} = \Sigma (w_r \mathfrak{w}_s - w_r \mathfrak{v}_s)$$

und weiter

$$V\mathfrak{B} - V\mathfrak{W} + W\mathfrak{W} - W\mathfrak{B} = \Sigma(v_r\mathfrak{v}_s - v_r\mathfrak{w}_s + w_r\mathfrak{w}_s - w_r\mathfrak{v}_s)$$
$$= \Sigma(v_r - w_r)(\mathfrak{v}_s - \mathfrak{w}_s),$$

d. h.

$$U\mathfrak{U} = \Sigma u_r \mathfrak{u}_s.$$

Man muß also, um $U\mathfrak{U}$ zu erhalten, aus den Produkten $u_r\mathfrak{u}_s$ eine Reihe bilden. Diese Reihe ist übrigens absolut konvergent. Man hat nämlich auf Grund der Beziehungen $u_r = v_r - w_r$, $\mathfrak{u}_s = \mathfrak{v}_s - \mathfrak{w}_s$ sicherlich

$$|u_r| < v_r + w_r, \quad |\mathfrak{u}_s| < \mathfrak{v}_s + \mathfrak{w}_s,$$

also

$$|u_r \mathfrak{u}_s| < (v_r + w_r)(\mathfrak{v}_s + \mathfrak{w}_s).$$

Da aber

$$V\mathfrak{B} + V\mathfrak{W} + W\mathfrak{B} + W\mathfrak{W} = \Sigma(v_r + w_r)(\mathfrak{v}_s + \mathfrak{w}_s)$$

ist, so hat die Reihe $\Sigma |u_r \mathfrak{u}_s|$ die konvergente Majorante $\Sigma(v_r + w_r)(\mathfrak{w}_s + \mathfrak{v}_s)$.

Wir wollen jetzt eine Reihe betrachten, die konvergent, aber nicht absolut konvergent ist. Da alle Reste der Reihe ebenfalls konvergent, aber nicht absolut konvergent sind, muß es unendlich viele positive und unendlich viele negative Glieder geben. Wäre es nicht so, so könnte man Reste herstellen, deren Glieder alle dasselbe Zeichen hätten. In solchem Falle bedeutet aber Konvergenz zugleich absolute Konvergenz. In einer Reihe $u_1 + u_2 + u_3 + \cdots$, die zwar konvergent, aber nicht absolut konvergent ist, müssen also unendlich viele positive und unendlich viele negative Glieder vorhanden sein. Wenn wir dann die positiven Glieder der Reihe nach aufschreiben, entsteht eine Folge $v_1, v_2, v_3, \ldots$. Ebenso bilden die negativen Reihenglieder eine Folge $-w_1, -w_2, -w_3, \ldots$. Etwaige verschwindende u_n denken wir uns von vornherein gestrichen. Nun seien in der Partialsumme $U_n = u_1 + u_2 + \cdots + u_n$ die positiven Glieder $v_1, v_2, \ldots, v_p$ und die negativen Glieder $-w_1, -w_2, \ldots, -w_q$ enthalten. Wenn n zunimmt, werden auch p und q über alle Grenzen wachsen, wobei sie aber Ruhepausen in ihrem Wachstum machen. Wenn z. B. u_{n+1} positiv ist, so nimmt beim Übergange von n zu $n+1$ nur p zu, während q seinen Wert behält. Ist u_{n+1} negativ, so bleibt p fest, während q zunimmt. Setzen wir $V_p = v_1 + v_2 + \cdots + v_p$ und $W_q = w_1 + w_2 + \cdots + w_q$, so ist $U_n = V_p - W_q$. Da wegen der Konvergenz von $u_1 + u_2 + \cdots$ die Partialsumme U_n einem Grenzwert zustrebt, so müßte, wenn einer der beiden Grenzwerte $\lim V_p$, $\lim W_q$ existierte, auch der andere existieren. Dann wäre aber sowohl die Reihe $v_1 + v_2 + \cdots$ als auch $w_1 + w_2 + \cdots$ konvergent, d. h. $u_1 + u_2 + \cdots$ absolut konvergent gegen die Voraussetzung. Es darf daher weder $\lim V_p$ noch $\lim W_q$ existieren, d. h. jede der beiden Reihen $v_1 + v_2 + \cdots$ und $w_1 + w_2 + \cdots$ muß divergent sein. Da aber wegen der Konvergenz der Reihe $u_1 + u_2 + \cdots$ das allgemeine Glied u_n der Null zustrebt, hat jede der beiden divergenten Reihen $v_1 + v_2 + \cdots$ und $w_1 + w_2 + \cdots$ gleichfalls die Eigenschaft, daß ihr allgemeines Glied nach Null konvergiert.

Jetzt wollen wir zeigen, daß man der Reihe $u_1 + u_2 + \cdots$ durch eine geeignete Umordnung der Glieder eine beliebige Summe s geben kann. Man denke sich eine Waage und lege, wenn s positiv ist, das Gewicht s in die linke Schale. Dann kann man durch folgenden unendlichen Prozeß das Gleichgewicht herstellen: Man wirft in die rechte Schale der Reihe nach so viele Gewichte $v_1, \ldots, v_{p_1}$, bis die Schale zum ersten Male sinkt, dann in die linke Schale nacheinander so viele Gewichte $w_1, \ldots, w_{q_1}$, bis zum ersten Male links ein Übergewicht entsteht, dann weiter in die rechte Schale so viele Gewichte $v_{p_1+1}, \ldots, v_{p_2}$, bis das Übergewicht wieder nach rechts hinübergeht, usw. Denkt man sich diesen Prozeß ins Unendliche fortgeführt, so wird sich folgende Gleichung ergeben:

$$s = v_1 + \cdots + v_{p_1} - w_1 - \cdots - w_{q_1} + v_{p_1+1} + \cdots + v_{p_2} - w_{q_1+1} - \cdots w_{q_2} + \cdots.$$

Die Partialsummen $v_1 + \cdots + v_{p_1}, v_1 + \cdots + v_{p_1} - w_1 - \cdots - w_{q_1}, \ldots$ liegen abwechselnd oberhalb und unterhalb s und weichen von s um weniger als $v_{p_1}, w_{q_1}, v_{p_2}, w_{q_2}, \ldots$ ab. Da v_n und w_n der Null zustreben, konvergieren die genannten Partialsummen nach s. Die anderen Partialsummen der Reihe ändern durch ihr Hinzutreten nichts an dieser Eigenschaft. Ist z. B. $q_1 > 1$, so liegen die Partialsummen $v_1 + \cdots + v_{p_1} - w_1, \ldots, v_1 + \cdots + v_{p_1} - w_1 - \cdots - w_{q_1-1}$ zwischen $v_1 + \cdots + v_{p_1}$ und $v_1 + \cdots + v_{p_1} - w_1 - \cdots - w_{q_1}$. Ähnliches gilt von den übrigen Partialsummen. Bei negativem s verläuft das Verfahren ganz ebenso, nur muß man mit $w_1, w_2, \cdots$ beginnen. Im Falle $s = 0$ kann man mit den Gliedern v oder den Gliedern w anfangen.

Es läßt sich durch geeignete Umordnung der Glieder u_n auch die Konvergenz vollkommen aufheben. Man nehme z. B. so viele Glieder $v_1, v_2, \ldots$, bis man über die 1 hinauskommt, füge dann so viele Glieder $-w_1, -w_2, \ldots$ hinzu, bis man unter -2 gelangt, weiter so viele Glieder v, bis man über 3 hinauskommt, usw. Die so entstehende Reihe ist augenscheinlich divergent. Das Überbieten und Unterbieten durch Hinzufügen von Gliedern v oder $-w$, womit auch bei der vorigen Betrachtung operiert wurde, ist stets möglich, weil die Reihen $v_1 + v_2 + \cdots$ und $w_1 + w_2 + \cdots$ divergieren. Man nennt übrigens eine Reihe, die zwar konvergent, aber nicht absolut konvergent ist, auch **einfach konvergent** oder **bedingt konvergent**. Bei einer solchen Reihe spielt, wie wir gesehen haben, die Anordnung, in der die Reihenglieder vorliegen, eine besondere Rolle. Geringfügige Umordnungen sind natürlich auch bei einfach konvergenten Reihen gestattet, z. B. solche, die innerhalb eines Reihenabschnitts erfolgen, d. h. unter den N ersten Gliedern. Auch würde es z. B. nichts ausmachen, wenn man die Reihe in endliche Stücke einteilte, deren Länge unterhalb einer festen Schranke bleibt, und nun innerhalb jedes Stückes die Glieder irgendwie umordnete. Davon kann man sich leicht überzeugen.

§ 4. Potenzreihen.

Die Taylorsche Entwicklung hat uns bereits mit dem Begriff der **Potenzreihe** bekannt gemacht. Eine Potenzreihe hat folgende Form:

(1) $$a_0 + a_1 x + a_2 x^2 + \cdots$$

Ihre Glieder sind die sukzessiven Potenzen von x, multipliziert mit gewissen konstanten Faktoren. Von Wichtigkeit ist die Bestimmung des **Konvergenzbereichs** einer solchen Reihe, d. h. des Inbegriffs aller x-Werte, die sie konvergent machen. Für $x = 0$ konvergiert jede Potenzreihe, und es gibt Potenzreihen, die nur für $x = 0$ konvergieren. Ein Beispiel hierfür ist die Reihe $x + (2x)^2 + (3x)^3 + \cdots$. Wenn man anstatt x_1 irgendeinen von Null verschiedenen Wert einsetzt, so wird offenbar, sobald $n > \frac{1}{|x_1|}$ ist, der Betrag des Gliedes $(nx_1)^n$ größer als 1 sein, so daß die notwendige Konvergenzbedingung $\lim (nx_1)^n = 0$ nicht erfüllt ist. Andererseits gibt es auch Potenzreihen, die für jeden Wert von x konvergieren, sogenannte **beständig konvergente** Potenzreihen. Wir wissen z. B., daß für beliebiges x

$$e^x = 1 + \frac{x}{1!} + \frac{x^2}{2!} + \cdots$$

ist. Die Exponentialreihe gibt uns also ein Beispiel einer beständig konvergenten Potenzreihe.

Cauchy hat gezeigt, daß der Konvergenzbereich der Potenzreihe (1) aus der Zahlenfolge

(2) $$|a_1|, \quad |a_2|^{\frac{1}{2}}, \quad |a_3|^{\frac{1}{3}}, \ldots$$

bestimmt werden kann. Fehlt der Folge die obere Schranke, so konvergiert die Reihe (1) nur für $x = 0$. Ist ihr oberster Häufungswert H größer als Null, so konvergiert die Reihe (1) im Innern des Intervalles $-\frac{1}{H} \ldots \frac{1}{H}$ absolut, während sie außerhalb desselben divergiert. Ist $H = 0$, also $\lim |a_n|^{\frac{1}{n}} = 0$, so hat man eine Potenzreihe vor sich, die für jeden Wert von x absolut konvergiert.

Wenn (2) eine unbeschränkte Folge ist und x_1 irgendein von Null verschiedener Wert, so gibt es in (2) unendlich viele Glieder, die größer als $\frac{1}{|x_1|}$ sind, so daß unendlich oft die Ungleichung

$$|a_n|^{\frac{1}{n}} > \frac{1}{|x_1|},$$

also

$$|a_n x_1^n| > 1,$$

stattfindet. Daher kann die Reihe (1) für $x = x_1$ nicht konvergieren, weil nicht einmal das allgemeine Glied der Null zustrebt, also die primitivste Konvergenzbedingung nicht erfüllt ist.

Im Falle $\lim |a_n|^{\frac{1}{n}} = 0$ gilt auch $\lim (|x||a_n|^{\frac{1}{n}}) = 0$, wenn x ein beliebiger Wert ist. Wählen wir irgendeine Größe q zwischen 0 und 1, so werden fast alle $|x||a_n|^{\frac{1}{n}}$ kleiner als q sein, so daß von einer bestimmten Stelle an die Ungleichung $|a_n x^n| < q^n$ stattfindet und $|a_0| + |a_1 x| + |a_2 x^2| + \cdots$ die konvergierende Majorante $1 + q + q^2 + \cdots$ besitzt.

Wenn die Folge (2) beschränkt ist, aber nicht nach Null konvergiert, so ist ihr oberster Häufungswert H größer als Null. Nimmt man nun ein von Null verschiedenes x, so hat die Folge

$$(2') \qquad |a_1 x|, \; |a_2 x^2|^{\frac{1}{2}}, \; |a_3 x^3|^{\frac{1}{3}}, \ldots$$

den obersten Häufungswert $|x|H$. Nach dem Cauchyschen Konvergenzkriterium ist also die Reihe $|a_1 x| + |a_2 x^2| + |a_3 x^3| + \cdots$ konvergent, sobald $|x|H < 1$, und divergent, wenn $|x|H > 1$ ist. Die Reihe (1) konvergiert also absolut im Falle $|x| < \frac{1}{H}$, d. h. im Innern des Intervalls $-\frac{1}{H} \ldots \frac{1}{H}$, und divergiert im Falle $|x| > \frac{1}{H}$, also außerhalb des genannten Intervalles.

Daß der oberste Häufungswert der Folge (2′) gleich $|x|H$ ist, beruht darauf, daß ihre Glieder aus denen der Folge (2) durch Multiplikation mit $|x|$ entstehen. Wenn man alles auf der Zahlenlinie veranschaulicht, so bedeutet eine solche Multiplikation nichts anderes als den Übergang zu einer neuen Längeneinheit. Geometrisch bleibt alles beim alten.

Man nennt, wenn H der oberste Häufungswert der Folge (2) ist, $-\frac{1}{H} \ldots \frac{1}{H}$ das Konvergenzintervall der Potenzreihe (1). Im Falle $H = 0$ weitet sich, wenn man ∞ als Wert des Symbols $\frac{1}{0}$ betrachtet, das Konvergenzintervall zur ganzen Zahlenlinie aus. Ist die Folge (2) unbeschränkt, also H sozusagen ∞, so muß man Null als Wert des Symbols $\frac{1}{\infty}$ ansehen. Das Konvergenzintervall schrumpft auf den Nullpunkt zusammen.

Eine Potenzreihe definiert innerhalb ihres Konvergenzintervalls eine Funktion $f(x)$, welche gleich der Summe der Potenzreihe an der Stelle x ist. Man hat also für $|x| < \frac{1}{H}$

$$(3) \qquad f(x) = a_0 + a_1 x + a_2 x^2 + \cdots .$$

Außerhalb des Konvergenzintervalles versagt diese Erklärung, weil dort die Potenzreihe divergiert, also keine Summe hat. Wir wollen uns jetzt mit der Funktion $f(x)$ noch näher beschäftigen. Es sei $0 \leqq r < r + \varrho < \frac{1}{H}$. Da die Potenzreihe innerhalb des Konvergenzintervalls absolut konvergiert, so ist, wenn wir zur Abkürzung $|a_n| = A_n$ setzen,

$$A_0 + A_1(r + \varrho) + A_2(r + \varrho)^2 + \cdots$$

oder

$$(4)\qquad A_0 + A_1(r+\varrho) + A_2(r^2 + 2r\varrho + \varrho^2) + \cdots$$

eine konvergente Reihe mit positiven Gliedern. Wenn man aus den Gliedern

$$(5)\qquad A_0, A_1 r, A_1\varrho, A_2 r^2, 2A_2 r\varrho, A_2\varrho^2, \ldots$$

irgendeine Teilsumme bildet, so wird sie von allen umfangreicheren Partialsummen der Reihe (4), also auch von der Summe dieser Reihe, übertroffen. Diese Glieder (5) geben also irgendwie geordnet eine konvergente Reihe. In (4) erscheinen sie in besonderer Weise geordnet und gruppiert.

Es sei $|x| < \frac{1}{H}$ und h von so kleinem Betrage, daß auch $|x| + |h| < \frac{1}{H}$ ist. Dann wird erst recht $|x+h| < \frac{1}{H}$ sein, so daß x und $x+h$ im Innern des Konvergenzintervalles liegen. Neben (3) gilt daher die Gleichung

$$f(x+h) = a_0 + a_1(x+h) + a_2(x+h)^2 + \cdots$$

oder

$$(3')\qquad f(x+h) = a_0 + a_1(x+h) + a_2(x^2 + 2xh + h^2) + \cdots.$$

Setzen wir $|x| = r$, $|h| = \varrho$, so ist $0 \leqq r < r + \varrho < \frac{1}{H}$. Daher geben die Glieder

$$(5^*)\qquad a_0, a_1 x, a_1 h, a_2 x^2, 2a_2 xh, a_2 h^2, \ldots$$

irgendwie geordnet eine absolut konvergente Reihe. Ihre Beträge sind nämlich die Größen (5). Nun bietet sich die Möglichkeit, auf die Reihe

$$a_0 + a_1 x + a_1 h + a_2 x^2 + 2a_2 xh + a_2 h^2 + \cdots$$

den Umordnungssatz und den Zerlegungssatz anzuwenden. Bei allen diesen Umformungen bleibt die Summe der Reihe gleich $f(x+h)$. Insbesondere ist

$$(6)\qquad \begin{aligned} f(x+h) = {} & (a_0 + a_1 x + a_2 x^2 + \cdots) \\ & + (a_1 h + 2a_2 xh + 3a_3 x^2 h + \cdots) \\ & + (a_2 h + 3a_3 xh^2 + 6a_4 x^2 h^2 + \cdots) + \cdots. \end{aligned}$$

Dabei haben wir immer alle diejenigen Glieder zusammengefaßt, die mit derselben Potenz von h behaftet sind. Hieraus ergibt sich

$$(6')\qquad \begin{aligned} & \frac{f(x+h) - f(x)}{h} - (a_1 + 2a_2 x + 3a_3 x^2 + \cdots) \\ & \qquad = (a_2 h + 3a_3 xh + 6a_4 x^2 h + \cdots) + \cdots \end{aligned}$$

Wenn man in einer absolut konvergenten Reihe alle Glieder durch ihre absoluten Beträge ersetzt, so vergrößert sich der absolute Betrag der Reihensumme. Man erkennt es sofort, wenn man bedenkt, daß die Summe einer absolut konvergenten Reihe gleich ist der Summe P aller positiven Glieder, vermindert um die Summe $-N$ aller negativen Glieder, also $P - N$, während die absoluten Beträge aller Glieder die Summe $P + N$ haben. Offenbar ist aber $|P - N| \leqq P + N$. Auf Grund dieser Bemerkung kann man aus (6′) schließen

$$\left|\frac{f(x+h)-f(x)}{h}-(a_1+2a_2x+3a_3x^2+\cdots)\right|$$
$$\leqq (A_2\varrho+3A_3r\varrho+6A_4r^2\varrho+\cdots)+\cdots$$

Zieht man aus der rechten Seite den Faktor $\varrho = |h|$ heraus, so erscheint sie in der Form ϱK. Wenn nun $|h|$ absteigend nach Null konvergiert, so nimmt K beständig ab und konvergiert nach einem Grenzwert K_0. Es wird also $\lim(\varrho K) = 0\cdot K_0 = 0$ und daher

$$\lim\frac{f(x+h)-f(x)}{h} = a_1+2a_2\,x+3a_3\,x^2+\cdots$$

Die Potenzreihe $f(x) = a_0+a_1x+a_2x^2+\cdots$ hat demnach im Innern des Konvergenzintervalls überall eine Ableitung $f'(x)$, und es gilt die Gleichung $f'(x) = a_1+2a_2x+3a_3x^2+\cdots$ Man erhält also die Ableitung, indem man die Potenzreihe wie ein Polynom differenziert. Daß die Potenzreihe $a_1+2a_2x+3a_3x^2+\cdots$ im Innern des Konvergenzintervalles der ursprünglichen Reihe $a_0+a_1x+a_2x^2+\cdots$ absolut konvergiert, geht aus der obigen Herleitung hervor und beruht darauf, daß die Glieder (5*) unter der Voraussetzung $|x|+|h|<\frac{1}{H}$ eine absolut konvergente Reihe ergeben. Dies gilt um so mehr, wenn man nur eine Teilmenge von (5*) betrachtet, z. B. die Glieder $a_1h, 2a_2xh, 3a_3x^2h, \ldots$ Es ist also $|a_1h|+|2a_2xh|+|3a_3x^2h|+\cdots$ konvergent, mithin auch $|a_1|+|2a_2x|+|3a_3x^2|+\cdots$, und zwar unter der Bedingung $|x|<\frac{1}{H}$. Ist diese nämlich erfüllt, so wird bei genügend kleinem $|h|$ auch $|x|+|h|<\frac{1}{H}$ sein. Das Konvergenzintervall der Reihe $a_1+2a_2x+3a_3x^2+\cdots$ kann also nicht kleiner sein als das der Reihe $a_0+a_1\,x+a_2x^2+\cdots$. Es kann aber auch nicht größer sein. Wenn nämlich die Reihe $|a_1|+|2a_2x|+|3a_3x^2|+\cdots$ konvergiert, so gilt dasselbe von $|a_1x|+|2a_2x^2|+|3a_3x^3|+\cdots$ und von $|a_0|+|a_1x|+|2a_2x^2|+|3a_3x^3|+\cdots$, also erst recht von $|a_0|+|a_1x|+|a_2x^2|+\cdots$. Die Reihen $a_0+a_1x+a_2x^2+\cdots$ und $a_1+2a_2x+3a_3x^2+\cdots$ haben somit dasselbe Konvergenzintervall.

Wendet man die obige Betrachtung auf $f'(x) = a_1+2a_2x+3a_3x^2+\cdots$ an, so ergibt sich, daß im Innern des Konvergenzintervalls auch $f''(x)$ existiert und $f''(x) = 2a_2+3\,.\,2a_3x+4\,.\,3a_4x^2+\cdots$ ist. Auch die andern höheren Ableitungen sind alle vorhanden und berechnen sich, indem man wie bei Polynomen gliedweise differenziert. Alle diese Potenzreihen haben dasselbe Konvergenzintervall.

Kehren wir nun zur Gleichung (6) zurück, so können wir ihr jetzt eine andere Fassung geben. Die Glieder (5*) sind hier in der Weise gruppiert, daß immer diejenigen, die mit derselben Potenz von h multipliziert sind, zusammenstehen. Nun liefert $a_n(x+h)^n$ als Beitrag zu den mit h^ν behafteten Gliedern

$$\binom{n}{\nu} a_n x^{n-\nu} h^\nu = \frac{(a_n x^n)^{(\nu)}}{\nu!} h^\nu ,$$

so daß die Summe aller dieser Glieder $\frac{f^{(\nu)}(x)}{\nu!} h^\nu$ lautet. Daher können wir schreiben

$$(6^*) \qquad f(x+h) = f(x) + \frac{h f'(x)}{1!} + \frac{h^2 f''(x)}{2!} + \cdots,$$

und es zeigt sich also, daß an jeder Stelle x im Innern des Konvergenzintervalles die Taylorsche Entwicklung gilt. Diese ist eine Potenzreihe in h, die konvergiert, sobald die Ungleichung $|x| + |h| < \frac{1}{H}$, also $|h| < \frac{1}{H} - |x|$, besteht. $\frac{1}{H} - |x|$ ist die Entfernung vom Punkte x bis zur nächsten Grenze des Konvergenzintervalles. Wenn man um den Mittelpunkt x das größte Intervall konstruiert, das nicht über das Konvergenzintervall hinausgreift, so wird die Darstellung (6*) sicher gelten, solange sich $x + h$ im Innern dieses Intervalles hält. Es kann natürlich sein, daß sie auch in einem größeren Intervall noch richtig bleibt. Dann gelangt man zu einer Erweiterung des ursprünglichen Definitionsbereiches der Funktion $f(x)$. Um diese Möglichkeit durch ein Beispiel zu erläutern, betrachten wir den Fall

$$f(x) = 1 + x + x^2 + \cdots.$$

Die Potenzreihe hat hier das Konvergenzintervall $-1 \ldots 1$. Die Folge (2) besteht aus lauter Einsen, so daß $H = 1$ ist. Innerhalb des Konvergenzintervalles ist $f(x) = \frac{1}{1-x}$, und es gelten dort außer

$$\frac{1}{1-x} = 1 + x + x^2 + \cdots$$

die Gleichungen

$$\left(\frac{1}{1-x}\right)' = \frac{1}{(1-x)^2} = 1 + 2x + 3x^2 + \cdots,$$

$$\left(\frac{1}{1-x}\right)'' = \frac{1.2}{(1-x)^3} = 1.2 + 2.3x + 3.4x^2 + \cdots,$$

$$\left(\frac{1}{1-x}\right)''' = \frac{1.2.3}{(1-x)^4} = 1.2.3 + 2.3.4x + 3.4.5x^2 + \cdots,$$

. . . .

Aus unserer allgemeinen Betrachtung wissen wir, daß die Taylorsche Entwicklung, die hier

$$(7) \qquad \frac{1}{1-x-h} = \frac{1}{1-x} + \frac{h}{(1-x)^2} + \frac{h^2}{(1-x)^3} + \cdots$$

lautet, sicher gilt, sobald $|h| < 1 - |x|$ ist.

Nun kann man aber schreiben

$$\frac{1}{1-x-h} = \frac{1}{1-x} \cdot \frac{1}{1-\frac{h}{1-x}}$$

und

$$\frac{1}{1-\frac{h}{1-x}} = 1 + \frac{h}{1-x} + \frac{h^2}{(1-x)^2} + \cdots,$$

sobald $\left|\frac{h}{1-x}\right|$ unterhalb 1, aber nicht mehr, wenn es oberhalb 1 liegt. Daher hat die Reihe (7) als Potenzreihe in h betrachtet, das Konvergenzintervall $-(1-x)\ldots(1-x)$. Im Falle $x \geqq 0$ ist $1-x = 1-|x|$, im Falle $x < 0$ aber $1-x = 1+|x|$. Sobald also x in der linken Hälfte des Konvergenzintervalles $-1\ldots1$ liegt, führt die Taylorsche Entwicklung über dieses Intervall hinaus.

Alle Funktionen, die sich durch Potenzreihen darstellen lassen, sind, wie wir gesehen haben, innerhalb des Konvergenzintervalls beliebig oft differenzierbar und können an jeder Stelle im Innern dieses Intervalls in die Taylorsche Reihe entwickelt werden.

Für jede solche Funktion gibt es innerhalb des Konvergenzintervalls eine Stammfunktion, weil $a_0x + \frac{a_1x^2}{2} + \frac{a_2x^3}{3} + \cdots$ dasselbe Konvergenzintervall hat wie $a_0 + a_1x + a_2x^2 + \cdots$ und innerhalb des Konvergenzintervalls die Beziehung

$$\left(a_0x + \frac{a_1x^2}{2} + \frac{a_2x^3}{3} + \cdots\right)' = a_0 + a_1x + a_2x^2 + \cdots$$

gilt. Die durch Potenzreihen dargestellten Funktionen sind also auch beliebig oft integrierbar, und das Ergebnis ist stets wieder eine solche Funktion.

Haben zwei Potenzreihen die Konvergenzintervalle $-r_1\ldots r_1$ und $-r_2\ldots r_2$ und ist r die kleinere der beiden Zahlen r_1, r_2, so konvergieren sie für $|x| < r$ absolut. Man kann also mit ihnen nach den uns bekannten Regeln rechnen. Z. B. folgt aus

$$f(x) = a_0 + a_1x + a_2x^2 + \cdots,$$
$$g(x) = b_0 + b_1x + b_2x^2 + \cdots$$

durch Addition und Subtraktion

$$f(x) + g(x) = (a_0 + b_0) + (a_1 + b_1)x + (a_2 + b_2)x^2 + \cdots,$$
$$f(x) - g(x) = (a_0 - b_0) + (a_1 - b_1)x + (a_2 - b_2)x^2 + \cdots$$

und durch Multiplikation

$$f(x)\,g(x) = a_0b_0 + (a_0b_1 + a_1b_0)\,x + (a_0b_2 + a_1b_1 + a_2b_0)\,x^2 + \cdots.$$

Man kommt hierbei immer auf Potenzreihen, deren Konvergenzintervall das Intervall $-r\ldots r$ umfaßt.

Die Potenzreihe $f(x) = a_0 + a_1 x + a_2 x^2 + \cdots$ ist nichts anderes als die Taylorsche Reihe der Funktion $f(x)$ an der Stelle $x = 0$, die man auch als Maclaurinsche Reihe bezeichnet, obwohl es eigentlich nicht nötig ist, der Taylorschen Reihe an einem besonderen Ort einen anderen Namen zu geben. Daß jede Potenzreihe eine Maclaurinsche Reihe ist, erkennt man sofort, wenn man in $f'(x) = a_1 + 2a_2 x + 3a_3 x^2 + \cdots$, $f''(x) = 1 \cdot 2a_2 + 2 \cdot 3a_3 x + 3 \cdot 4a_4 x^2 + \cdots, \cdots$ die Einsetzung $x = 0$ macht. Dadurch erhält man $f(0) = a_0$, $f'(0) = a_1$, $f''(0) = 1 \cdot 2a_2, \ldots$ und kann schreiben

$$f(x) = f(0) + \frac{x}{1!} f'(0) + \frac{x^2}{2!} f''(0) + \cdots.$$

Hiermit ist zugleich bewiesen, daß eine Funktion $f(x)$ in der Umgebung von $x = 0$ nur auf eine Weise durch eine Potenzreihe darstellbar ist, wenn sie überhaupt eine solche Darstellung zuläßt. Daß es Funktionen gibt, die sich um $x = 0$ herum nicht in eine Potenzreihe entwickeln lassen, obwohl sie beliebig oft differenzierbar sind, können wir an dem schon einmal erwähnten Cauchyschen Beispiel $f(0) = 0$, $f(x) = e^{-\frac{1}{x^2}}$ sehen. Wir haben früher gezeigt, daß für $x = 0$ alle Ableitungen dieser Funktion verschwinden, so daß sämtliche Glieder der Maclaurinschen Reihe gleich Null sind. Die Maclaurinsche Reihe konvergiert also, hat aber die Summe Null und nicht $f(x)$. Da wir nun wissen, daß eine die Funktion darstellende Potenzreihe nur die Maclaurinsche Reihe sein kann, so ergibt sich der Schluß, daß die Cauchysche Funktion sich nicht in eine Potenzreihe $a_0 + a_1 x + a_2 x^2 + \cdots$ entwickeln läßt. Weil sich mit Potenzreihen so bequem rechnen läßt, hat es Mathematiker gegeben, die alle Funktionen, die nicht in dieser Form darstellbar sind, aus der Mathematik verbannen wollten. Dieser extreme Standpunkt hat sich aber nicht ganz durchsetzen können, obwohl es tatsächlich große Gebiete gibt, in denen man der Schwierigkeiten nicht Herr würde, wenn man sich diesem Standpunkt nicht anpaßte.

Wir wollen noch eine Bemerkung über die Division mit Potenzreihen machen. Es sei $f(x) = 1 - c_1 x - c_2 x^2 - \cdots$ eine Potenzreihe mit dem Anfangsglied 1 und $-R \cdots R$ ihr Konvergenzintervall. Wir setzen $|x| = r$ und $|c_n| = C_n$. Da die Potenzreihe im Innern des Intervalls $-R \ldots R$ absolut konvergiert, so ist die Reihe $1 + C_1 r + C_2 r^2 + \cdots$ konvergent, sobald $r < R$ ist. Es sei nun r_1 eine Zahl zwischen 0 und R, und man setze $C_1 + C_2 r_1 + C_3 r_1^2 + \cdots = K_1$. Dann wird im Falle $r < r_1$ die Ungleichung

$$C_1 r + C_2 r^2 + \cdots < r K_1$$

gelten, und wenn wir $r < \frac{1}{K_1}$ annehmen, wird $C_1 r + C_2 r^2 + \cdots < 1$ sein, also auch $|c_1 x + c_2 x^2 + \cdots| < 1$. Daher gilt die Entwicklung

$$\frac{1}{f(x)} = 1 + (c_1 x + c_2 x^2 + \cdots) + (c_1 x + c_2 x^2 + \cdots)^2 - \cdots.$$

Nach der Multiplikationsregel für Potenzreihen können wir die Potenzen von $c_1x + c_2x^2 + \cdots$ wieder als Potenzreihen schreiben und erhalten auf diese Weise

$$(c_1x + c_2x^2 + \cdots)^n = c_{nn}x^n + c_{n,n+1}x^{n+1} + \cdots,$$

mithin

$$(8) \quad \frac{1}{f(x)} = 1 + (c_{11}x + c_{12}x^2 + \cdots) + (c_{22}x^2 + c_{23}x^3 + \cdots) + \cdots.$$

Nun bilden die Glieder $c_{n,n+k}x^{n+k}$ eine absolut konvergente Reihe. Setzt man nämlich

$$(C_1r + C_2r^2 + \cdots)^n = C_{nn}r^n + C_{n,n+1}r^{n+1} + \cdots,$$

so ist

$$|c_{n,n+k}x^{n+k}| \leqq C_{n,n+k}r^{n+k}.$$

Aus den Gliedern $C_{n,n+k}r^{n+k}$ baut sich aber die Reihe

$$(C_1r + C_2r^2 + \cdots) + (C_1r + C_2r^2 + \cdots)^2 + \cdots$$

auf, die auf Grund der Ungleichung $C_1r + C_2r^2 + \cdots < 1$ konvergent ist und in der Form

$$(C_{11}r + C_{12}r^2 + \cdots) + (C_{22}r^2 + C_{23}r^2 + \cdots) + \cdots$$

geschrieben werden kann. Nachdem nun feststeht, daß die Glieder $c_{n,n+k}x^{n+k}$ eine absolut konvergente Reihe bilden, können wir der Gleichung (8) folgende Form geben:

$$(8') \quad \frac{1}{f(x)} = 1 + c_{11}x + (c_{12} + c_{22})\,x^2 + (c_{13} + c_{23} + c_{33})\,x^3 + \cdots.$$

Wir wissen, daß diese Entwicklung zum mindesten für $|x| < \frac{1}{K_1}$ gilt. Ihr Geltungsintervall kann aber auch größer sein. Nachdem man einmal weiß, daß $\frac{1}{f(x)}$ eine solche Darstellung durch eine Potenzreihe zuläßt, kann man diese Reihe nach der von Leibniz eingeführten Methode der unbestimmten Koeffizienten ermitteln. Man setzt $\frac{1}{f(x)} = \gamma_0 + \gamma_1x + \gamma_2x^2 + \cdots$ und entnimmt aus

$$\begin{aligned} 1 &= (1 - c_1x - c_2x^2 - \cdots)(\gamma_0 + \gamma_1x + \gamma_2x^2 + \cdots) \\ &= \gamma_0 + (\gamma_1 - c_1\gamma_0)\,x + (\gamma_2 - c_1\gamma_1 - c_2\gamma_0)x^2 + \cdots \end{aligned}$$

folgende Aussagen über die unbekannten Koeffizienten $\gamma_0, \gamma_1, \gamma_2, \ldots$:

$$\gamma_0 = 1,\ \gamma_1 = c_1\gamma_0 = c_1,\quad \gamma_2 = c_1\gamma_1 + c_2\gamma_0 = c_1^2 + c_2, \ldots$$

Da der reziproke Wert einer Potenzreihe mit nicht verschwindendem Anfangsglied, das wir hier nur der Einfachheit halber gleich 1 gesetzt haben, wieder eine Potenzreihe ist, wenigstens in einer hinreichend kleinen Umgebung der Null, so kann man auch den Quotienten zweier Potenzreihen durch eine Potenzreihe darstellen, vorausgesetzt, daß der Divisor für $x = 0$ nicht verschwindet.

Über die Methode der unbestimmten Koeffizienten sei noch gesagt, daß man bei ihrer Anwendung gewöhnlich die Existenz des Gesuchten voraussetzt, es durch diese Methode bestimmt und schließlich noch zeigt, daß es wirklich die gewünschte Beschaffenheit hat. Wenn man z. B. eine Funktion $f(x)$ sucht, die ihrer Ableitung gleich ist und diese Funktion als Potenzreihe ansetzt, $f(x) = a_0 + a_1 x + a_2 x^2 + \cdots$, so führt die Forderung $f'(x) = f(x)$ zu folgender Gleichung:

$$a_0 + a_1 x + a_2 x^2 + \cdots = a_1 + 2a_2 x + 3a_3 x^2 + \cdots.$$

Man entnimmt hieraus

$$a_1 = a_0,\ 2a_2 = a_1,\ 3a_3 = a_2, \ldots,$$

also $a_n = \frac{a_0}{n!}$. Setzt man $a_0 = 1$, so lautet das Ergebnis

$$f(x) = 1 + \frac{x}{1!} + \frac{x^2}{2!} + \cdots.$$

Nun zeigt sich, daß diese Reihe für jeden Wert von x absolut konvergiert. Man kann dies am leichtesten mit Hilfe des D'Alembertschen Kriteriums erkennen. Es ist nämlich

$$\frac{|x|^{n+1}}{(n+1)!} : \frac{|x|^n}{n!} = \frac{|x|}{n+1},$$

und dieser Wert konvergiert bei wachsendem n nach Null. Da man eine Potenzreihe innerhalb ihres Konvergenzintervalls, das hier $-\infty \cdots \infty$ lautet, wie ein Polynom differenzieren kann, so hat die gefundene Reihe tatsächlich die gewünschte Eigenschaft. Wenn wir noch einen Augenblick bei dieser Reihe und der durch sie definierten Funktion stehenbleiben, so lassen sich unsere Kenntnisse über Potenzreihen noch in folgender Weise anwenden: Nach der Multiplikationsregel für Potenzreihen ist

$$f(x_1) f(x_2) = \sum \frac{x_1^r}{r!} \cdot \sum \frac{x_2^s}{s!} = \sum \frac{x_1^r x_2^s}{r!\, s!}.$$

Nun hat man im Falle $r + s = n$

$$\sum \frac{x_1^r x_2^s}{r!\, s!} = \frac{(x_1 + x_2)^n}{n!}.$$

Also folgt

$$\sum \frac{x_1^r x_2^s}{r!\, s!} = \sum \frac{(x_1 + x_2)^n}{n!},$$

mithin

$$(9) \qquad f(x_1) f(x_2) = f(x_1 + x_2).$$

Setzt man $x_1 = x$, $x_2 = -x$, so wird $f(x_1 + x_2) = f(0) = 1$, also

$$(9') \qquad f(x) f(-x) = 1.$$

Hieraus ersieht man, daß $f(x) = \sum \frac{x^n}{n!}$ niemals gleich Null wird und

$\frac{1}{f(x)} = \sum \frac{(-x)^n}{n!}$ ist. Jetzt läßt sich auch leicht die Frage beantworten, ob es außer $f(x)$ und $cf(x)$ noch andere Funktionen gibt, die ihrer Ableitung gleich sind. Ist $F(x)$ eine solche Funktion, also $F'(x) = F(x)$, so findet man

$$\left(\frac{F(x)}{f(x)}\right)' = \frac{f(x)F'(x) - F(x)f'(x)}{f^2(x)} = 0\,,$$

also $F(x) = cf(x)$. Es gibt also außer den Funktionen $cf(x)$ keine anderen, die mit ihrer eigenen Ableitung zusammenfallen.

Aus (9) folgt

$$f(x_1)f(x_2)\ldots f(x_n) = f(x_1 + x_2 + \cdots + x_n)\,,$$

also

$$f(nx) = \{f(x)\}^n \tag{10}$$

und insbesondere

$$f(n) = \{f(1)\}^n.$$

Setzt man $f(1) = 1 + \frac{1}{1!} + \frac{1}{2!} + \cdots = e$, so gilt demnach für positives ganzzahliges n die Gleichung $f(n) = e^n$. Macht man in (10) die Einsetzung $x = \frac{1}{n}$, so ergibt sich

$$e = \left\{f\left(\frac{1}{n}\right)\right\}^n.$$

Für positive x-Werte ist offenbar $f(x)$ positiv, weil alle Reihenglieder positiv sind. Nach (9') gilt dasselbe für negative x-Werte, d. h. $f(x)$ ist überhaupt immer positiv. Somit ist $f\left(\frac{1}{n}\right)$ nichts anderes als diejenige positive Zahl, die wir mit $e^{\frac{1}{n}}$ bezeichnen, d. h. die n-te Wurzel aus e im arithmetischen Sinne. Wir können also schreiben $f\left(\frac{1}{n}\right) = e^{\frac{1}{n}}$. Setzt man in (10) für x den Bruch $\frac{1}{m}$ ein ($m = 1, 2, \ldots$), so findet man

$$f\left(\frac{n}{m}\right) = \left\{f\left(\frac{1}{m}\right)\right\}^n = e^{\frac{n}{m}}.$$

Nach (9') ist $f\left(-\frac{n}{m}\right)$ der reziproke Wert von $f\left(\frac{n}{m}\right)$, also $e^{-\frac{n}{m}}$. Wir wissen jetzt also, daß für jedes rationale x die Aussage $f(x) = e^x$ gilt. Für irrationales x wird der Wert e^x dadurch festgelegt, daß man die Stetigkeit fordert. Nun ist $f(x)$ überall stetig, weil es eine Ableitung hat. Also folgt, daß auch für irrationales x stets $f(x) = e^x$ ist. So sind wir hier noch einmal, von einer ganz anderen Seite her, auf die Funktion e^x gekommen.

Als Anwendung der Differentiationsregel für Potenzreihen wollen wir noch die Maclaurinsche Reihe der Funktion arc sin x behandeln. arc sin x

ist derjenige Bogen im Spielraum von $-\frac{\pi}{2}$ bis $\frac{\pi}{2}$, dessen Sinus den Wert x hat. Wir wollen zunächst $x^2 < 1$ annehmen. Dann können wir $(\text{arc} \sin x)' = (1 - x^2)^{-\frac{1}{2}}$ in die Newtonsche Binomialreihe entwickeln

$$(11) \qquad (1 - x^2)^{-\frac{1}{2}} = 1 + \frac{1}{2} x^2 + \frac{1.3}{2.4} x^4 + \cdots .$$

Hierbei haben wir berücksichtigt, daß

$$\binom{-\frac{1}{2}}{n} = \frac{\left(-\frac{1}{2}\right)\left(-\frac{3}{2}\right)\cdots\left(-\frac{2n-1}{2}\right)}{1.2\ldots n} = \frac{1.3\ldots(2n-1)}{2.4\ldots 2n}$$

ist. Die obige Potenzreihe hat das Konvergenzintervall $-1\ldots 1$. Man erkennt dies am raschesten mit Hilfe des D'Alembertschen Kriteriums. Es ist hier nämlich $\lim \frac{u_{n+1}}{u_n} = x^2$. Aber auch folgende Überlegung führt sofort zum Ziele: Die linke Seite der Gleichung (11) kann dadurch, daß man x^2 nahe genug an 1 heranbringt, beliebig vergrößert, also z. B. größer als irgendein gegebenes N gemacht werden. Ist dies erreicht, so werden auch die Partialsummen der Reihe (11) von einem bestimmten Index an größer als N sein. Erst recht gilt das von den Partialsummen der Reihe $1 + \frac{1}{2} + \frac{1.3}{2.4} + \cdots$. Es gibt also für diese Partialsummen keine obere Schranke.

Innerhalb des Intervalles $-1\ldots 1$ ist nun die in (11) auftretende Potenzreihe die Ableitung von

$$f(x) = \frac{x}{1} + \frac{1}{2}\frac{x^3}{3} + \frac{1.3}{2.4}\frac{x^5}{5} + \cdots$$

Daher haben $\text{arc} \sin x$ und $f(x)$ im Intervall $-1\ldots 1$ dieselbe Ableitung und demnach eine konstante Differenz. Diese Differenz ist aber gleich Null, weil beide Funktionen für $x = 0$ verschwinden. Es muß also die Gleichung gelten

$$(12) \qquad \text{arc} \sin x = \frac{x}{1} + \frac{1}{2}\frac{x^3}{3} + \frac{1.3}{2.4}\frac{x^5}{5} + \cdots .$$

Zunächst ist sie nur für das Innere des Intervalls $-1\ldots 1$ bewiesen. Man erkennt aber leicht, daß sie auch an den Grenzen gilt. Offenbar genügt es, den Fall $x = 1$ zu erledigen. Denken wir uns zunächst unter x einen positiven Wert unterhalb 1, so ist nach (12)

$$\frac{x}{1} + \frac{1}{2}\frac{x^3}{3} + \frac{1.3}{2.4}\frac{x^5}{5} + \cdots + \frac{1.3\ldots(2n-1)}{2.4\ldots 2n}\frac{x^{2n+1}}{2n+1} < \frac{\pi}{2}.$$

Wenn nun x nach 1 konvergiert, so folgt, daß auch

$$\frac{1}{1} + \frac{1}{2}\cdot\frac{1}{3} + \frac{1.3}{2.4}\cdot\frac{1}{5} + \cdots + \frac{1.3\ldots(2n-1)}{2.4\ldots 2n}\cdot\frac{1}{2n+1}$$

nicht größer als $\frac{\pi}{2}$ sein kann. Damit ist zunächst die Konvergenz der Reihe

$$(13)\qquad \frac{1}{1}+\frac{1}{2}\cdot\frac{1}{3}+\frac{1.3}{2.4}\cdot\frac{1}{5}+\cdots$$

bewiesen. Außerdem kann ihre Summe s nicht größer als $\frac{\pi}{2}$ sein, weil keine ihrer Partialsummen über $\frac{\pi}{2}$ hinausgeht. Andererseits sind die Glieder der Reihe (12) kleiner als die entsprechenden der Reihe (13), woraus $\arcsin x < s$ folgt. Man hat also $\arcsin x < s \leqq \frac{\pi}{2}$. Läßt man nun x nach 1 konvergieren, so wird $\lim \arcsin x = \frac{\pi}{2}$. Daher bleibt nur die Möglichkeit $s = \frac{\pi}{2}$. Die Reihe (13) hat also die Summe arc sin 1, d. h. die Gleichung (12) gilt für $x = 1$ und daher auch für $x = -1$.

Wenn man $\arcsin x = u$ setzt, so wird $x = \sin u$ und nach (12)

$$u = \frac{\sin u}{1}+\frac{1}{2}\frac{(\sin u)^3}{3}+\frac{1.3}{2.4}\frac{(\sin u)^5}{5}+\cdots\qquad\left(-\frac{\pi}{2}\leqq u\leqq\frac{\pi}{2}\right).$$

Wir wollen u auf das Intervall $0\ldots\frac{\pi}{2}$ beschränken. Dann gilt für

$$R_n(u) = u-\frac{\sin u}{1}-\frac{1}{2}\frac{(\sin u)^3}{3}-\cdots-\frac{1.3\ldots(2n-1)}{2.4\ldots 2n}\frac{(\sin u)^{2n+1}}{2n+1}$$

die Aussage

$$0 < R_n(u) < R_n\,,$$

wobei $R_n = R_n\left(\frac{\pi}{2}\right)$ sein soll. Hieraus folgt

$$(14)\qquad 0<\int_0^{\frac{\pi}{2}} R_n(u)\,du < \frac{\pi}{2}R_n.$$

Um das Integral zu berechnen, bemerke man, daß

$$\begin{aligned}\{(\sin u)^{2\nu}\cos u\}' &= 2\nu(\sin u)^{2\nu-1}\cos^2 u-(\sin u)^{2\nu+1}\\ &= 2\nu(\sin u)^{2\nu-1}-(2\nu+1)(\sin u)^{2\nu+1}\end{aligned}$$

ist, mithin

$$\{(\sin u)^{2\nu}\cos u\}_0^{\frac{\pi}{2}} = 2\nu\int_0^{\frac{\pi}{2}}(\sin u)^{2\nu-1}du-(2\nu+1)\int_0^{\frac{\pi}{2}}(\sin u)^{2\nu+1}du$$

oder, da $(\sin u)^{2\nu}\cos u$ für $u = 0$ und $u = \frac{\pi}{2}$ verschwindet,

$$(15)\qquad \int_0^{\frac{\pi}{2}}(\sin u)^{2\nu+1}du = \frac{2\nu}{2\nu+1}\int_0^{\frac{\pi}{2}}(\sin u)^{2\nu-1}du\,.$$

Nun hat man

$$\int_0^{\frac{\pi}{2}} \sin u\, du = (-\cos u)_0^{\frac{\pi}{2}} = 1\,,$$

mithin nach der Rekursionsformel (15)

$$\int_0^{\frac{\pi}{2}} (\sin u)^3\, du = \frac{2}{3}\,, \qquad \int_0^{\frac{\pi}{2}} (\sin u)^5\, du = \frac{2.\,4}{3.\,5}, \ldots$$

Daher wird

$$\int_0^{\frac{\pi}{2}} R_n(u)\, du = \frac{\pi^2}{8} - 1 - \frac{1}{3^2} - \cdots - \frac{1}{(2n+1)^2}.$$

Diese Größe liegt nun nach (14) zwischen 0 und $\frac{\pi}{2} R_n$. Da R_n bei wachsendem n nach Null konvergiert, so folgt

$$(16) \qquad \frac{\pi^2}{8} = 1 + \frac{1}{3^2} + \frac{1}{5^2} + \cdots$$

Von hier aus kann man die Summe der Reihe $1 + \frac{1}{2^2} + \frac{1}{3^2} + \frac{1}{4^2} + \cdots$ gewinnen, wenn man benutzt, daß

$$\left(1 + \frac{1}{2^2} + \frac{1}{3^2} + \cdots\right) - \left(1 + \frac{1}{3^2} + \frac{1}{5^2}\right) + \cdots$$
$$= \frac{1}{2^2} + \frac{1}{4^2} + \frac{1}{6^2} + \cdots = \frac{1}{4}\left(1 + \frac{1}{2^2} + \frac{1}{3^2} + \cdots\right)$$

ist, also

$$\frac{3}{4}\left(1 + \frac{1}{2^2} + \frac{1}{3^2} + \cdots\right) = 1 + \frac{1}{3^2} + \frac{1}{5^2} + \cdots.$$

Dann ergibt sich aus (16)

$$(16') \qquad \frac{\pi^2}{6} = 1 + \frac{1}{2^2} + \frac{1}{3^2} + \cdots.$$

Diese Gleichung hat zuerst Euler vollständig bewiesen. Die Formel hat eine interessante Geschichte. Jakob Bernoulli, der sich, wie schon Leibniz, viel mit unendlichen Reihen beschäftigte, stellte das Problem auf, diese Reihe zu summieren. Erst nach seinem Tode gelang es seinem jüngeren Bruder Johann, die Summe zu finden, jedoch ohne einen ordentlichen Beweis. Er stützte sich darauf, daß in dem Polynom

$$(1 - \alpha_1 x)(1 - \alpha_2 x) \cdots (1 - \alpha_n x) = 1 + k_1 x + k_2 x^2 + \cdots + k_n x^n$$

der Koeffizient k_1 gleich $-(\alpha_1 + \cdots + \alpha_n)$ ist, also gleich der negativen Summe der reziproken Wurzeln des Polynoms. Nun faßte er

$$\frac{\sin\sqrt{x}}{\sqrt{x}} = 1 - \frac{x}{3!} + \frac{x^2}{5!} - \cdots$$

auch als ein Polynom auf, sozusagen vom Grade ∞. Da $\frac{\sin\sqrt{x}}{\sqrt{x}}$ für $x = \pi^2$, $x = (2\pi)^2$, $x = (3\pi)^2, \ldots$ verschwindet, so betrachtete er $\pi^2, (2\pi)^2, (3\pi)^2, \ldots$ als die Wurzeln jenes Polynoms, ohne allerdings sicher zu sein, daß es außer ihnen keine andern Wurzeln gibt, und zog einfach den Schluß

$$\frac{1}{6} = \frac{1}{\pi^2} + \frac{1}{(2\pi)^2} + \frac{1}{(3\pi)^2} + \cdots.$$

Das ist aber die Gleichung (16). Euler, der sofort das Bedenken erhob, daß man doch nicht wisse, ob $\frac{\sin\sqrt{x}}{\sqrt{x}}$ wirklich nur die genannten Wurzeln hat, gab dann verschiedene einwandfreie Beweise, zu denen auch der oben dargelegte gehört. Er fand später die Produktformel für $\sin x$, durch die das Bedenken gegen Bernoullis kühnen Beweis beseitigt und dieser Beweis auf eine sichere Grundlage gestellt wird. Außerdem zeigte Euler, daß sich allgemein $1 + \frac{1}{2^{2n}} + \frac{1}{3^{2n}} + \cdots$ für $n = 1, 2, 3, \ldots$ von π^{2n} nur um einen rationalen Faktor unterscheidet.

§ 5. Integration gewisser Klassen von Funktionen.

Leibniz hat die Integralrechnung systematisch aufzubauen versucht, indem er gewisse Klassen von Funktionen integrierte. Später sind in dieser Richtung weitere Erfolge erzielt worden. Es zeigte sich aber bald, daß man die Integrale nicht mit Hilfe schon bekannter Funktionen ausdrücken kann und zur Einführung neuer Funktionen genötigt ist. So gab die Integralrechnung der Funktionentheorie wertvolle Anregungen.

Daß das Integral eines Polynoms wieder ein Polynom ist, war einer der ersten allgemeinen Sätze, die sich auf diesem Gebiete ergaben. Wir operieren hier mit unbestimmten Integralen oder Stammfunktionen und schreiben

$$\int (a_0 x^n + a_1 x^{n-1} + \cdots + a_n)\, dx = \frac{a_0 x^{n+1}}{n+1} + \frac{a_1 x^n}{n} + \cdots + a_n x + C.$$

C ist die Integrationskonstante.

Leibniz gelang auch die Integration der rationalen Funktionen. Er nahm dabei an, daß das Polynom im Nenner in lineare oder quadratische Faktoren zerlegt erscheint. Es war ihm unbekannt, daß diese Zerlegbarkeit auf Grund des Fundamentalsatzes der Algebra, den erst D'Alembert aufstellte und Gauß bewies, eine allgemeine Eigenschaft der Polynome ist.

Betrachten wir zunächst eine rationale Funktion von folgender Gestalt:

$$(1)\qquad \frac{c_0 x^{n-1} + c_1 x^{n-1} + \cdots + c_{n-1}}{(x - a_1)(x - a_2)\ldots(x - a_n)} = \frac{P(x)}{(x - a_1)\ldots(x - a_n)},$$

wobei $a_1, \ldots, a_n$ voneinander verschieden und reell sind. Wenn wir

$$(x - a_1)(x - a_2) \ldots (x - a_n) = L(x)$$

setzen, so wird

$$L'(x) = (x - a_1)\{(x - a_2) \ldots (x - a_n)\}' + (x - a_2) \ldots (x - a_n),$$

also

$$L'(a_1) = (a_1 - a_2) \ldots (a_1 - a_n).$$

Das Polynom

$$\frac{L(x)}{(x - a_1) L'(a_1)} = \frac{(x - a_2) \ldots (x - a_n)}{(a_1 - a_2) \ldots (a_1 - a_n)}$$

hat an der Stelle $x = a_1$ den Wert 1, während es an den Stellen $a_2, \ldots, a_n$ verschwindet. Die n Polynome

$$\frac{L(x)}{(x - a_1) L'(a_1)}, \quad \frac{L(x)}{(x - a_2) L'(a_2)}, \ldots, \frac{L(x)}{(x - a_n) L'(a_n)}$$

sind uns als Lagrangesche Polynome schon einmal begegnet, und wir wissen auf Grund der Interpolationsformel, deren Fehlerglied im vorliegenden Falle verschwindet, daß $P(x)$ sich in folgender Form darstellen läßt:

$$P(x) = \sum \frac{L(x) P(a_\nu)}{(x - a_\nu) L'(a_\nu)}.$$

Es ist hiernach

$$\frac{P(x)}{L(x)} = \sum \frac{P(a_\nu)}{(x - a_\nu) L'(a_\nu)}. \tag{2}$$

Da das Integral einer Summe gleich der Summe der Integrale ist, weil die Ableitung einer Summe mit der Summe der Ableitungen übereinstimmt, so können wir aus Gleichung (2) schließen

$$\int \frac{P(x)}{L(x)}\, dx = \sum \int \frac{P(a_\nu)\, dx}{(x - a_\nu) L'(a_\nu)}.$$

Konstante Faktoren darf man aber beim Integrieren heraussetzen, und zwar deshalb, weil dies auch beim Differenzieren erlaubt ist. Also kann man schreiben

$$\int \frac{P(x)}{L(x)}\, dx = \sum \frac{P(a_\nu)}{L'(a_\nu)} \ln (x - a_\nu) + C. \tag{3}$$

Wenn $x < a_\nu$ ist, empfiehlt es sich, $\ln (a_\nu - x)$ als Stammfunktion von $\frac{1}{x - a_\nu}$ zu benutzen, damit der Logarithmus reell wird.

Man bezeichnet die Darstellung (2) als Partialbruchzerlegung der rationalen Funktion $\frac{P(x)}{L(x)}$. Um diese Zerlegung zu gewinnen, kann man sich der Methode der unbestimmten Koeffizienten bedienen, d. h. man macht den Ansatz

$$\frac{P(x)}{L(x)} = \sum \frac{A_\nu}{x - a_\nu},$$

multipliziert mit $L(x)$ und identifiziert die rechts und links stehenden Polynome. Leibniz gewann die Partialbruchzerlegung (2) durch folgende Überlegung: Zunächst ist

$$\frac{1}{(x-a_1)} - \frac{1}{(x-a_2)} = \frac{a_1 - a_2}{(x-a_1)(x-a_2)}.$$

Man kann also statt $\frac{1}{(x-a_1)(x-a_2)}$ einen Ausdruck von der Form $\frac{\alpha_1}{x-a_1} + \frac{\alpha_2}{x-a_2}$ einsetzen. Dadurch verwandelt sich $\frac{1}{(x-a_1)(x-a_2)\dots(x-a_n)}$ in

$$\frac{\alpha_1}{(x-a_1)(x-a_3)\dots(x-a_n)} + \frac{\beta_1}{(x-a_2)(x-a_3)\dots(x-a_n)}.$$

Solange in einem Nenner noch eine Mehrzahl von Faktoren vorhanden ist, läßt sich dieses Verfahren weiterführen. Das Endergebnis lautet

$$\frac{1}{(x-a_1)\dots(x-a_n)} = \frac{\gamma_1}{x-a_1} + \dots + \frac{\gamma_n}{x-a_n}.$$

Hieraus folgt weiter

$$\frac{P(x)}{(x-a_1)\dots(x-a_n)} = \frac{\gamma_1 P(x)}{x-a_1} + \dots + \frac{\gamma_n P(x)}{x-a_n}.$$

Da nun nach Taylor

$$P(x) = P(a_\nu) + (x-a_\nu)\frac{P'(a_\nu)}{1!} + \dots + (x-a_\nu)^{n-1}\frac{P^{n-1}(a_\nu)}{(n-1)!},$$

so wird

$$\frac{\gamma_\nu P(x)}{x-a_\nu} = \frac{A_\nu}{x-a_\nu} + \dots,$$

wobei die Punkte ein Polynom andeuten. Beim Addieren heben sich diese Polynome fort, solange der Grad von $P(x)$ kleiner als n ist. Andernfalls tritt in Formel (2) noch ein Polynom zu den Partialbrüchen hinzu. Dieser Polynombestandteil wird am besten vor Ausführung der Zerlegung abgetrennt, indem man $P(x)$ durch $L(x)$ dividiert, es also in der Form $Q(x)\,L(x) + R(x)$ darstellt, wobei $R(x)$ von niedrigerem Grade als $L(x)$ ist. Dann hat man

$$\frac{P(x)}{L(x)} = Q(x) + \frac{R(x)}{L(x)}.$$

Um z. B. die Funktion $\frac{x^3}{x^2-1}$ zu integrieren, dividieren wir zuerst x^3 durch x^2-1 und erhalten

$$x^3 = x(x^2-1) + x,$$

also

$$\frac{x^3}{x^2-1} = x + \frac{x}{x^2-1}.$$

Nun muß $\frac{x}{x^2-1}$ der Partialbruchzerlegung unterworfen werden. Man muß also setzen

$$\frac{x}{x^2-1} = \frac{A}{x-1} + \frac{B}{x+1}.$$

Durch Beseitigung der Nenner ergibt sich

$$x = A(x+1) + B(x-1) = (A+B)\,x + A - B,$$

also $A - B = 0$, $A + B = 1$, d. h. $A = B = \frac{1}{2}$. Man hat also schließlich

$$\frac{x^3}{x^2-1} = x + \frac{1}{2(x-1)} + \frac{1}{2(x+1)}$$

und daher

$$\int \frac{x^3 dx}{x^2-1} = \frac{x^2}{2} + \frac{1}{2}\ln(x-1) + \frac{1}{2}\ln(x+1) + C$$

$$= \frac{x^2}{2} + \frac{1}{2}\ln(x^2-1) + C.$$

Einfacher wäre man zum Ziele gekommen, wenn man $x^2 = u$ gesetzt und gesagt hätte, daß

$$\frac{x^3 dx}{x^2-1} = \frac{1}{2}\,\frac{u\,du}{u-1} = \frac{1}{2}\,du + \frac{1}{2}\,\frac{du}{u-1}$$

ist. Als Integral hätte sich dann $\frac{1}{2}u + \frac{1}{2}\ln(u-1)$, d. h. $\frac{1}{2}x^2 + \frac{1}{2}\ln(x^2-1)$ ergeben, wozu noch die Integrationskonstante hinzutritt.

Leibniz hat auch rationale Funktionen von der Form

$$\text{(4)} \qquad \frac{Q(x)}{(x-a_1)^{p_1}\ldots(x-a_n)^{p_n}}$$

integriert, wo jedes p_ν eine positive ganze Zahl ist. Er war als Philosoph gewöhnt, alles aus den einfachsten Prinzipien zu entwickeln, und es ist bewundernswürdig, wie er auch hier mit einem Minimum von Hilfsmitteln auskommt. Aus seiner Grundformel

$$\frac{1}{(x-a_1)(x-a_2)} = \frac{\alpha_1}{x-a_1} + \frac{\alpha_2}{x-a_2}$$

folgt schrittweise

$$\frac{1}{(x-a_1)^2(x-a_2)} = \frac{\alpha_1}{(x-a_1)^2} + \frac{\alpha_2}{(x-a_1)(x-a_2)}$$

$$= \frac{\alpha_1}{(x-a_1)^2} + \frac{\alpha_1\alpha_2}{x-a_1} + \frac{\alpha_2^2}{x-a_2}$$

$$\frac{1}{(x-a_1)^3(x-a_2)} = \frac{\alpha_1}{(x-a_1)^3} + \frac{\alpha_1\alpha_2}{(x-a_1)^2} + \frac{\alpha_2^2}{(x-a_1)(x-a_2)}$$

$$= \frac{\alpha_1}{(x-a_1)^3} + \frac{\alpha_1\alpha_2}{(x-a_1)^2} + \frac{\alpha_1\alpha_2^2}{x-a_1} + \frac{\alpha_2^3}{x-a_2}$$

usw. Man sieht, daß allgemein

$$(5)\qquad \frac{1}{(x-a_1)^{p_1}(x-a_2)} = \frac{\alpha_1}{(x-a_1)^{p_1}} + \frac{\alpha_1\alpha_2}{(x-a_1)^{p_1-1}} + \cdots + \frac{\alpha_1\alpha_2^{p_1-1}}{x-a_1} + \frac{\alpha_2^{p_1}}{x-a_2}$$

sein wird, was man durch den Schluß von p auf $p+1$ bestätigen kann.

Multipliziert man nun (5) auf beiden Seiten mit $\frac{1}{x-a_2}$, so erscheint $\frac{1}{(x-a_1)^{p_1}(x-a_2)^2}$ als lineare Verbindung von

$$\frac{1}{(x-a_1)^{p_1}(x-a_2)},\ \frac{1}{(x-a_1)^{p_1-1}(x-a_2)},\ldots,\ \frac{1}{(x-a_1)(x-a_2)},\ \frac{1}{(x-a_2)^2}.$$

Diese läßt sich unter Benutzung von (5) in eine lineare Verbindung von

$$\frac{1}{(x-a_1)^{p_1}},\ \frac{1}{(x-a_1)^{p_1-1}},\ldots,\ \frac{1}{x-a_1},\ \frac{1}{(x-a_2)^2},\ \frac{1}{x-a_2}$$

verwandeln, und man erkennt durch fortgesetzte Multiplikation mit $\frac{1}{x-a_2}$, daß $\frac{1}{(x-a_1)^{p_1}(x-a_2)^{p_2}}$ eine lineare Verbindung von

$$(6)\qquad \begin{cases} \dfrac{1}{(x-a_1)^{p_1}}, & \dfrac{1}{(x-a_1)^{p_1-1}},\ldots,\dfrac{1}{x-a_1}, \\[2ex] \dfrac{1}{(x-a_2)^{p_2}}, & \dfrac{1}{(x-a_2)^{p_2-1}},\ldots,\dfrac{1}{x-a_2} \end{cases}$$

ist. Damit haben wir aber die Stellung erobert, die dieses ganze Zerlegungsproblem beherrscht. Jetzt folgt nämlich sofort, daß sich

$$\frac{1}{(x-a_1)^{p_1}(x-a_2)^{p_2}(x-a_3)^{p_3}}$$

aus folgenden Bestandteilen linear aufbaut:

$$\frac{1}{(x-a_1)^{p_1}(x-a_3)^{p_3}},\ \frac{1}{(x-a_1)^{p_1-1}(x-a_3)^{p_3}},\ldots,\ \frac{1}{(x-a_1)(x-a_3)^{p_3}},$$

$$\frac{1}{(x-a_2)^{p_2}(x-a_3)^{p_3}},\ \frac{1}{(x-a_2)^{p_2-1}(x-a_3)^{p_3}},\ldots,\ \frac{1}{(x-a_2)(x-a_3)^{p_3}}.$$

Auf diese Bestandteile kann man aber das schon gewonnene Ergebnis anwenden und sie aus den Bausteinen (6) in Verbindung mit

$$\frac{1}{(x-a_3)^{p_3}},\ \frac{1}{(x-a_3)^{p_3-1}},\ldots,\ \frac{1}{x-a_3}$$

linear zusammensetzen. Schließlich erscheint dann die Funktion (4) als lineare Verbindung aus

$$\frac{Q(x)}{(x-a_\nu)^{p_\nu}},\ \frac{Q(x)}{(x-a_\nu)^{p_\nu-1}},\ldots,\ \frac{Q(x)}{x-a_\nu}\qquad(\nu=1,\ldots,n).$$

Nun kann man noch jedesmal $Q(x)$ durch $Q(a_\nu) + (x - a_\nu)\frac{Q'(a_\nu)}{1!} + \cdots$ ersetzen und erkennt dann, daß die Funktion sich in ein Polynom und in eine lineare Verbindung von

$$\frac{1}{x-a_1}, \ldots, \frac{1}{(x-a_1)^{p_1}}, \ldots, \frac{1}{x-a_n}, \ldots, \frac{1}{(x-a_n)^{p_n}}$$

zerlegt. Der Polynombestandteil ist der Divisor, der bei der Teilung von $Q(x)$ durch den Nenner der Funktion (4) zum Vorschein kommt. Er fällt fort, wenn der Zähler einen niedrigeren Grad hat als der Nenner.

Bedenkt man, daß $\frac{1}{(x-a)^2}, \frac{1}{(x-a)^3}, \ldots$ die Ableitungen von $-\frac{1}{x-a}$, $-\frac{1}{2(x-a)^2}, \ldots$ sind, so zerfällt die Funktion (4) in eine lineare Verbindung von $\frac{1}{x-a_1}, \ldots, \frac{1}{x-a_n}$ und in die Ableitung einer Funktion von folgender Form:

$$R(x) + \frac{S(x)}{(x-a_1)^{p_1-1} \ldots (x-a_n)^{p_n-1}},$$

wobei $R(x)$ und $S(x)$ Polynome bedeuten und $S(x)$ einen niedrigeren Grad hat als der zugehörige Nenner. Es gilt also folgende Darstellung:

$$(7) \quad \frac{Q(x)}{(x-a_1)^{p_1} \ldots (x-a_n)^{p_n}} = \left\{R(x) + \frac{S(x)}{(x-a_1)^{p_1-1} \ldots (x-a_n)^{p_n-1}}\right\}' + \frac{P(x)}{(x-a_1) \ldots (x-a_n)}.$$

$P(x)$ hat einen Grad, der kleiner als n ist. Hiernach wird nun

$$\int \frac{Q(x)\,dx}{(x-a_1)^{p_1} \ldots (x-a_n)^{p_n}} = R(x) + \frac{S(x)}{(x-a_1)^{p_1-1} \ldots (x-a_n)^{p_n-1}} + \int \frac{P(x)\,dx}{(x-a_1) \ldots (x-a_n)}.$$

Man kommt also auf ein Integral von der zuerst betrachteten Form.

Um z. B. die Funktion $\frac{x^6}{(x-1)^2 (x+1)^3}$ zu integrieren, macht man nach dem Muster von (7) folgenden Ansatz:

$$(8) \quad \frac{x^6}{(x-1)^2 (x+1)^3} = \left\{A x^2 + B x + \frac{C x^2 + D x + E}{(x-1)(x+1)^2}\right\}' + \frac{F x + G}{(x-1)(x+1)}.$$

Um $R(x)$ richtig anzusetzen, muß man bedenken, daß in (7) offenbar $R'(x)$ der Divisionsquotient ist, der bei der Teilung von $Q(x)$ durch den Nenner herauskommt. Der Grad von $R'(x)$ ist daher die Differenz aus dem Grad des Zählers und des Nenners, im vorliegenden Falle 1. Das konstante Glied von $R(x)$ kann man fortlassen. Man beachte nun, daß

$$\left\{\frac{Cx^2+Dx+E}{(x-1)(x+1)^2}\right\}' = \frac{2Cx+D}{(x-1)(x+1)^2} - \frac{Cx^2+Dx+E}{(x-1)^2(x+1)^2}$$
$$- \frac{2(Cx^2+Dx+E)}{(x-1)(x+1)^3}$$

ist. Bringt man alles auf den Nenner $(x-1)^2(x+1)^3$, so ergibt sich als Zähler

$$(2Cx+D)(x^2-1)-(Cx^2+Dx+E)(3x-1),$$

und die Gleichung (8) reduziert sich auf

$$x^6 = (2Ax+B)(x-1)^2(x+1)^3 + (Fx+G)(x-1)(x+1)^2$$
$$+ (2Cx+D)(x^2-1) - (Cx^2+Dx+E)(3x-1).$$

Nur das erste Glied der rechten Seite liefert Bestandteile mit x^6 und x^5, nämlich $2Ax^6$ und $(2A+B)x^5$. Es muß daher $2A=1$, $2A+B=0$ sein, d. h. $A=\frac{1}{2}$, $B=-1$, so daß $(2Ax+B)(x-1)^2(x+1)^3 = (x-1)^3(x+1)^3$ wird. Wir kommen also auf

$$3x^4-3x^2+1 = \{(Fx+G)(x+1)+2Cx+D\}(x^2-1)$$
$$-(Cx^2+Dx+E)(3x-1).$$

Die Koeffizientenvergleichung führt zu folgenden Notierungen:

$$F=3,\quad F+G-C=0,\quad G-F-2D+C=-3,$$
$$F+G+2C+3E-D=0,\quad E-G-D=1.$$

Hieraus ergibt sich

$$F=3,\quad G=-\frac{15}{8},\quad C=\frac{9}{8},\quad D=-\frac{3}{8},\quad E=-\frac{10}{8}.$$

Man hat demnach

$$\int\frac{x^6\,dx}{(x-1)^2(x+1)^3} = \frac{x^2}{2} - x + \frac{9x^2-3x-10}{8(x-1)(x+1)^2}$$
$$+\int\frac{(3x-\frac{15}{8})\,dx}{(x-1)(x+1)}.$$

Um das letzte Integral zu berechnen, setzt man

$$\frac{3x-\frac{15}{8}}{(x-1)(x+1)} = \frac{\alpha}{x-1} + \frac{\beta}{x+1},$$

woraus sich ergibt

$$3x - \frac{15}{8} = \alpha(x+1) + \beta(x-1).$$

Setzt man $x=1$, so findet man $\alpha = \frac{6}{19}$. Setzt man $x=-1$, so gelangt man zu $\beta = \frac{39}{16}$. Hiernach ist

$$\int\frac{(3x-\frac{15}{8})\,dx}{(x-1)(x+1)} = \frac{9}{16}\ln(x-1) + \frac{39}{16}\ln(x+1) + c.$$

Wir wollen den Kernpunkt dieser Integrationstheorie noch auf eine andere Weise herausarbeiten. Es liege eine **echt gebrochene** rationale Funktion vor, deren Zähler $Q(x)$ also einen niedrigeren Grad hat als der Nenner, und ihr Nenner laute

$$N(x) = (x - a_1)^{p_1} (x - a_2)^{p_2} \dots (x - a_n)^{p_n}.$$

Wir betrachten die Polynome

$$(9) \qquad \begin{cases} \dfrac{N(x)}{x - a_1}, & \dfrac{N(x)}{(x - a_1)^2}, \dots, \dfrac{N(x)}{(x - a_1)^{p_1}}, \\ \dfrac{N(x)}{x - a_2}, & \dfrac{N(x)}{(x - a_2)^2}, \dots, \dfrac{N(x)}{(x - a_2)^{p_2}}, \\ \dots\dots & \dots\dots\dots\dots \\ \dfrac{N(x)}{x - a_n}, & \dfrac{N(x)}{(x - a_n)^2}, \dots, \dfrac{N(x)}{(x - a_n)^{p_n}}. \end{cases}$$

Wenn $p_1 + p_2 + \dots + p_n = p$ gesetzt wird, so sind dies offenbar p Polynome, deren Grad unterhalb p liegt. Wir wollen sie der Reihe nach mit $N_1(x), \dots, N_p(x)$ bezeichnen und

$$(10) \qquad N_r(x) = c_{r0} x^{p-1} + c_{r1} x^{p-2} + \dots + c_{r,p-1} \qquad (r = 1, \dots, p)$$

setzen. Man erkennt nun leicht, daß die Determinante der c von Null verschieden ist. Wäre sie nämlich gleich Null, so gäbe es p Konstanten $\lambda_1, \dots, \lambda_p$, die nicht alle verschwinden und den Gleichungen

$$\sum_r \lambda_r c_{r0} = 0, \qquad \sum_r \lambda_r c_{r1} = 0, \dots, \sum_r \lambda_r c_{r,p-1} = 0$$

genügen. Dann hätte man für beliebige Werte von x

$$(11) \qquad \sum_r \lambda_r N_r(x) = 0.$$

Käme in dieser Relation irgendein $N_r(x)$ vor, das der ersten Zeile des Verzeichnisses (9) angehört, so suche man sich dasjenige $N_r(x)$ aus, das die niedrigste Potenz von $x - a_1$ enthält, und dividiere die Gleichung (11) durch diese Potenz, falls es eine höhere als die nullte ist. Alle Glieder der Gleichung bis auf eins enthalten dann den Faktor $x - a_1$. Läßt man x nach a_1 konvergieren, so streben sie der Null zu, während jenes einzige Glied einen von Null verschiedenen Grenzwert hat. Es zeigt sich also, daß in der Relation (11) kein $N_r(x)$ aus der ersten Zeile von (9) auftreten kann. Dasselbe gilt aber von den andern Zeilen, so daß wir vor einem Widerspruche stehen. Folglich ist die Determinante der c von Null verschieden, und man kann also die Gleichungen (10) nach $x^{p-1}, x^{p-2}, \dots, 1$ auflösen. Diese Potenzen von x lassen sich somit aus $N_1(x), \dots, N_p(x)$ linear aufbauen. Dasselbe gilt von jedem Polynom $Q(x)$, dessen Grad unterhalb p liegt, und $\dfrac{Q(x)}{N(x)}$ ist also eine lineare Verbindung von

$$
(9') \qquad \begin{cases} \dfrac{1}{x-a_1}, & \dfrac{1}{(x-a_2)^2}, \ldots, \dfrac{1}{(x-a_1)^{p_1}}, \\ \dfrac{1}{x-a_2}, & \dfrac{1}{(x-a_2)^2}, \ldots, \dfrac{1}{(x-a_2)^{p_2}}, \\ \multicolumn{2}{l}{\ldots\ldots\ldots\ldots\ldots\ldots\ldots\ldots} \\ \dfrac{1}{x-a_n}, & \dfrac{1}{(x-a_n)^2}, \ldots, \dfrac{1}{(x-a_n)^{p_n}}. \end{cases}
$$

Damit ist die Partialbruchzerlegung von $\dfrac{Q(x)}{N(x)}$ gewonnen.

Um nochmals auf das oben behandelte Beispiel zurückzukommen, so ist dort

$$\frac{x^6}{(x-1)^2\,(x+1)^3} = x - 1 + \frac{3x^4 - 3x^2 + 1}{(x-1)^2\,(x+1)^3}.$$

Die echt gebrochene Funktion

$$\frac{Q(x)}{N(x)} = \frac{3x^4 - 3x^2 + 1}{(x-1)^2\,(x+1)^3}$$

kann man nach der soeben dargelegten Methode in Partialbrüche auflösen. Die Grundpolynome $N_1(x), \ldots, N_5(x)$ lauten hier

$$(x-1)\,(x+1)^3, \quad (x+1)^3,$$
$$(x-1)^2\,(x+1)^2, \quad (x-1)^2\,(x+1), \quad (x-1)^2.$$

Um $Q(x)$ durch sie auszudrücken, muß man aus den Gleichungen

$$
\begin{aligned}
N_1(x) &= x^4 + 2x^3 + * - 2x - 1, \\
N_2(x) &= * + x^3 + 3x^2 + 3x + 1, \\
N_3(x) &= x^4 + * - 2x^2 + * + 1, \\
N_4(x) &= * + x^3 - x^2 - x + 1, \\
N_5(x) &= * + * + x^2 - 2x + 1, \\
Q(x) &= 3x^4 + * - 3x^2 + * + 1
\end{aligned}
$$

die Größen $x^4, x^3, x^2, x, 1$ herausschaffen. Dadurch ergibt sich, wie wir aus der Determinantentheorie wissen,

$$
\begin{vmatrix}
N_1(x) & 1 & 2 & 0 & -2 & -1 \\
N_2(x) & 0 & 1 & 3 & 3 & 1 \\
N_3(x) & 1 & 0 & -2 & 0 & 1 \\
N_4(x) & 0 & 1 & -1 & -1 & 1 \\
N_5(x) & 0 & 0 & 1 & -2 & 1 \\
Q(x) & 3 & 0 & -3 & 0 & 1
\end{vmatrix} = 0.
$$

Man kann die Elimination von $x^4, x^3, x^2, x, 1$ aber auch schrittweise durchführen. Der fünften Gleichung entnimmt man

$$x^2 = 2x - 1 + N_5$$

und der vierten

$$x^3 = x^2 + x - 1 + N_4 = 3x - 2 + N_4 + N_5,$$

ferner der dritten

$$x^4 = 2x^2 - 1 + N_3 = 4x - 3 + N_3 + 2N_5.$$

Setzt man diese Ausdrücke in die beiden ersten Gleichungen ein, so findet man

$$N_1 = 8x - 8 + N_3 + 2N_4 + 4N_5,$$
$$N_2 = 12x - 4 + N_4 + 4N_5$$

und kann nun x und 1 aus $N_1, \ldots, N_5$ aufbauen. Offenbar wird

$$x = -\tfrac{1}{16}(N_1 - 2N_2 - N_3 + 4N_5),$$
$$1 = -\tfrac{1}{16}(3N_1 - 2N_2 - 3N_3 - 4N_4 - 4N_5),$$

also

$$x^4 = \tfrac{1}{16}(5N_1 + 2N_2 + 11N_3 - 12N_4 + 4N_5),$$
$$x^2 = \tfrac{1}{16}(N_1 + 2N_2 - N_3 - 4N_4 + 4N_5).$$

Setzt man die für x^4, x^2, 1 gewonnenen Darstellungen in die sechste Gleichung ein, so ergibt sich $Q(x)$ linear ausgedrückt durch $N_1(x), \ldots, N_5(x)$, und zwar erhält man

$$Q(x) = \tfrac{1}{16}(9N_1 + 2N_2 + 39N_3 - 20N_4 + 4N_5)$$

und schließlich

$$\frac{Q(x)}{N(x)} = \frac{9}{16(x-1)} + \frac{1}{8(x-1)^2} + \frac{39}{16(x+1)} - \frac{5}{4(x+1)^2} + \frac{1}{4(x+1)^3}.$$

Nun liefert die Integration

$$\int \frac{Q(x)\,dx}{N(x)} = \frac{9}{16}\ln(x-1) + \frac{39}{16}\ln(x+1)$$
$$- \frac{1}{8(x-1)} + \frac{5}{4(x+1)} - \frac{1}{8(x+1)^2} + c.$$

Da

$$-\frac{1}{8(x-1)} + \frac{5}{4(x+1)} - \frac{1}{8(x+1)^2} = \frac{9x^2 - 3x - 10}{8(x-1)(x+1)^2}$$

ist, so stimmt dieses Ergebnis mit dem früheren überein.

Wir wollen jetzt die Integration einer echt gebrochenen rationalen Funktion $Q(x) : N(x)$ durchführen, deren Nenner $N(x)$ außer Faktoren vom Typus $x - a$ auch solche von der Form $(x - b)^2 + c^2$ enthält, wobei b, c reell sind und $c > 0$ ist. Es wird also angenommen, daß $N(x)$ folgendes Aussehen hat:

$$N(x) = (x - a_1)^{p_1} \ldots (x - a_n)^{p_n} \{(x - b_1)^2 + c_1^2\}^{q_1} \ldots \{(x - b_m)^2 + c_m^2\}^{q_m}.$$

Dabei sind $q_1, \ldots, q_m$ ebenso wie $p_1, \ldots, p_n$ positive ganze Zahlen.

Es ist auch in diesem Falle zweckmäßig, gewisse Fundamentalpolynome zu konstruieren. Zunächst bilden wir die Polynome

$$(12) \qquad N_{\nu 1} = \frac{N(x)}{x - a_\nu}, \ldots, N_{\nu p_\nu} = \frac{N(x)}{(x - a_\nu)^{p_\nu}}, \qquad (\nu = 1, \ldots, n)$$

außerdem

(12') $N^{\mu 1} = \frac{N(x)}{(x-b_\mu)^2 + c_\mu^2}, \ldots, N^{\mu q_\mu} = \frac{N(x)}{\{(x-b_\mu)^2 + c_\mu^2\}^{q_\mu}}$. $(\mu = 1, \ldots, m)$

Ihre Gesamtzahl ist, wenn wir $p_1 + \cdots + p_n = p$ und $q_1 + \cdots + q_m = q$ setzen, gleich $p + q$, während der Grad von $N(x)$ offenbar $p + 2q$ beträgt, so daß sich $Q(x)$ als Polynom $(p + 2q - 1)$-ten Grades aus den $p + 2q$ Potenzen $1, x, \ldots, x^{p+2q-1}$ aufbaut. Wir brauchen also, um diese Potenzen und damit $Q(x)$ durch die Fundamentalpolynome auszudrücken, außer (12) und (12') noch q weitere Polynome. Als solche führen wir ein

(12'') $N_*^{\mu 1} = (x - b_\mu)\, N^{\mu 1}, \ldots, N_*^{\mu q_\mu} = (x - b_\mu)\, N^{\mu q_\mu}$. $(\mu = 1, \ldots, m)$

Die Polynome (12), (12'), (12'') sind sämtlich von niedrigerem Grade als $p + 2q$. Man kann also aus ihnen $1, x, \ldots, x^{p+2q-1}$ linear aufbauen, wenn sich zeigt, daß zwischen den Fundamentalpolygonen keine lineare Abhängigkeit besteht. Käme in einer solchen linearen Relation etwas von den Polynomen $N_{\nu 1}, \ldots, N_{\nu p_\nu}$ vor, so suche man unter ihnen dasjenige auf, das die niedrigste Potenz von $x - a_\nu$ enthält, und dividiere die Relation durch diese Potenz. Läßt man nachher x dem Grenzwert a_ν zustreben, so ergibt sich ein Widerspruch, weil alle Glieder nach Null konvergieren, bis auf eins, dessen Grenzwert von Null verschieden ist. In der linearen Relation könnten also nur die Polynome (12') und (12'') auftreten, so daß der Faktor $(x - a_1)^{p_1} \ldots (x - a_n)^{p_n}$ herausfällt. Wenn in der Relation z. B. etwas von den Polynompaaren $N^{11}, N_*^{11}, N^{12}, N_*^{12}, \ldots, N^{1 q_1}, N_*^{1 q_1}$ vorkommt, so fasse man dasjenige Paar ins Auge, das die niedrigste Potenz von $(x - b_1)^2 + c_1^2$ enthält, und dividiere die Relation durch diese Potenz. Sie erhält dadurch folgende Gestalt:

(13) $$\{\varrho_1(x - b_1) + \sigma_1\}\, R(x) + \{(x - b_1)^2 + c_1^2\}\, S(x) = 0.$$

Dabei ist

(14) $$R(x) = \{(x - b_2)^2 + c_2^2)\}^{q_2} \ldots \{(x - b_m)^2 + c_m^2\}^{q_m}$$

und $S(x)$ ein Polynom, über das wir nichts weiter zu wissen brauchen. ϱ_1 und σ_1 sind nicht beide gleich Null. Wäre $\varrho_1 \neq 0$, so müßte $S(x)$ für $x = b_1 - \frac{\sigma_1}{\varrho_1}$ verschwinden. Dann ließe sich aber aus der Taylorschen Entwicklung an dieser Stelle sofort entnehmen, daß $S(x) = \{\varrho_1(x - b_1) + \sigma_1\}\, T(x)$ ist, wobei $T(x)$ ein neues Polynom bezeichnet. Es folgt dann aus (13)

(13') $$R(x) + \{(x - b_1)^2 + c_1^2\}\, T(x) = 0.$$

Dieselbe Form hat die Relation (13) aber auch im Falle $\varrho_1 = 0$, wenn man $S(x) = \sigma_1 T(x)$ setzt. Wir können also (13') als Ersatz für (13) benutzen. Da nun

$$(x - b_\mu)^2 + c_\mu^2 = (x - b_1)^2 + c_1^2 + 2(b_1 - b_\mu)\, x + b_\mu^2 + c_\mu^2 - b_1^2 - c_1^2$$

ist $(\mu = 2, 3, \ldots, m)$, so ergibt sich beim Einsetzen dieser Ausdrücke in (14)

(15) $$R(x) = (\beta_2 x + \gamma_2)^{q_2} \ldots (\beta_m x + \gamma_m)^{q_\mu} + \cdots,$$

wobei die Punkte ein durch $(x - b_1)^2 + c_1^2$ teilbares Polynom andeuten. Wir haben hier die Abkürzungen

$$\beta_\mu = 2(b_1 - b_\mu),\quad \gamma_\mu = b_\mu^2 + c_\mu^2 - b_1^2 - c_1^2 \qquad (\mu = 2, \ldots, m)$$

eingeführt. Geht man mit dem Ausdruck (15) in (13') hinein, so erscheint diese Gleichung in folgender Gestalt:

$$(16)\qquad (\beta_2 x + \gamma_2)^{q_2} \ldots (\beta_m x + \gamma_m)^{q_m} + \{(x - b_1)^2 + c_1^2\}\, U(x) = 0,$$

wobei $U(x)$ wieder ein Polynom bezeichnet. β_μ und γ_μ können niemals beide verschwinden. Sonst wäre $b_\mu = b_1$ und $c_\mu^2 - c_1^2 = 0$, mithin $(x - b_\mu)^2 + c_\mu^2 = (x - b_1)^2 + c_1^2$, was natürlich ausgeschlossen ist. Im Falle $\beta_\mu \neq 0$ muß nun $U(x)$ durch $(\beta_\mu x + \gamma_\mu)^{q_\mu}$ teilbar sein. Im Falle $\beta_\mu = 0$, also $\gamma_\mu \neq 0$ kann man den Faktor $\gamma_\mu^{q_\mu}$ in $U(x)$ hineinziehen. Jedenfalls folgt aus (17)

$$(16^*)\qquad 1 + \{(x - b_1)^2 + c_1^2\}\, V(x) = 0.$$

$V(x)$ ist ein neues Polynom. Eine solche für jeden Wert von x stattfindende Gleichung enthält aber einen Widerspruch. $V(x)$ kann nicht lauter verschwindende Koeffizienten haben. Daher ist (16*) eine Gleichung von der Form

$$A_0 x^r + A_1 x^{r-1} + \cdots + A_r = 0. \qquad (A_0 \neq 0,\ r \geqq 2)$$

Da sie für jeden Wert von x gilt, müßten auch die Ableitungen des hier auftretenden Polynoms alle verschwinden, während doch die r-te Ableitung gerade nicht verschwindet.

Unsere Betrachtung war etwas umständlich, weil wir ganz im reellen Gebiet bleiben wollten. Jedenfalls wissen wir jetzt, daß in der mehrfach erwähnten linearen Relation nichts von N^{11}, N_*^{11}, N^{12}, $N_*^{12}, \ldots, N^{1q_1}$, $N_*^{1q_1}$ vorkommen darf. Aus demselben Grunde müssen dann aber auch die übrigen Polynome (12') und (12'') fehlen, so daß überhaupt gar nichts in der Relation enthalten ist. Wir können also sicher sein, daß zwischen den Polynomen (12), (12'), (12'') keine lineare Abhängigkeit besteht. Daher lassen sich nun aus diesen Grundpolynomen, deren Anzahl $p + 2q$ beträgt und deren Grad unterhalb $p + 2q$ liegt, die Potenzen $1, x, \ldots, x^{p+2q-1}$ linear aufbauen, mithin auch $Q(x)$, der Zähler der hier betrachteten, rationalen Funktion $Q(x) : N(x)$. Für diese Funktion ergibt sich also folgende Darstellung:

$$(17)\qquad \frac{Q(x)}{N(x)} = \sum_{\nu=1}^{n}\left(\frac{A_{\nu 1}}{x - a_\nu} + \cdots + \frac{A_{\nu p_\nu}}{(x - a_\nu)^{p_\nu}}\right)$$
$$+ \sum_{\mu=1}^{m}\left(\frac{B_{\mu 1}(x - b_\mu) + C_{\mu 1}}{(x - b_\mu)^2 + c_\mu^2} + \cdots + \frac{B_{\mu q_\mu}(x - b_\mu) + C_{\mu q_\mu}}{\{(x - b_\mu)^2 + c_\mu^2\}^{q_\mu}}\right).$$

Mit Hilfe dieser Zerlegung läßt sich die Integration leicht durchführen. Über die erste Summe in (17) brauchen wir kein Wort zu verlieren. Die zweite Summe führt zu Integralen von der Form

$$(18)\qquad \int \frac{(x - b)\, dx}{\{(x - b)^2 + c^2\}^r} = \frac{1}{2}\int \frac{d\{(x - b)^2 + c^2\}}{\{(x - b)^2 + c^2\}^r},$$

die sich unmittelbar berechnen lassen. Außerdem kommen noch Integrale vom Typus

$$I_s = \int \frac{dx}{\{(x-b)^2 + c^2\}^s} \qquad (s = 1, 2, \ldots)$$

vor. Hierüber wäre folgendes zu sagen: Man beachte, daß

$$(19) \qquad \left(\frac{x-b}{\{(x-b)^2 + c^2\}^r}\right)' = \frac{1}{\{(x-b)^2 + c^2\}^r} - \frac{2r(x-b)^2}{\{(x-b)^2 + c^2\}^{r+1}}$$

ist. Im letzten Zähler kann man $(x-b)^2$ durch $\{(x-b)^2 + c^2\} - c^2$ ersetzen und erhält dann auf der rechten Seite den Ausdruck

$$\frac{1-2r}{\{(x-b)^2 + c^2\}^r} + \frac{2rc^2}{\{(x-b)^2 + c^2\}^{r+1}}.$$

Durch Integration ergibt sich also aus (19)

$$\frac{x-b}{\{(x-b)^2 + c^2\}^r} = (1-2r)\, I_r + 2rc^2 I_{r+1}.$$

Die Integrale I_s reduzieren sich hiernach alle auf

$$I_1 = \int \frac{dx}{(x-b)^2 + c^2} = \frac{1}{c} \int \frac{d\left(\frac{x-b}{c}\right)}{1 + \left(\frac{x-b}{c}\right)^2} = \frac{1}{c} \operatorname{arc\,tan}\left(\frac{x-b}{c}\right).$$

Die Integrale (18) sind rationale Funktionen bis auf

$$\int \frac{(x-b)\,dx}{(x-b)^2 + c^2} = \frac{1}{2} \ln\{(x-b)^2 + c^2\}.$$

Als Endergebnis können wir aussprechen, daß $\int \frac{Q(x)\,dx}{N(x)}$, abgesehen von einem rationalen Bestandteil, eine lineare Verbindung folgender Funktionen ist:

$$\ln(x-a_1), \ldots, \ln(x-a_n),$$
$$\ln\{(x-b_1)^2 + c_1^2\}, \ldots, \ln\{(x-b_m)^2 + c_m^2\},$$
$$\operatorname{arc\,tan}\left(\frac{x-b_1}{c_1}\right), \ldots, \operatorname{arc\,tan}\left(\frac{x-b_m}{c_m}\right).$$

Für den Nenner des rationalen Bestandteils gilt noch die Regel, daß er jeden Elementarfaktor von $Q(x)$ einmal weniger enthält als $Q(x)$ und außerdem keinen anderen Elementarfaktor. Dieser Nenner lautet also

$$(x-a_1)^{p_1-1} \ldots (x-a_n)^{p_n-1} \{(x-b_1)^2 + c_1^2\}^{\gamma_1-1} \cdots \{(x-b_m)^2 + c_m^2\}^{\gamma_m-1}.$$

Den Zähler des rationalen Bestandteils kann man mit unbestimmten Koeffizienten ansetzen.

Liegt z. B. das Integral

$$\int \frac{dx}{x(x^2+1)^2}$$

vor, so weiß man von vornherein, daß es in der Form

$$R(x) + A \ln x + B \ln(x^2+1) + C \operatorname{arc\,tan} x$$

ausdrückbar ist, wobei $R(x)$ eine rationale Funktion mit dem Nenner $x^2 + 1$

bedeutet. Da der Integrand echt gebrochen ist, muß auch $R(x)$ echt gebrochen sein, so daß der Zähler von $R(x)$ die Form $Dx + E$ hat. Aus

$$\int \frac{dx}{x(x^2+1)^2} = A \ln x + B \ln (x^2+1) + C \arc\tan x + \frac{Dx+E}{x^2+1}$$

ergibt sich durch Differentiation

$$\frac{1}{x(x^2+1)^2} = \frac{A}{x} + \frac{2Bx}{x^2+1} + \frac{C}{x^2+1} + \frac{D}{x^2+1} - \frac{2x(Dx+E)}{(x^2+1)^2},$$

oder nach Beseitigung der Nenner

$$1 = A(x^2+1)^2 + (2Bx + C + D)(x^2+1)x - 2x^2(Dx+E).$$

Die Koeffizientenvergleichung führt zu folgendem Resultat:

$$A = 1, \quad B = -\tfrac{1}{2}, \quad C = 0, \quad D = 0, \quad E = \tfrac{1}{2}.$$

Es ist also

$$\int \frac{dx}{x(x^2+1)^2} = \ln x - \frac{1}{2} \ln (x^2+1) + \frac{1}{2(x^2+1)}.$$

Leibniz hat das Integral

$$\int \frac{dx}{x^4+1}$$

betrachtet, konnte es aber nicht berechnen, weil es ihm nicht gelang, das Polynom $x^4 + 1$ in Elementarfaktoren zu zerlegen. Johann Bernoulli fand sofort, daß

$$x^4 + 1 = (x^2+1)^2 - 2x^2 = (x^2 + x\sqrt{2} + 1)(x^2 - x\sqrt{2} + 1)$$

ist, oder

$$x^4 + 1 = \{(x + \tfrac{1}{2}\sqrt{2})^2 + \tfrac{1}{2}\}\{(x - \tfrac{1}{2}\sqrt{2})^2 + \tfrac{1}{2}\}.$$

Nach der oben dargelegten Integrationstheorie können wir sofort sagen, daß

$$(20) \quad \int \frac{dx}{x^4+1} = A \ln (x^2 + x\sqrt{2} + 1) + B \ln (x^2 - x\sqrt{2} + 1) + C \arc\tan (x\sqrt{2} + 1) + D \arc\tan (x\sqrt{2} - 1)$$

sein wird. Wir lassen bei solchen Gleichungen die Integrationskonstante meistens fort, weil wir z. B. die obige Gleichung so lesen: Ein Integral von $\frac{dx}{x^4+1}$ ist die auf der rechten Seite stehende Funktion.

Aus (20) ergibt sich durch Differentiation

$$\frac{1}{x^4+1} = \frac{A(2x+\sqrt{2})}{x^2+x\sqrt{2}+1} + \frac{B(2x-\sqrt{2})}{x^2-x\sqrt{2}+1} + \frac{C\sqrt{2}}{2(x^2+x\sqrt{2}+1)} + \frac{D\sqrt{2}}{2(x^2-x\sqrt{2}+1)},$$

oder nach Beseitigung der Nenner

$$1 = \left\{2Ax + \left(A + \frac{C}{2}\right)\sqrt{2}\right\}(x^2 - x\sqrt{2} + 1)$$
$$+ \left\{2Bx - \left(B - \frac{D}{2}\right)\sqrt{2}\right\}(x^2 + x\sqrt{2} + 1)\,.$$

Die Koeffizientenvergleichung führt zu folgenden Feststellungen:

$$A + B = 0, \qquad B - A + \frac{C+D}{2} = 0, \qquad D - C = 0,$$
$$A - B + \frac{C+D}{2} = \frac{1}{2}\sqrt{2}\,.$$

Hieraus entnimmt man

$$A = \frac{1}{8}\sqrt{2}\,, \qquad B = -\frac{1}{8}\sqrt{2}\,, \qquad C = \frac{1}{4}\sqrt{2}\,, \qquad D = \frac{1}{4}\sqrt{2}\,.$$

Setzt man diese Werte in (20) ein, so ergibt sich

$$(20') \qquad \int \frac{dx}{x^4+1} = \frac{\sqrt{2}}{8}\ln\left(\frac{x^2 + x\sqrt{2} + 1}{x^2 - x\sqrt{2} + 1}\right)$$
$$+ \frac{\sqrt{2}}{4}\{\operatorname{arc\,tan}(x\sqrt{2} + 1) + \operatorname{arc\,tan}(x\sqrt{2} - 1)\}\,.$$

Aus

$$x\sqrt{2} + 1 = \tan\alpha, \qquad x\sqrt{2} - 1 = \tan\beta$$

folgt

$$\tan(\alpha + \beta) = \frac{(x\sqrt{2} + 1) + (x\sqrt{2} - 1)}{1 - (x\sqrt{2} + 1)(x\sqrt{2} - 1)} = \frac{x\sqrt{2}}{1 - x^2}\,,$$

also

$$\operatorname{arc\,tan}(x\sqrt{2} + 1) + \operatorname{arc\,tan}(x\sqrt{2} - 1) = \operatorname{arc\,tan}\left(\frac{x\sqrt{2}}{1 - x^2}\right).$$

Der erste Bestandteil des Integrals (20′) läßt sich in ähnlicher Weise darstellen. Es ist zunächst

$$\frac{x^2 + x\sqrt{2} + 1}{x^2 - x\sqrt{2} + 1} = \frac{1 + \dfrac{x\sqrt{2}}{1 + x^2}}{1 - \dfrac{x\sqrt{2}}{1 + x^2}}\,.$$

Da $(1 + x^2)^2 - 2x^2 = 1 + x^4$ ist, kann man setzen

$$1 + x^2 = \sqrt{1 + x^4}\ \operatorname{ch}\gamma, \qquad x\sqrt{2} = \sqrt{1 + x^4}\ \operatorname{sh}\gamma\,,$$

also

$$\frac{x\sqrt{2}}{1 + x^2} = \frac{\operatorname{sh}\gamma}{\operatorname{ch}\gamma} = \operatorname{th}\gamma\,.$$

Nun wird

$$\frac{x^2 + x\sqrt{2} + 1}{x^2 - x\sqrt{2} + 1} = \frac{\operatorname{ch}\gamma + \operatorname{sh}\gamma}{\operatorname{ch}\gamma - \operatorname{sh}\gamma} = \frac{e^{\gamma}}{e^{-\gamma}} = e^{2\gamma},$$

also

$$\frac{1}{2}\ln\left(\frac{x^2 + x\sqrt{2} + 1}{x^2 - x\sqrt{2} + 1}\right) = \gamma = \operatorname{arth}\left(\frac{x\sqrt{2}}{1 + x^2}\right).$$

Setzt man die gefundenen Ausdrücke ein, so erscheint die Gleichung (20′) in folgender Gestalt:

$$\int \frac{dx}{x^4 + 1} = \frac{\sqrt{2}}{4}\operatorname{arth}\left(\frac{x\sqrt{2}}{1 + x^2}\right) + \frac{\sqrt{2}}{4}\operatorname{arc\,tan}\left(\frac{x\sqrt{2}}{1 - x^2}\right).$$

Eine kleine Modifikation ließe sich vielleicht noch vornehmen. arth u ist das Doppelte des Hyperbelsektors mit dem hyperbolischen Tangens u. Dagegen bedeutet arc tan v den Kreisbogen mit dem trigonometrischen Tangens v. Der zugehörige doppelte Kreissektor ist auch gleich v. Man sollte der Gleichförmigkeit halber statt arc tan v lieber ar tan v schreiben. Das wäre dann das Doppelte des Kreissektors mit dem trigonometrischen Tangens v. Unser Integrationsergebnis erhielte dann folgende Form:

$$\int \frac{dx}{x^4 + 1} = \frac{\sqrt{2}}{4}\operatorname{ar\,th}\left(\frac{x\sqrt{2}}{1 + x^2}\right) + \frac{\sqrt{2}}{4}\operatorname{ar\,tan}\left(\frac{x\sqrt{2}}{1 - x^2}\right).$$

Der Integralwert erscheint hier bis auf den Faktor $\frac{1}{2}\sqrt{2}$ als Summe eines Hyperbelsektors und eines Kreissektors.

In manchen Fällen ist es unvorteilhaft, die allgemeine Integrationsmethode für rationale Funktionen anzuwenden. Man kommt oft durch eine Variablenänderung rascher zum Ziele. Die Einführung einer neuen Variablen in ein Integral beruht auf dem Leibnizschen Fundamentalsatz über das Differential. Wenn man $\int f(x)\,dx$ berechnen soll, so handelt es sich um die Auffindung einer Funktion $F(x)$ mit der Eigenschaft $dF(x) = f(x)\,dx$ oder $F'(x) = f(x)$. Nun lautet aber nach dem Leibnizschen Fundamentalsatz das Differential $dF(x)$ auch dann noch $F'(x)dx$ oder $f(x)dx$, wenn x nicht mehr die unabhängige Veränderliche ist, sondern eine Funktion einer unabhängigen Veränderlichen $\mathfrak{x}$, also $x = \varphi(\mathfrak{x})$. Aus $\int f(x)dx = F(x)$ folgt mit anderen Worten

$$\int f(\varphi(\mathfrak{x}))\,\varphi'(\mathfrak{x})\,d\mathfrak{x} = F(\varphi(\mathfrak{x})).$$

In dieser Formel steckt die Transformationsregel der Integrale, die nichts anderes besagt, als daß die Einführung der neuen Veränderlichen $\mathfrak{x}$ zustande kommt, indem man sich dem Mechanismus der Rechnung überläßt. Hat man $\int f(\varphi(x))\,\varphi'(\mathfrak{x})\,d\mathfrak{x}$ berechnet, so gewinnt man das eigentlich gesuchte Integral durch Rückkehr zur alten Variablen x. Es handle sich z. B. um das Integral

$$(21) \qquad \int \frac{Q(x)\,dx}{(x-a)^n\,(x-b)^n},$$

wo $Q(x)$ ein Polynom bedeutet, dessen Grad höchstens $2n-2$ beträgt. Wir führen

$$\mathfrak{x} = \frac{x-a}{x-b}$$

als neue Veränderliche ein, so daß

$$x = \frac{b\mathfrak{x}-a}{\mathfrak{x}-1}, \quad x-a = \frac{(b-a)\mathfrak{x}}{\mathfrak{x}-1}, \quad x-b = \frac{b-a}{\mathfrak{x}-1}$$

wird, ferner

$$dx = \frac{(a-b)\,d\mathfrak{x}}{(\mathfrak{x}-1)^2}.$$

Das Integral nimmt hiernach folgende Form an:

$$-\frac{1}{(b-a)^{2n-1}}\int Q\left(\frac{b\mathfrak{x}-a}{\mathfrak{x}-1}\right)(\mathfrak{x}-1)^{2n-2}\frac{d\mathfrak{x}}{\mathfrak{x}^n}.$$

Da der Grad des Polynoms Q höchstens gleich $2n-2$ ist, reduziert sich

$$Q\left(\frac{b\mathfrak{x}-a}{\mathfrak{x}-1}\right)(\mathfrak{x}-1)^{2n-2}$$

auf ein Polynom $\Sigma c_\nu \mathfrak{x}^\nu$. Man hat also die Integrale $\int \mathfrak{x}^{\nu-n}d\mathfrak{x}$ auszuwerten, was ohne weiteres geschehen kann.

Auch wenn der Grad des Polynoms $Q(x)$ gleich $2n-1$ ist, gibt es einen Ausweg. Da die Ableitung von $(x-a)^n(x-b)^n$ diesen Grad hat, so genügt es, von dem Integral (21) das mit einem passenden konstanten Faktor versehene Integral

$$\int \frac{\{(x-a)^n(x-b)^n\}'\,dx}{(x-a)^n(x-b)^n}$$

abzuziehen, um $Q(x)$ wieder auf den Höchstgrad $2n-2$ zu bringen. Hat $Q(x)$ einen höheren Grad als $2n-1$, so wird zuerst vom Integranden ein Polynom abgesondert.

Man kann durch mehrfaches Transformieren die Integration jeder rationalen Funktion bewältigen, deren Nenner sich in reelle Linearfaktoren zerlegen läßt. Hiermit ist eine neue, von der Partialbruchzerlegung unabhängige Integrationsmethode gewonnen. Es liege die rationale Funktion $\frac{A(x)}{B(x)}$ vor. Sollte der Grad des Zählers höher als der des Nenners sein, so verwandle man die Funktion durch Absonderung eines Polynoms in eine echt gebrochene (erster Schritt). Lautet diese echt gebrochene Funktion $\frac{C(x)}{B(x)}$ und ist der Grad des Zählers nur um eine Einheit niedriger als der des Nenners, so kann man ihn durch Subtraktion eines Ausdrucks von der Form $\frac{\lambda B'(x)}{B(x)}$ weiter herabdrücken (zweiter Schritt). Es bleibt dann eine rationale Funktion $\frac{D(x)}{B(x)}$ übrig, deren Nenner vom Grade m ist, während der Zähler höchstens den Grad $m-2$ hat. Nun sei $B(x) = (x-a)^p B_1(x)$ und $B_1(a) \neq 0$, d. h. $B(x)$ enthalte den Linearfaktor $x-a$ gerade p-mal. Setzt man alsdann $x - a = \frac{1}{\mathfrak{x}}$, so wird

$$D(x) = \frac{D^*(\mathfrak{x})}{\mathfrak{x}^{m-2}}, \quad (x-a)^p B_1(x) = \frac{B_1^*(\mathfrak{x})}{\mathfrak{x}^m}, \quad dx = -\frac{d\mathfrak{x}}{\mathfrak{x}^2},$$

also

$$\frac{D(x)\,dx}{(x-a)^p B_1(x)} = -\frac{D^*(\mathfrak{x})\,d\mathfrak{x}}{B_1^*(\mathfrak{x})}.$$

In dieser Umformung besteht der **dritte Schritt** des Verfahrens. $D^*(\mathfrak{x})$ ist wie $D(x)$ ein Polynom $(m-2)$-ten Grades, $B_1^*(\mathfrak{x})$ wie $B_1(x)$ ein Polynom $(m-p)$-ten Grades. In beiden Fällen kann der Grad auch niedriger liegen. Jetzt muß man wieder den ersten und zweiten Schritt anwenden und weiter, wenn etwa $B_1^*(\mathfrak{x}) = (\mathfrak{x} - \mathfrak{a})^{\mathfrak{p}} B_2^*(\mathfrak{x})$ ist, den dritten Schritt des Verfahrens. Setzt man diesen Dreitakt der Vereinfachungen fort, so hat man es zuletzt nur noch mit einem Polynom zu tun.

Handelt es sich z. B. um das früher betrachtete Integral $\int \frac{x^6\,dx}{(x-1)^2(x+1)^3}$, so verläuft unser Dreitaktverfahren in folgender Weise. Erster Schritt:

$$\frac{x^6}{(x-1)^2(x+1)^3} = x - 1 + \frac{3x^4 - 3x^2 + 1}{(x-1)^2(x+1)^3}.$$

Zweiter Schritt:

$$\frac{3x^4-3x^2+1}{(x-1)^2(x+1)^3} = \frac{3}{5}\,\frac{\{(x-1)^2(x+1)^3\}'}{(x-1)^2(x+1)^3} - \frac{1}{5}\,\frac{12x^3-3x^2-12x-2}{(x-1)^2(x+1)^3}.$$

Dritter Schritt: Die Einsetzung $x = -1 + \frac{1}{y}$ liefert

$$\frac{(12x^3-3x^2-12x-2)\,dx}{(x-1)^2(x+1)^3} = \frac{1}{4}\,\frac{(5y^3-30y^2+39y-12)\,dy}{(y-\frac{1}{2})^2}.$$

Nun kommt wieder der erste und der zweite Schritt, die wir zusammenfassen. Man hat

$$\frac{5y^3-30y^2+39y-12}{(y-\frac{1}{2})^2} = 5y - 25 + \frac{51}{4}\,\frac{1}{y-\frac{1}{2}} + \frac{5}{8}\,\frac{1}{(y-\frac{1}{2})^2}.$$

Jetzt wäre noch auf $\frac{dy}{(y-\frac{1}{2})^2}$ der dritte Schritt anzuwenden. Man setzt $y = \frac{1}{2} + \frac{1}{z}$ und erhält

$$\frac{dy}{(y-\frac{1}{2})^2} = -dz.$$

Faßt man alle einzelnen Schritte zusammen, so lautet das Ergebnis

$$\frac{x^6 dx}{(x-1)^2 (x+1)^3} = (x-1)\,dx + \frac{6}{5}\,d\ln(x-1) + \frac{9}{5}\,d\ln(x+1)$$
$$-\frac{1}{4}(y-5)\,dy - \frac{51}{80}\,d\ln\left(y-\frac{1}{2}\right) + \frac{1}{32}\,dz.$$

Hiernach wird

$$\int \frac{x^6 dx}{(x-1)^2(x+1)^3} = \frac{x^2}{2} - x - \frac{y^2}{8} + \frac{5}{4}y + \frac{1}{32}z$$
$$+\frac{6}{5}\ln(x-1) + \frac{9}{5}\ln(x+1) - \frac{51}{80}\ln\left(y-\frac{1}{2}\right).$$

Setzt man hier

$$y = \frac{1}{x+1}, \qquad z = \frac{1}{y-\frac{1}{2}} = -\frac{2(x+1)}{x-1}$$

ein, so erhält man, abgesehen von der Integrationskonstanten, in die man einen Bestandteil von $\frac{1}{32}z$ hineinziehen kann,

$$\frac{x^2}{2} - x - \frac{1}{8(x+1)^2} + \frac{5}{4(x+1)} - \frac{1}{8(x-1)}$$
$$+\frac{9}{16}\ln(x-1) + \frac{39}{16}\ln(x+1).$$

Das ist in etwas anderer Form das früher erhaltene Resultat.

Wir gehen jetzt zu einer zweiten Klasse von Integralen über, die sich mit Hilfe der elementaren Funktionen berechnen lassen. Es handelt sich um Integrale, deren Integrand rational aus x und aus der Quadratwurzel eines Polynoms zweiten Grades aufgebaut ist, also um Integrale von der Form

$$\int R(x, y)\,dx, \tag{22}$$

wobei R eine rationale Funktion von x, y bedeutet und $y = \sqrt{Ax^2 + Bx + C}$ ist. Zunächst nehmen wir gewisse Reduktionen vor, die auch dann gelten, wenn y die Quadratwurzel eines Polynoms p-ten Grades ist. Daher möge vorläufig $y = \sqrt{A_0 x^p + \cdots + A_p}$ sein. Da $R(x, y)$ der Quotient zweier Polynome in x, y ist und jede gerade Potenz von y ein Polynom in x ist, jede ungerade Potenz von y ein mit y multipliziertes Polynom in x, so können wir schreiben

$$R(x, y) = \frac{A + By}{C + Dy},$$

wobei A, B, C, D Polynome in x bedeuten, und weiter

$$R(x, y) = \frac{(A + By)(C - Dy)}{C^2 - D^2 y^2}$$
$$= \frac{AC - BDy^2}{C^2 - D^2y^2} + \frac{(BC - AD)\,y^2}{(C^2 - D^2y^2)\,y}.$$

Hier sind nun $\frac{AC - BDy^2}{C^2 - D^2y^2} = S(x)$ und $\frac{(BC - AD)y^2}{C^2 - D^2y^2} = T(x)$ rationale Funktionen von x, und $R(x, y)$ erscheint somit in der Form

$$R(x, y) = S(x) + \frac{T(x)}{\sqrt{P(x)}},$$

wobei $P(x)$ das Polynom $A_0 x^p + \cdots + A_p$ bezeichnet. Das Integral (22) zerlegt sich in $\int S(x)\,dx$ und

$$(23) \qquad \int \frac{T(x)\,dx}{\sqrt{P(x)}}.$$

Über $\int S(x)dx$ wissen wir Bescheid. Das einzig Neue ist also das Integral (23).

$T(x)$ können wir in ein Polynom und in eine Anzahl von Partialbrüchen auflösen und kommen damit auf Integrale wie

$$(24) \qquad \int \frac{x^n\,dx}{\sqrt{P(x)}}, \qquad (n = 0, 1, \ldots)$$

ferner auf Integrale von der Form

$$(25) \qquad \int \frac{dx}{(x-a)^\alpha \sqrt{P(x)}} \qquad (\alpha = 1, 2, \ldots)$$

und auf solche von der Form

$$(26) \qquad \int \frac{\{\beta(x-b) + \gamma\}\,dx}{\{(x-b)^2 + c^2\}^m \sqrt{P(x)}}. \qquad (m = 1, 2, \ldots)$$

Diese Integraltypen müssen wir nun einzeln betrachten. Zunächst bemerken wir, daß

$$(x^\nu \sqrt{P})' = \nu x^{\nu-1}\sqrt{P} + \frac{x^\nu P'}{2\sqrt{P}} = \frac{\nu x^{\nu-1} P + \frac{1}{2} x^\nu P'}{\sqrt{P}}$$

ist, oder mit Rücksicht auf $P = A_0 x^p + \cdots + A_p$,

$$(x^\nu \sqrt{P})' = \left(\nu + \frac{p}{2}\right) A_0 \frac{x^{p+\nu-1}}{\sqrt{P}} + \cdots$$

Bezeichnet man das Integral (24) mit I_n, so gilt also eine Relation von folgender Form:

$$x^\nu \sqrt{P} = \left(\nu + \frac{p}{2}\right) A_0 I_{p+\nu-1} + \cdots,$$

wobei die Punkte eine lineare Verbindung aus $I_{p+\nu-2}, \ldots, I_0$ andeuten. Für ν darf man jeden der Werte $0, 1, 2, \ldots$ einsetzen. Da $\left(\nu + \frac{p}{2}\right) A_0$ von Null verschieden ist, so läßt sich auf Grund dieser Relation $I_{p+\nu-1}$ durch $I_0, \ldots, I_{p+\nu-2}$ ausdrücken, also I_{p-1} durch $I_0, \ldots, I_{p-2}$ ferner I_p durch $I_0, \ldots, I_{p-1}$, also auch durch $I_0, \ldots, I_{p-2}$ usw. Alle Integrale (24) reduzieren sich demnach auf $I_0, \ldots, I_{p-2}$.

Über die Integrale (25) ist folgendes zu sagen: Man hat für $n = 1, 2, \ldots$

$$(27) \qquad \{(x-a)^{-n}\sqrt{P}\}' = -n(x-a)^{-(n+1)}\sqrt{P} + \frac{1}{2}(x-a)^{-n}\frac{P'}{\sqrt{P}}$$

$$= \frac{-nP + \frac{1}{2}(x-a)P'}{(x-a)^{n+1}\sqrt{P}}.$$

Entwickelt man den Zähler nach Potenzen von $(x-a)$, indem man

$$P(x) = P(a) + (x-a)P'(a) + \cdots,$$
$$P'(x) = P'(a) + (x-a)P''(a) + \cdots$$

setzt, so ergibt sich

$$-nP + \tfrac{1}{2}(x-a)P' = -nP(a) + (\tfrac{1}{2}-n)(x-a)P'(a) + \cdots.$$

Nun sind zwei Fälle zu unterscheiden, $P(a) = 0$ und $P(a) \neq 0$. Im Falle $P(a) = 0$ dürfen wir $P'(a) \neq 0$ annehmen. Sonst wäre $P(x)$ durch $(x-a)^2$ teilbar, also $P(x) = (x-a)^2 P_1(x)$, mithin $\sqrt{P(x)} = (x-a)\sqrt{P_1(x)}$. Man könnte also im Integral (23) den Grad von $P(x)$ herabdrücken. Solche Vereinfachungen denken wir uns von vornherein durchgeführt, und deshalb ist die Annahme $P'(a) \neq 0$ berechtigt. Es wird also im Falle $P(a) = 0$

$$-nP + \tfrac{1}{2}(x-a)P' = (\tfrac{1}{2}-n)(x-a)P'(a) + \cdots$$

und nach (27)

$$\{(x-a)^{-n}\sqrt{P}\}' = \frac{(\tfrac{1}{2}-n)P'(a) + \cdots}{(x-a)^n\sqrt{P}}.$$

Hiermit reduziert sich das Integral

$$\int \frac{dx}{(x-a)^n\sqrt{P}}$$

auf

$$\int \frac{dx}{(x-a)^{n-1}\sqrt{P}}, \ldots, \int \frac{dx}{(x-a)\sqrt{P}}$$

und auf Integrale vom Typus (24). Da dies für $n = 1, 2, 3, \ldots$ gilt, so kommt man im Falle $P(a) = 0$ überhaupt nur auf Integrale vom Typus (24). Im Falle $P(a) \neq 0$ entnimmt man aus (27), daß sich das Integral

$$\int \frac{dx}{(x-a)^{n+1}\sqrt{P}}$$

auf

$$\int \frac{dx}{(x-a)^n\sqrt{P}}, \ldots, \int \frac{dx}{(x-a)\sqrt{P}}$$

und auf Integrale vom Typus (24) reduziert, also schließlich auf

$$\int \frac{dx}{(x-a)\sqrt{P}},$$

abgesehen von Integralen des genannten Typus.

Wir kommen nun zu den Integralen (26). Hier läßt sich zeigen, daß eine Reduktion auf den Fall $m = 1$ und auf Integrale vom Typus (24) möglich ist, oder sogar nur auf Integrale vom Typus (24). Um das zu erkennen, bemerke man, daß

$$\left(\frac{(\varrho x+\sigma)\sqrt{P}}{\{(x-b)^2+c^2\}^\mu}\right)' = \frac{\varrho\sqrt{P}}{\{(x-b)^2+c^2\}^\mu} + \frac{(\varrho x+\sigma)P'}{2\{(x-b)^2+c^2\}^\mu\sqrt{P}} - \frac{2\mu(\varrho x+\sigma)(x-b)\sqrt{P}}{\{(x-b)^2+c^2\}^{\mu+1}}$$

ist. Bringt man alles auf den Nenner $\{(x-b)^2+c^2\}^{\mu+1}\sqrt{P}$, so lautet der Zähler nach Einführung der Abkürzung $Q=(x-b)^2+c^2$

(28) $$\varrho PQ + \tfrac{1}{2}(\varrho x+\sigma)P'Q - \mu(\varrho x+\sigma)Q'P.$$

Bedenkt man nun, daß die Gradzahlen der Polynome

$$1,\ x,\ Q,\ xQ,\ Q^2,\ xQ^2,\ldots$$

lückenlos aufsteigen, so ist klar, daß jedes beliebige Polynom sich in der Form

(29) $$\alpha_0 x+\beta_0+(\alpha_1 x+\beta_1)Q+(\alpha_2 x+\beta_2)Q^2+\cdots$$

darstellen läßt. Dies gilt auch von dem Polynom (28), und es ergibt sich also

(30) $$\left(\frac{(\varrho x+\sigma)\sqrt{P}}{\{(x-b)^2+c^2\}^\mu}\right)' = \frac{\alpha_0 x+\beta_0}{Q^{\mu+1}\sqrt{P}}+\cdots+\frac{\alpha_\mu x+\beta_\mu}{Q\sqrt{P}}+\cdots,$$

wobei die letzten Punkte ein durch $\sqrt{P}$ dividiertes Polynom bedeuten.

Wenn man das Polynom (28) in der Form (29) darstellt, so liefern die Glieder ϱPQ und $\frac{1}{2}(\varrho x+\sigma)P'Q$ keinen Beitrag zu $\alpha_0 x+\beta_0$. Ist nun

(31) $$P=k(x-b)+l+(k_1 x+l_1)Q+\cdots,$$

so wird, wenn wir $\varrho x+\sigma=r(x-b)+s$ setzen,

$$\begin{aligned}(\varrho x+\sigma)Q' &= 2r(x-b)^2+2s(x-b)\\ &= 2rQ+2s(x-b)-2rc^2,\end{aligned}$$

also

$$-\mu(\varrho x+\sigma)Q'P = 2\mu c^2(rl+sk)+2\mu(x-b)(rkc^2-sl)+\cdots.$$

Man kann durch passende Wahl von r und s den Faktoren $rl+sk$ und rkc^2-sl beliebige Werte verschaffen, wenn die Determinante

$$\begin{vmatrix} l & k \\ kc^2 & -l \end{vmatrix} = -(l^2+k^2c^2)$$

von Null verschieden ist, also k und l nicht beide verschwinden. Setzen wir also voraus, daß k und l nicht beide gleich Null sind, so läßt sich durch geeignete ϱ,σ erreichen, daß in Gleichung (30) die Koeffizienten α_0, β_0 vorgeschriebene Werte erhalten. Man kann demnach jedes Integral von der Form

$$\int\frac{(\alpha_0 x+\beta_0)\,dx}{Q^{\mu+1}\sqrt{P}} \qquad (\mu=1,2,\ldots)$$

auf Integrale mit niedrigeren Q-Exponenten und auf solche vom Typus (24) reduzieren, so daß als einziges neues Integral

$$\int \frac{(\alpha x + \beta)\, dx}{Q\sqrt{P}}$$

übrigbleibt.

Sind k und l beide gleich Null, so bedeutet dies, wie man aus (31) ersieht, daß P durch Q teilbar ist. Setzt man $P = Q P_1$, so wäre also nach (28) und (29), da α_0, β_0 verschwinden,

$$\begin{aligned} &\varrho P + \tfrac{1}{2}(\varrho x + \sigma) P' - \mu(\varrho x + \sigma) Q' P_1 \\ &= \alpha_1 x + \beta_1 + (\alpha_2 x + \beta_2) Q + \cdots. \end{aligned}$$

Nun liefert, da $P' = Q P'_1 + Q' P_1$ ist, nur der Bestandteil

$$(\tfrac{1}{2} - \mu)(\varrho x + \sigma) Q' P_1$$

einen Beitrag zu $\alpha_1 x + \beta_1$. Man kann ganz ähnlich wie vorher zeigen, daß durch passende Wahl von ϱ, σ die Werte α_1, β_1 beliebig reguliert werden können. Dies würde nur dann nicht möglich sein, wenn P_1 durch Q teilbar wäre. Dann ließe sich von $P = Q P_1$ der Faktor Q^2 absondern, und man könnte also in dem ursprünglichen Integral eine Graderniedrigung des Radikanden bewirken. Derartige Vereinfachungen denken wir uns aber von vornherein erledigt, so daß diese Möglichkeit hier ausscheidet. Die Relation (30) ist jetzt durch

$$\left(\frac{(\varrho x + \sigma)\sqrt{P}}{\{(x-b)^2 + c^2\}^{\mu}}\right)' = \frac{\alpha_1 x + \beta_1}{Q^{\mu}\sqrt{P}} + \cdots + \frac{\alpha_{\mu} x + \beta_{\mu}}{Q\sqrt{P}} + \cdots$$

zu ersetzen. Da α_1, β_1 durch passende Wertbestimmung von ϱ, σ beliebig fixiert werden können, so folgt, daß jedes Integral von der Form

$$\int \frac{(\alpha_1 x + \beta_1)\, dx}{Q^{\mu}\sqrt{P}}$$

auf Integrale mit niedrigerem Q-Exponenten und auf solche vom Typus (24) reduzierbar sind. Dies gilt für $\mu = 1, 2, \ldots$, so daß sich also alle diese Integrale auf diejenigen vom Typus (24) zurückführen lassen. Es liegt hier, um daran zu erinnern, die Voraussetzung vor, daß in der Entwicklung (31) die Koeffizienten k und l verschwinden, also P durch Q teilbar ist.

Zusammenfassend können wir sagen, daß man die Integrale von der Form (23) zurückführen kann auf folgende Grundintegrale:

$$\int \frac{dx}{\sqrt{P}}, \quad \int \frac{x\, dx}{\sqrt{P}}, \ldots, \int \frac{x^{p-2}\, dx}{\sqrt{P}},$$

$$\int \frac{dx}{(x-a)\sqrt{P}}, \qquad \int \frac{(\lambda x + \mu)\, dx}{\{(x-b)^2 + c^2\}\sqrt{P}},$$

wobei P weder durch $x - a$ noch durch $(x-b)^2 + c^2$ teilbar ist. Es sei daran erinnert, daß P ein Polynom p-ten Grades bedeutet.

Ist P vom zweiten Grade, $P = A_0 x^2 + A_1 x + A_2$, so kommen die Grundintegrale

$$(32)\quad \int \frac{dx}{\sqrt{P}}, \quad \int \frac{dx}{(x-a)\sqrt{P}}, \quad \int \frac{(\lambda x + \mu)\,dx}{\{(x-b)^2 + c^2\}\sqrt{P}}$$

in Frage.

Das zweite Integral läßt sich in folgender Weise umformen. Man hat

$$P = P(a) + (x-a)P'(a) + \tfrac{1}{2}(x-a)^2 P''(a).$$

Setzt man $x - a = \frac{1}{z}$, so wird $dx = -\frac{dz}{z^2}$,

$$P = \{P(a)\,z^2 + P'(a)\,z + \tfrac{1}{2}P''(a)\} : z^2,$$

mithin

$$\int \frac{dx}{(x-a)\sqrt{P}} = -\int \frac{dz}{\sqrt{P(a)\,z^2 + P'(a)\,z + \frac{1}{2}P''(a)}}.$$

Das ist ein Integral vom Typus $\int \frac{dx}{\sqrt{P}}$ mit einem anderen Polynom P.

Über das dritte Integral (32) läßt sich folgendes sagen: Man setze

$$x - b = c\tan(\varphi - \varphi_0),$$

wobei die Verfügung über φ_0 noch vorbehalten bleibt. Es wird dann

$$P = P(b) + c\tan(\varphi-\varphi_0)\,P'(b) + \tfrac{1}{2}c^2\tan^2(\varphi-\varphi_0)\,P''(b),$$

$$\lambda x + \mu = l + m\tan(\varphi - \varphi_0),$$

$$dx = \frac{c\,d\varphi}{\cos^2(\varphi-\varphi_0)}.$$

Setzt man diese Werte ein, so ergibt sich

$$\int \frac{(\lambda x + \mu)\,dx}{\{(x-b)^2 + c^2\}\sqrt{P}}$$

$$= \int \frac{c^{-1}\{l\cos(\varphi-\varphi_0) + m\sin(\varphi-\varphi_0)\}\,d\varphi}{\sqrt{P(b)\cos^2(\varphi-\varphi_0) + cP'(b)\cos(\varphi-\varphi_0)\sin(\varphi-\varphi_0) + \frac{1}{2}c^2P''(b)\sin^2(\varphi-\varphi_0)}}.$$

Unter der Wurzel steht jetzt eine quadratische Form in $\cos\varphi$ und $\sin\varphi$, und zwar hat $\cos^2\varphi$ den Koeffizienten

$$r = P(b)\cos^2\varphi_0 - cP'(b)\cos\varphi_0\sin\varphi_0 + \tfrac{1}{2}c^2P''(b)\sin^2\varphi_0,$$

$\sin^2\varphi$ den Koeffizienten

$$s = P(b)\sin^2\varphi_0 + cP'(b)\cos\varphi_0\sin\varphi_0 + \tfrac{1}{2}c^2P''(b)\cos^2\varphi_0,$$

während der Koeffizient von $\cos\varphi\sin\varphi$ folgendermaßen lautet:

$$2\{P(b) - \tfrac{1}{2}c^2P''(b)\}\cos\varphi_0\sin\varphi_0 + cP'(b)(\cos^2\varphi_0 - \sin^2\varphi_0).$$

Dieser Koeffizient läßt sich durch passende Wahl von φ_0 zum Verschwinden bringen. Man muß zu diesem Zwecke die Gleichung

$$(33)\quad \{P(b) - \tfrac{1}{2}c^2P''(b)\}\sin 2\varphi_0 + cP'(b)\cos 2\varphi_0 = 0$$

erfüllen. Da

$$P(b + ic) = P(b) + icP'(b) - \tfrac{1}{2}c^2P''(b)$$

von Null verschieden ist, sind die Koeffizienten in (33) nicht beide gleich Null, so daß also $\tan 2\varphi_0$ festliegt, mithin $2\varphi_0$ bis auf Vielfache von π und φ_0 bis auf Vielfache von $\frac{\pi}{2}$.

Die Koeffizienten r und s sind voneinander verschieden, weil ihre Differenz lautet

$$\{P(b) - \tfrac{1}{2} c^2 P''(b)\} \cos 2\varphi_0 - cP'(b) \sin 2\varphi_0 .$$

Wäre sie gleich Null, so würde mit Rücksicht auf (33) folgen, daß

$$P(b) - \tfrac{1}{2} c^2 P''(b), \quad cP'(b)$$

beide verschwinden, was nicht der Fall ist. Das betrachtete Integral hat jetzt folgende Gestalt:

$$\int \frac{(L \cos \varphi + M \sin \varphi)\, d\varphi}{\sqrt{r \cos^2 \varphi + s \sin^2 \varphi}} .$$

Es zerlegt sich in

$$L \int \frac{\cos \varphi\, d\varphi}{\sqrt{r \cos^2 \varphi + s \sin^2 \varphi}}, \quad M \int \frac{\sin \varphi\, d\varphi}{\sqrt{r \cos^2 \varphi + s \sin^2 \varphi}} .$$

Setzt man im ersten Integral $\sin \varphi = u$, im zweiten $\cos \varphi = v$, so kommt man auf

$$\int \frac{du}{\sqrt{r + (s - r)\, u^2}}, \quad \int \frac{dv}{\sqrt{s + (r - s)\, v^2}} .$$

Das sind wieder Integrale vom Typus $\int \frac{dx}{\sqrt{P}}$ mit anderen Polynomen P. Es bleibt also schließlich nur noch das Integral

$$(34) \qquad \int \frac{dx}{\sqrt{A_0 x^2 + A_1 x + A_2}}$$

zu betrachten.

Ist $A_0 > 0$, so kann man (34) in folgender Form schreiben:

$$\frac{1}{\sqrt{A_0}} \int \frac{d(A_0 x + \frac{1}{2} A_1)}{\sqrt{(A_0 x + \frac{1}{2} A_1)^2 + A_0 A_2 - \frac{1}{4} A_1^2}} .$$

Setzt man $A_0 x + \frac{1}{2} A_1 = u$ und $A_0 A_2 - \frac{1}{4} A_1^2 = k$, so handelt es sich um das Integral

$$\int \frac{du}{\sqrt{u^2 + k}} .$$

Dieses Integral kann sofort berechnet werden, weil man die Stammfunktion $\ln(u + \sqrt{u^2 + k})$ kennt. Wir wollen die Berechnung aber noch auf andere Weise durchführen, und zwar setzen wir $v = \sqrt{u^2 + k}$. Dann wird $v^2 = u^2 + k$ und $v dv = u du$, also

$$\frac{du}{v} = \frac{dv}{u} = \frac{du + dv}{u + v} = d \ln (u + v) .$$

Kehren wir wieder zu x zurück, so lautet das Ergebnis

$$(35)\quad \int \frac{dx}{\sqrt{A_0x^2+A_1x+A_2}} = \frac{1}{\sqrt{A_0}} \ln\left\{A_0x + \frac{1}{2}A_1 + \sqrt{A_0(A_0x^2+A_1x+A_2)}\right\}.$$

Hierbei wird $A_0 > 0$ angenommen.

Im Falle $A_0 < 0$ läßt sich das Integral (34) auf folgende Form bringen:

$$-\frac{1}{\sqrt{-A_0}} \int \frac{d(A_0x + \frac{1}{2}A_1)}{\sqrt{\frac{1}{4}A_1^2 - A_0A_2 - (A_0x + \frac{1}{2}A_1)^2}}.$$

Soll es einen rellen Wert haben, so muß $\frac{1}{4}A_1^2 - A_0A_2$ positiv sein. Setzt man $A_0x + \frac{1}{2}A_1 = u$ und $\frac{1}{4}A_1^2 - A_0A_2 = l^2$, so handelt es sich um das Integral

$$\int \frac{du}{\sqrt{l^2-u^2}} = \int \frac{d\left(\frac{u}{l}\right)}{\sqrt{1-\left(\frac{u}{l}\right)^2}} = \operatorname{arc\,sin}\left(\frac{u}{l}\right).$$

Es wird also im Falle $A_0 < 0$

$$(36)\quad \int \frac{dx}{\sqrt{A_0x^2+A_1x+A_2}} = -\frac{1}{\sqrt{-A_0}} \operatorname{arc\,sin}\left(\frac{A_0x + \frac{1}{2}A_1}{\sqrt{\frac{1}{4}A_1^2 - A_0A_2}}\right).$$

Die Integrale (22) mit $y = \sqrt{A_0x^2+A_1x+A_2}$ lassen sich nach unseren obigen Ergebnissen mit Hilfe der elementaren Funktionen berechnen. Man kann dies auch auf andere Weise erkennen. Dabei zeigt sich, daß eine Eigenschaft der Kegelschnitte die Wurzel des ganzen Resultates ist. Durch $y = \sqrt{A_0x^2+A_1x+A_2}$ oder $y^2 = A_0x^2+A_1x+A_2$ wird ein Kegelschnitt dargestellt. Schreibt man die Gleichung in der Form

$$y^2 - A_0\left(x + \frac{A_1}{2A_0}\right)^2 = \frac{A_0A_2 - \frac{1}{4}A_1^2}{A_0}$$

und erinnert sich, daß $A_0A_2 - \frac{1}{4}A_1^2 = 0$ ausgeschlossen ist, weil sonst die Irrationalität verschwinden würde, so sieht man, daß im Falle $A_0 > 0$ eine Hyperbel, im Falle $A_0 < 0$ eine Ellipse vorliegt. Alle Kegelschnitte sind nun **rationale Kurven**, d. h. die Koordinaten eines Kurvenpunktes lassen sich rational durch einen Parameter ausdrücken. Man erkennt dies für einen nichtausgearteten Kegelschnitt durch die projektive Verwandtschaft mit der Parabel, bei der die Sache unmittelbar klar ist. Liegt z. B. die Parabel $y^2 = 2px$ vor, so genügt es, $y = t$, $x = \frac{t^2}{2p}$ zu setzen, um die rationale Darstellung der Koordinaten x, y zu erhalten. Man könnte sich auch darauf berufen, daß alle nichtausgearteten Kegelschnitte mit dem Kreise projektiv verwandt sind und dieser durch eine Inversion in eine Gerade verwandelt werden kann. Wendet man z. B. auf den Kreis $(x-1)^2 + y^2 = 1$ oder $x^2 + y^2 - 2x = 0$ die Inversion

$$x = \frac{\mathfrak{x}}{\mathfrak{x}^2 + \mathfrak{y}^2}, \qquad y = \frac{\mathfrak{y}}{\mathfrak{x}^2 + \mathfrak{y}^2}$$

an, so verwandelt er sich, da $x^2 + y^2 = \frac{1}{\mathfrak{x}^2 + \mathfrak{y}^2}$ ist, in die Gerade $\mathfrak{x} = \frac{1}{2}$.

Setzt man $\mathfrak{y} = t$, so ergibt sich für den Kreis die Darstellung

$$x = \frac{2}{1 + 4t^2}, \qquad y = \frac{4t}{1 + 4t^2}.$$

Es gibt noch einen anderen Weg, um aus der Gleichung eines Kegelschnitts,

$$f(x, y) = Ax^2 + 2Bxy + Cy^2 + 2Dx + 2Ey + F = 0,$$

die rationalen Ausdrücke für x und y zu gewinnen. Um die Aufgabe sogleich in voller Allgemeinheit zu behandeln, wollen wir homogene Koordinaten anwenden und die Gleichung des Kegelschnitts in der Form $\Sigma a_{rs} x_r x_s = 0$ schreiben. Es sei x^0 ein Punkt auf dem Kegelschnitt, also $\Sigma a_{rs} x_r^0 x_s^0 = 0$, ferner seien x^1 und x^2 irgend zwei andere Punkte, die ebenfalls auf dem Kegelschnitt liegen mögen und mit x^0 ein Dreieck bilden. Setzt man alsdann

$$(37) \qquad x = \lambda_0 x^0 + \lambda_1 x^1 + \lambda_2 x^2$$

und fordert, daß x dem Kegelschnitt angehört, so ergibt sich unter Benutzung des Symbols $(y \mid z) = \Sigma a_{rs} y_r z_s$ folgende Gleichung:

$$\lambda_0\lambda_1(x^0 \mid x^1) + \lambda_0\lambda_2(x^0 \mid x^2) + \lambda_1\lambda_2(x^1 \mid x^2) = 0.$$

Hieraus entnehmen wir

$$\lambda_0 = -\frac{\lambda_1\lambda_2(x^1 \mid x^2)}{\lambda_1(x^0 \mid x^1) + \lambda_2(x^0 \mid x^2)}.$$

Setzen wir diesen Wert in (37) ein und bedenken zugleich, daß es bei homogenen Koordinaten auf einen Proportionalitätsfaktor nicht ankommt, so erhalten wir

$$x = (\lambda_1 x^1 + \lambda_2 x^2)\{\lambda_1(x^0 \mid x^1) + \lambda_2(x^0 \mid x^2)\} - \lambda_1\lambda_2(x^1 \mid x^2)x^0.$$

Schreibt man diese Relation ausführlich, so erhält man für die homogenen Koordinaten eines Kegelschnittpunktes drei quadratische Formen in λ_1, λ_2. Die inhomogenen Koordinaten sind dann jedenfalls rationale Funktionen von $t = \frac{\lambda_2}{\lambda_1}$.

Weiß man nun, daß in dem Integral $\int R(x, y)\,dx$, dessen Integrand sich rational aus x und y aufbaut, diese Größen rational von t abhängen, $x = \varphi(t)$, $y = \psi(t)$, so nimmt das Integral die Form an

$$\int R(\varphi(t), \psi(t))\varphi'(t)\,dt.$$

$R(\varphi(t), \psi(t))\varphi'(t)$ ist aber eine rationale Funktion von t. Man kommt also auf ein Integral mit rationalem Integranden.

Es gibt eine Klasse von Abbildungen oder Transformationen, die jede rationale Kurve wieder in eine solche verwandeln. Wir meinen die **birationalen Transformationen**, zu denen z. B. die Inversionen gehören. Bei einer birationalen Transformation sind $\mathfrak{x}, \mathfrak{y}$ rationale Funktionen von x, y, aber auch x, y rationale Funktionen von $\mathfrak{x}, \mathfrak{y}$. Bei einer involutorischen Transformation, z. B. bei einer Inversion, schließt eins das andere ein, weil eine solche Transformation ihre eigene Umkehrung ist.

Man kann mit Hilfe einer birationalen Transformation, z. B. einer Inversion, oft sehr leicht feststellen, daß eine rationale Kurve vorliegt. Ein bekannter Fall dieser Art ist die Lemniskate, jene schon den alten Griechen bekannte Kurve, die bei ihnen als ebener Schnitt eines Kreisringes auftrat. Ihre Punkte haben von zwei festen Punkten F_1 und F_2 ein konstantes Entfernungsprodukt, das gleich $(\frac{1}{2}F_1F_2)^2$ ist, so daß der Mittelpunkt O der Strecke F_1F_2 der Kurve angehört. Macht man O zum Anfangspunkt und F_1F_2 zur x-Achse, so spricht sich die kennzeichnende Eigenschaft der Kurve in folgender Gleichung aus:

$$\{(x-c)^2+y^2\}\{(x+c)^2+y^2\}=c^4$$

oder

$$(x^2+y^2)^2=2c^2(x^2-y^2). \tag{38}$$

Bildet man nun mit einem längs der Kurve variierenden Punkt x, y das Integral $\int R(x, y)dx$, so heißt dieses ein zur Lemniskate gehöriges Abelsches Integral. Gelingt es zu zeigen, daß die Lemniskate eine rationale Kurve ist, so weiß man, daß sich jedes auf sie bezügliche Abelsche Integral mit Hilfe der elementaren Funktionen auswerten läßt, weil es in ein Integral mit rationalem Integranden verwandelt werden kann, einfach dadurch, daß man für x und y ihre rationalen Ausdrücke einsetzt. Daß tatsächlich die Lemniskate eine rationale Kurve ist, tritt sofort zu Tage, wenn man sie einer Inversion von O aus unterwirft. Setzt man in (38)

$$x=\frac{\mathfrak{x}}{\mathfrak{x}^2+\mathfrak{y}^2},\quad y=\frac{\mathfrak{y}}{\mathfrak{x}^2+\mathfrak{y}^2},$$

so ergibt sich, da $x^2+y^2=\frac{1}{\mathfrak{x}^2+\mathfrak{y}^2}$ ist,

$$1=2c^2(\mathfrak{x}^2-\mathfrak{y}^2). \tag{39}$$

Die Lemniskate wird also durch die Inversion in eine gleichseitige Hyperbel verwandelt, d. h. in eine rationale Kurve. Folglich ist sie selbst auch eine rationale Kurve. Hieraus folgt z. B., daß die Quadratur der Lemniskate, die auf die Berechnung des Abelschen Integrals $\int y\,dx$ hinauskommt, mit Hilfe der elementaren Funktionen erledigt werden kann.

Sehr häufig kommen in den Anwendungen Integrale vor, deren Integrand sich rational aus x und aus der Quadratwurzel eines Polynoms dritten oder vierten Grades aufbaut. Will man z. B. einen Ellipsenbogen berechnen, etwa einen Bogen s der Ellipse $\frac{x^2}{a^2}+\frac{y^2}{b^2}=1$, so kommt man auf ein Integral der eben bezeichneten Art. Es ist nämlich

$$y=\frac{b}{a}\sqrt{a^2-x^2},\quad dy=-\frac{b\,x\,dx}{a\sqrt{a^2-x^2}},$$

also

$$ds^2=dx^2+dy^2=\left\{1+\frac{b^2x^2}{a^2(a^2-x^2)}\right\}dx^2.$$

Setzt man $a^2-b^2=a^2\varepsilon^2$, so ergibt sich

$$ds^2=\frac{a^2-\varepsilon^2x^2}{a^2-x^2}dx^2$$

und

$$s = \int \frac{\sqrt{(a^2 - x^2)(a^2 - \varepsilon^2 x^2)}\, dx}{a^2 - x^2}.$$

Wegen dieses Zusammenhanges mit der Ellipse hat man alle Integrale, deren Integrand sich rational aus x und $\sqrt{P(x)}$ aufbaut, wobei $P(x)$ ein Polynom dritten oder vierten Grades bezeichnet, elliptische Integrale genannt. Wenn $P(x)$ von höherem Grade ist, spricht man von hyperelliptischen Integralen. Diese Integrale gehören zur umfassenderen Klasse der Abelschen Integrale, welche die Form $\int R(x, y)\, dx$ haben, wobei der Punkt x, y längs einer algebraischen Kurve variiert. Daß man im Falle der elliptischen Integrale keinen Unterschied zwischen den Gradzahlen 3 und 4 des Polynoms $P(x)$ macht, hat folgenden Grund: Ist $P(x)$ vom Grade 3, also $P(x) = a_0 x^3 + a_1 x^2 + a_2 x + a_3$ und setzt man $x = \frac{1}{z}$, so wird $dx = -\frac{dz}{z^2}$ und

$$\sqrt{P(x)} = \frac{1}{z^2}\sqrt{a_3 z^4 + a_2 z^3 + a_1 z^2 + a_0 z}.$$

Man kommt, wenn man diese Einsetzungen durchführt, auf ein elliptisches Integral mit einem Polynom vierten Grades unter der Wurzel.

Legendre hat die elliptischen Integrale eingehend studiert, aber doch einen wichtigen Gesichtspunkt in dieser Theorie übersehen. Wenn man ein von x_0 bis x erstrecktes elliptisches Integral y als Funktion von x betrachtet, wie Legendre es tut, so betrachtet man das ganze Gebäude von rückwärts. Die volle Schönheit der Theorie tritt, wie Gauß, Abel und Jacobi fanden, erst hervor, wenn man x als Funktion von y untersucht. Trotzdem sind Legendres Ergebnisse doch sehr wertvoll und kommen auch heute noch zur Geltung.

Nehmen wir an, daß $P(x)$ ein Polynom vierten Grades mit reellen Koeffizienten ist, und betrachten wir ein Integral von der Form

$$\int \frac{T(x)\, dx}{\sqrt{P(x)}},$$

auf das man irgendein vorgelegtes elliptisches Integral stets reduzieren kann. $T(x)$ ist eine rationale Funktion. Wenn man $x = \frac{x_1}{x_2}$ setzt, wobei man sich x_1 und x_2 als Funktionen einer Veränderlichen u denken möge, so wird

$$P(x) = \frac{P(x_1, x_2)}{x_2^4}, \qquad dx = \frac{x_2 dx_1 - x_1 dx_2}{x_2^2}.$$

Hierbei ist $P(x_1, x_2)$ ein Ausdruck von der Form

$$A_0 x_1^4 + 4A_1 x_1^3 x_2 + 6A_2 x_1^2 x_2^2 + 4A_3 x_1 x_2^3 + A_4 x_2^4,$$

also eine Form vierten Grades in x_1, x_2. Offenbar wird

$$\frac{dx}{\sqrt{P(x)}} = \frac{x_2 dx_1 - x_1 dx_2}{\sqrt{P(x_1, x_2)}}.$$

Die rationale Funktion $T(x)$ erscheint als Quotient zweier Formen m-ten Grades $f(x_1, x_2)$, $g(x_1, x_2)$. Das betrachtete Integral lautet also

$$\int \frac{f(x_1, x_2)\,(x_2 dx_1 - x_1 dx_2)}{g(x_1, x_2)\sqrt{P(x_1, x_2)}}\,. \tag{40}$$

Führt man nun eine lineare Transformation aus

$$\begin{cases} x_1 = c_{11}\mathfrak{x}_1 + c_{12}\mathfrak{x}_2\,, \\ x_2 = c_{21}\mathfrak{x}_1 + c_{22}\mathfrak{x}_2\,, \end{cases} \tag{41}$$

deren Koeffizienten reell sind, so verwandeln sich $f(x_1, x_2)$, $g(x_1, x_2)$ in Formen m-ten Grades $f\{\mathfrak{x}_1, \mathfrak{x}_2\}$, $g\{\mathfrak{x}_1, \mathfrak{x}_2\}$ und $P(x_1, x_2)$ in eine Form vierten Grades $P\{\mathfrak{x}_1, \mathfrak{x}_2\}$, ferner wird

$$x_2 dx_1 - x_1 dx_2 = C(\mathfrak{x}_2 d\mathfrak{x}_1 - \mathfrak{x}_1 d\mathfrak{x}_2)\,,$$

wobei C die Determinante $c_{11}c_{22} - c_{12}c_{21}$ bezeichnet. Bis auf den Faktor C geht also das Integral (40) über in

$$\int \frac{f\{\mathfrak{x}_1, \mathfrak{x}_2\}\,(\mathfrak{x}_2 d\mathfrak{x}_1 - \mathfrak{x}_1 d\mathfrak{x}_2)}{g\{\mathfrak{x}_1, \mathfrak{x}_2\}\sqrt{P\{\mathfrak{x}_1, \mathfrak{x}_2\}}}\,. \tag{40'}$$

Durch Anwendung anderer Klammern haben wir angedeutet, daß f, g, P jetzt andere Formen sind als früher.

Im Anschluß an diese Umformung erhebt sich nun die auch von Legendre behandelte Frage, welche Vereinfachungen des Polynoms P mit Hilfe der Transformation (41) erreicht werden können. Legendre hat gezeigt, daß P bei passender Wahl der Transformation die Form

$$A_0\mathfrak{x}_1^4 + 2A_1\mathfrak{x}_1^2\mathfrak{x}_2^2 + A_2\mathfrak{x}_2^4$$

annimmt, also eine quadratische Form von $\mathfrak{x}_1^2$, $\mathfrak{x}_2^2$ wird. Man nennt einen solchen Ausdruck auch eine biquadratische Form in $\mathfrak{x}_1, \mathfrak{x}_2$. Um dieses Legendresche Ergebnis bequem zu beweisen, muß man sich auf den Fundamentalsatz der Algebra stützen, wonach eine Form m-ten Grades mit reellen Koeffizienten stets in ein Produkt linearer oder quadratischer Formen zerlegt werden kann, deren Koeffizienten ebenfalls reell sind. Soweit dieser Satz hier in Frage kommt, läßt er sich mit einfachen Hilfsmitteln als richtig erkennen. Daß er für eine kubische Form gilt, beruht darauf, daß eine Gleichung dritten Grades mit reellen Koeffizienten immer eine reelle Wurzel hat. Man kann dies auf folgende Weise einsehen: Es liege das Polynom $Q(x) = x^3 + c_1 x^2 + c_2 x + c_3$ vor. Schreibt man

$$Q(x) = x^3\left(1 + \frac{c_1}{x} + \frac{c_2}{x^2} + \frac{c_3}{x^3}\right) \tag{42}$$

und läßt x die Werte 1, 2, 3, ... durchlaufen, so wird

$$\lim\left(1 + \frac{c_1}{x} + \frac{c_2}{x^2} + \frac{c_3}{x^3}\right) = 1\,. \tag{43}$$

Es wird also der zweite Faktor von $Q(x)$ schließlich so nahe an 1 liegen, daß er positiv ist. $Q(x)$ wird dann das Zeichen von x^3 haben, also ebenfalls positiv sein. Läßt man andererseits x die Werte $-1, -2, -3, \ldots$ durchlaufen, so wird die Limesrelation (43) in Kraft bleiben und $Q(x)$ schließlich ebenso wie x^3 negativ sein. Es gibt also jedenfalls Wertepaare a_1, b_2, so daß $Q(a_1) < 0$ und $Q(b_2) > 0$ ist. Hier kommt nun eine allgemeine Eigenschaft der stetigen Funktionen, zu denen alle Polynome gehören, zur Geltung. Sie spricht sich in einem Theorem von Bolzano aus, das hauptsächlich deshalb diesen Namen trägt, weil der große böhmische Denker den ersten strengen Beweis dafür gegeben hat. Das Theorem läßt sich kurz so ansprechen: Zwischen einem positiven und einem negativen Wert einer stetigen Funktion $f(x)$ liegt stets eine Nullstelle. Hätte die Funktion $f(x)$, die in dem geschlossenen Intervall $a \ldots b$ stetig und an einer Grenze positiv, an der anderen negativ ist, zwischen a und b keine Nullstelle, so wäre auch $\frac{a+b}{2}$ keine solche. Daher wird also eins der beiden Intervalle $a \ldots \frac{a+b}{2}$ und $\frac{a+b}{2} \ldots b$ ebenso beschaffen sein wie $a \ldots b$, d. h. $f(x)$ wird an einer Grenze positiv, an der andern negativ sein. Wir wollen diese Hälfte von $a \ldots b$ mit $a_1 \ldots b_1$ bezeichnen. In $a_1 \ldots b_1$ gibt es dann wieder eine solche Hälfte $a_2 \ldots b_2$ usw. Nun streben a_n und b_n, das eine aufsteigend, das andere absteigend, einem gemeinsamen Grenzwert c zu, und es ist wegen der Stetigkeit

$$f(c) = \lim f(a_n) = \lim f(b_n).$$

Da $f(a_n)$ und $f(b_n)$ dem Werte $f(c)$ beliebig nahe kommen, kann $f(c)$ unmöglich von Null verschieden sein. Sonst würden nämlich $f(a_n)$, $f(b_n)$ bei genügend großem n beide das Zeichen von $f(c)$ haben, während doch immer einer dieser Werte positiv und der andere negativ ist. So kommt also doch eine Nullstelle von $f(x)$ in $a \ldots b$ zum Vorschein. Kehren wir zu dem Polynom dritten Grades zurück, so gibt es also für $Q(x)$ immer eine reelle Wurzel x_0. Dann ist aber

$$\begin{aligned}(44)\quad Q(x) = Q(x) - Q(x_0) &= x^3 - x_0^3 + c_1(x^2 - x_0^2) + c_2(x - x_0)\\ &= (x - x_0)\{x^2 + (x_0 + c_1)\,x + (x_0^2 + c_1 x_0 + c_2)\}.\end{aligned}$$

$Q(x)$ zerlegt sich also in ein lineares und ein quadratisches Polynom, beide mit reellen Koeffizienten. Das quadratische Polynom kann möglicherweise auch noch in lineare Polynome mit reellen Koeffizienten zerlegbar sein. Dies wird dann und nur dann der Fall sein, wenn die Gleichung $Q(x) = 0$ nur reelle Wurzeln hat. Es bedarf kaum der Erwähnung, daß die analoge Zerlegung für eine kubische Form gilt. Man braucht nur in (44) die Einsetzung $x = \frac{x_1}{x_2}$ zu machen und mit x_2^3 zu multiplizieren.

Um auch für den Grad 4 den Fundamentalsatz der Algebra zu beweisen, stützen wir uns auf eine Betrachtung, die Euler in seiner berühmten Anleitung zur Algebra vorführt. Man kann das Polynom vierten Grades

$$P(x) = x^4 + c_1 x^3 + c_2 x^2 + c_3 x + c_4$$

zunächst mit Hilfe der Einsetzung $x = X - \frac{1}{4}c_1$ auf die Form $X^4 + C_2 X^2 + C_3 X + C_4$ bringen. Wir wollen aber an den alten Bezeichnungen festhalten und annehmen, daß bereits $c_1 = 0$ ist, also $P(x) = x^4 + c_2x^2 + c_3x + c_4$. Nun läßt sich dieses Polynom in der Form

$$(x^2 + k)^2 - (lx + m)^2$$

schreiben. Identifiziert man $(x^4 + 2kx^2 + k^2) - (l^2x^2 + 2lmx + m^2)$ mit $x^4 + c_2x^2 + c_3x + c_4$, so ergeben sich folgende Aussagen über k, l, m:

$$2k - l^2 = c_2, \quad -2lm = c_3, \quad k^2 - m^2 = c_4.$$

Aus ihnen entnimmt man

$$(45) \qquad l^2 = 2k - c_2, \quad -2lm = c_3, \quad m^2 = k^2 - c_4$$

und erhält für k die Bedingung

$$f(k) = 4(k^2 - c_4)(2k - c_2) - c_3^2 = 0.$$

Wir wollen zunächst annehmen, daß $c_3 \neq 0$ ist. Dann ist $f\left(\frac{c_2}{2}\right) < 0$ und für sehr große x-Werte $f(x) > 0$. Es gibt also ein k, das größer als $\frac{c_2}{2}$ ist und die Gleichung $f(k) = 0$ erfüllt. Da $2k - c_2 > 0$, so kann man aus $4(k^2 - c_4)(2k - c_2) = c_3^2$ ersehen, daß auch $k^2 - c_4 > 0$ sein muß. Daher sind die Wurzeln

$$l = \sqrt{2k - c_2}\,, \qquad m = \sqrt{k^2 - c_4}$$

reell. Eine der beiden Wurzeln kann man beliebig signieren. Die andere läßt sich dann, weil $4l^2m^2 = c_3^2$ ist, so festlegen, daß die mittlere Gleichung (45) stattfindet. Dann hat man aber $P(x) = x^4 + c_2x^2 + c_3x + c_4$ tatsächlich auf die Form $(x^2 + k)^2 - (lx + m)^2$ mit reellen k, l, m gebracht, so daß nun $P(x)$ in die beiden quadratischen Faktoren

$$x^2 + k + lx + m, \qquad x^2 + k - lx - m$$

zerlegt werden kann. Jeder solche Faktor läßt sich vielleicht noch in reelle Linearfaktoren spalten.

Es bleibt noch die Möglichkeit $c_3 = 0$, d. h. $P(x) = x^4 + c_2x^2 + c_4$, also der biquadratische Fall, zu erörtern. Die Gleichungen (45) lauten jetzt

$$(45') \qquad l^2 = 2k - c_2, \quad lm = 0, \quad m^2 = k^2 - c_4.$$

Ist $c_2^2 - 4c_4$ positiv, so setze man $l = 0$. Dann wird $k = \frac{c_2}{2}$, $m^2 = \frac{c_2^2}{4} - c_4$, also $m = \sqrt{\frac{c_2^2}{4} - c_4}$. Ist $c_2^2 - 4c_4$ negativ, so kann c_4 nicht negativ sein. Nimmt man $m = 0$ und $k = \sqrt{c_4}$, so wird $l^2 = 2\sqrt{c_4} - c_2$. Wählt man $\sqrt{c_4}$ positiv, so ist $2\sqrt{c_4} - c_2$ sicher positiv, und man kann $l = \sqrt{2\sqrt{c_4} - c_2}$ setzen. Im Falle $c_2^2 - 4c_4 = 0$ werden die Gleichungen (45′) durch $l = m = 0$, $k = \frac{c_2}{2}$ erfüllt.

Man kann also das Polynom $x^4 + c_2x^2 + c_3x + c_4$ unter allen Umständen auf die Form $(x^2 + k)^2 - (lx + m)^2$ bringen mit reellen k, l, m. Es zerlegt sich dann in die quadratischen Faktoren $x^2 + lx + k + m$ und $x^2 - lx + k - m$, die sich eventuell noch in reelle Linearfaktoren spalten. So ist also der Fundamentalsatz der Algebra für Polynome vierten Grades bewiesen, wobei man nachträglich die Einschränkung $c_1 = 0$ wieder beseitigen kann. Die Form vierten Grades, die in dem elliptischen Integral (40) unter der Wurzel steht, läßt sich demnach in zwei quadratische Formen mit reellen Koeffizienten zerlegen:

$$(46)\qquad P(x_1, x_2) = (a x_1^2 + 2b x_1 x_2 + c x_2^2)(A x_1^2 + 2B x_1 x_2 + C x_2^2).$$

Nehmen wir nun an, daß $ac - b^2 > 0$ ist. Dann haben a und c dasselbe Zeichen. Da es uns freisteht, die beiden quadratischen Formen mit -1 zu multiplizieren, so können wir annehmen, daß a und c positiv sind. Schreiben wir

$$a x_1^2 + 2b x_1 x_2 + c x_2^2 = \left(x_1\sqrt{a} + \frac{x_2 b}{\sqrt{a}}\right)^2 + \left(x_2\sqrt{\frac{ac-b^2}{a}}\right)^2,$$

so ist klar, daß die lineare Transformation

$$\mathfrak{x}_1 = x_1\sqrt{a} + \frac{x_2 b}{\sqrt{a}},$$

$$\mathfrak{x}_2 = x_2\sqrt{\frac{ac-b^2}{a}}$$

oder

$$x_1 = \frac{1}{\sqrt{a}}\left(\mathfrak{x}_1 - \frac{\mathfrak{x}_2 b}{\sqrt{ac-b^2}}\right),$$

$$x_2 = \frac{\mathfrak{x}_2\sqrt{a}}{\sqrt{ac-b^2}}$$

den ersten Faktor von $P(x_1, x_2)$ in $\mathfrak{x}_1^2 + \mathfrak{x}_2^2$ verwandelt. Der zweite Faktor möge in $\mathfrak{A}\mathfrak{x}_1^2 + 2\mathfrak{B}\mathfrak{x}_1\mathfrak{x}_2 + \mathfrak{C}\mathfrak{x}_2^2$ übergehen. Nun behält der erste Faktor seine Form, wenn man die orthogonale Transformation

$$\mathfrak{x}_1 = \mathfrak{x}_1^* \cos\varphi - \mathfrak{x}_2^* \sin\varphi,$$

$$\mathfrak{x}_2 = \mathfrak{x}_1^* \sin\varphi + \mathfrak{x}_2^* \cos\varphi$$

folgen läßt. Es wird dann nämlich $\mathfrak{x}_1^2 + \mathfrak{x}_2^2 = \mathfrak{x}_1^{*2} + \mathfrak{x}_2^{*2}$. Dagegen verwandelt sich $\mathfrak{A}\mathfrak{x}_1^2 + 2\mathfrak{B}\mathfrak{x}_1\mathfrak{x}_2 + \mathfrak{C}\mathfrak{x}_2^2$ in $\mathfrak{A}^*\mathfrak{x}_1^{*2} + 2\mathfrak{B}^*\mathfrak{x}_1^*\mathfrak{x}_2^* + \mathfrak{C}^*\mathfrak{x}_2^{*2}$, wobei

$$\mathfrak{A}^* = \mathfrak{A}\cos^2\varphi + 2\mathfrak{B}\cos\varphi\sin\varphi + \mathfrak{C}\sin^2\varphi,$$

$$\mathfrak{B}^* = -\mathfrak{A}\cos\varphi\sin\varphi + \mathfrak{B}(\cos^2\varphi - \sin^2\varphi) + \mathfrak{C}\cos\varphi\sin\varphi,$$

$$\mathfrak{C}^* = \mathfrak{A}\sin^2\varphi - 2\mathfrak{B}\cos\varphi\sin\varphi + \mathfrak{C}\cos^2\varphi$$

ist. Durch einen passenden Wert von φ kann man $\mathfrak{B}^*$ zum Verschwinden bringen. Man erkennt es sofort, wenn man die Gleichung $\mathfrak{B}^* = 0$ in der Form

$$(47)\qquad (\mathfrak{C} - \mathfrak{A})\sin 2\varphi + 2\mathfrak{B}\cos 2\varphi = 0$$

schreibt. Wir können die Möglichkeit $\mathfrak{C} - \mathfrak{A} = 0$. $\mathfrak{B} = 0$ ausschalten. Es wäre dann nämlich $P\{\mathfrak{x}_1, \mathfrak{x}_2\} = \mathfrak{A}(\mathfrak{x}_1^2 + \mathfrak{x}_2^2)^2$ und $\sqrt{P}$ bis auf einen konstanten Faktor gleich $\mathfrak{x}_1^2 + \mathfrak{x}_2^2$. Die Irrationalität würde also ganz verschwinden. Setzt man

$$\sin 2\varphi = \frac{2\mathfrak{B}}{\sqrt{4\mathfrak{B}^2 + (\mathfrak{A} - \mathfrak{C})^2}}, \qquad \cos 2\varphi = \frac{\mathfrak{A} - \mathfrak{C}}{\sqrt{4\mathfrak{B}^2 + (\mathfrak{A} - \mathfrak{C})^2}},$$

so ist die Gleichung erfüllt. Neben $\mathfrak{B}^* = 0$ kann nicht etwa $\mathfrak{C}^* - \mathfrak{A}^* = 0$ sein. Dies würde nämlich so viel heißen wie

$$(\mathfrak{C} - \mathfrak{A}) \cos 2\varphi - 2\mathfrak{B} \sin 2\varphi = 0$$

und könnte neben (47) nur gelten, wenn $\mathfrak{C} - \mathfrak{A}$ und $\mathfrak{B}$ beide verschwinden.

Durch die beiden linearen Transformationen, die nacheinander in Wirkung traten, haben wir also P auf die Form $(x_1^2 + x_2^2)(A x_1^2 + C x_2^2)$ gebracht, wobei $A \neq C$ ist. Wir benutzen, wie man sieht, nach Ausführung der Transformationen wieder die alten Bezeichnungen.

Wenn in (46) zwar nicht $ac - b^2 > 0$, wohl aber $AC - B^2 > 0$ ist, so haben nur die Faktoren ihre Rollen vertauscht, und man kann dieselben Überlegungen anwenden. Ein Verschwinden von $ac - b^2$ oder $AC - B^2$ würde bedeuten, daß in P das Quadrat einer Linearform steckt. Diese Linearform würde dann vor die Wurzel treten. Wir kämen also auf ein Integral mit einer niederen Irrationalität, was auszuschließen ist. Es bleibt somit nur noch die Möglichkeit, $ac - b^2 < 0$, $AC - B^2 < 0$ zu erörtern. Beide Faktoren von P lösen sich dann in reelle Linearformen auf. Es wird also P selbst das Produkt von vier reellen Linearformen. Je zwei von ihnen haben eine von Null verschiedene Determinante, weil sonst in P das Quadrat einer Linearform als Faktor stecken würde. Wir wollen aber bei der Zerlegung (46) bleiben. Unmöglich können a und A beide verschwinden, weil sonst P den Faktor x_2^2 enthielte. Wir dürfen also, da die Faktoren vertauschbar sind, a von Null verschieden und sogar positiv annehmen. Dann wird

$$a x_1^2 + 2b x_1 x_2 + c x_2^2 = \left(x_1 \sqrt{a} + \frac{x_2 b}{\sqrt{a}}\right)^2 - \left(x_2 \sqrt{\frac{b^2 - ac}{a}}\right)^2.$$

Die lineare Transformation

$$\begin{aligned} \mathfrak{x}_1 &= x_1 \sqrt{a} + \frac{x_2 b}{\sqrt{a}}, \\ \mathfrak{x}_2 &= \qquad x_2 \sqrt{\frac{b^2 - ac}{a}} \end{aligned}$$

oder

$$\begin{aligned} x_1 &= \frac{1}{\sqrt{a}}\left(\mathfrak{x}_1 - \frac{\mathfrak{x}_2 b}{\sqrt{b^2 - ac}}\right), \\ x_2 &= \frac{\mathfrak{x}_2 \sqrt{a}}{\sqrt{b^2 - ac}} \end{aligned}$$

verwandelt dann den ersten Faktor von P in $\mathfrak{x}_1^2 - \mathfrak{x}_2^2$, während der zweite in $\mathfrak{A}\mathfrak{x}_1^2 + 2\mathfrak{B}\mathfrak{x}_1\mathfrak{x}_2 + \mathfrak{C}\mathfrak{x}_2^2$ übergeht. Ebenso wie $\mathfrak{x}_1^2 + \mathfrak{x}_2^2$ hat nun auch die Form $\mathfrak{x}_1^2 - \mathfrak{x}_2^2$ die Eigenschaft, bei einer Gruppe linearer Transformationen invariant zu bleiben. Setzt man nämlich

$$\begin{aligned} \mathfrak{x}_1 &= \mathfrak{x}_1^* \operatorname{ch} \varphi + \mathfrak{x}_2^* \operatorname{sh} \varphi, \\ \mathfrak{x}_2 &= \mathfrak{x}_1^* \operatorname{sh} \varphi + \mathfrak{x}_2^* \operatorname{ch} \varphi, \end{aligned}$$

so erhält man mit Rücksicht auf $\operatorname{ch}^2\varphi - \operatorname{sh}^2\varphi = 1$

$$\mathfrak{x}_1^2 - \mathfrak{x}_2^2 = \mathfrak{x}_1^{*2} - \mathfrak{x}_2^{*2}.$$

Nun wird

$$\mathfrak{A}\mathfrak{x}_1^2 + 2\mathfrak{B}\mathfrak{x}_1\mathfrak{x}_2 + \mathfrak{C}\mathfrak{x}_2^2 = \mathfrak{A}^*\mathfrak{x}_1^{*2} + 2\mathfrak{B}^*\mathfrak{x}_1^*\mathfrak{x}_2^* + \mathfrak{C}^*\mathfrak{x}_2^{*2},$$

wobei

$$\begin{aligned}\mathfrak{A}^* &= \mathfrak{A}\operatorname{ch}^2\varphi + 2\mathfrak{B}\operatorname{ch}\varphi\operatorname{sh}\varphi + \mathfrak{C}\operatorname{sh}^2\varphi,\\ \mathfrak{B}^* &= \mathfrak{A}\operatorname{ch}\varphi\operatorname{sh}\varphi + \mathfrak{B}(\operatorname{ch}^2\varphi + \operatorname{sh}^2\varphi) + \mathfrak{C}\operatorname{ch}\varphi\operatorname{sh}\varphi,\\ \mathfrak{C}^* &= \mathfrak{A}\operatorname{sh}^2\varphi + 2\mathfrak{B}\operatorname{ch}\varphi\operatorname{sh}\varphi + \mathfrak{C}\operatorname{ch}^2\varphi\end{aligned}$$

ist. Versucht man φ so zu wählen, daß $\mathfrak{B}^*$ verschwindet, so kommt man unter Berücksichtigung von

$$\operatorname{ch}2\varphi \pm \operatorname{sh}2\varphi = (\operatorname{ch}\varphi \pm \operatorname{sh}\varphi)^2$$

auf die Forderung

$$(48)\qquad (\mathfrak{A} + \mathfrak{C})\operatorname{sh}2\varphi + 2\mathfrak{B}\operatorname{ch}2\varphi = 0.$$

$\mathfrak{A} + \mathfrak{C}$ und $\mathfrak{B}$ können nicht beide verschwinden, weil sonst $\mathfrak{A}\mathfrak{x}_1^2 + 2\mathfrak{B}\mathfrak{x}_1\mathfrak{x}_2 + \mathfrak{C}\mathfrak{x}_2^2$ mit $\mathfrak{A}(\mathfrak{x}_1^2 - \mathfrak{x}_2^2)$ zusammenfiele und P mit $\mathfrak{A}(\mathfrak{x}_1^2 - \mathfrak{x}_2^2)^2$, was wir ausschließen müssen. Aus (48) entnehmen wir

$$(48')\qquad (\mathfrak{A} + \mathfrak{C} + 2\mathfrak{B})e^{2\varphi} - (\mathfrak{A} + \mathfrak{C} - 2\mathfrak{B})e^{-2\varphi} = 0.$$

Wenn $\mathfrak{A} + \mathfrak{C} + 2\mathfrak{B}$ und $\mathfrak{A} + \mathfrak{C} - 2\mathfrak{B}$ dasselbe Zeichen haben, also ihr Produkt positiv, d. h.

$$(49)\qquad (\mathfrak{A} + \mathfrak{C})^2 > 4\mathfrak{B}^2$$

ist, so können wir die Gleichung (48′) befriedigen, und zwar finden wir

$$4\varphi = \ln\left(\frac{\mathfrak{A} + \mathfrak{C} - 2\mathfrak{B}}{\mathfrak{A} + \mathfrak{C} + 2\mathfrak{B}}\right).$$

Um die Bedeutung der Aussage (49) rasch zu erkennen, wollen wir mit den Wurzeln der quadratischen Gleichungen $\mathfrak{A}\mathfrak{x}_1^2 + 2\mathfrak{B}\mathfrak{x}_1\mathfrak{x}_2 + \mathfrak{C}\mathfrak{x}_2^2 = 0$ operieren, d. h. mit den beiden Werten r_1 und r_2 des Quotienten $\frac{\mathfrak{x}_1}{\mathfrak{x}_2}$, die diese Gleichung bestimmt. Es ist dann

$$r_1 + r_2 = -\frac{2\mathfrak{B}}{\mathfrak{A}},\qquad r_1 r_2 = \frac{\mathfrak{C}}{\mathfrak{A}},$$

und die Aussage (49) ist also gleichwertig mit

$$(1 + r_1 r_2)^2 > (r_1 + r_2)^2,$$

d. h. mit $r_1^2 r_2^2 - r_1^2 - r_2^2 + 1 > 0$ oder

$$(49')\qquad (r_1^2 - 1)(r_2^2 - 1) > 0.$$

Die Wurzeln der Gleichung $\mathfrak{x}_1^2 - \mathfrak{x}_2^2 = 0$ lauten 1 und -1. Wenn nun r_1 zwischen 1 und -1 liegt, so haben die Differenzen $r_1 + 1$, $r_1 - 1$ entgegengesetzte Zeichen, so daß ihr Produkt $r_1^2 - 1$ negativ ist. Liegt dagegen r_1 außerhalb des Intervalls $-1 \ldots 1$, so ist $r_1^2 - 1$ positiv. Die Ungleichung (49′) bedeutet hiernach nichts anderes, als daß r_1 und r_2 entweder beide zwischen -1 und 1 fallen oder beide außerhalb des Intervalles $-1 \ldots 1$, daß sich also, wenn wir die Sache geometrisch ansehen, die Punktepaare r_1, r_2 und $-1, 1$ nicht trennen. Wenn nun, wie es hier der Fall ist, alle Wurzeln der Gleichung $P = 0$ reelle Werte haben, so können wir diese Wurzeln stets in zwei Paare ordnen, die sich gegenseitig nicht trennen. Dieser Ordnung der Wurzeln entspricht eine Zerlegung von P in zwei quadratische Faktoren, und eine solche ist für die obigen Betrachtungen brauchbar. Man kann leicht erkennen, daß es zwei brauchbare Zerlegungen gibt. Sind $\varrho_1, \varrho_2, \varrho_3, \varrho_4$ die vier Wurzeln $\frac{x_1}{x_2}$ von P, so gilt die Identität

$$(\varrho_1 - \varrho_2)(\varrho_3 - \varrho_4) + (\varrho_1 - \varrho_3)(\varrho_4 - \varrho_2) + (\varrho_1 - \varrho_4)(\varrho_2 - \varrho_3) = 0.$$

Da Koinzidenzen ausgeschlossen sind, kann auf der linken Seite kein Glied verschwinden. Eins dieser Glieder wird entgegengesetzt gezeichnet sein, wie die beiden andern, also positiv, wenn jene negativ, und negativ, wenn jene positiv sind. Ist z. B. $(\varrho_1 - \varrho_2)(\varrho_3 - \varrho_4)$ dieses Glied, so hat man

$$(\varrho_1 - \varrho_2)(\varrho_3 - \varrho_4) \cdot (\varrho_1 - \varrho_3)(\varrho_4 - \varrho_2) < 0,$$
$$(\varrho_1 - \varrho_2)(\varrho_3 - \varrho_4) \cdot (\varrho_1 - \varrho_4)(\varrho_2 - \varrho_3) < 0,$$

d. h.

$$(\varrho_1 - \varrho_2)(\varrho_1 - \varrho_3) \cdot (\varrho_4 - \varrho_2)(\varrho_4 - \varrho_3) > 0,$$
$$(\varrho_1 - \varrho_2)(\varrho_1 - \varrho_4) \cdot (\varrho_3 - \varrho_2)(\varrho_3 - \varrho_4) > 0.$$

Hieraus ersieht man, daß die Paare ϱ_1, ϱ_4 und ϱ_2, ϱ_3 sich nicht trennen, ebenso die Paare ϱ_1, ϱ_3 und ϱ_2, ϱ_4 nicht. Dagegen ist

$$(\varrho_1 - \varrho_3)(\varrho_4 - \varrho_2) \cdot (\varrho_1 - \varrho_4)(\varrho_2 - \varrho_3) > 0,$$

d. h.

$$(\varrho_1 - \varrho_3)(\varrho_1 - \varrho_4) \cdot (\varrho_2 - \varrho_3)(\varrho_2 - \varrho_4) < 0.$$

Die Paare ϱ_1, ϱ_2 und ϱ_3, ϱ_4 trennen sich also. Man kann demnach vier verschiedene reelle Werte auf zwei Weisen in Paare zerlegen, die sich nicht trennen. So hat man also bei der Auflösung von P in zwei quadratische Faktoren die Wahl zwischen zwei Möglichkeiten.

Als Endergebnis können wir folgendes feststellen: Das Integral

$$\int \frac{R(x)\,dx}{\sqrt{P(x)}}$$

bewahrt bei allen linear gebrochenen Transformationen seine Gestalt und läßt sich so umformen, daß $P(x)$ nur gerade Potenzen von x enthält. Ist $P(x) = a_0x^4 + a_1x^2 + a_2$, so kommt man nach der allgemeinen Theorie auf die Grundintegrale

$$\int \frac{dx}{\sqrt{P(x)}}, \qquad \int \frac{x\,dx}{\sqrt{P(x)}}, \qquad \int \frac{x^2\,dx}{\sqrt{P(x)}}, \qquad \int \frac{dx}{(x-c)\sqrt{P(x)}}.$$

Hierbei ist c eine reelle oder komplexe Konstante und $P(c) \neq 0$. Das zweite Grundintegral scheidet aus, weil es sich durch elementare Funktionen ausdrücken läßt. Setzt man nämlich $x^2 = z$, so wird

$$\int \frac{x\,dx}{\sqrt{P(x)}} = \frac{1}{2}\int \frac{dz}{\sqrt{a_0 z^2 + a_1 z + a_2}}.$$

Beachtet man ferner, daß

$$\int \frac{dx}{(x-c)\sqrt{P(x)}} = \int \frac{(x+c)\,dx}{(x^2-c^2)\sqrt{P(x)}}$$

$$= c\int \frac{dx}{(x^2-c^2)\sqrt{P(x)}} + \frac{1}{2}\int \frac{dz}{(z-c^2)\sqrt{a_0 z^2 + a_1 z + a_2}}$$

ist, so erkennt man, daß schließlich nur folgende drei Grundintegrale übrig bleiben:

$$\int \frac{dx}{\sqrt{P(x)}}, \quad \int \frac{x^2\,dx}{\sqrt{P(x)}}, \quad \int \frac{dx}{(x^2+h)\sqrt{P(x)}},$$

wobei wir $h = -c^2$ gesetzt haben. Dies sind die drei Legendreschen Normalintegrale (erster, zweiter und dritter Gattung).

Um an einem einfachen Beispiel das Auftreten eines elliptischen Integrals zu zeigen, betrachten wir ein mathematisches Pendel, dessen Schwingungen in einer Ebene erfolgen. Der massenlose Pendelfaden habe die Länge l, der Massenpunkt am freien Ende des Fadens die Masse 1. Die x-Achse gehe senkrecht nach unten. Die Abweichung des Pendels von der vertikalen Lage werde durch den Winkel φ gemessen. Die lebendige Kraft $\frac{1}{2}v^2 = \frac{l^2 d\varphi^2}{2dt^2}$ vermindert sich, wenn φ den Zuwachs $d\varphi$ erhält, um die Arbeit, die zur entsprechenden Hebung $-d(l\cos\varphi)$ des Pendelkörpers, d. h. des Massenpunktes 1, erfordert wird. Diese Arbeit ist gleich $-gd(l\cos\varphi)$. Die Gleichung

$$d\left(\frac{l^2\,d\varphi^2}{2dt^2}\right) = gd\,(l\cos\varphi)$$

zieht

$$\frac{l^2 d\varphi^2}{2dt^2} = gl\cos\varphi + C$$

nach sich. Wenn zu φ_0 die Geschwindigkeit Null gehört, so kann man also schreiben

$$\frac{d\varphi^2}{dt^2} = \frac{2g}{l}(\cos\varphi - \cos\varphi_0).$$

Hieraus folgt

$$dt = \sqrt{\frac{l}{2g}}\,\frac{d\varphi}{\sqrt{\cos\varphi - \cos\varphi_0}} = \frac{1}{2}\sqrt{\frac{l}{g}}\,\frac{d\varphi}{\sqrt{\sin^2\frac{\varphi_0}{2} - \sin^2\frac{\varphi}{2}}}.$$

Setzt man nun

$$\sin\frac{\varphi}{2} = u\sin\frac{\varphi_0}{2},$$

so wird

$$\frac{1}{2}\cos\frac{\varphi}{2}\,d\varphi = \sin\frac{\varphi_0}{2}\,du,$$

d. h.

$$d\varphi = \frac{2\sin\frac{\varphi_0}{2}\,du}{\sqrt{1-u^2\sin^2\frac{\varphi_0}{2}}},$$

mithin

$$dt = \sqrt{\frac{l}{g}}\,\frac{du}{\sqrt{(1-u^2)(1-k^2u^2)}},$$

wobei $k^2 = \sin^2\frac{\varphi_0}{2}$ ist, so daß k^2 zwischen 0 und 1 liegt.

Wenn man die Dauer einer Viertelschwingung $\frac{T}{4}$ ermitteln will, so muß man φ von 0 bis φ_0 wachsen lassen, also u von 0 bis 1. Es ergibt sich auf diese Weise

$$T = 4\sqrt{\frac{l}{g}}\int_0^1 \frac{du}{\sqrt{(1-u^2)(1-k^2u^2)}}\,.$$

Für sehr kleine Werte von φ_0 ist auch k äußerst klein. Ersetzt man k durch Null, so geht das Integral in

$$\int_0^1 \frac{du}{\sqrt{1-u^2}} = (\arcsin u)_0^1 = \frac{\pi}{2}$$

über, und T wird also angenähert ausgedrückt durch $2\pi\sqrt{\frac{l}{g}}$. Das ist ungefähr die Dauer eines Hin- und Herganges des Pendels.

Es gibt eine wundervolle Berechnungsweise des elliptischen Integrals

$$\int_0^1 \frac{du}{\sqrt{(1-u^2)(1-k^2u^2)}},$$

die wir Gauß verdanken. Setzt man $u = \sin\psi$, so geht das Integral in

$$\int_0^{\frac{1}{2}\pi} \frac{d\psi}{\sqrt{1-k^2\sin^2\psi}}$$

über, d. h. in

$$\int_0^{\frac{1}{2}\pi} \frac{d\psi}{\sqrt{a^2\cos^2\psi + b^2\sin^2\psi}},$$

wobei

$$a^2 = 1, \qquad b^2 = 1 - k^2$$

gesetzt wird. Gauß führt nun eine neue Veränderliche ψ_1 ein, die mit ψ durch die Gleichung

$$\sin\psi = \frac{2a\sin\psi_1}{(a+b)+(a-b)\sin^2\psi_1}$$

verknüpft ist. Wenn man $a+b = 2aA$, $a-b = 2aB$ setzt, so ist $A > B > 0$, $A + B = 1$ und

$$\sin\psi = \frac{\sin\psi_1}{A + B\sin^2\psi_1} = \frac{1}{A(\sin\psi_1)^{-1} + B\sin\psi_1}.$$

Bildet man die Ableitung der Funktion

$$\frac{1}{Az^{-1} + Bz},$$

so ergibt sich

$$\frac{Az^{-2} - B}{(Az^{-1} + Bz)^2}.$$

Da nun $z = \sin\psi_1$ zwischen 0 und 1 liegt, wenn ψ_1 von 0 bis $\frac{\pi}{2}$ läuft, so ist $Az^{-2} > A$ und daher Az^{-2} ebenso wie A größer als B. Man ersieht hieraus, daß $\frac{z}{A + Bz^2}$ im Intervall $0 \ldots 1$ bei wachsendem z zunimmt, und zwar von 0 bis $\frac{1}{A+B}$, d. h. bis 1. Wenn also ψ_1 von 0 bis $\frac{\pi}{2}$ fortschreitet, so tut ψ dasselbe. Die Grenzen des neuen Integrals werden daher nach wie vor 0 und $\frac{\pi}{2}$ lauten.

Führt man die Transformationsrechnung durch, so ergibt sich schließlich

$$\int_0^{\frac{1}{2}\pi} \frac{d\psi}{\sqrt{a^2\cos^2\psi + b^2\sin^2\psi}} = \int_0^{\frac{1}{2}\pi} \frac{d\psi_1}{\sqrt{a_1^2\cos^2\psi_1 + b_1^2\sin^2\psi_1}}.$$

Dabei ist

$$a_1 = \frac{a+b}{2}, \qquad b_1 = \sqrt{ab}.$$

Wir wissen nun, daß das geometrische Mittel $\sqrt{ab}$ kleiner ist als das arithmetische $\frac{a+b}{2}$. Man hat also $b < b_1 < a_1 < a$. Wiederholt man das Verfahren n-mal, so kommt man zu der Gleichung

$$\int_0^{\frac{1}{2}\pi} \frac{d\psi}{\sqrt{a^2\cos^2\psi + b^2\sin^2\psi}} = \int_0^{\frac{1}{2}\pi} \frac{d\psi_n}{\sqrt{a_n^2\cos^2\psi_n + b_n^2\sin^2\psi_n}}. \qquad (n = 1, 2, 3, \ldots)$$

Die Zahlenfolgen $a, a_1, a_2, \ldots$ und $b, b_1, b_2, \ldots$ stehen in der Beziehung

$$a_{n+1} = \frac{a_n + b_n}{2}, \qquad b_{n+1} = \sqrt{a_n b_n}\,.$$

Daraus folgt, daß die Ungleichungen

$$b < b_1 < b_2 < \cdots < a_2 < a_1 < a$$

stattfinden und daher die Grenzwerte $\lim a_n$, $\lim b_n$ existieren. Wenn man in $a_{n+1} = \frac{a_n + b_n}{2}$ das n über alle Grenzen wachsen läßt, so ergibt sich

$$\lim a_{n+1} = \lim a_n = \tfrac{1}{2}(\lim a_n + \lim b_n),$$

also

$$\lim a_n = \lim b_n.$$

Diesen gemeinsamen Grenzwert von a_n und b_n nennt man das arithmetisch-geometrische Mittel von a und b. Nach ihm konvergiert a_n abnehmend und b_n zunehmend. Es gibt nun im Intervall $0 \ldots \frac{\pi}{2}$ einen Wert ψ_n^* derart, daß

$$\int_0^{\frac{1}{2}\pi} \frac{d\psi_n}{\sqrt{a_n^2 \cos^2 \psi_n + b_n^2 \sin^2 \psi_n}} = \frac{\pi}{2}\left(a_n^2 \cos^2 \psi_n^* + b_n^2 \sin^2 \psi_n^*\right)^{-\frac{1}{2}}$$

wird. Wenn man n auf eine passende Teilfolge von $1, 2, 3, \ldots$ beschränkt, so existiert $\lim \psi_n^* = \psi^*$. Es ergibt sich dann unter Einführung der Bezeichnung $\mu(a, b)$ für das arithmetisch-geometrische Mittel aus a, b folgende Aussage:

$$\lim \left\{\frac{\pi}{2}\left(a_n^2 \cos^2 \psi_n^* + b_n^2 \sin^2 \psi_n^*\right)^{-\frac{1}{2}}\right\} = \frac{\pi}{2}\{\mu(a, b)\}^{-1}.$$

Hiernach ist

$$\int_0^{\frac{1}{2}\pi} \frac{d\psi}{\sqrt{a^2 \cos^2 \psi + b^2 \sin^2 \psi}} = \frac{\pi}{2\mu(a, b)}.$$

Insbesondere wird

$$\int_0^{\frac{1}{2}\pi} \frac{d\psi}{\sqrt{1 - k^2 \sin^2 \psi}} = \frac{\pi}{2\mu(1, \sqrt{1 - k^2})}.$$

Bei der Pendelaufgabe war $k^2 = \sin^2 \frac{\varphi_0}{2}$, also $\sqrt{1 - k^2} = \cos \frac{\varphi_0}{2}$. Die Dauer einer ganzen Schwingung (Hin- und Hergang), für die gewöhnlich der Näherungswert $2\pi\sqrt{\frac{l}{g}}$ benutzt wird, hat demnach den genauen Wert

$$T = \frac{2\pi l^{\frac{1}{2}} g^{-\frac{1}{2}}}{\mu\left(1, \cos \frac{\varphi_0}{2}\right)}.$$

§ 6. Differentiale von Funktionen mehrerer Veränderlicher.

Wir wollen eine Funktion von zwei Veränderlichen x, y betrachten und bezeichnen sie mit $f(x, y)$. Der Begriff der Stetigkeit, den wir für Funktionen einer Veränderlichen schon kennen, läßt sich hier in naheliegender Weise nachbilden. Wir sagen, daß das Wertsystem x, y nach x_0, y_0 konvergiert oder, geometrisch gesprochen, der Punkt x, y nach dem Punkt x_0, y_0, wenn x dem Grenzwert x_0 und zugleich y dem Grenzwert y_0 zustrebt. $f(x, y)$ heißt an der Stelle x_0, y_0 **stetig**, wenn $f(x, y)$ nach $f(x_0, y_0)$ konvergiert, sobald der Punkt x, y nach x_0, y_0 hinstrebt. Die **Stetigkeit** an der Stelle x_0, y_0 bedeutet also, daß aus $\lim x = x_0$, $\lim y = y_0$ stets folgt $\lim f(x, y) = f(x_0, y_0)$.

Ist $f(x, y)$ an der Stelle x_0, y_0 stetig, so läßt sich um den Punkt x_0, y_0 ein Kreis beschreiben, in welchem nur Funktionswerte auftreten, die von $f(x_0, y_0)$ um weniger als ε, also voneinander um weniger als 2ε abweichen. Einen solchen Kreis, dessen Radius natürlich von ε abhängt, gibt es stets, wie klein auch das vorgelegte ε sein mag. Würde er bei irgendeinem Ausnahme-ε nicht existieren, so gäbe es in jedem um x_0, y_0 beschriebenen Kreise einen Funktionswert f, der von x_0, y_0 um ε oder noch stärker abweicht. Setzt man z. B. den Radius des Kreises gleich $\frac{1}{n}$, so wäre in ihm ein Punkt x_n, y_n mit der Eigenschaft

$$|f(x_n, y_n) - f(x_0, y_0)| \geqq \varepsilon$$

vorhanden. Das gilt für $n = 1, 2, 3, \ldots$ Offenbar ist nun $\lim x_n = x_0$, $\lim y_n = y_0$, aber nicht $\lim f(x_n, y_n) = f(x_0, y_0)$. Die Funktion ist also an der Stelle x_0, y_0 unstetig. Bei einer stetigen Funktion kann es daher ein Ausnahme-ε im obigen Sinne nicht geben.

Wenn wir von einer Funktion sagen, daß sie in einem Bereiche, also z. B. in einem Rechteck oder einem Kreise, stetig ist, so wird damit nichts anderes als die Stetigkeit an jeder Stelle des Bereiches behauptet.

Ein Bereich besteht aus unendlich vielen Punkten und ist definiert, sobald man weiß, welche Punkte ihm angehören und welche nicht. Ein Punkt H wird als **Häufungsstelle** eines Bereiches bezeichnet, wenn es in dem Bereich eine Punktfolge $P_1, P_2, P_3, \ldots$ gibt, die nach H konvergiert. H braucht dem Bereiche nicht anzugehören. Sind alle Häufungsstellen eines Bereiches in ihm enthalten, so spricht man von einem **abgeschlossenen** Bereich. Betrachten wir z. B. die inneren Punkte eines Kreises, so sind Häufungsstellen dieses Bereiches einmal alle seine Punkte, dann aber auch die Punkte der Peripherie, die dem Bereich nicht angehören. Es liegt hier also ein nicht abgeschlossener Bereich vor. Betrachten wir alle Punkte einer Kreisfläche einschließlich der Peripheriepunkte, so haben wir einen abgeschlossenen Bereich vor uns.

Ein Bereich heißt **beschränkt**, oder, wie man neuerdings sagt, **geschränkt**, wenn er sich in einen Kreis einschließen läßt. Die gegenseitigen Entfernungen der Bereichpunkte liegen unter einer endlichen Schranke.

Wir wollen nun eine Funktion betrachten, die in einem beschränkten und abgeschlossenen Bereich $\mathfrak{B}$ definiert ist. Jedem Punkte P von $\mathfrak{B}$ entspricht ein Funktionswert, den wir durch das Symbol $f(P)$ bezeichnen. Diese Funktion $f(P)$ soll nun, so nehmen wir an, in dem Bereich $\mathfrak{B}$ stetig sein. Wenn also P im Bereiche $\mathfrak{B}$ eine Folge $P_1, P_2, P_3, \ldots$ durchläuft, die nach H konvergiert, so soll immer

$$\lim f(P_n) = f(H)$$

sein. Da wir den Bereich als abgeschlossen voraussetzen, gehört H stets zu $\mathfrak{B}$.

Unter den gemachten Voraussetzungen gibt es in $\mathfrak{B}$ einen größten und einen kleinsten Funktionswert. Zunächst wollen wir zeigen, daß eine obere und eine untere Schranke vorhanden ist. Es genügt, die Betrachtung für die obere Schranke durchzuführen, da eine obere Schranke von $-f$ negativ genommen eine untere Schranke für f liefert. Gäbe es keine obere Schranke für die Funktionswerte $f(P)$ im Bereich $\mathfrak{B}$, so ließe sich, wie auch die Zahl n gewählt wird, in $\mathfrak{B}$ eine Stelle Q_n nachweisen, wo $f(Q_n) > n$ ist. Die Folge $f(Q_1), f(Q_2), f(Q_3), \ldots$ strebt nach Unendlich, ebenso jede Teilfolge von ihr. Nun seien x_n, y_n die Koordinaten von Q_n. Da $\mathfrak{B}$ als beschränkt vorausgesetzt wird, sind $x_1, x_2, x_3, \ldots$ und $y_1, y_2, y_3, \ldots$ beschränkte Zahlenfolgen. Wir wissen aber, daß sich aus einer beschränkten Zahlenfolge, also z. B. aus $x_1, x_2, x_3, \ldots$, stets eine konvergente Teilfolge $x_1^*, x_2^*, x_3^*, \ldots$ herausheben läßt. Ist $y_1^*, y_2^*, y_3^*, \ldots$ die entsprechende Teilfolge von $y_1, y_2, y_3, \ldots$, so gibt es in ihr eine konvergente Teilfolge $y_1^{**}, y_2^{**}, y_3^{**}, \ldots$ Die entsprechende Teilfolge in $x_1^*, x_2^*, x_3^*, \ldots$, die wir mit $x_1^{**}, x_2^{**}, x_3^{**}, \ldots$ bezeichnen wollen, ist als Teilfolge einer konvergenten Folge ebenfalls konvergent. Man kann das Ergebnis auch so aussprechen: Aus einer beschränkten Punktfolge $Q_1, Q_2, Q_3, \ldots$ läßt sich stets eine konvergente Teilfolge $Q_1^{**}, Q_2^{**}, Q_3^{**}, \ldots$ herausheben. Ist Q der Punkt, dem sie zustrebt, so müßte wegen der Stetigkeit

$$\lim f(Q_n^{**}) = f(Q)$$

sein, während doch die Folge $f(Q_1^{**}), f(Q_2^{**}), f(Q_3^{**}), \ldots$ nach Unendlich strebt.

Unter den oberen Schranken der Wertmenge $f(P)$ gibt es, wie wir wissen, eine kleinste. Sie heißt die **obere Grenze** von $f(P)$ in $\mathfrak{B}$. Ebenso ist eine größte untere Schranke vorhanden, die man die **untere Grenze** von $f(P)$ nennt. Wir wollen die obere Grenze mit M, die untere Grenze mit m bezeichnen und jetzt nachweisen, daß sie zu den Werten $f(P)$ gehören, daß es also in $\mathfrak{B}$ zwei Stellen gibt, Q und R, welche die Gleichungen

$$f(Q) = m, \quad f(R) = M$$

erfüllen.

Da M die kleinste obere Schranke der Werte $f(P)$ ist, so wird jede kleinere Zahl $M - \alpha$ nicht mehr obere Schranke sein, d. h. $M - \alpha$ wird von irgendeinem $f(P)$ übertroffen. Insbesondere gibt es also in $\mathfrak{B}$ einen Punkt R_n, derart, daß

$$M - \frac{1}{n} < f(R_n)$$

ist. Offenbar konvergiert dann $f(R_n)$, das doch die obere Schranke M hat, nach M. Man kann nun aus $R_1, R_2, R_3, \ldots$ eine konvergente Teilfolge $R_1^*, R_2^*, R_3^*, \ldots$ herausheben. Ist R ihr Grenzpunkt, so hat man wegen der Stetigkeit

$$\lim f(R_n^*) = f(R),$$

zugleich aber auch

$$\lim f(R_n^*) = M.$$

Es folgt also $f(R) = M$, d. h. die obere Grenze M der Funktionswerte $f(P)$ ist selbst ein Funktionswert und natürlich der größte Funktionswert.

Ebenso ergibt sich, daß die untere Grenze m der kleinste Funktionswert ist. Diese Aussagen sind an die oben angegebenen Voraussetzungen, Beschränktheit und Abgeschlossenheit des Bereiches $\mathfrak{B}$, Stetigkeit von $f(P)$ in $\mathfrak{B}$, gebunden. Das darf nicht übersehen werden.

Eine weitere Eigenschaft der stetigen Funktionen in beschränkten, abgeschlossenen Bereichen ist die folgende: Es seien $P_1, P_2, P_3, \ldots$ und $Q_1, Q_2, Q_3, \ldots$ zwei Punktfolgen in $\mathfrak{B}$, die der Bedingung $\lim P_nQ_n = 0$ genügen. Wir behaupten, daß dann immer

$$\lim \{fP_n) - f(Q_n)\} = 0$$

ist. Sobald also die Punkte sich unbegrenzt einander nähern, tun die Funktionswerte dasselbe. Das ist die Eigenschaft, die man als gleichmäßige Stetigkeit bezeichnet. Wäre die obige Behauptung unzutreffend, so gäbe es ein positives ε, das von unendlich vielen Gliedern der Folge

$$f(P_1) - f(Q_1), \quad f(P_2) - f(Q_2), \ldots$$

übertroffen wird. Eventuell muß man die Buchstaben P und Q vertauschen. Es sei also

$$f(P_1^*) - f(Q_1^*), \qquad f(P_2^*) - f(Q_2^*), \ldots$$

diejenige Teilfolge, deren Glieder größer als ε sind. Wir wissen, daß es in $P_1^*, P_2^*, P_3^*, \ldots$ eine konvergente Teilfolge $P_1^{**}, P_2^{**}, P_3^{**}, \ldots$ gibt. Ist $Q_1^{**}, Q_2^{**}, Q_3^{**}, \ldots$ die entsprechende Teilfolge von $Q_1^*, Q_2^*, Q_3^*, \ldots$, so folgt aus $\lim P_n^*Q_n^* = 0$ sofort $\lim P_n^{**}Q_n^{**} = 0$. Ist also $\lim P_n^{**} = P$, so muß auch $\lim Q_n^{**} = P$ sein, weil die Entfernung PQ_n^{**} nicht größer sein kann als $PP_n^{**} + P_n^{**}Q_n^{**}$. Wegen der Stetigkeit wäre dann

$$\lim f(P_n^{**}) = f(P), \quad \lim f(Q_n^{**}) = f(P),$$

also

$$\lim \{f(P_n^{**}) - f(Q_n^{**})\} = 0,$$

was im Widerspruch mit

$$f(P_n^{**}) - f(Q_n^{**}) > \varepsilon$$

steht.

Wir wollen nun dem Bereich $\mathfrak{B}$ die Bedingung auferlegen, daß er zusammenhängend sein soll. Darunter versteht man folgende Eigenschaft: Sind A und B irgend zwei Punkte von $\mathfrak{B}$ und wird irgendein positives δ vorgelegt, so lassen sich in $\mathfrak{B}$ die Punkte $A_1, A_2, \ldots, A_p$ derart wählen, daß die Entfernungen $AA_1, A_1A_2, \ldots, A_{p-1}A_p, A_pB$ alle unterhalb δ liegen. Es läßt sich also gewissermaßen aus Punkten von $\mathfrak{B}$ eine Brücke von A nach B schlagen, für einen so schwachen Springer benutzbar, der nur Sprünge unterhalb der Größe δ ausführen kann. Wenn wir dem Bereich $\mathfrak{B}$ diese neue Bedingung auferlegen, so läßt sich zeigen, daß die stetige Funktion $f(P)$ alle Zwischenwerte zwischen M und m in $\mathfrak{B}$ annimmt, daß also die Funktionswerte das Intervall $m \ldots M$ völlig erschöpfen.

Ließe die Funktion irgendeinen Zwischenwert μ zwischen M und m aus und ist etwa $f(A) = m$, $f(B) = M$, so gibt es, wie wir wissen, eine von A nach B führende Brücke $A, A_1, A_2, \ldots, A_p, B$, gebildet aus lauter Punkten von $\mathfrak{B}$ und so beschaffen, daß zwei aufeinanderfolgende Punkte um weniger als δ voneinander entfernt sind. Da $f(A) < \mu$ und $f(B) > \mu$ ist, so gibt es in der Reihe $A, A_1, A_2, \ldots, A_p$ einen letzten Punkt A_q, der die Ungleichung $f(A_q) < \mu$ erfüllt. Der nächste Punkt A_{q+1}, der eventuell mit B zusammenfällt, hat bereits die Eigenschaft $f(A_{q+1}) > \mu$. Jedenfalls sind also, wenn man z. B. $\delta = \frac{1}{n}$ annimmt ($n = 1, 2, 3, \ldots$), in $\mathfrak{B}$ zwei Punkte P_n und Q_n vorhanden, die um weniger als $\frac{1}{n}$ voneinander entfernt liegen und die Ungleichungen

$$f(P_n) < \mu < f(Q_n)$$

erfüllen. Aus $P_1, P_2, P_3, \ldots$ läßt sich nun eine konvergente Teilfolge $P_1^*, P_2^*, P_3^*, \ldots$ herausheben. Ist P ihr Grenzpunkt, so wird die entsprechende Teilfolge $Q_1^*, Q_2^*, Q_3^*, \ldots$ ebenfalls nach P konvergieren. Wegen der Stetigkeit ist dann

$$\lim f(P_n^*) = f(P), \quad \lim f(Q_n^*) = f(P)\,.$$

Bedenkt man, daß μ stets zwischen $f(P_n^*)$ und $f(Q_n^*)$ liegt, so folgt $f(P) = \mu$, im Widerspruch zu der Annahme, daß μ kein Funktionswert ist. Man nennt diesen Satz, daß eine stetige Funktion alle Zwischenwerte annimmt, das Theorem von Bolzano. Vorausgesetzt wird dabei, daß der Bereich $\mathfrak{B}$ nicht nur beschränkt und abgeschlossen, sondern auch zusammenhängend ist. Man kann sich leicht an der Hand von Beispielen überzeugen, daß die Fortnahme einer dieser Bedingungen das Theorem ins Wanken bringt. Wenn $\mathfrak{B}$ z. B. aus zwei getrenntliegenden Kreisen besteht und in dem einen Kreise $f = 0$, in dem andern $f = 1$ ist, so gilt das Theorem nicht mehr. Der Bereich ist hier nicht zusammenhängend. Besteht der Bereich $\mathfrak{B}$ aus allen Punkten einer Kreisfläche mit Ausschluß eines Durchmessers, so ist er beschränkt und zusammenhängend, aber nicht abgeschlossen. Setzen wir fest, daß auf der einen Seite des Durchmessers $f = -1$, auf der andern $f = 1$ sein soll, so liegt eine in $\mathfrak{B}$ stetige Funktion vor, die alle Zwischenwerte zwischen -1 und 1 ausläßt. Auf den Fall eines unbeschränkten Bereiches wollen wir gar nicht eingehen, weil über die Abgeschlossenheit eines solchen Bereiches noch verschiedenes zu vereinbaren wäre.

Wenn man bei einer Funktion $f(x, y)$ die eine Veränderliche y festhält, d. h. ihr einen bestimmten Wert beilegt, so entsteht eine Funktion von x allein. Hat sie eine Ableitung, existiert also bei schwindendem h

$$\lim \frac{f(x+h, y) - f(x, y)}{h},$$

so bezeichnet man diesen Grenzwert als die partielle Ableitung von $f(x, y)$ nach x oder kurz die Ableitung von $f(x, y)$ nach x und verwendet dafür das Symbol f'_x oder auch f_x ohne den Strich. Jacobi schreibt eine solche partielle Ableitung als Differentialquotienten, aber mit rundem ∂, also in der Form $\frac{\partial f}{\partial x}$. Ganz entsprechend sind die Symbole f'_y, f_y, $\frac{\partial f}{\partial y}$ zu verstehen. Wenn man x die erste, y die zweite Veränderliche nennt, so kann man statt f_x, f_y auch f_1, f_2 schreiben.

Mit diesen partiellen Ableitungen steht in engstem Zusammenhang der Begriff des Differentials. Die Differenz

$$\Delta f = f(x+h, y+k) - f(x, y)$$

kann man als Summe zweier Differenzen darstellen, deren jede sich nur auf eine Variable bezieht, während die andre in beiden Gliedern der Differenz denselben Wert hat. Z. B. kann man schreiben

$$\begin{aligned} \Delta f = f(x+h, y+k) - f(x+h, y) \\ + f(x+h, y) - f(x, y). \end{aligned}$$

Nun ist nach dem Mittelwertsatz, wie wir ihn bei Funktionen einer Veränderlichen kennen lernten,

$$f(x+h, y) - f(x, y) = h f_1(x + \vartheta_1 h, y),$$
$$f(x+h, y+k) - f(x+h, y) = k f_2(x+h, y + \vartheta_2 k).$$

Von ϑ_1 und ϑ_2 wissen wir nur, daß sie zwischen 0 und 1 enthalten sind. Jetzt können wir Δf in folgender Form darstellen:

$$\Delta f = h f_1(x + \vartheta_1 h, y) + k f_2(x+h, y+\vartheta_2 k).$$

Wenn die Ableitungen f_1 und f_2 an der Stelle x, y stetig sind und

$$f_1(x + \vartheta_1 h, y) = f_1(x, y) + \alpha,$$
$$f_2(x+h, y+\vartheta_2 k) = f_2(x, y) + \beta$$

gesetzt wird, so konvergieren α und β nach Null, sobald h und k der Null zustreben. Bei f_1 braucht man sogar nur die Stetigkeit in bezug auf x vorauszusetzen. Doch wollen wir darauf keinen besonderen Wert legen, sondern die Stetigkeit schlechthin fordern. Δf erscheint dann in folgender Gestalt:

(1) $$\Delta f = hf_1(x, y) + kf_2(x, y) + \alpha h + \beta k,$$

und man weiß, daß α und β gleichzeitig mit h und k der Null zustreben. $hf_1(x, y) + kf_2(x, y)$, der sogenannte Hauptteil von Δf, ist das Differential von f und wird mit df bezeichnet. Man hat also

(2) $$df = hf_1(x, y) + kf_2(x, y)$$

und

$$\Delta f = df + \alpha h + \beta k.$$

So oft sich Δf in der Form (1) schreiben läßt und α, β mit h, k der Null zustreben, sagt man, f habe ein Differential oder sei differenzierbar. Die Faktoren f_1 und f_2 sind dann die partiellen Ableitungen von f. Setzt man nämlich $k = 0$, so hat man nach (1)

$$\frac{f(x + h, y) - f(x, y)}{h} = f_1(x, y) + \alpha$$

und, da h die Größe α in den Limestod mitreißt,

$$f_1(x, y) = \lim \frac{f(x + h, y) - f(x, y)}{h}.$$

Ebenso zeigt man, daß der in (1) auftretende Faktor $f_2(x, y)$ die Ableitung von f nach y ist. Es kommt vor, daß für Δf die Formel (1) gilt und α, β gleichzeitig mit h, k nach Null konvergieren, ohne daß f_1 und f_2 an der Stelle x, y stetig sind. Die Differenzierbarkeit an dieser Stelle verlangt weniger als die Stetigkeit von f_1 und f_2. Doch wollen wir auf solche Dinge hier nicht eingehen.

Macht man in (2) die Einsetzung $f(x, y) = x$, so wird $f_1 = 1$ und $f_2 = 0$ und daher $dx = h$. Ebenso führt die Einsetzung $f(x, y) = y$ zu $dy = k$. Man ersieht hieraus, daß h und k die Differentiale der speziellen Funktionen x und y sind, und kann daher schreiben

(2') $$df = f_1 dx + f_2 dy.$$

Der Leibnizsche Fundamentalsatz, den wir bei den Funktionen einer Veränderlichen in seiner großen Wichtigkeit kennenlernten, gilt auch für Funktionen zweier und mehrerer Veränderlicher. Dieser Satz besagt, daß das Differential von $f(x, y)$ auch dann $f_1 dx + f_2 dy$ lautet, wenn x, y nicht die unabhängigen Veränderlichen sind, sondern irgendwelche Funktionen, natürlich differenzierbare Funktionen. Es sei also $x = \varphi(u, v)$, $y = \psi(u, v)$, so daß $f(x, y)$ durch Vermittelung von x, y eine Funktion von u, v ist. $\varphi(u, v)$, $\psi(u, v)$ werden als differenzierbar vorausgesetzt. Wenn man u, v die Inkremente $\Delta u, \Delta v$ erteilt, so werden die entsprechenden Inkremente von φ und ψ folgende Darstellung gestatten:

(3) $$\begin{cases} \Delta \varphi = \varphi_1 \Delta u + \varphi_2 \Delta v + \varrho_1 \Delta u + \varrho_2 \Delta v, \\ \Delta \psi = \psi_1 \Delta u + \psi_2 \Delta v + \sigma_1 \Delta u + \sigma_2 \Delta v, \end{cases}$$

wobei $\varphi_1, \varphi_2, \psi_1, \psi_2$ nur von u, v abhängen und $\varrho_1, \varrho_2, \sigma_1, \sigma_2$ gleichzeitig mit $\Delta u, \Delta v$ der Null zustreben. Auch $\Delta \varphi, \Delta \psi$ konvergieren offenbar gleichzeitig mit $\Delta u, \Delta v$ nach Null. Nun hat man

(4) $$\Delta f = f_1 \Delta x + f_2 \Delta y + \alpha \Delta x + \beta \Delta y .$$

Δx und Δy sind nichts anderes als $\Delta \varphi$ und $\Delta \psi$. Wir wissen, daß sie zusammen mit $\Delta u, \Delta v$ der Null zustreben, und daß α und β sie in den Limestod begleiten. Setzt man jetzt in (4) für $\Delta x, \Delta y$ oder $\Delta \varphi, \Delta \psi$ die Ausdrücke (3) ein, so ergibt sich, da $\varphi_1 \Delta u + \varphi_2 \Delta v$ und $\psi_1 \Delta u + \psi_2 \Delta v$ nichts anderes als $d\varphi, d\psi$ oder dx, dy sind,

(5) $$\Delta f = f_1 dx + f_2 dy + \tau \Delta u + \omega \Delta v .$$

Dabei dienen τ und ω zur Bezeichnung der Ausdrücke

$$f_1 \varrho_1 + f_2 \sigma_1 + \alpha(\varphi_1 + \varrho_1) + \beta(\psi_1 + \sigma_1) ,$$
$$f_1 \varrho_2 + f_2 \sigma_2 + \alpha(\varphi_2 + \varrho_2) + \beta(\psi_2 + \sigma_2) ,$$

die gleichzeitig mit $\Delta u, \Delta v$ nach Null konvergieren. Aus (5) geht hervor, daß

$$f_1 dx + f_2 dy$$

oder ausführlich

$$f_1(x_u du + x_v dv) + f_2(y_u du + y_v dv)$$

das Differential von $f(x, y)$, betrachtet als Funktion von u, v, darstellt. Das ist der Leibnizsche Fundamentalsatz. Das Differential von $f(x, y)$ lautet stets $f_1 dx + f_2 dy$, ob nun x, y unabhängige Variable oder Funktionen von andern Variablen u, v sind.

Aus dem obigen Ergebnis entnimmt man, daß für die Ableitung von f nach u die Formel gilt

(6) $$f_u = f_x \cdot x_u + f_y \cdot y_u .$$

Ebenso ist

(6′) $$f_v = f_x \cdot x_v + f_y \cdot y_v .$$

Diese Formeln enthalten die Regel für die Differentiation einer zusammengesetzten Funktion. In ihnen stecken als Sonderfälle die Leibnizschen Grundregeln. Setzt man z. B. $f = xy$, so wird $f_x = y, f_y = x$, also

$$(xy)_u = y x_u + x y_u .$$

Setzt man $f = \frac{x}{y}$, so findet man $f_x = \frac{1}{y}$, $f_y = -\frac{x}{y^2}$, also

$$\left(\frac{x}{y}\right)_u = \frac{1}{y} x_u - \frac{x}{y^2} y_u = \frac{y x_u - x y_u}{y^2} .$$

Hält man sich direkt an den Leibnizschen Fundamentalsatz, so würde man erhalten

$$d(xy) = y dx + x dy,$$
$$d\left(\frac{x}{y}\right) = \frac{y dx - x dy}{y^2} .$$

Hierbei sind x, y als Funktionen von u, v gedacht.

Die partiellen Ableitungen f_x, f_y oder $\frac{\partial f}{\partial x}, \frac{\partial f}{\partial y}$ sind wiederum Funktionen von x, y. Ihre Ableitungen nach x, y werden mit

$$f_{xx},\; f_{xy},\; f_{yx},\; f_{yy}$$

oder

$$\frac{\partial^2 f}{\partial x^2},\quad \frac{\partial^2 f}{\partial x \partial y},\quad \frac{\partial^2 f}{\partial y \partial x},\quad \frac{\partial^2 f}{\partial y^2}$$

bezeichnet. Man nennt sie die zweiten partiellen Ableitungen von f. Es zeigt sich, daß die beiden Ableitungen f_{xy} und f_{yx} übereinstimmen, falls an der Stelle x, y keine Unstetigkeit vorliegt. Wenn man die Differentiationen durch Differenzenbildungen ersetzt, so ist die Übereinstimmung der Ergebnisse unmittelbar zu erkennen. Man hat nämlich

$$\Delta_x f = f(x+h, y) - f(x, y)$$

und

$$\Delta_y \Delta_x f = \{f(x+h, y+k) - f(x, y+k)\} - \{f(x+h, y) - f(x, y)\}.$$

Dabei deutet der Index des Δ an, nach welcher Variablen die Differenz genommen wird. Bildet man zuerst die Differenz nach y und dann nach x, so erhält man

$$\Delta_y f = f(x, y+k) - f(x, y)$$

und

$$\Delta_x \Delta_y f = \{f(x+h, y+k) - f(x+h, y)\} - \{f(x, y+k) - f(x, y)\}.$$

Man sieht, daß tatsächlich

$$\Delta_y \Delta_x f = \Delta_x \Delta_y f$$

ist. Hieraus läßt sich nun leicht die Übereinstimmung von f_{xy} und f_{yx} nachweisen. Als Differenz Δ_y von $f(x+h, y) - f(x, y)$ läßt sich $\Delta_y \Delta_x f$ in folgender Weise darstellen:

$$\Delta_y \Delta_x f = \{f_2(x+h, y+\vartheta k) - f_2(x, y+\vartheta k)\}\, k.$$

Andererseits ist

$$f_2(x+h, y+\vartheta k) - f_2(x, y+\vartheta k) = f_{21}(x+\vartheta^* h, y+\vartheta k)\, h,$$

mithin

$$\Delta_y \Delta_x f = f_{21}(x+\vartheta^* h, y+\vartheta k)\, hk. \tag{7}$$

Es braucht kaum gesagt zu werden, daß f_{21} die Ableitung von f_2 nach der ersten Variablen, d. h. nach x, bezeichnet, also dasselbe ist wie f_{yx}. Für $\Delta_x \Delta_y f$ als Differenz Δ_x der Funktion $f(x, y+k) - f(x, y)$ gilt zunächst die Darstellung

$$\Delta_x \Delta_y f = \{f_1(x+\Theta h, y+k) - f_1(x+\Theta h, y)\}\, h.$$

Andererseits ist

$$f_1(x+\Theta h, y+k) - f_1(x+\Theta h, y) = f_{12}(x+\Theta h, y+\Theta^* k)\, k,$$

mithin

$$\Delta_x \Delta_y f = f_{12}(x+\Theta h,\; y+\Theta^* k)\, hk. \tag{7'}$$

Da nun $\Delta_x \Delta_y f$ und $\Delta_y \Delta_x f$ übereinstimmen, so folgt aus (7) und (7')

$$(8) \qquad f_{12}(x + \Theta h, y + \Theta^* k) = f_{21}(x + \vartheta^* h, y + \vartheta k).$$

$\vartheta, \vartheta^*, \Theta, \Theta^*$ liegen zwischen 0 und 1. Läßt man h und k nach Null konvergieren und sind f_{12}, f_{21} an der Stelle x, y stetig, so ergibt sich aus (8) die Gleichung $f_{12}(x, y) = f_{21}(x, y)$. Die Differentiation nach x und die nach y sind also vertauschbar, sobald die Ergebnisse sich stetig verhalten. Es gibt daher, wenn alles stetig bleibt, nicht vier, sondern nur drei zweite Ableitungen. Ebenso gibt es, wenn keine Durchbrechung der Stetigkeit erfolgt, nur vier dritte Ableitungen. Da man beim Differenzieren in die Umgebung der Stelle x, y eindringt, so genügt es nicht mehr, von f_{12} und f_{21} die Stetigkeit an dieser Stelle zu fordern. Sie müssen, damit sie auch in der Umgebung übereinstimmen, dort ebenfalls stetig sein. Nimmt man dies an, so reduzieren sich die Ableitungen

$$f_{xxx}, f_{xxy}, f_{xyx}, f_{xyy}, f_{yyx}, f_{yyy}$$

auf

$$f_{xxx}, f_{xxy}, f_{xyy}, f_{yyy}.$$

Es ist nämlich

$$(f_x)_{xy} = (f_x)_{yx},$$

d. h.

$$f_{xxy} = f_{xyx}.$$

Ferner hat man mit Rücksicht auf $f_{xy} = f_{yx}$

$$f_{xyy} = f_{yxy} = (f_y)_{xy} = (f_y)_{yx} = f_{yyx}.$$

Ähnliches gilt für die höheren partiellen Ableitungen. Wenn sie in der Umgebung von x, y stetig sind, so stimmen zwei solche Ableitungen, bei denen im ganzen α-mal nach x und β-mal nach y differenziert worden ist, überein. Es kommt also auf die Reihenfolge der Differentiationen nicht an. Die Ableitung, die durch α-maliges Differenzieren nach x und β-maliges nach y herauskommt, bezeichnet man gewöhnlich mit $f_{x^\alpha y^\beta}$ oder mit $\frac{\partial^{\alpha+\beta} f}{\partial x^\alpha \partial y^\beta}$. Man verwendet vielfach noch ein anderes Symbol, nämlich $f_{\alpha|\beta}$. Hier gibt der erste der beiden Doppelindizes an, wie oft nach x, und der zweite, wie oft nach y zu differenzieren ist. f_1 und f_2 oder f_x und f_y wären bei Verwendung dieser Symbolik mit $f_{1|0}$ und $f_{0|1}$ zu bezeichnen. Oft läßt man den Trennungsstrich der Bequemlichkeit halber fort.

Was hier über Funktionen von zwei Veränderlichen gesagt worden ist, überträgt sich ohne weiteres auf Funktionen von n Veränderlichen. Betrachten wir z. B. eine Funktion von drei Veränderlichen $u(x, y, z)$, so bestimmt sie ein skalares Feld. Ein solches Feld ist dadurch gekennzeichnet, daß jedem Punkte des Raumes ein Wert u zugeordnet ist, ein sogenannter Skalar. Das Differential

$$du = u_x dx + u_y dy + u_z dz$$

läßt sich als das innere Produkt zweier Vektoren betrachten. Der eine ist der Fortschreitungs- oder Verschiebungsvektor. Wenn wir den **Ortsvektor** des Punktes x, y, z, d. h. den Vektor, der vom Anfangspunkt nach diesem Punkte hinführt, mit $\mathfrak{r}$ bezeichnen, also $\mathfrak{r} = x\mathfrak{i} + y\mathfrak{j} + z\mathfrak{k}$ setzen, so werden wir den Verschiebungsvektor $\mathfrak{i}dx + \mathfrak{j}dy + \mathfrak{k}dz$ als das Differential von $\mathfrak{r}$ betrachten und dafür das Symbol $d\mathfrak{r}$ verwenden. Dieser Vektor $d\mathfrak{r}$ ist der eine Partner des innern Produkts du. Der andere ist der Vektor

$$\mathfrak{i}u_x + \mathfrak{j}u_y + \mathfrak{k}u_z.$$

Man nennt ihn den **Gradienten** von u und bezeichnet ihn mit grad u. Es gilt dann die Gleichung

$$du = \operatorname{grad} u \cdot d\mathfrak{r}.$$

Das Differential ist das innere Produkt aus Gradient und Verschiebungsvektor.

Von einem **Vektorfeld** spricht man, wenn jedem Punkte x, y, z des Raumes drei Werte $X(x, y, z)$, $Y(x, y, z)$, $Z(x, y, z)$ zugeordnet sind, aus denen man den Vektor $\mathfrak{i}X + \mathfrak{j}Y + \mathfrak{k}Z$ aufbauen kann. Gewisse Verbindungen der partiellen Ableitungen von X, Y, Z erweisen sich in den Anwendungen als besonders wichtig, z. B. der Ausdruck

$$X_x + Y_y + Z_z,$$

den man die **Divergenz** des Feldes oder auch des Vektors $\mathfrak{i}X + \mathfrak{j}Y + \mathfrak{k}Z$ nennt, ferner die Ausdrücke

$$Z_y - Y_z, \quad X_z - Z_x, \quad Y_x - X_y,$$

aus denen man den Vektor

$$(Z_y - Y_z)\mathfrak{i} + (X_z - Z_x)\mathfrak{j} + (Y_x - X_y)\mathfrak{k}$$

bildet, die **Rotation** des Feldes. Setzt man

$$\mathfrak{v} = \mathfrak{i}X + \mathfrak{j}Y + \mathfrak{k}Z,$$

so wird die Divergenz mit div $\mathfrak{v}$, die Rotation mit rot $\mathfrak{v}$ bezeichnet. Wir wollen uns vorläufig mit diesen kurzen Angaben begnügen und zu unsern allgemeinen Betrachtungen zurückkehren.

Auch für Funktionen von mehreren Veränderlichen gibt es einen Mittelwertsatz und eine Taylorsche Formel. Man kann die Differenz

$$\Delta f = f(x + h, y + k) - f(x, y)$$

als Differenz einer Funktion $\varphi(t)$ betrachten, die in folgender Weise definiert wird:

$$\varphi(t) = f(x + h, y + kt) - f(x + (1 - t)h, y).$$

Offenbar ist dann

$$\varphi(0) = f(x + h, y) - f(x + h, y) = 0,$$
$$\varphi(1) = f(x + h, y + k) - f(x, y),$$

also $\Delta f = \varphi(1) - \varphi(0)$. Auf diese Differenz können wir den Mittelwertsatz für Funktionen einer Veränderlichen anwenden. Dazu brauchen wir die Ableitung $\varphi'(t)$. Sie ist der Grenzwert des Differenzenquotienten

$$\frac{\varphi(t+\tau)-\varphi(t)}{\tau}$$

bei hinschwindendem τ. Schreibt man

$$\frac{\varphi(t+\tau)-\varphi(t)}{\tau}=\frac{f(x+h,y+k(t+\tau))-f(x+h,y+kt)}{k\tau}\cdot k$$
$$+\frac{f(x+(1-t-\tau)h,y)-f(x+(1-t)h,y)}{-\tau h}\cdot h,$$

so sind die Faktoren von h und k nichts anderes als partielle Differenzenquotienten von f. Ihre Grenzwerte bei hinschwindendem τ lauten

$$f_2(x+h,y+kt),\ f_1(x+(1-t)h,y),$$

und es wird also

$$\varphi'(t)=hf_1(x+(1-t)h,y)+kf_2(x+h,y+kt),$$

vorausgesetzt, daß f_1 und f_2 existieren. Nach dem Mittelwertsatz für Funktionen einer Veränderlichen ist nun

$$\varphi(1)-\varphi(0)=\varphi'(\vartheta),$$

wobei ϑ zwischen 0 und 1 liegt. Wir finden also folgendes Ergebnis:

$$(9)\qquad \begin{cases} f(x+h,y+k)-f(x,y)\\ =hf_1(x+(1-\vartheta)h,y)+kf_2(x+h,y+\vartheta k).\end{cases}$$

Das ist der Mittelwertsatz für Funktionen von zwei Veränderlichen. Er gilt, sobald $f(\mathfrak{x},y)$ im Intervall $x\ldots\mathfrak{x}\ldots x+h$ und $f(x+h,\mathfrak{y})$ im Intervall $y\ldots\mathfrak{y}\ldots y+k$ eine Ableitung besitzt. Jedesmal ist nur auf die deutsche Veränderliche zu achten. Will man die Grenzen der Intervalle nicht einbeziehen, so muß man die Stetigkeit von $f(\mathfrak{x},y)$ und $f(x+h,\mathfrak{y})$ an den Grenzen fordern.

Aus dem Mittelwertsatz kann man einen wichtigen Schluß ziehen. Wenn in der Umgebung einer Stelle die Ableitungen f_1, f_2 überall verschwinden, so hat $f(x,y)$ einen konstanten Wert. Wir können uns die Umgebung als ein Rechteck denken, dessen Seiten parallel zu den Achsen sind. Dann läßt sich auf je zwei Punkte x, y und $x+h, y+k$ in diesem Rechteck die Formel (9) anwenden, und es ergibt sich sofort $f(x+h,y+k)=f(x,y)$. Formel (9) gilt, wie noch bemerkt sei, auch für $h=0$ oder $k=0$. Sie fällt dann mit dem Mittelwertsatz für Funktionen einer Veränderlichen zusammen.

Eine Funktion f mit verschwindenden partiellen Ableitungen f_1, f_2 ist also eine Konstante. Daraus folgt weiter, daß zwei Funktionen $f(x,y)$, $g(x,y)$ mit übereinstimmenden partiellen Ableitungen $f_1=g_1$, $f_2=g_2$ eine konstante Differenz haben. Eine Funktion f ist also durch ihr Differential f_1dx+f_2dy bis auf eine additive Konstante bestimmt. Das Differential ist ein Ausdruck von der Form $\varphi(x,y)\,dx+\psi(x,y)\,dy$, aber nicht jeder derartige Ausdruck das Differential einer Funktion f. Wir wollen uns auf solche Ausdrücke $\varphi dx+\psi dy$ beschränken, bei denen φ und ψ stetige Ableitungen $\varphi_1, \varphi_2, \psi_1, \psi_2$ besitzen. Soll $df=\varphi dx+\psi dy$ sein, so müssen die Gleichungen

$$\varphi = f_1, \quad \psi = f_2$$

gelten. Hieraus folgt

$$\varphi_2 = f_{12}, \quad \psi_1 = f_{21}.$$

Da wir nun φ_2, ψ_1 als stetig voraussetzen, so ist $f_{12} = f_{21}$, mithin $\varphi_2 = \psi_1$. Solche Ausdrücke $\varphi dx + \psi dy$, die der Bedingung $\varphi_2 = \psi_1$ oder $\varphi_y = \psi_x$ nicht genügen, können also nicht Differentiale sein. Im Gebiet der Funktionen einer Veränderlichen ist die Sachlage viel einfacher. Da läßt sich jeder Ausdruck von der Form $\omega(x)dx$ mit stetigem $\omega(x)$ als Differential auffassen. Es gibt immer eine Funktion $\Omega(x)$ mit der Eigenschaft $d\Omega = \omega dx$.

Man kann dem Mittelwertsatz (9) verschiedene andere Fassungen geben. Betrachtet man z. B. die Funktion

$$\psi(t) = f(x + ht, y) + f(x + h, y + kt),$$

so ist

$$\psi(1) = f(x + h, y) + f(x + h, y + k),$$
$$\psi(0) = f(x, y) + f(x + h, y),$$

also

$$f(x + h, y + k) - f(x, y) = \psi(1) - \psi(0).$$

Über die Ableitung $\psi'(t)$ wäre folgendes zu sagen: Man hat

$$\frac{\psi(t + \tau) - \psi(t)}{\tau} = \frac{f(x + h(t + \tau)) - f(x + ht, y)}{h\tau} \cdot h$$
$$+ \frac{f(x + h, y + k(t + \tau)) - f(x + h, y + kt)}{k\tau} \cdot k,$$

mithin

$$\psi'(t) = hf_1(x + ht, y) + kf_2(x + h, y + kt),$$

sobald nur f_1 und f_2 existieren. Nach dem Mittelwertsatz für Funktionen einer Veränderlichen ist also

$$(9') \qquad \begin{cases} f(x + h, y + k) - f(x, y) \\ = hf_1(x + \vartheta h, y) + kf_2(x + h, y + \vartheta k). \end{cases}$$

ϑ liegt zwischen 0 und 1, hat aber natürlich einen andern Wert als in Formel (9).

Betrachtet man die Funktion

$$\chi(t) = f(x + th, y) + f(x, y + tk) + f(x + th, y + k) + f(x + h, y + tk),$$

so ist

$$\chi(1) = f(x + h, y) + f(x, y + k) + 2f(x + h, y + k),$$
$$\chi(0) = 2f(x, y) + f(x + h, y) + f(x, y + k),$$

also

$$f(x + h, y + k) - f(x, y) = \tfrac{1}{2}\{\chi(1) - \chi(0)\}.$$

Wenn f_1 und f_2 existieren, hat $\chi(t)$ die Ableitung

$$\chi'(t) = hf_1(x + th, y) + hf_1(x + th, y + k)$$
$$+ kf_2(x, y + tk) + kf_2(x + h, y + tk),$$

und es ergibt sich

$$(9'') \quad \begin{cases} f(x+h, y+k) - f(x, y) \\ = \frac{h}{2}\{f_1(x+\vartheta h, y) + f_1(x+\vartheta h, y+k)\} \\ + \frac{k}{2}\{f_2(x, y+\vartheta k) + f_2(x+h, y+\vartheta k)\}. \end{cases}$$

Will man in der Richtung des Taylorschen Theorems vordringen, so muß man an die obigen Betrachtungen anknüpfen. Wir beschränken uns auf Formel (9′), die uns als die zweckmäßigste Fassung des Mittelwertsatzes erscheint. Wenn man die Funktion $\psi(t)$ nochmals differenziert, wobei die Existenz von f_{11}, f_{22} vorauszusetzen ist, so ergibt sich

$$\psi''(t) = h^2 f_{11}(x+ht, y) + k^2 f_{22}(x+h, y+kt).$$

Nach dem Taylorschen Lehrsatz für Funktionen einer Veränderlichen ist dann

$$\psi(1) - \psi(0) = \psi'(0) + \tfrac{1}{2}\psi''(\vartheta),$$

wobei ϑ zwischen 0 und 1 liegt. Mit Rücksicht auf

$$\psi'(0) = hf_1(x, y) + kf_2(x+h, y)$$

können wir also schreiben:

$$f(x+h, y+k) - f(x, y)$$
$$= hf_1(x, y) + kf_2(x+h, y) + \tfrac{1}{2}\{h^2 f_{11}(x+\vartheta h, y) + k^2 f_{22}(x+h, y+\vartheta k)\}.$$

Setzt man die Existenz von f_{21} voraus, so kann man $f_2(x+h, y)$ durch

$$f_2(x, y) + hf_{21}(x+\vartheta^* h, y)$$

ersetzen, wobei ϑ^* wie ϑ zwischen 0 und 1 liegt. Das Ergebnis nimmt dann folgende Form an:

$$f(x+h, y+k) - f(x, y)$$
$$= hf_1(x, y) + kf_2(x, y) + \tfrac{1}{2}\{h^2 f_{11}(x+\vartheta h, y) + 2hkf_{21}(x+\vartheta^* h, y)$$
$$+ k^2 f_{22}(x+h, y+\vartheta k)\}.$$

Benutzt man für $\psi(1) - \psi(0)$ die Darstellung

$$\psi'(0) + \tfrac{1}{2}\psi''(0) + \tfrac{1}{6}\psi'''(\vartheta),$$

so ergibt sich, falls die Ableitungen f_{111} und f_{222} existieren,

$$f(x+h, y+k) - f(x, y)$$
$$= hf_1(x, y) + kf_2(x+h, y) + \tfrac{1}{2}\{h^2 f_{11}(x, y) + k^2 f_{22}(x+h, y)\}$$
$$+ \tfrac{1}{6}\{h^3 f_{111}(x+\vartheta h, y) + k^3 f_{222}(x+h, y+\vartheta k)\}.$$

Existieren auch die Ableitungen f_{21}, f_{211}, f_{221}, so kann man schreiben

$$f_2(x+h, y) = f_2(x, y) + hf_{21}(x, y) + \frac{h^2}{2} f_{211}(x+\vartheta^* h, y),$$

$$f_{22}(x+h, y) = f_{22}(x, y) + hf_{221}(x+\vartheta_* h, y).$$

Setzt man diese Ausdrücke ein, so ergibt sich

$$f(x+h, y+k) - f(x, y) = hf_1(x, y) + kf_2(x, y)$$
$$+ \tfrac{1}{2}\{h^2 f_{11}(x, y) + 2hkf_{21}(x, y) + k^2 f_{22}(x, y)\}$$
$$+ \tfrac{1}{6}\{h^3 f_{111}(x+\vartheta h, y) + 3h^2 k f_{211}(x+\vartheta^* h, y) + 3hk^2 f_{221}(x+\vartheta_* h, y)$$
$$+ k^3 f_{222}(x+h, y+\vartheta k)\}.$$

Interessant an dieser Herleitung ist, daß nur die Existenz der Ableitungen, nicht ihre Stetigkeit, benutzt wird.

Wie die allgemeine Taylorsche Formel aussieht, ist leicht zu sagen. Drückt man $\psi(1) - \psi(0)$ in der Form aus

$$\psi'(0) + \frac{1}{2!}\psi''(0) + \cdots + \frac{1}{(n-1)!}\psi^{(n-1)}(0) + \frac{1}{n!}\psi^{n}(\vartheta),$$

so nimmt $f(x+h, y+k) - f(x, y)$ zunächst folgende Gestalt an:

$$\begin{aligned} & hf_1(x, y) + kf_2(x+h, y) \\ & + \frac{1}{2!}\{h^2 f_{11}(x, y) + k^2 f_{22}(x+h, y)\} \\ & \cdots\cdots\cdots\cdots \\ & + \frac{1}{(n-1)!}\{h^{n-1} f_{11\ldots 1}(x, y) + k^{n-1} f_{22\ldots 2}(x+h, y)\} \\ & + \frac{1}{n!}\{h^n f_{11\ldots 11}(x+\vartheta h, y) + k^n f_{22\ldots 22}(x+h, y+\vartheta k)\}. \end{aligned}$$

Statt $f_2(x+h, y), f_{22}(x+h, y), \ldots, f_{22\ldots 2}(x+h, y)$ muß man nun ihre Entwickelungen nach Taylor einsetzen, und zwar

$$\begin{aligned} f_2(x+h, y) &= f_2(x, y) + \frac{h}{1!} f_{21}(x, y) + \cdots + \frac{h^{n-2}}{(n-2)!} f_{21\ldots 1}(x, y) \\ &\quad + \frac{h^{n-1}}{(n-1)!} f_{21\ldots 11}(x+\vartheta_1 h, y), \\ f_{22}(x+h, y) &= f_{22}(x, y) + \frac{h}{1!} f_{221}(x, y) + \cdots + \frac{h^{n-3}}{(n-3)!} f_{221\ldots 1}(x, y) \\ &\quad + \frac{h^{n-2}}{(n-2)!} f_{221\ldots 11}(x+\vartheta_2 h, y), \\ &\cdots\cdots\cdots\cdots \\ f_{22\ldots 2}(x+h, y) &= f_{22\ldots 2}(x, y) + h f_{22\ldots 21}(x+\vartheta_{n-1} h, y). \end{aligned}$$

Auf diese Weise ergibt sich

$$\begin{aligned} & f(x+h, y+k) - f(x, y) \\ & = hf_1(x, y) + kf_2(x, y) \\ & + \frac{1}{2!}\{h^2 f_{11}(x, y) + 2hk f_{21}(x, y) + k^2 f_{22}(x, y)\} \\ & \cdots\cdots\cdots\cdots \\ & + \frac{1}{(n-1)!}\Big\{h^{n-1} f_{11\ldots 1}(x, y) + \binom{n-1}{1} h^{n-2} k f_{21\ldots 1}(x, y) \\ & + \binom{n-1}{2} h^{n-3} k^2 f_{221\ldots 1}(x, y) + \cdots + k^{n-1} f_{22\ldots 2}(x, y)\Big\} \\ & + \frac{1}{n!}\Big\{h^n f_{11\ldots 11}(x+\vartheta h, y) + \binom{n}{1} h^{n-1} k f_{21\ldots 11}(x+\vartheta_1 h, y) \\ & + \binom{n}{2} h^{n-2} k^2 f_{221\ldots 11}(x+\vartheta_2 h, y) + \cdots + k^n f_{22\ldots 22}(x+h, y+\vartheta h)\Big\}. \end{aligned}$$

Das ist die allgemeine Taylorsche Formel.

Die Differenz $\Delta f = f(x+h, y+k) - f(x, y)$ erscheint hier zerlegt in Summanden, deren Dimension in h, k von 1 an lückenlos aufsteigt bis zu $n-1$. Dann kommt noch ein Restglied. Der Bestandteil erster Dimension ist das Differential df. Der Bestandteil zweiter Dimension, mit $2!$ multipliziert, ist das *zweite Differential* von f und wird mit $d^2 f$ bezeichnet. Ähnlich macht man es bei den höheren Bestandteilen. Wir bemerkten schon einmal, daß h und k die Differentiale von x und y sind, weil für $f = x$ oder $f = y$ das Differential $hf_1 + kf_2$ in h bzw. k übergeht. Wenn man nun diese Differentiale der unabhängigen Veränderlichen als konstant ansieht, so ergibt sich

$$\begin{aligned} & d\{hf_1(x,y) + kf_2(x,y)\} = h\,df_1(x,y) + k\,df_2(x,y) \\ & = h(hf_{11}(x,y) + kf_{12}(x,y)) + k(hf_{21}(x,y) + kf_{22}(x,y)) \\ & = h^2 f_{11}(x,y) + 2hkf_{12}(x,y) + k^2 f_{22}(x,y) = d^2 f. \end{aligned}$$

Wir haben hier angenommen, daß die Voraussetzungen für die Gleichung $f_{12} = f_{21}$ erfüllt sind. Die gewonnene Gleichung besagt, daß $d(df) = d^2 f$ ist, also das zweite Differential gleich dem Differential des ersten.

Sobald die Differentiale dx, dy nicht konstant sind, was z. B. der Fall ist, wenn x, y als Funktionen der unabhängigen Veränderlichen gedacht werden, hört diese einfache Beziehung zu gelten auf. Nur wenn x, y *lineare* Funktionen der unabhängigen Veränderlichen sind, werden ihre Differentiale gleichzeitig mit denen der genannten Veränderlichen konstant sein.

§ 7. Maxima und Minima bei Funktionen mehrerer Veränderlicher.

Wenn sich um die Stelle x, y ein kleiner Kreis beschreiben läßt, in welchem $f(x, y)$ der kleinste Funktionswert ist, so sagen wir, daß die Funktion an jener Stelle ein *Minimum* hat. Entsprechend wird das *Maximum* erklärt. Liegt an der Stelle x, y ein Maximum von f vor, so hat dort $-f$ ein Minimum. Deshalb genügt es, den Fall des Minimums zu betrachten.

Wenn $f(x, y)$ kleiner ist als alle Funktionswerte $f(x+h, y+k)$, die in einer gewissen Umgebung von x, y auftreten, so ist $f(x, y)$ insbesondere kleiner als die Funktionswerte $f(x+h, y)$, ebenso kleiner als die Funktionswerte $f(x, y+k)$. Wenn also die Ableitungen f_1 und f_2 existieren, so müssen sie gleich Null sein. Dies wissen wir aus der Theorie der Maxima und Minima bei Funktionen einer Veränderlichen.

Nach der Taylorschen Formel ist nun

$$\begin{aligned} \Delta f & = f(x+h, y+k) - f(x,y) \\ & = \tfrac{1}{2}\{h^2 f_{11}(x+\vartheta h, y) + 2hkf_{21}(x+\vartheta^* h, y) + k^2 f_{22}(x+h, y+\vartheta k)\}. \end{aligned}$$

Wir wollen $h = r\cos\alpha$, $k = r\sin\alpha$ setzen, α festhalten und r nach Null konvergieren lassen. Dann wird, wenn wir f_{11}, f_{21}, f_{22} als stetig voraussetzen,

$$\lim\left(\frac{\Delta f}{r^2}\right) = \{\tfrac{1}{2} f_{11}(x,y)\cos^2\alpha + 2f_{21}(x,y)\cos\alpha\sin\alpha + f_{22}(x,y)\sin^2\alpha\}.$$

Ist $f(x, y)$ ein Minimum, so wird Δf, also auch $\frac{\Delta f}{r^2}$, beständig positiv bleiben.

Der Grenzwert einer positiven Größe kann unmöglich negativ sein. Daher muß im Falle eines Minimums die Ungleichung

$$f_{11}(x, y) \cos^2\alpha + 2f_{21}(x, y) \cos\alpha \sin\alpha + f_{22}(x, y) \sin^2\alpha \geqq 0$$

stattfinden. Man kann sie unter Benutzung der Relationen

$$\cos^2\alpha = \frac{1 + \cos 2\alpha}{2}, \quad \sin^2\alpha = \frac{1 - \cos 2\alpha}{2}, \quad 2\cos\alpha \sin\alpha = \sin 2\alpha$$

in folgender Form schreiben:

$$\frac{f_{11} + f_{22}}{2} + \frac{f_{11} - f_{22}}{2} \cos 2\alpha + f_{21} \sin 2\alpha \geqq 0\,.$$

Setzen wir nun

$$\left(\frac{f_{11} - f_{22}}{2}\right)^2 + f_{21}^2 = R^2,$$

so können wir schreiben

$$\frac{f_{11} - f_{22}}{2} = R\cos\Phi, \quad f_{21} = R\sin\Phi.$$

Dann lautet die gefundene Bedingung

$$\frac{f_{11} + f_{22}}{2} + R\cos(2\alpha - \Phi) \geqq 0.$$

Die beiden äußersten Werte, welche die linke Seite bei variierendem α annimmt, lauten $\frac{f_{11} + f_{22}}{2} + R$ und $\frac{f_{11} + f_{22}}{2} - R$. Auch $\frac{f_{11} + f_{22}}{2}$ gehört zu den angenommenen Werten und ist zugleich das arithmetische Mittel der extremen Werte. Daher besagt die gefundene Bedingung, daß

$$\frac{f_{11} + f_{22}}{2} + R, \quad \frac{f_{11} + f_{22}}{2} - R$$

ein nichtnegatives Produkt und eine nichtnegative Summe ergeben. Ist nämlich das Produkt nicht negativ, so können sie unmöglich entgegengesetzte Zeichen haben. Ist ferner die Summe nicht negativ, so kann keine der beiden Größen negativ sein. Nun ist

$$\left(\frac{f_{11} + f_{22}}{2} + R\right)\left(\frac{f_{11} + f_{22}}{2} - R\right) = \left(\frac{f_{11} + f_{22}}{2}\right)^2 - R^2$$

$$= \left(\frac{f_{11} + f_{22}}{2}\right)^2 - \left(\frac{f_{11} - f_{22}}{2}\right)^2 - f_{21}^2 = f_{11}f_{22} - f_{21}^2.$$

Also müssen im Falle des Minimums außer den Gleichungen $f_1 = 0$, $f_2 = 0$ die Ungleichungen gelten

$$f_{11}f_{22} - f_{21}^2 \geqq 0, \; f_{11} + f_{22} \geqq 0.$$

Erinnern wir uns, daß einem Maximum von f ein Minimum von $-f$ entspricht, so können wir hinzufügen, daß für ein Maximum außer den Gleichungen $f_1 = 0$, $f_2 = 0$ die Ungleichungen

$$f_{11}f_{22} - f_{21}^2 \geqq 0, \; f_{11} + f_{22} \leqq 0$$

erforderlich sind. In beiden Fällen, also bei jedem **Extremum** (Maximum oder Minimum) müssen demnach die Gleichungen $f_1 = f_2 = 0$ und die Ungleichung $f_{11}f_{22} - f_{21}^2 \geqq 0$ gelten. Da wegen $f_{11}f_{22} \geqq f_{21}^2$, also $f_{11}f_{22} \geqq 0$, die beiden Größen f_{11}, f_{22} nicht entgegengesetzte Zeichen haben können, so sind entweder beide größer gleich Null oder beide kleiner gleich Null, so daß entweder $f_{11} + f_{22} \geqq 0$ oder $f_{11} + f_{22} \leqq 0$ ist.

Findet man, daß an der Stelle x, y neben den Gleichungen $f_1 = 0$, $f_2 = 0$ die Ungleichung $f_{11}f_{22} - f_{21}^2 < 0$ besteht, so kann man sicher sein, daß dort weder ein Maximum noch ein Minimum der Funktion f liegt. Gilt neben den Gleichungen $f_1 = 0, f_2 = 0$ die Ungleichung $f_{11}f_{22} - f_{21}^2 > 0$, so ist, wie wir jetzt zeigen wollen, ein Maximum oder ein Minimum vorhanden. Aus $f_{11}f_{22} > f_{21}^2$ folgt nämlich, daß f_{11}, f_{22} beide positiv oder beide negativ sind. Auch in einer gewissen Umgebung von x, y wird dasselbe Zeichen herrschen wie an der Stelle x, y, weil wir die zweiten Ableitungen als stetig voraussetzen. Schreiben wir nun $2\Delta f$ als Produkt aus

$$f_{11}(x + \vartheta h, y)$$

und

$$\left\{h + \frac{k f_{21}(x + \vartheta^* h, y)}{f_{11}(x + \vartheta h, y)}\right\}^2 + \frac{f_{11}(x + \vartheta h, y) f_{22}(x + h, y + \vartheta k) - f_{21}^2(x + \vartheta^* h, y)}{f_{11}^2(x + \vartheta h, y)} k^2,$$

so hat der Faktor von k^2 bei hinschwindenden h, k den positiven Grenzwert

$$\frac{f_{11}f_{22} - f_{21}^2}{f_{11}^2}.$$

Daher wird er, wenn h, k genügend kleine Beträge haben, ebenfalls positiv sein. Wir können somit schließen, daß sich $2\Delta f$ von $f_{11}(x + \vartheta h, y)$ um einen positiven Faktor unterscheidet. Im Falle $k \neq 0$ ist der zweite Bestandteil dieses Faktors positiv und der erste als Quadrat gewiß nicht negativ. Im Falle $k = 0$ reduziert sich der ganze Faktor auf h^2. Es ergibt sich also, daß Δf das Zeichen von $f_{11}(x + \vartheta h, y)$, d. h. das Zeichen von $f_{11}(x, y)$ hat. Ist $f_{11} > 0$, so findet ein Minimum statt, ist $f_{11} < 0$, ein Maximum.

Wir müssen noch die Möglichkeit $f_1 = 0$, $f_2 = 0$, $f_{11}f_{22} - f_{21}^2 = 0$ erörtern. Hier kann man nicht behaupten, daß ein Extremum eintritt. Man erkennt dies am einfachsten an der Hand eines Beispiels. Setzen wir $f = x^2 + y^3$, so ist $f_1 = 2x, f_2 = 3y^2, f_{11} = 2, f_{12} = f_{21} = 0, f_{22} = 6y$, also $f_{11}f_{22} - f_{21}^2 = 12y$. Für $x = 0, y = 0$ verschwinden f_1 und f_2, aber auch $f_{11}f_{22} - f_{21}^2$. Es ist also gerade die eben besprochene Möglichkeit verwirklicht. Nun ist $f(0, 0) = 0$. Man sieht aber sofort, daß in der Umgebung der Stelle 0, 0 sowohl positive als auch negative Funktionswerte vorkommen. $f(0, y) = y^3$ ist nämlich zugleich mit y positiv oder negativ. Betrachten wir $f = x^2 + x^4 + y^4$, so wird für $x = 0$, $y = 0$ ebenfalls $f_1 = 0$, $f_2 = 0$, $f_{11}f_{22} - f_{21}^2 = 0$. Es ist aber trotzdem $f(0, 0)$ offenbar ein Minimum. Die Sachlage ist also die, daß im Falle $f_1 = 0$, $f_2 = 0$, $f_{11}f_{22} - f_{21}^2 = 0$ keine allgemeingültige Aussage gemacht werden kann. Man weiß nicht, ob ein Extremum eintritt oder keins vorhanden ist. Beides kann der Fall sein.

Bei Funktionen von n Veränderlichen ist das Ergebnis ganz ähnlich. Ein Minimum tritt bei $f(x_1, \ldots, x_n)$ sicher ein, wenn das erste Differential

$$df = f_1 dx_1 + \cdots + f_n dx_n$$

verschwindet ($f_1 = \cdots = f_n = 0$) und das zweite Differential

$$d^2 f = \Sigma f_{rs} dx_r dx_s$$

eine positive quadratische Form der dx ist. Wir setzen hierbei die ersten und zweiten Ableitungen von f als stetig voraus. Eine positive quadratische Form läßt sich als Summe von n Quadraten unabhängiger Linearformen darstellen. Analytische Kennzeichen für solche Formen haben wir im zweiten Bande kennengelernt. Hinreichend für das Eintreten eines Maximums ist das Verschwinden von df und der negative Charakter von $d^2 f$. Ist an einer Stelle $x_1, \ldots, x_n$ zwar $df = 0$, aber $d^2 f$ indefinit, d. h. positiver und negativer Werte fähig, so kann dort kein Extremum liegen. Ist $df = 0$ und $d^2 f$ semidefinit, d. h. auf weniger als n gleichbezeichnete Quadrate zurückführbar, so läßt sich keine allgemeingültige Aussage machen.

Ein gutes Beispiel für die obige Theorie bietet uns die Frage, wann

$$f = \Sigma \{(a_\nu - x)^2 + (b_\nu - y)^2 + (c_\nu - z)^2\}$$

ein Minimum wird. Diese Funktion ist die Quadratsumme der Entfernungen eines beweglichen Punktes von gewissen festen Punkten, deren Anzahl etwa n sein mag. Man findet hier

$$f_x = -2\Sigma (a_\nu - x), \quad f_y = -2\Sigma (b_\nu - y), \quad f_z = -2\Sigma (c_\nu - z).$$

Setzt man diese Ableitungen gleich Null, so ergibt sich

$$x = \frac{1}{n}\Sigma a_\nu, \quad y = \frac{1}{n}\Sigma b_\nu, \quad z = \frac{1}{n}\Sigma c_\nu.$$

Ob nun an dieser Stelle wirklich ein Minimum eintritt, wird mit Hilfe von $d^2 f$ festgestellt. Aus

$$df = -2\Sigma \{(a_\nu - x)\, dx + (b_\nu - y)\, dy + (c_\nu - z)\, dz\}$$

folgt

$$d^2 f = 2n\,(dx^2 + dy^2 + dz^2).$$

$d^2 f$ ist, wie man sieht, eine positive quadratische Form. Es liegt also tatsächlich ein Minimum vor. Man kann dies auch auf ganz elementarem Wege feststellen. Zu diesem Zweck schreibe man

$$f = \Sigma (a_\nu^2 + b_\nu^2 + c_\nu^2) - 2\Sigma (a_\nu x + b_\nu y + c_\nu z) + n\,(x^2 + y^2 + z^2)$$

oder

$$\frac{1}{n} f = \left(x - \frac{1}{n}\Sigma a_\nu\right)^2 + \left(y - \frac{1}{n}\Sigma b_\nu\right)^2 + \left(z - \frac{1}{n}\Sigma c_\nu\right)^2$$
$$+ \frac{1}{n}\Sigma(a_\nu^2 + b_\nu^2 + c_\nu^2) - \frac{1}{n^2}\{(\Sigma a_\nu)^2 + (\Sigma b_\nu)^2 + (\Sigma c_\nu)^2\}.$$

Dann ist es evident, daß f an der Stelle $x = \frac{1}{n}\Sigma a_\nu$, $y = \frac{1}{n}\Sigma b_\nu$, $z = \frac{1}{n}\Sigma c_\nu$ seinen kleinsten Wert erreicht.

Als zweites Beispiel behandeln wir folgende Aufgabe: Es liegen in einer Ebene drei Geraden vor, gegeben durch ihre Hesseschen Normalgleichungen

$$\mathfrak{x} \cos \alpha_\nu + \mathfrak{y} \sin \alpha_\nu + p_\nu = 0. \qquad (\nu = 1, 2, 3).$$

Von einem Punkte x, y fälle man die Lote h_1, h_2, h_3 auf diese Geraden. Man kann nun verlangen, daß $h_1^2 + h_2^2 + h_3^2$ ein Minimum wird. Da $x \cos \alpha_\nu + y \sin \alpha_\nu + p_\nu$ gleich $\pm h_\nu$ ist, so handelt es sich darum, die Funktion

$$f = \Sigma(x \cos \alpha_\nu + y \sin \alpha_\nu + p_\nu)^2$$

zu minimieren. Stellt man die Gleichungen $f_x = 0, f_y = 0$ auf, so findet man

$$\Sigma(x \cos \alpha_\nu + y \sin \alpha_\nu + p_\nu) \cos \alpha_\nu = 0,$$
$$\Sigma(x \cos \alpha_\nu + y \sin \alpha_\nu + p_\nu) \sin \alpha_\nu = 0.$$

Hiernach sind die drei Größen $x \cos \alpha_\nu + y \sin a_\nu + p_\nu$ proportional zu den Determinanten der Matrix

$$\begin{Vmatrix} \cos \alpha_1 & \cos \alpha_2 & \cos \alpha_3, \\ \sin \alpha_1 & \sin \alpha_2 & \sin \alpha_3 \end{Vmatrix},$$

wobei diese Determinanten mit abwechselnden Zeichen zu nehmen sind, so daß sie lauten

$$\sin(\alpha_3 - \alpha_2), \quad \sin(\alpha_1 - \alpha_3), \quad \sin(\alpha_2 - \alpha_1).$$

Wir wollen es so einrichten, daß die Lote der drei Geraden orientiert sind, wie Fig. 1 es zeigt. Dann sind die obigen Sinusse gleich $\sin \beta_1, \sin \beta_2, \sin \beta_3$. Der Punkt x, y liegt also im Innern des Dreiecks und hat die Eigenschaft

$$h_1 : h_2 : h_3 = \sin \beta_1 : \sin \beta_2 : \sin \beta_3.$$

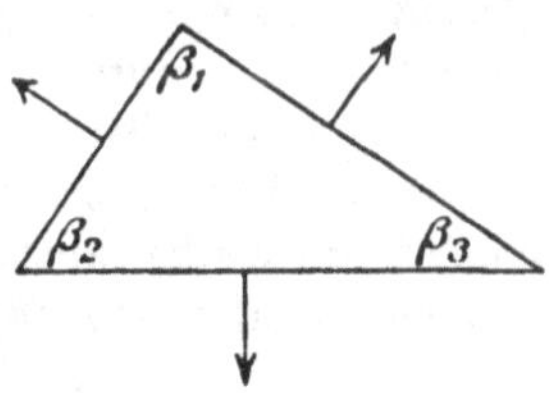

Fig. 1.

Bezeichnet man die Dreiecksseiten mit b_1, b_2, b_3, so verhalten sich $\sin \beta_1, \sin \beta_2, \sin \beta_3$ wie b_1, b_2, b_3. Man hat also

$$h_1 : h_2 : h_3 = b_1 : b_2 : b_3.$$

Beim Schwerpunkt des Dreiecks verhalten sich die Abstände H_1, H_2, H_3 von den Dreiecksseiten wie $b_1^{-1} : b_2^{-1} : b_3^{-1}$. Wenn man die Mittellinien des Dreiecks an den gleichnamigen Winkelhalbierenden spiegelt, so schneiden sie sich in dem sogenannten Lemoineschen Punkt des Dreiecks. Bei ihm verhalten sich die Abstände von den Dreiecksseiten wie $b_1 : b_2 : b_3$. Der Punkt, der unsere Minimumsaufgabe löst, ist also der Lemoinesche Punkt.

Um nun zu sehen, ob wirklich ein Minimum vorliegt, muß man von

$$df = 2\Sigma(x \cos \alpha_\nu + y \sin \alpha_\nu + p_\nu)(\cos \alpha_\nu \cdot dx + \sin \alpha_\nu \cdot dy)$$

zu

$$d^2 f = 2\Sigma(\cos \alpha_\nu \cdot dx + \sin \alpha_\nu \cdot dy)^2$$

übergehen. Offenbar ist $d^2 f \geqq 0$. Es kommt darauf an, festzustellen, daß nicht etwa $d^2 f = 0$ sein kann, ohne daß dx, dy alle beide verschwinden. Setzt man aber zwei Quadrate des Ausdruckes $d^2 f$ gleich Null und bedenkt, daß die drei Geraden ein wirkliches Dreieck bilden, also nicht alle parallel sein können, so wird sofort klar, daß $d^2 f$ nicht semidefinit ist.

§ 8. Implizite Funktionen.

Implizite Funktionen sind im Gegensatz zu expliziten Funktionen nicht in der entwickelten Form $f(x)$ oder $f(x, y)$ oder allgemein $f(x_1, \ldots, x_n)$ gegeben, sondern durch Gleichungen zwischen mehreren Veränderlichen bestimmt, die man erst nach einer oder nach mehreren solchen Veränderlichen auflösen müßte, um diese als Funktionen der übrigen darzustellen.

Wir beginnen mit dem einfachsten Fall einer Funktion y von x, die durch eine Gleichung zwischen x, y gegeben ist. Es kann vorkommen, daß diese Gleichung sich nicht direkt nach y auflösen läßt, wie es z. B. bei der Keplerschen Gleichung $y - \varepsilon \sin y = x$ der Fall ist. Trotzdem möchte man mit Hilfe der Gleichung Aussagen über die Funktion gewinnen.

Wir beweisen zunächst ein allgemeines Existenztheorem. $f(x, y)$ und $f_2(x, y)$, die Ableitung von f nach y, seien in einer gewissen Umgebung der Stelle x_0, y_0 stetig, etwa in einem Rechteck $\mathfrak{R}$, das um x_0, y_0 als Mittelpunkt parallel zu den Achsen konstruiert ist. Außerdem sei

$$f(x_0, y_0) = 0, \; f_2(x_0, y_0) > 0.$$

Sollte $f_2(x_0, y_0) < 0$ sein, so würden wir f durch $-f$ ersetzen. Wegen der Stetigkeit von f_2 können wir das Rechteck $\mathfrak{R}$ so verkleinern, daß in dem ganzen Rechteck $f_2(x, y)$ überall positiv ist. Diese Verkleinerung denken wir uns bereits durchgeführt und nennen das neue Rechteck ebenfalls $\mathfrak{R}$. Die halbe Höhe des Rechtecks wollen wir mit δ bezeichnen. Da die Funktion $f(x_0, y)$ in dem Intervall $y_0 - \delta \ldots y_0 + \delta$ eine positive Ableitung $f_2(x_0, y)$ hat, nimmt sie bei wachsendem y beständig zu. Mit Rücksicht auf $f(x_0, y_0) = 0$ können wir also schließen, daß

$$f(x_0, y_0 - \delta) < 0, \; f(x_0, y_0 + \delta) > 0$$

ist.

Nun wollen wir das Rechteck $\mathfrak{R}$ in der x-Richtung so zusammendrücken, daß $f(x, y)$ längs des unteren Randes negativ, längs des oberen Randes positiv ist. Bezeichnen wir mit ε die halbe Breite des neuen Rechtecks, das wir immer noch $\mathfrak{R}$ nennen, so wird also, wenn x von $x_0 - \varepsilon$ bis $x_0 + \varepsilon$ variiert,

$$f(x, y_0 - \delta) < 0, \; f(x, y_0 + \delta) > 0$$

sein. Die Stetigkeit von $f(x, y)$ ermöglicht es uns, diese Ungleichungen herbeizuführen.

Ziehen wir nun in dem Rechteck $\mathfrak{R}$ irgendeine Parallele zur y-Achse, die von $x, y_0 - \delta$ bis zu $x, y_0 + \delta$ verläuft, so ist die Funktion f im Anfangspunkt dieser Parallelen negativ, im Endpunkt positiv. Andererseits hat sie eine positive Ableitung nach y, so daß sie beim Durchlaufen der Strecke fortwährend zunimmt. Nach dem Theorem von Bolzano muß sie als stetige Funktion den Wert Null passieren. Wegen ihres beständigen Zunehmens kann dies aber nur einmal geschehen. Es gehört also, solange x zwischen

$x_0 - \varepsilon$ und $x_0 + \varepsilon$ variiert, zu jedem x ein einziger Wert y, der die Gleichung $f(x, y) = 0$ erfüllt und sich zwischen den Grenzen $y_0 - \delta$, $y_0 + \delta$ hält. Auf diese Weise wird also y als Funktion von x definiert. Das ist die durch $f(x, y) = 0$ bestimmte implizite Funktion. Diese Funktion, die wir mit $y = \varphi(x)$ bezeichnen wollen, ist stetig, d. h. einer nach x konvergierenden Folge $x_1, x_2, x_3, \ldots$ entspricht eine Folge von Funktionswerten $\varphi(x_1)$, $\varphi(x_2)$, $\varphi(x_3), \ldots$ mit dem Grenzwert $\varphi(x)$. Alle $\varphi(x_n)$ liegen ihrer Bedeutung gemäß zwischen $y_0 - \delta$ und $y_0 + \delta$. Es kommt also nur darauf an, zu zeigen, daß die Folge der $\varphi(x_n)$ keinen anderen Häufungswert hat als $\varphi(x)$. Wäre y^* ein solcher, so gäbe es in $x_1, x_2, x_3, \ldots$ eine Teilfolge $x_1^*, x_2^*, x_3^*, \ldots$ mit der Eigenschaft $\lim \varphi(x_n^*) = y^*$, und $x_1^*, x_2^*, x_3^*, \ldots$ hätte als Teilfolge von $x_1, x_2, x_3, \ldots$ ebenfalls den Grenzwert x. Da nun $f(x_n^*, \varphi(x_n^*)) = 0$ ist, so folgt mit Rücksicht auf die Stetigkeit von f

$$\lim f(x_n^*, \varphi(x_n^*)) = f(x, y^*),$$

und es müßte daher $f(x, y^*) = 0$ sein. Wir wissen aber, daß diese Gleichung durch kein anderes y aus dem Intervall $y_0 - \delta \ldots y_0 + \delta$ erfüllt wird als durch $y = \varphi(x)$. So folgt also, daß $\varphi(x)$ der einzige Häufungswert der Folge $\varphi(x_1), \varphi(x_2), \varphi(x_3), \ldots$, mithin ihr Grenzwert ist.

Wir wollen jetzt die Differenzierbarkeit von $\varphi(x)$ untersuchen. $x, x + h$ seien zwei Werte aus dem Intervall $x_0 - \varepsilon \ldots x_0 + \varepsilon$ und $y, y + k$ die zugehörigen Funktionswerte $\varphi(x)$, $\varphi(x + h)$. Aus

$$f(x, y) = 0, \quad f(x + h, y + k) = 0$$

folgt

$$f(x + h, y + k) - f(x, y) = 0.$$

Hierfür kann man auch schreiben

$$\frac{f(x + h, y) - f(x, y)}{h} + \frac{f(x + h, y + k) - f(x + h, y)}{h} = 0.$$

Nun ist

$$f(x + h, y + k) - f(x + h, y) = k f_2(x + h, y + \vartheta k).$$

Da x, y und $x + h, y + k$ zwei Punkte im Rechteck $\mathfrak{R}$ sind, liegt auch $x + h, y + \vartheta k$ in diesem Rechteck, so daß $f_2(x + h, y + \vartheta k)$ einen positiven Wert hat, jedenfalls also nicht gleich Null ist. Daher können wir folgende Gleichung aufstellen:

$$\frac{k}{h} = -\frac{f(x + h, y) - f(x, y)}{h} : f_2(x + h, y + \vartheta k).$$

Wir wissen, daß $k = \varphi(x + h) - \varphi(x)$ gleichzeitig mit h nach Null konvergiert. Wegen der Stetigkeit von f_2 wird dann

$$\lim f_2(x + h, y + \vartheta k) = f_2(x, y).$$

Wenn wir voraussetzen, daß $f_1(x, y)$ existiert, so ist

$$\lim \frac{f(x + h, y) - f(x, y)}{h} = f_1(x, y),$$

mithin

$$\lim \left(\frac{k}{h}\right) = -f_1(x, y) : f_2(x, y).$$

Wir sehen hieraus, daß $\varphi(x)$ eine Ableitung hat und daß diese gleich $-f_1 : f_2$ ist. Wenn man f_1 ebenso wie f und f_2 als stetig voraussetzt, kann man sicher sein, daß sich $\varphi'(x) = -f_1 : f_2$ im Intervall $x_0 - \varepsilon \ldots x_0 + \varepsilon$ stetig verhält. Man hat nämlich

$$\varphi'(x + h) = -\frac{f_1(x + h, y + k)}{f_2(x + h, y + k)},$$

und wenn h nach Null konvergiert, strebt auch k der Null zu. Daher wird

$$\lim \varphi'(x + h) = -\frac{f_1(x, y)}{f_2(x, y)} = \varphi'(x).$$

Hat f im Rechteck $\mathfrak{R}$ stetige Ableitungen bis zur p-ten Ordnung, so läßt sich $\varphi(x)$ im Intervall $x_0 - \varepsilon \ldots x_0 + \varepsilon$ bis zur p-ten Ordnung differenzieren. Man kann die sukzessiven Ableitungen von $\varphi'(x)$ oder $-f_1(x, y) : f_2(x, y)$ nach der Differentiationsregel für zusammengesetzte Funktionen berechnen und dabei zugleich ihre Existenz feststellen. Weiß man, daß $F(x, y)$ stetige Ableitungen $F_1(x, y)$, $F_2(x, y)$ besitzt, so ist nach dem Mittelwertsatz

$$\Delta F = hF_1(x + \vartheta h, y) + kF_2(x + h, y + \vartheta k),$$

mithin

$$\lim \left(\frac{\Delta F}{h}\right) = F_1(x, y) + \varphi'(x) F_2(x, y).$$

Man kann, nachdem einmal die Existenz der Ableitungen $\varphi'(x), \varphi''(x), \ldots$ erkannt ist, diese Ableitungen auch durch Differentiation der Gleichung $f(x, y) = 0$ gewinnen und erhält auf diese Weise unter Anwendung der Differentiationsregel für zusammengesetzte Funktionen

$$\begin{aligned} &f_1 + y' f_2 = 0, \\ &f_{11} + 2y' f_{12} + y'^2 f_{22} + y'' f_2 = 0, \\ &\ldots\ldots\ldots\ldots\ldots\ldots \end{aligned}$$

Da f_2 von Null verschieden ist, liefern diese Gleichungen der Reihe nach $y', y'', \ldots$ Wenn man bei f stetige partielle Ableitungen bis zur p-ten Ordnung voraussetzt, sind offenbar $\varphi'(x), \ldots, \varphi^{(p)}(x)$ im Intervall $x_0 - \varepsilon \ldots x_0 + \varepsilon$ stetig. Das zeigen die für $y', y'', \ldots$ gewonnenen Ausdrücke.

Wenn $f(x, y)$ ein Polynom ist und die Bedingungen $f(x_0, y_0) = 0$, $f_2(x_0, y_0) \neq 0$ erfüllt sind, so bedeutet dies, daß das Polynom $f(x_0, y)$ die einfache Wurzel y_0 hat. Nach der Taylorschen Entwicklung ist nämlich

$$\begin{aligned} f(x_0, y) &= f(x_0, y_0) + (y - y_0) f_2(x_0, y_0) + \tfrac{1}{2}(y - y_0)^2 f_{22}(x_0, y_0) + \cdots \\ &= (y - y_0)\{f_2(x_0, y_0) + \tfrac{1}{2}(y - y_0) f_{22}(x_0, y_0) + \cdots\}. \end{aligned}$$

Man sieht, daß $f(x_0, y)$ sich nur einmal durch $y - y_0$ teilen läßt. Eben weil $f_2(x_0, y_0) \neq 0$ ist, hat der zweite Faktor nicht mehr die Wurzel y_0. Nach der obigen Theorie definiert nun die Gleichung $f(x, y) = 0$ im Intervall $x_0 - \varepsilon \ldots x_0 + \varepsilon$ eine Funktion $y = \varphi(x)$, die Ableitungen beliebiger Ordnung zuläßt und für $x = x_0$ den Wert y_0 annimmt. $\varphi(x)$ wird als **algebraische Funktion** bezeichnet.

Auch auf die Keplersche Gleichung $y - \varepsilon \sin y = x$, wobei ε eine zwischen 0 und 1 liegende Konstante bedeutet, ließe sich die Theorie der impliziten Funktionen anwenden. Hier kann man übrigens nach einem berühmten Näherungsverfahren, das in der Astronomie benutzt wird, y berechnen, wenn x gegeben ist. Man wählt als erste Annäherung an die unbekannte Wurzel der Gleichung $y = x + \varepsilon \sin y$ den Wert $y_1 = x$ und geht dann über zu $y_2 = x + \varepsilon \sin y_1$, $y_3 = x + \varepsilon \sin y_2$ usw. Die so gewonnenen Näherungen $y_1, y_2, y_3, \ldots$ bilden eine konvergente Folge. Das läßt sich durch eine einfache Überlegung feststellen. Aus

$$y_{n+1} = x + \varepsilon \sin y_n, \quad y_n = x + \varepsilon \sin y_{n-1}$$

entnimmt man

$$y_{n+1} - y_n = \varepsilon(\sin y_n - \sin y_{n-1}).$$

Nach dem Mittelwertsatz ist

$$\sin y_n - \sin y_{n-1} = (y_n - y_{n-1}) \cos y_n^*,$$

wobei y_n^* zwischen y_{n-1} und y_n liegt. Durch Einsetzen dieses Ausdruckes ergibt sich

$$y_{n+1} - y_n = (y_n - y_{n-1})\, \varepsilon \cos y_n^*,$$

mithin

$$| y_{n+1} - y_n | \leqq \varepsilon \, | y_n - y_{n-1} |.$$

Bedenkt man noch, daß $y_2 - y_1 = \varepsilon \sin y_1$, also $| y_2 - y_1 | \leqq \varepsilon$ ist, so erkennt man, daß die Glieder der Reihe

$$(y_2 - y_1) + (y_3 - y_2) + (y_4 - y_3) + \cdots$$

ihrem Betrage nach kleiner sind als die entsprechenden Glieder der konvergenten Reihe

$$\varepsilon + \varepsilon^2 + \varepsilon^3 + \cdots \qquad (0 < \varepsilon < 1).$$

Daher ist die erste Reihe ebenfalls konvergent, sogar absolut konvergent. Ihre $(n - 1)$-te Partialsumme $y_n - y_1$ strebt also einem Grenzwert zu, d. h. es existiert $\lim y_n$. Um nun zu zeigen, daß $\lim y_n = y$ der Gleichung $y - \varepsilon \sin y = x$ genügt, halten wir uns an die Rekursionsformel $y_{n+1} = x + \varepsilon \sin y_n$. Da mit y_n auch y_{n+1} dem Grenzwert y zustrebt, so folgt wirklich $y = x + \varepsilon \sin y$. Es gibt also bei beliebig gegebenem x stets ein y, das die Keplersche Gleichung befriedigt. Ein anderes y, etwa Y, mit derselben Eigenschaft, existiert nicht, weil aus $y = x + \varepsilon \sin y$ $Y = x + \varepsilon \sin Y$ folgen würde

$$y - Y = \varepsilon(\sin y - \sin Y) = \varepsilon(y - Y)\cos \eta,$$

wobei η zwischen y und Y liegt. Der Betrag von $\varepsilon(y - Y)\cos \eta$ ist aber kleiner als der von $y - Y$, so daß die obige Gleichung einen Widerspruch enthält. Die Keplersche Gleichung definiert also eine Funktion $y = \varphi(x)$, ohne daß dem x irgendwelche Intervallschranken auferlegt sind. Da die Ableitung von $y - \varepsilon \sin y - x$ nach y, also $1 - \varepsilon \cos y$, offenbar positiv ist und die Ableitungen bis zu beliebiger Ordnung alle stetig sind, so folgt aus der Theorie der impliziten Funktionen, daß $\varphi(x)$ beliebig oft differenzierbar ist. Aus $y - \varepsilon \sin y - x = 0$ ergibt sich zunächst

$$(1 - \varepsilon \cos y)\, y' - 1 = 0,$$

also

$$y' = \frac{1}{1 - \varepsilon \cos y}.$$

Man sieht, daß y' einen positiven Wert hat. Die Funktion $\varphi(x)$ wächst also bei zunehmendem x. Da $y = x + \varepsilon \sin y$ zwischen $x - \varepsilon$ und $x + \varepsilon$ liegt, so ist klar, daß y gleichzeitig mit x nach ∞ aufsteigt und nach $-\infty$ absteigt.

Für implizite Funktionen von mehreren Veränderlichen gilt ein ganz ähnlicher Satz wie der oben bewiesene. Wir können uns darauf beschränken, ihn auszusprechen, wobei es genügt, den Fall zweier Veränderlicher zu betrachten. $f(x, y, z)$ und $f_3(x, y, z)$, die Ableitung von f nach z, seien in einer gewissen Umgebung des Punktes x_0, y_0, z_0 stetig, etwa in einem Parallelepiped $\mathfrak{P}$, das um ihn als Mittelpunkt parallel zu den Achsen konstruiert ist. Außerdem sei $f(x_0, y_0, z_0) = 0$, aber $f_3(x_0, y_0, z_0) \neq 0$. Dann läßt sich $\mathfrak{P}$ derart verkleinern, daß jede in $\mathfrak{P}$ parallel zur z-Achse ausgezogene Strecke nur einen Punkt enthält, der die Gleichung $f(x, y, z) = 0$ erfüllt. Die z-Koordinate dieses Punktes ist dann eine Funktion $\varphi(x, y)$, die in dem (x, y)-Querschnitt von $\mathfrak{P}$ ihren Sinn hat. Fügt man zu den gemachten Voraussetzungen noch die hinzu, daß $f_1(x, y, z), f_2(x, y, z)$ in $\mathfrak{P}$ stetig sein sollen, so hat $\varphi(x, y)$ stetige Ableitungen $\varphi_1(x, y)$, $\varphi_2(x, y)$. Man kann diese Ableitungen dadurch finden, daß man $f(x, y, z) = f(x, y, \varphi(x, y)) = 0$ nach der Differentiationsregel für zusammengesetzte Funktionen behandelt.

Wir wollen noch eine Bemerkung über **implizite Funktionensysteme** machen. Dabei halten wir uns der Einfachheit halber an einen Einzelfall, nämlich an solche Systeme, die aus zwei Funktionen einer Veränderlichen bestehen. In einer gewissen Umgebung von x_0, y_0, z_0, etwa in dem vorhin betrachteten Parallelepiped $\mathfrak{P}$, seien $f(x, y, z)$ und $g(x, y, z)$ stetig, ebenso $f_2(x, y, z)$, $f_3(x, y, z)$, $g_2(x, y, z)$, $g_3(x, y, z)$, ihre Ableitungen nach y und z. Außerdem sei $f(x_0, y_0, z_0) = 0$, $g(x_0, y_0, z_0) = 0$ und

$$(1) \qquad \begin{vmatrix} f_2(x_0, y_0, z_0), & f_3(x_0, y_0, z_0) \\ g_2(x_0, y_0, z_0), & g_3(x_0, y_0, z_0) \end{vmatrix} \neq 0.$$

Wir wollen mit 2α, 2β, 2γ die Kantenlängen von $\mathfrak{P}$ in Richtung der Koordinatenachsen bezeichnen. Dann gelten für die Punkte x, y, z von $\mathfrak{P}$ folgende Ungleichungen:

$$x_0 - \alpha \leqq x \leqq x_0 + \alpha, \qquad y_0 - \beta \leqq y \leqq y_0 + \beta, \qquad z_0 - \gamma \leqq z \leqq z_0 + \gamma.$$

Die beiden letzten Aussagen legen den (y, z)-Querschnitt von $\mathfrak{P}$ fest, also das Rechteck $\mathfrak{R}$, in welchem die verschobene (y, z)-Ebene $\mathfrak{P}$ durchdringt. In diesem Rechteck $\mathfrak{R}$ betrachten wir nun die Funktion

$$\omega(y, z) = f^2(x_0, y, z) + g^2(x_0, y, z).$$

Sie hat ihren kleinsten Wert Null in der Mitte des Rechtecks, d. h. an der Stelle y_0, z_0. Käme dieser Wert auch auf dem Rande des Rechtecks vor, etwa an der Stelle y_1, z_1, so hätte man

$$f(x_0, y_1, z_1) = f(x_0, y_0, z_0),$$
$$g(x_0, y_1, z_1) = g(x_0, y_0, z_0).$$

Nach dem Mittelwertsatz wäre dann

$$(y_1 - y_0)f_2(x_0, y_{01}, z_0) + (z_1 - z_0)f_3(x_0, y_1, z_{01}) = 0,$$
$$(y_1 - y_0)g_2(x_0, y_{01}^*, z_0) + (z_1 - z_0)g_3(x_0, y_1, z_{01}^*) = 0.$$

Dabei bezeichnen y_{01}, und y_{01}^* Zwischenwerte im Intervall $y_0 \ldots y_1$. Entsprechendes gilt von z_{01}, z_{01}^*. Aus diesen Gleichungen folgt nun, da $y_1 - y_0$, $z_1 - z_0$ nicht alle beide verschwinden,

$$(2) \qquad \begin{vmatrix} f_2(x_0, y_{01}, z_0), & f_3(x_0, y_1, z_{01}) \\ g_2(x_0, y_{01}^*, z_0), & g_3(x_0, y_1, z_{01}^*) \end{vmatrix} = 0 .$$

Es ist leicht zu erkennen, daß diese Eigenschaft nicht bestehen bleiben kann, wenn wir β und γ nach Null konvergieren lassen, z. B. so, daß wir sie fortgesetzt auf die Hälfte reduzieren. Dann würden nämlich y_1 und z_1 nach y_0 und z_0 konvergieren, und dasselbe täten auch y_{01}, y_{01}^* und z_{01}, z_{01}^*. Aus (2) würde bei diesem Grenzübergang folgen

$$\begin{vmatrix} f_2(x_0, y_0, z_0), & f_3(x_0, y_0, z_0) \\ g_2(x_0, y_0, z_0), & g_3(x_0, y_0, z_0) \end{vmatrix} = 0 ,$$

im Widerspruch mit (1). Bei jener fortgesetzten Halbierung von β und γ muß also irgend einmal die Eigenschaft aufhören, daß $\omega(y, z)$ auf dem Rande von $\mathfrak{R}$ den Wert Null annimmt. Wir denken uns diese Sachlage durch Verkleinerung von β und γ bereits herbeigeführt. Bezeichnen wir mit m den kleinsten Wert von $\omega(y, z)$ auf dem Rande von $\mathfrak{R}$, so ist $m > 0$. Daß ein solcher kleinster Wert existiert, folgt aus der Stetigkeit von f und g. Im Mittelpunkt von $\mathfrak{R}$ ist also $\omega = 0$, auf dem Rande von $\mathfrak{R}$ aber $\omega \geqq m > 0$. Ersetzen wir nun in $\omega(y, z)$ den Wert x_0 durch irgendein x_1 aus dem Intervall $x_0 - \alpha \ldots x_0 + \alpha$, so entsteht die Funktion

$$\omega_1(y, z) = f^2(x_1, y, z) + g^2(x_1, y, z).$$

Wir können wegen der Stetigkeit von f und g durch Verkleinerung von α erreichen, daß sich $\omega_1(y, z)$ von $\omega(y, z)$ in $\mathfrak{R}$ um weniger als $\frac{m}{2}$ unterscheidet. Dann muß, da $\omega(y_0, z_0) = 0$ ist, $\omega_1(y_0, z_0) < \frac{m}{2}$ sein. Da ferner auf dem Rande von $\mathfrak{R}$ die Funktion $\omega(y, z)$ nicht unter m herabsinkt, wird $\omega_1(y, z)$ dort oberhalb $\frac{m}{2}$ liegen. Die Funktion $\omega_1(y, z)$ hat also auf dem Rande von

$\mathfrak{R}$ lauter größere Werte als im Mittelpunkt. Ihren kleinsten Wert nimmt sie daher im Innern von $\mathfrak{R}$ an, etwa an der Stelle y_1, z_1. Dort müssen dann die Ableitungen $\frac{\partial \omega_1(y,z)}{\partial y}$, $\frac{\partial \omega_1(y,z)}{\partial z}$ verschwinden. Hierdurch gewinnen wir folgende Aussagen:

$$f(x_1, y_1, z_1) f_2(x_1, y_1, z_1) + g(x_1, y_1, z_1) g_2(x_1, y_1, z_1) = 0\,,$$
$$f(x_1, y_1, z_1) f_3(x_1, y_1, z_1) + g(x_1, y_1, z_1) g_3(x_1, y_1, z_1) = 0\,.$$

Durch Verkleinerung von α, β, γ läßt sich erreichen, daß in dem ganzen Parallelepiped $\mathfrak{P}$ die Ungleichung

$$\begin{vmatrix} f_2(x,y,z), & g_2(x,y,z) \\ f_3(x,y,z), & g_3(x,y,z) \end{vmatrix} \neq 0$$

stattfindet, die wir im Mittelpunkt von P voraussetzten. Dann folgt aus den obigen Gleichungen

$$(3) \qquad f(x_1, y_1, z_1) = 0, \quad g(x_1, y_1, z_1) = 0.$$

Zu jedem x-Wert aus $x_0 - \alpha \ldots x_0 + \alpha$ gehören also zwei Werte y und z aus $y_0 - \beta \ldots y_0 + \beta$ und $z_0 - \gamma \ldots z_0 + \gamma$, die zusammen mit jenem x die Gleichungen $f = 0$, $g = 0$ erfüllen. Wir wollen noch feststellen, daß diese Werte y und z eindeutig bestimmt sind. Gäbe es außer y_1, z_1 noch einen andern Punkt in $\mathfrak{R}$, etwa y_2, z_2, der auch zusammen mit x_1 die Forderungen $f = 0$, $g = 0$ erfüllte, so hätte man neben (3) noch die Gleichungen

$$(3') \qquad f(x_1, y_2, z_2) = 0, \quad g(x_1, y_2, z_2) = 0\,.$$

Dann wäre

$$f(x_1, y_2, z_2) - f(x_1, y_1, z_1) = 0\,,$$
$$g(x_1, y_2, z_2) - g(x_1, y_1, z_1) = 0\,,$$

also

$$(y_2 - y_1) f_2(x_1, y_{12}, z_1) + (z_2 - z_1) f_3(x_1, y_2, z_{12}) = 0\,,$$
$$(y_2 - y_1) g_2(x_1, y_{12}^*, z_1) + (z_2 - z_1) g_3(x_1, y_2, z_{12}^*) = 0\,,$$

wobei y_{12}, y_{12}^* im Intervall $y_1 \ldots y_2$ und z_{12}, z_{12}^*, in $z_1 \ldots z_2$ liegen. Es folgt jetzt

$$\begin{vmatrix} f_2(x_1, y_{12}, z_1), & f_3(x_1, y_2, z_{12}) \\ g_2(x_1, y_{12}^*\, z_1), & g_3(x_1, y_2, z_{12}^*) \end{vmatrix} = 0\,.$$

Man kann durch Verkleinerung von α, β, γ, z. B. durch fortgesetzte Halbierung, einen Zustand herbeiführen, wo eine solche Gleichung nicht mehr gilt. Wäre es anders, so käme man in Widerspruch mit der Annahme (1).

So werden also nach genügender Verkleinerung von α, β, γ durch die Gleichungen $f = 0$, $g = 0$ zwei Funktionen y und z von x definiert, die sich zwischen $y_0 - \beta$ und $y_0 + \beta$ bezw. $z_0 - \gamma$ und $z_0 + \gamma$ halten. Es macht keine Schwierigkeiten, die Stetigkeit dieser Funktionen nachzuweisen. Ist $\lim x_n = x$ und gehören zu x_n die Funktionswerte y_n und z_n, so kann z. B. die Folge $y_1, y_2, y_3, \ldots$, die ganz im Intervall $y_0 - \beta \ldots y_0 + \beta$ liegt, nicht mehr als einen Häufungswert haben. Ist y^* ein Häufungswert dieser Folge und etwa der Grenzwert der Teilfolge $y_1^*, y_2^*, y_3^*, \ldots$, der die Teilfolge x_1^*, x_2^*, x_3^* entspricht, so kann man durch Streichungen bewirken, daß auch die Folge $z_1^*, z_2^*, z_3^*, \ldots$ einem Grenzwert z^* zustrebt. Diese Streichungen seien bereits ausgeführt. Es folgt dann aus

$$f(x_n^*, y_n^*, z_n^*) = 0, \quad g(x_n^*, y_n^*, z_n^*) = 0$$

wegen der Stetigkeit von f und g

$$f(x, y^*, z^*) = 0, \quad g(x, y^*, z^*) = 0\,.$$

Da nun y^*, z^* durch diese Gleichungen im Verein mit den Schrankenbedingungen eindeutig bestimmt sind, kann es für y^* nicht verschiedene Wertmöglichkeiten geben, womit die Stetigkeit der Funktion y von x bewiesen ist. Entsprechendes gilt für z von x.

Postuliert man auch die Stetigkeit von $f_1(x, y, z)$, so läßt sich zeigen, daß die Ableitungen y' und z' ebenfalls stetig sind. Auf den Beweis brauchen wir nicht einzugehen, da er nach den gegebenen Vorbildern keinerlei Schwierigkeit bietet.

§ 9. Maxima und Minima mit Nebenbedingungen.

Es kommt vor, daß man Extremwerte einer Funktion bestimmen soll, in der die Veränderlichen nicht frei sind, sondern gewissen Relationen unterliegen. Z. B. kann es sich darum handeln, die Maxima und Minima von $F(x, y, z)$ zu ermitteln, während x, y, z durch die Gleichungen

$$(1) \qquad f(x, y, z) = 0, \quad g(x, y, z) = 0$$

verknüpft sind. Man spricht in solchem Falle von einem gebundenen Maximum oder Minimum.

Wir wollen annehmen, daß an der Stelle x_0, y_0, z_0 unter den Bedingungen (1) ein Minimum von $F(x, y, z)$ eintritt und daß außerdem

$$(2) \qquad \begin{vmatrix} f_2(x_0, y_0, z_0), & f_3(x_0, y_0, z_0) \\ g_2(x_0, y_0, z_0), & g_3(x_0, y_0, z_0) \end{vmatrix} \neq 0$$

ist. Dann lassen sich, wie wir aus § 8 wissen, alle Wertsysteme x, y, z, die in einer gewissen Nähe von x_0, y_0, z_0 bleibend den Bedingungen (1) genügen, auch durch zwei Gleichungen von der Form $y = \varphi(x)$, $z = \psi(x)$ kennzeichnen. Werden die partiellen Ableitungen von f und g als stetig vorausgesetzt, so sind φ, ψ nebst ihren Ableitungen in der Umgebung von x_0 stetig. Übrigens werden wir annehmen, daß auch die Ableitungen von F sich stetig verhalten, damit sich unsere Betrachtungen ohne Schwierigkeit durchführen lassen.

Die Sachlage ist nun die, daß an der Stelle x_0 ein Minimum von $F(x, \varphi(x), \psi(x))$ vorliegt. Da F hier eine Ableitung hat, so muß diese verschwinden. Es muß also

$$(3) \quad F_1(x_0, y_0, z_0) + \varphi'(x_0)\, F_2(x_0, y_0, z_0) + \psi'(x_0)\, F_3(x_0, y_0, z_0) = 0$$

sein. Andererseits gelten auf Grund der Gleichungen (1) oder

$$f(x, \varphi(x), \psi(x)) = 0, \quad g(x, \varphi(x), \psi(x)) = 0$$

folgende Aussagen:

$$f_1(x_0, y_0, z_0) + \varphi'(x_0) f_2(x_0, y_0, z_0) + \psi'(x_0) f_3(x_0, y_0, z_0) = 0,$$
$$g_1(x_0, y_0, z_0) + \varphi'(x_0) g_2(x_0, y_0, z_0) + \psi'(x_0) g_3(x_0, y_0, z_0) = 0.$$

Nach (2) kann man aus den beiden letzten Gleichungen $\varphi'(x_0)$, $\psi'(x_0)$ ausrechnen und die gewonnenen Werte in (3) einsetzen. Das Resultat lautet dann

$$(4)\qquad \begin{vmatrix} F_1(x_0, y_0, z_0), & F_2(x_0, y_0, z_0), & F_3(x_0, y_0, z_0) \\ f_1(x_0, y_0, z_0), & f_2(x_0, y_0, z_0), & f_3(x_0, y_0, z_0) \\ g_1(x_0, y_0, z_0), & g_2(x_0, y_0, z_0), & g_3(x_0, y_0, z_0) \end{vmatrix} = 0.$$

Man nennt diese aus den partiellen Ableitungen von F, f, g gebildete Determinante die Funktionaldeterminante oder die Jacobische Determinante der genannten Funktionen. Sie muß an der Stelle des Minimums verschwinden. Da außer (4) noch die Gleichungen $f(x_0, y_0, z_0) = 0$, $g(x_0, y_0, z_0) = 0$ bestehen, so hat man drei Gleichungen zur Ermittelung derjenigen Wertetripel x_0, y_0, z_0, die für Maxima oder Minima in Frage kommen. Ob nun einem solchen Tripel wirklich ein Extremum entspricht, das muß jedesmal besonders geprüft werden.

Wegen des Verschwindens der Determinante (4) besteht zwischen ihren Zeilen eine lineare Relation. Wegen der Annahme (2) sind die beiden letzten Zeilen unabhängig. Daher muß die erste Zeile eine lineare Verbindung der beiden andern sein, so daß also Gleichungen von folgender Form bestehen:

$$F_1(x_0, y_0. z_0) + \lambda f_1(x_0, y_0, z_0) + \mu g_1(x_0, y_0, z_0) = 0\,,$$
$$F_2(x_0, y_0, z_0) + \lambda f_2(x_0, y_0, z_0) + \mu g_2(x_0, y_0, z_0) = 0\,,$$
$$F_3(x_0, y_0, z_0) + \lambda f_3(x_0, y_0, z_0) + \mu g_3(x_0, y_0, z_0) = 0\,.$$

Dazu kommen noch die Gleichuneen

$$f(x_0, y_0, z_0) = 0, \qquad g(x_0, y_0, z_0) = 0\,.$$

Dieselben fünf Gleichungen ergeben sich, wenn man für die Funktion

$$\Phi(x, y, z, \lambda, \mu) = F(x, y, z) + \lambda f(x, y, z) + \mu g(x, y, z)$$

die Aufgabe der freien Extrema löst. Setzt man die Ableitungen

$$\frac{\partial \Phi}{\partial x}, \frac{\partial \Phi}{\partial y}, \frac{\partial \Phi}{\partial z}, \frac{\partial \Phi}{\partial \lambda}, \frac{\partial \Phi}{\partial \mu}$$

gleich Null, so entstehen gerade die obigen fünf Gleichungen.

Bis jetzt ist es noch nicht sicher, ob an der Stelle x_0, y_0, z_0 wirklich ein Minimum von F eintritt. Um eine hinreichende Minimumsbedingung zu erreichen, muß man die zweite Ableitung von $F(x, \varphi(x), \psi(x))$ ins Auge fassen. Wir wollen die zweiten partiellen Ableitungen von $F(x, y, z)$, $f(x, y, z)$, $g(x, y, z)$ als stetig voraussetzen. Dann ist die zweite Ableitung von $F(x, \varphi(x), \psi(x))$, die sich aus der ersten Ableitung

$$F_1 + y'F_2 + z'F_3$$

nach der Differentiationsregel für zusammengesetzte Funktionen ergibt, gleich

$$(5)\quad \begin{cases} F_{11} + y'F_{12} + z'F_{13} + y'(F_{21} + y'F_{22} + z'F_{23}) \\ \quad + z'(F_{31} + y'F_{32} + z'F_{33}) + y''F_2 + z''F_3 . \end{cases}$$

y'' und z'' kann man durch Differentiation der Gleichungen

$$f_1 + y'f_2 + z'f_3 = 0, \qquad g_1 + y'g_2 + z'g_3 = 0$$

berechnen. Man erhält auf diese Weise

$$(6)\quad \begin{cases} f_{11} + y'f_{12} + z'f_{13} + y'(f_{21} + y'f_{22} + z'f_{23}) + z'(f_{31} + y'f_{32} + z'f_{33}) \\ \quad + y''f_2 + z''f_3 = 0, \\ g_{11} + y'g_{12} + z'g_{13} + y'(g_{21} + y'g_{22} + z'g_{23}) + z'(g_{31} + y'g_{32} + z'g_{33}) \\ \quad + y''g_2 + z''g_3 = 0. \end{cases}$$

Benutzt man die oben mit λ und μ bezeichneten Hilfsgrößen, die aus

$$F_2 + \lambda f_2 + \mu g_2 = 0, \; F_3 + \lambda f_3 + \mu g_3 = 0$$

berechnet werden, so kann man den Ausdruck (5) auf folgende Form bringen:

$$(5')\qquad (\Sigma F_{rs} dx_r dx_s + \lambda \Sigma f_{rs} dx_r dx_s + \mu \Sigma g_{rs} dx_r dx_s)(dx_1)^{-2}.$$

Wir haben zwecks bequemer Schreibung x, y, z durch x_1, x_2, x_3 ersetzt und die Ableitungen y', z' als Differentialquotienten dargestellt.

Die Untersuchung bezieht sich auf die Stelle $x_1 = x_0$, $x_2 = y_0$, $x_2 = z_0$, von der oben die Rede war. Es tritt dort sicher ein gebundenes Minimum ein, wenn die quadratische Form

$$\Sigma(F_{rs} + \lambda f_{rs} + \mu g_{rs})\, dx_r dx_s$$

stets positiv ist für alle Wertsysteme dx_1, dx_2, dx_3, die den Bedingungen

$$\Sigma f_r dx_r = 0, \quad \Sigma g_r dx_r = 0$$

genügen und nicht aus lauter Nullen bestehen.

Wir müssen nun dieses auf quadratische Formen bezügliche Problem lösen. Dabei zeigt sich, daß wir uns auf die Theorie der gebundenen Maxima und Minima stützen können. Um das Problem gleich in allgemeinster Weise zu behandeln, betrachten wir eine quadratische Form $\Sigma a_{rs} x_r x_s$ in n Veränderlichen und nehmen an, daß diese Veränderlichen an q unabhängige lineare und homogene Gleichungen gebunden sind:

$$(7)\qquad \Sigma c_{1r} x_r = 0, \ldots, \Sigma c_{qr} x_r = 0. \qquad (q < n)$$

Die Unabhängigkeit wird dadurch garantiert, daß die Matrix

$$\begin{matrix} c_{11} & c_{12} \cdots c_{1n} \\ \cdots & \cdots \\ c_{q1} & c_{q2} \cdots c_{qn} \end{matrix}$$

den Rang q hat, also eine von Null verschiedene q-reihige Determinante enthält.

Wir wollen nun wissen, wann die Form $\Sigma a_{rs} x_r x_s$ für alle diejenigen Wertsysteme $x_1, \ldots, x_n$ positiv ist, die den Gleichungen (7) genügen und nicht aus lauter Nullen bestehen. Da es hier auf einen Proportionalitätsfaktor bei den x nicht ankommt, kann man die Bedingung, daß nicht alle x verschwinden dürfen, durch die Forderung $\Sigma x_r^2 = 1$ ersetzen. Man gibt dabei allen x den Faktor $(\Sigma x_r^2)^{-\frac{1}{2}}$. Es fragt sich jetzt, wann die Form $\Sigma a_{rs} x_r x_s$ unter den Bedingungen

$$(8) \qquad 1 - \Sigma x_r^2 = 0, \quad \Sigma c_{1r} x_r = 0, \ldots, \quad \Sigma c_{qr} x_r = 0$$

einen positiven Wert hat. Der Bereich, der durch die Aussagen (8) gekennzeichnet wird, ist beschränkt und abgeschlossen. Aus der ersten Aussage geht hervor, daß alle x_n ihrem Betrage kleiner oder höchstens gleich 1 sind. Der Bereich (8) ist also beschränkt. Läßt man ferner ein Wertsystem $x_1, \ldots, x_n$, das den Gleichungen (8) genügt, einen Limesprozeß durchmachen, wobei jedes einzelne x_r nach einem Grenzwert x_r^0 konvergiert, so wird auch das Wertsystem $x_1, \ldots, x_n$ jene Gleichungen erfüllen. Damit ist die Abgeschlossenheit des Bereiches (8) festgestellt. In einem beschränkten und abgeschlossenen Bereich hat aber eine stetige Funktion wie $\Sigma a_{rs} x_r x_s$ einen kleinsten Wert. Da wir fordern, daß die Form im ganzen Bereich (8) positiv sein soll, so muß auch ihr kleinster Wert positiv sein. Ist er es, so sind auch alle andern Werte, die $\Sigma a_{rs} x_r x_s$ im Bereich (8) annimmt, positiv. Über die Stelle, wo der kleinste Wert eintritt, können wir nach der Methode der gebundenen Minima eine Aussage machen. Diese Methode schreibt vor, daß man die Ableitungen von

$$(9) \qquad \Sigma a_{rs} x_r x_s + \lambda(1 - x_r^2) + 2\lambda_1 \Sigma c_{1r} x_r + \cdots + 2\lambda_q \Sigma c_{qr} x_r$$

nach $x_1, \ldots, x_n$ gleich Null setzen muß. Dadurch treten zu den $q + 1$ Gleichungen (8) noch n Gleichungen hinzu, und man hat also im ganzen $n + q + 1$ Gleichungen für die $n + q + 1$ Unbekannten $x_1, \ldots, x_n, \lambda, \lambda_1, \ldots, \lambda_q$. Daß wir bei $\lambda_1, \ldots, \lambda_q$ den Faktor 2 herausgezogen haben, ist aus Gründen der Vereinfachung geschehen. Setzt man nun die Ableitungen des Ausdrucks (9) nach $x_1, \ldots, x_n$ gleich Null, so entstehen n lineare homogene Gleichungen zwischen $x_1, \ldots, x_n$ und $\lambda_1, \ldots, \lambda_q$:

$$(10) \quad \begin{cases} (a_{11} - \lambda)\, x_1 + a_{12} x_2 + \cdots + a_{1n} x_n + c_{11} \lambda_1 + \cdots + c_{q1} \lambda_q = 0, \\ a_{21} x_1 + (a_{22} - \lambda)\, x_2 + \cdots + a_{2n} x_n + c_{12} \lambda_1 + \cdots + c_{q2} \lambda_q = 0, \\ \cdots\cdots\cdots\cdots\cdots\cdots\cdots\cdots \\ a_{n1} x_1 + a_{n2} x_2 + \cdots + (a_{nn} - \lambda)\, x_n + c_{1n} \lambda_1 + \cdots + c_{qn} \lambda_q = 0. \end{cases}$$

Fügt man die in (8) enthaltenen Bedingungen

$$(10') \quad \begin{cases} c_{11} x_1 + c_{12} x_2 + \cdots + c_{1n} x_n = 0, \\ \cdots\cdots\cdots\cdots\cdots \\ c_{q1} x_1 + c_{q2} x_2 + \cdots + c_{qn} x_n = 0 \end{cases}$$

hinzu, so bilden sie mit (10) zusammen ein $(n + q)$-gliedriges lineares homogenes System in $x_1, \ldots, x_n, \lambda_1, \ldots, \lambda_q$. Da nun $\Sigma x_r^2 = 1$ ist, also nicht alle x verschwinden, muß die Determinante des $(n + q)$-gliedrigen Systems gleich Null sein. Damit ist eine Aussage über λ gewonnen, nämlich

$$(11) \quad \begin{vmatrix} a_{11} - \lambda, & a_{12}, & \ldots, & a_{1n}, & c_{11}, \ldots, c_{q1} \\ a_{21}, & a_{22} - \lambda, & \ldots, & a_{2n}, & c_{12}, \ldots, c_{q2} \\ \cdots & \cdots & \cdots & \cdots & \cdots \\ a_{n1}, & a_{n2}, & \ldots, & a_{nn} - \lambda, & c_{1n}, \ldots, c_{qn} \\ c_{11}, & c_{12}, & \ldots, & c_{1n}, & 0, \ldots, 0 \\ \cdots & \cdots & \cdots & \cdots & \cdots \\ c_{q1}, & c_{q2}, & \ldots, & c_{qn}, & 0, \ldots, 0 \end{vmatrix} = 0.$$

Jede Wurzel dieser Gleichung ist nun ein Wert, den die Form $\Sigma a_{rs} x_r x_s$ irgendwo im Bereich (8) annimmt. Ist nämlich λ eine Wurzel der Gleichung (11), so hat das lineare System (10), (10′) eine verschwindende Determinante. Daher existiert eine nicht aus lauter Nullen bestehende Lösung $x_1, \ldots, x_n$, $\lambda_1, \ldots, \lambda_q$. Wären alle x gleich Null, so kämen wir auf einen Widerspruch mit der Annahme, daß die Gleichungen (7) unabhängig sein sollen. Daher können wir die genannte Lösung so wählen, daß $\Sigma x_r^2 = 1$ ist, mithin $x_1, \ldots, x_n$ dem Bereich (8) angehört. Multipliziert man nun die Gleichungen (10) der Reihe nach mit $x_1, x_2, \ldots, x_n$ und addiert sie, so kommt $\Sigma a_{rs} x_r x_s - \lambda \Sigma x_r^2 = 0$ oder $\Sigma a_{rs} x_r x_s = \lambda$ heraus. λ ist also tatsächlich ein Wert, den die Form $\Sigma a_{sr} x_r x_s$ im Bereich (8) annimmt. Da nun der kleinste Wert der Form gerade zu den Gleichungen (10), (10′) Veranlassung gab, ist auch er eine Wurzel der Gleichung (11). Soll also der kleinste Wert der Form $\Sigma a_{rs} x_r x_s$ im Bereich (8) positiv sein, so bedeutet dies nichts anderes, als daß alle Wurzeln der Gleichung (11) positiv sind. Man kann sich leicht überzeugen, daß diese Gleichung nur reelle Wurzeln hat. Wäre nämlich $\lambda = \varrho + i\sigma$ eine imaginäre Wurzel von (11), so würde, da die Größen a und c reell sind, auch $\bar{\lambda} = \varrho - i\sigma$ der Gleichung (11) genügen. Setzt man in den Gleichungen (10), (10′) für λ den Wert $\varrho + i\sigma$ ein, so gibt es eine nicht aus lauter Nullen bestehende Lösung $x_1, \ldots, x_n, \lambda_1, \ldots, \lambda_q$, und zwar sind $x_1, \ldots, x_n$ nicht alle gleich Null wegen der Unabhängigkeit der Gleichungen (7). Natürlich müssen wir jetzt für $x_1, \ldots, x_n, \lambda_1, \ldots, \lambda_q$ komplexe Werte zulassen. Wenn wir nun mit $\bar{x}_1, \ldots, \bar{x}_n, \bar{\lambda}_1, \ldots, \bar{\lambda}_q$ die konjugierten Werte bezeichnen, so gelten neben (10) und (10′) folgende Gleichungen:

$$(\overline{10}) \quad \begin{cases} (a_{11} - \bar{\lambda})\,\bar{x}_1 + a_{12}\bar{x}_2 + \cdots + a_{1n}\bar{x}_n + c_{11}\bar{\lambda}_1 + \cdots + c_{q1}\bar{\lambda}_q = 0\,, \\ a_{21}\bar{x}_1 + (a_{22} - \bar{\lambda})\,\bar{x}_2 + \cdots + a_{2n}\bar{x}_n + c_{12}\bar{\lambda}_1 + \cdots + c_{q2}\bar{\lambda}_q = 0\,, \\ \cdots\cdots\cdots\cdots\cdots\cdots\cdots\cdots\cdots\cdots\cdots\cdots \\ a_{n1}\bar{x}_1 + a_{n2}\bar{x}_2 + \cdots + (a_{nn} - \bar{\lambda})\,\bar{x}_n + c_{1n}\bar{\lambda}_1 + \cdots + c_{qn}\bar{\lambda}_q = 0\,, \end{cases}$$

und

$$(\overline{10}') \quad \begin{cases} c_{11}\bar{x}_1 + c_{12}\bar{x}_2 + \cdots + c_{1n}\bar{x}_n = 0\,. \\ \cdots\cdots\cdots\cdots\cdots\cdots \\ c_{q1}\bar{x}_1 + c_{q2}\bar{x}_2 + \cdots + c_{qn}\bar{x}_n = 0\,. \end{cases}$$

Jetzt multipliziere man die Gleichungen (10) der Reihe nach mit $\bar{x}_1, \ldots, \bar{x}_n$. Dann ergibt sich durch Addition mit Rücksicht auf $(\overline{10}')$

$$(12) \qquad \Sigma a_{rs} \bar{x}_r x_s - \lambda \Sigma x_r \bar{x}_r = 0.$$

Ganz entsprechend erhält man durch Multiplikation der Gleichungen $(\overline{10})$ mit $x_1, \ldots, x_n$ und nachherige Addition

$$(\overline{12}) \qquad \Sigma a_{rs} x_r \bar{x}_s - \bar{\lambda} \Sigma x_r \bar{x}_r = 0.$$

Nun ist $a_{rs} = a_{sr}$, also mit Rücksicht auf die Gleichberechtigung der Indizes r, s

$$\Sigma a_{rs} \bar{x}_r x_s = \Sigma a_{sr} \bar{x}_s x_r = \Sigma a_{rs} x_r \bar{x}_s.$$

Daher folgt aus (12) und ($\overline{12}$)

$$(\lambda - \bar{\lambda}) \Sigma x_r \bar{x}_r = 0.$$

Da nicht alle x gleich Null sind, so ist $\Sigma x_r \bar{x}_r > 0$, mithin $\lambda - \bar{\lambda} = 2i\sigma = 0$, also $\sigma = 0$, d. h. die Wurzel λ kann doch nicht imaginär sein.

Durch diese Betrachtungen ist für die Theorie der gebundenen Extrema ein wichtiges Hilfsmittel gewonnen. Auch bei einem freien Extremum gibt es einen ähnlichen Satz. Wir wissen, daß die Funktion f an der Stelle $x_1, \ldots, x_n$ sicher ein Minimum hat, wenn das erste Differential df verschwindet und das zweite Differential $d^2 f = \Sigma f_{rs} dx_r dx_s$ eine positive quadratische Form ist. Letzteres wird der Fall sein, wenn $\Sigma f_{rs} \xi_r \xi_s$ unter der Bedingung $\Sigma \xi_r^2 = 1$ einen positiven kleinsten Wert hat. Dies wiederum kommt darauf hinaus, daß die Gleichung

$$\begin{vmatrix} f_{11} - \lambda, & f_{12}, & \ldots, f_{1n} \\ f_{21}, & f_{22} - \lambda, & \ldots, f_{2n} \\ \ldots & \ldots & \ldots \\ f_{n1}, & f_{n2}, & \ldots, f_{nn} - \lambda \end{vmatrix} = 0$$

lauter positive Wurzeln hat.

Wenn an der Stelle $x_1, \ldots, x_n$ das Differential df verschwindet, so sagt man, die Funktion f sei dort stationär oder habe dort einen Ruhepunkt. An einer solchen Stelle braucht kein Extremum einzutreten. Wo aber ein Extremum stattfindet, muß die Funktion stationär sein. Das prinzipiell Wichtige und Interessante an den Betrachtungen dieses Paragraphen ist die Tatsache, daß zur Sicherstellung eines Minimums die zweimalige Anwendung der Ruhepunktsbedingungen ausreicht. Dabei kam allerdings auch noch der Satz vom kleinsten Wert einer stetigen Funktion in einem beschränkten abgeschlossenen Bereich in Frage. Ohne ihn wären wir nicht zum Ziel gelangt.

§ 10. Geometrische Deutung des Differentials.

Wir wollen uns jetzt noch mit der geometrischen Deutung des Differentials einer Funktion $f(x, y)$ beschäftigen, womit der Begriff der Tangentialebene einer Fläche ebenso zusammenhängt, wie der Begriff der Tangente mit der Deutung des Differentials einer Funktion $f(x)$. Um diese Analogie möglichst vollständig herauszuarbeiten, beginnen wir damit, den Begriff der Sekante auf Flächen zu übertragen. Die Sekante ist die Verbindungsgerade zweier Punkte einer Kurve $y = f(x)$. Ihr entspricht bei der Fläche $z = f(x, y)$, der Bildfläche der Funktion $f(x, y)$, die Ebene durch drei Flächenpunkte (x, y, z), (x_1, y_1, z_1), (x_2, y_2, z_2). Die Gleichung dieser Sekantenebene wollen wir zuerst aufstellen. Die drei linearen Funktionen

$$L(\mathfrak{x}, \mathfrak{y}) = \begin{vmatrix} \mathfrak{x} & \mathfrak{y} & 1 \\ x_1 & y_1 & 1 \\ x_2 & y_2 & 1 \end{vmatrix} : \begin{vmatrix} x & y & 1 \\ x_1 & y_1 & 1 \\ x_2 & y_2 & 1 \end{vmatrix},$$

$$L_1(\mathfrak{x}, \mathfrak{y}) = \begin{vmatrix} \mathfrak{x} & \mathfrak{y} & 1 \\ x_2 & y_2 & 1 \\ x & y & 1 \end{vmatrix} : \begin{vmatrix} x & y & 1 \\ x_1 & y_1 & 1 \\ x_2 & y_2 & 1 \end{vmatrix},$$

$$L_2(\mathfrak{x}, \mathfrak{y}) = \begin{vmatrix} \mathfrak{x} & \mathfrak{y} & 1 \\ x & y & 1 \\ x_1 & y_1 & 1 \end{vmatrix} : \begin{vmatrix} x & y & 1 \\ x_1 & y_1 & 1 \\ x_2 & y_2 & 1 \end{vmatrix}$$

haben offenbar die Eigenschaft, an einer der drei Stellen (x, y), (x_1, y_1), (x_2, y_2) gleich 1 zu sein und an den beiden andern zu verschwinden. Bildet man nun

$$\mathfrak{z} = L(\mathfrak{x}, \mathfrak{y}) f(x, y) + L_1(\mathfrak{x}, \mathfrak{y}) f(x_1, y_1) + L_2(\mathfrak{x}, \mathfrak{y}) f(x_2, y_2)$$

oder kurz

$$\mathfrak{z} = L(\mathfrak{x}, \mathfrak{y})\, z + L_1(\mathfrak{x}, \mathfrak{y})\, z_1 + L_2(\mathfrak{x}, \mathfrak{y})\, z_2\,, \tag{1}$$

so ist das eine lineare Funktion, die an den Stellen (x, y), (x_1, y_1), (x_2, y_2) die Werte z, z_1, z_2 annimmt. Mithin haben wir in (1) die Gleichung der Sekantenebene vor uns. Wir wollen jetzt untersuchen, was aus der Sekantenebene wird, wenn wir die Flächenpunkte (x_1, y_1, z_1) und (x_2, y_2, z_2) nach (x, y, z) konvergieren lassen.

Die Grundfunktionen L, L_1, L_2 haben die Eigenschaft

$$L(\mathfrak{x}, \mathfrak{y}) + L_1(\mathfrak{x}, \mathfrak{y}) + L_2(\mathfrak{x}, \mathfrak{y}) = 1,$$

wie man sofort erkennt, wenn man die Formel (1) auf die Funktion $f(x, y) = 1$ anwendet. Man kann diese Eigenschaft auch an den Ausdrücken L, L_1, L_2 direkt ablesen. Sie ermöglicht es uns, der Gleichung (1) folgende Gestalt zu geben:

$$\mathfrak{z} - z = L_1(\mathfrak{x}, \mathfrak{y})\,(z_1 - z) + L_2(\mathfrak{x}, \mathfrak{y})\,(z_2 - z). \tag{1'}$$

Setzt man nun $x_1 = x + h_1$, $y_1 = y + k_1$, $x_2 = x + h_2$, $y_2 = y + k_2$, so wird

$$\left\{\begin{aligned} L_1(\mathfrak{x}, \mathfrak{y}) &= \frac{(\mathfrak{x} - x)\,k_2 - (\mathfrak{y} - y)\,h_2}{h_1 k_2 - h_2 k_1}, \\ L_2(\mathfrak{x}, \mathfrak{y}) &= -\frac{(\mathfrak{x} - x)\,k_1 - (\mathfrak{y} - y)\,h_1}{h_1 k_2 - h_2 k_1}. \end{aligned}\right. \tag{2}$$

Wir wollen nun die partiellen Ableitungen von $f(x, y)$ nach x und y mit p und q bezeichnen und annehmen, daß $f(x, y)$ ein Differential hat, was z. B. der Fall sein wird, wenn die partiellen Ableitungen an der Stelle x, y stetig sind. Dann können wir schreiben

$$z_1 - z = (p + \alpha_1)\,h_1 + (q + \beta_1)\,k_1,$$
$$z_2 - z = (p + \alpha_2)\,h_2 + (q + \beta_2)\,k_2,$$

wobei α_1, β_1 gleichzeitig mit h_1, k_1 und ebenso α_2, β_2 mit h_2, k_2 nach Null konvergieren. Setzen wir diese Ausdrücke in (1') ein, so finden wir mit Rücksicht auf (2)

$$(1^*) \qquad \mathfrak{z} - z = p(\mathfrak{x} - x) + q(\mathfrak{y} - y) + \varrho(\mathfrak{x} - x) + \sigma(\mathfrak{y} - y).$$

Dabei haben wir die Abkürzungen

$$\varrho = \frac{\alpha_1 h_1 k_2 + (\beta_1 - \beta_2) k_1 k_2 - \alpha_2 h_2 k_1}{h_1 k_2 - h_2 k_1},$$

$$\sigma = \frac{\beta_2 h_1 k_2 + (\alpha_2 - \alpha_1) h_1 h_2 - \beta_1 h_2 k_1}{h_1 k_2 - h_2 k_1}$$

eingeführt. Um nun zu erkennen, wie sich ϱ und σ beim Hinschwinden von h_1, k_1, h_2, k_2 verhalten, setzen wir

$$h_1 = r_1 \cos \varphi_1, \quad k_1 = r_1 \sin \varphi_1,$$
$$h_2 = r_2 \cos \varphi_2, \quad k_2 = r_2 \sin \varphi_2.$$

Dann heben sich die Faktoren r_1 und r_2 heraus, und es ergibt sich

$$\varrho = \frac{\alpha_1 \cos \varphi_1 \sin \varphi_2 + (\beta_1 - \beta_2) \sin \varphi_1 \sin \varphi_2 - \alpha_2 \cos \varphi_2 \sin \varphi_1}{\sin (\varphi_1 - \varphi_2)},$$

$$\sigma = \frac{\beta_2 \cos \varphi_1 \sin \varphi_2 + (\alpha_2 - \alpha_1) \cos \varphi_1 \cos \varphi_2 - \beta_1 \cos \varphi_2 \sin \varphi_1}{\sin(\varphi_1 - \varphi_2)}.$$

Offenbar sind ϱ und σ ihrem Betrage nach kleiner als

$$\frac{|\alpha_1| + |\beta_1| + |\alpha_2| + |\beta_2|}{|\sin(\varphi_1 - \varphi_2)|}.$$

Wenn der Nenner einem von Null verschiedenen Grenzwert zustrebt oder überhaupt nur größer bleibt als ein positives δ, so kann man sicher sein, daß ϱ und σ gleichzeitig mit h_1, k_1, h_2, k_2 der Null zustreben. In diesem Falle können wir sagen, daß die Sekantenebene der Grenzlage

$$(3) \qquad \mathfrak{z} - z = p(\mathfrak{x} - x) + q(\mathfrak{y} - y)$$

zustrebt. Diese Grenzlage der Sekantenebene ist die Tangentialebene der betrachteten Fläche im Punkte x, y, z. Streng genommen sollte man statt $\mathfrak{z}$ einen andern Buchstaben schreiben, da das $\mathfrak{z}$ in Gleichung (3) der Grenzwert des $\mathfrak{z}$ in Gleichung (1*) ist. Der Grenzübergang vollzieht sich in der Weise, daß h_1, k_1, h_2, k_2 nach Null konvergieren. $\mathfrak{x}$ und $\mathfrak{y}$ behalten ihre Werte.

Die Bedingung $|\sin (\varphi_1 - \varphi_2| > \delta$ ist sicher erfüllt, wenn wir φ_1 und φ_2 konstante Werte beilegen, deren Differenz einen von Null verschiedenen Sinus hat. Dies bedeutet, daß wir durch den Punkt (x, y, z) zwei Parallelebenen zur z-Achse legen und die Flächenpunkte (x_1, y_1, z_1), (x_2, y_2, z_2) in ihnen wählen.

Jetzt sind wir in der Lage, das Differential $dz = ph + qk$ geometrisch zu deuten. Wenn wir x, y die Inkremente h, k beilegen, so ändert sich z um $\Delta z = f(x + h, y + k) - f(x, y)$. Ersetzt man die Fläche durch ihre Tangentialebene im Punkte x, y, z, so entspricht den Inkrementen h, k der Zuwachs $ph + qk$ oder dz. Man erhält nämlich, wenn man in (3) den Differenzen $\mathfrak{x} - x$, $\mathfrak{y} - y$ die Werte h, k beilegt, $\mathfrak{z} - z = ph + qk$.

Die Sachlage ist also ganz ähnlich wie bei Funktionen einer Veränderlichen. Das Differential ist die Differenz, gebildet für die Tangentialebene statt für die Fläche. Denkt man sich, wie allgemein üblich, h und k sehr klein, so kann man auch sagen, daß die Fläche in der nächsten Umgebung des Punktes x, y, z mit ihrer Tangentialebene identifiziert wird und auf diese Weise die Differenz zum Differential wird. Der Augenschein, sonst in der Mathematik ein nicht sehr angesehener Zeuge, rechtfertigt diese Identifizierung.

Man kann zur Tangentialebene noch auf eine andere Weise gelangen, ohne die Sekantenebene in Anspruch zu nehmen. Man denkt sich auf der Fläche $\mathfrak{z} = f(\mathfrak{x}, \mathfrak{y})$ eine Kurve gezogen, die durch den Punkt x, y, z hindurchgeht. Ihre Projektion auf die $(\mathfrak{x}, \mathfrak{y})$-Ebene werde durch $\mathfrak{y} = \omega(\mathfrak{x})$ dargestellt. Man könnte auch $\mathfrak{x}$ und $\mathfrak{y}$ ihre Rollen vertauschen lassen, wenn die Darstellung $\mathfrak{y} = \omega(\mathfrak{x})$ nicht möglich sein sollte. Wenn wir annehmen, daß $\omega'(x)$ existiert, hat die Kurve auf der Fläche im Punkte x, y, z eine Tangente. Dies erkennt man auf folgende Weise: Man verbinde den Punkt x, y, z mit dem Kurvenpunkt $x + h,\ \omega(x + h),\ f(x + h,\ \omega(x + h))$ und multipliziere diesen Vektor mit $\frac{1}{h}$, so daß seine erste Koordinate gleich 1 wird. Die beiden andern Koordinaten lauten dann

$$\frac{\omega(x + h) - \omega(x)}{h}, \qquad \frac{f(x + h, \omega(x + h)) - f(x, \omega(x))}{h}.$$

Ihre Grenzwerte bei schwindendem h lauten

$$\omega', \qquad p + q\omega'.$$

Von wesentlicher Bedeutung ist hierbei die Voraussetzung, daß $f(\mathfrak{x}, \mathfrak{y})$ an der Stelle x, y ein Differential hat. Dann können wir nämlich schreiben

$$\frac{f(x + h, \omega(x + h)) - f(x, \omega(x))}{h}$$
$$= (p + \alpha) + (q + \beta)\,\frac{\omega(x + h) - \omega(x)}{h},$$

wobei α und β gleichzeitig mit h der Null zustreben, und erhalten bei schwindendem h

$$\lim \frac{f(x + h, \omega(x + h)) - f(x, \omega(x))}{h} = p + q\omega'.$$

Der Tangentialvektor, der hier für die Kurve $\mathfrak{y} = \omega(\mathfrak{x}),\ \mathfrak{z} = f(\mathfrak{x}, \mathfrak{y})$ im Punkte x, y, z gewonnen wurde, hat die Koordinaten

$$1, \omega', p + q\omega'.$$

Sein Anfangspunkt ist x, y, z, sein Endpunkt

$$\mathfrak{x} = x + 1,\ \mathfrak{y} = y + \omega',\ \mathfrak{z} = z + p + q\omega'.$$

Man sieht, daß dieser Endpunkt der Gleichung (3) genügt. Die Tangente der Kurve $\mathfrak{y} = \omega(\mathfrak{x}),\ \mathfrak{z} = f(\mathfrak{x}, \mathfrak{y})$ im Punkte x, y, z liegt also stets in der Ebene (3), wie man auch über ω verfügen mag. Diese Ebene, welche die Tangenten aller durch x, y, z laufenden Kurven der Fläche aufnimmt, natürlich nur die Tangenten im Punkte x, y, z, erklärt man zur Tangentialebene der Fläche in diesem Punkte.

Man kann eine Fläche auch durch eine Gleichung von der Form $F(\mathfrak{x}, \mathfrak{y}, \mathfrak{z}) = 0$ darstellen. Wenn die Ableitungen nach $\mathfrak{x}, \mathfrak{y}, \mathfrak{z}$ um die Stelle x, y, z herum stetig sind und F_3 dort nicht verschwindet, so ist, wie wir aus der Theorie der impliziten Funktionen wissen, die Aussage $F = 0$ wenigstens in einer gewissen Umgebung von x, y, z gleichbedeutend mit $\mathfrak{z} = f(\mathfrak{x}, \mathfrak{y})$. Die Ableitungen $f_{\mathfrak{x}}, f_{\mathfrak{y}}$ an der Stelle x, y, die wir mit p, q bezeichnen, werden nach der Theorie der impliziten Funktionen aus den Gleichungen:

$$F_1 + pF_3 = 0, \quad F_2 + qF_3 = 0$$

gewonnen, so daß also

$$p = -\frac{F_1}{F_3}, \quad q = -\frac{F_2}{F_3}$$

ist. Setzt man diese Ausdrücke in (3) ein, so erhält man für die Tangentialebene der Fläche $F = 0$ im Punkte x, y, z folgende Gleichung:

$$(3^*) \quad (\mathfrak{x} - x) F_1(x, y, z) + (\mathfrak{y} - y) F_2(x, y, z) + (\mathfrak{z} - z) F_3(x, y, z) = 0.$$

$\mathfrak{x} - x, \mathfrak{y} - y, \mathfrak{z} - z$ sind die Koordinaten des Vektors, der den Berührungspunkt x, y, z mit einem Punkte der Tangentialebene verbindet. Faßt man (3*) als Orthogonalitätsaussage auf, so erkennt man, daß F_1, F_2, F_3 die Koordinaten eines Vektors sind, der senkrecht auf der Tangentialebene steht. Man nennt einen solchen Vektor, der vom Berührungspunkt ausgeht und senkrecht zur Tangentialebene gerichtet ist, einen Normalvektor der Fläche. Wir haben den Vektor mit den Koordinaten F_1, F_2, F_3 früher mit grad F bezeichnet und den Gradienten von F genannt. grad F ist also ein Normalvektor der Fläche $F = 0$. Mit Rücksicht auf grad $(F - c) =$ grad F kann man allgemeiner sagen, daß grad F an der Stelle x, y, z ein Normalvektor der hindurchgehenden Fläche $F = c$, d. h. der Fläche $F(\mathfrak{x}, \mathfrak{y}, \mathfrak{z}) = F(x, y, z)$, ist. Diese Flächen $F =$ Const. nennt man die Niveauflächen oder auch Standflächen des Feldes F. Längs einer solchen Fläche hat die Feldfunktion F einen konstanten Wert. Ähnliche Betrachtungen gelten auch für die Ebene. Es ergeben sich dabei sehr hübsche Tangentenkonstruktionen. Um z. B. den Gradienten von

$$r = \sqrt{(x - a)^2 + (y - b)^2}$$

zu gewinnen, wird man sagen, daß aus $r^2 = (x - a)^2 + (y - b)^2$ folgt

$$r\,dr = (x - a)\,dx + (y - b)\,dy,$$

also

$$dr = \frac{x - a}{r}\,dx + \frac{y - b}{r}\,dy.$$

Das Differential ist aber das innere Produkt des Gradienten und des Verschiebungsvektors dx, dy. Also hat man

$$\text{grad}\, r = \frac{x - a}{r}\,\mathfrak{i} + \frac{y - b}{r}\,\mathfrak{j}.$$

$\frac{x - a}{r}, \frac{y - b}{r}$ ist ein Einheitsvektor, den man erhält, indem man die vom

Punkte a, b nach x, y führende Strecke über x, y hinaus um 1 verlängert. x, y gilt als Anfangspunkt dieses Einheitsvektors.

Wenn wir zwei feste Punkte a_1, b_1 und a_2, b_2 betrachten und sie kurz B_1 und B_2 nennen, so sind die Standlinien der Feldfunktion $r_1 + r_2$ oder

$$\sqrt{(x-a_1)^2+(y-b_1)^2}+\sqrt{(x-a_2)^2+(y-b_2)^2}$$

die Ellipsen mit den Brennpunkten B_1, B_2. Nun liefert uns grad $(r_1 + r_2)$ einen Normalvektor der durch x, y oder P hindurchgehenden Ellipse. Da

$$\operatorname{grad}(r_1+r_2) = \operatorname{grad} r_1 + \operatorname{grad} r_2$$

ist, so gewinnen wir diesen Normalvektor, indem wir $B_1 P$ und $B_2 P$ über P hinaus um 1 verlängern und die so gewonnenen Einheitsvektoren $P P_1$ und $P P_2$ addieren. Der Summenvektor fällt mit der Diagonale PQ des Rhombus $P P_1 Q P_2$ zusammen, halbiert also den Winkel, den $P P_1$ und $P P_2$ oder auch PB_1 und PB_2 einschließen. So kommt man auf die bekannte Normalenkonstruktion der Ellipse. Ähnlich läßt sich die Hyperbel $r_1 - r_2 = \text{Const.}$ behandeln, ebenso die Cassinische Kurve $r_1 r_2 = \text{Const.}$ und der apollonische Kreis $\frac{r_1}{r_2} = \text{Const.}$, worauf wir nicht ausführlich einzugehen brauchen.

§ 11. Mehrfache Integrale.

Will man die Theorie der mehrfachen Integrale in völlig befriedigender Allgemeinheit behandeln, so sind verschiedene Hilfsmittel aus der Lehre von den Punktmengen erforderlich, vor allem die Maßtheorie etwa in der von Lebesgue geschaffenen Form. Wir begnügen uns hier mit einem nicht so weit reichenden, dafür aber viel einfacheren Verfahren.

Als Normalbereich, genauer gesagt x-Normalbereich, bezeichnen wir den Inbegriff aller Punkte, deren Koordinaten den Bedingungen

$$(1) \qquad a \leqq x \leqq b, \quad \varphi(x) \leqq y \leqq \psi(x)$$

genügen. $\varphi(x)$ und $\psi(x)$ sind für $a \leqq x \leqq b$ stetig und so beschaffen, daß immer $\varphi(x) < \psi(x)$ ist. Höchstens an den Intervallgrenzen lassen wir die Gleichheit zwischen $\varphi(x)$ und $\psi(x)$ zu. Fig. 2 zeigt verschiedene solche

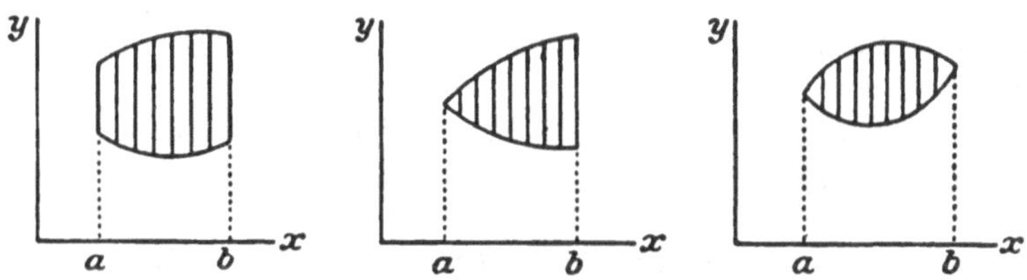

Fig. 2.

Normalbereiche. Jedesmal ist der Bereich durch Schraffierung gekennzeichnet. $y = \psi(x)$ nennen wir die obere Grenzkurve, $y = \varphi(x)$ die untere. Ist M der größte Wert von $\psi(x)$ und m der kleinste Wert von $\varphi(x)$ in $a \ldots b$, so soll $M - m$ die Höhe des Normalbereiches heißen. $b - a$ bezeichnen wir als seine Breite. Wenn wir sagen, daß ein Normalbereich sich unendlich verkleinert oder hinschwindet, so meinen wir damit, daß Breite und Höhe des Bereichs nach Null konvergieren.

Durch die Gerade $x = c$, wobei $a < c < b$ sein soll, wird der Bereich (1) in die beiden Teile

$$(2) \qquad a \leqq x \leqq c, \quad \varphi(x) \leqq y \leqq \psi(x)$$

und

$$(3) \qquad c \leqq x \leqq b, \quad \varphi(x) \leqq y \leqq \psi(x)$$

zerlegt, die eben solche Normalbereiche sind wie (1). Diese erste Art der Zerlegung eines Normalbereichs sehen wir in Fig. 3 verwirklicht. Die beiden Teilbereiche sind verschieden schraffiert.

Liegt die stetige Funktion $\chi(x)$ in $a \ldots b$ beständig zwischen $\varphi(x)$ und $\psi(x)$, so teilt die Kurve $y = \chi(x)$ den Bereich (1) in zwei Bereiche derselben Art, nämlich in

$$(4) \qquad a \leqq x \leqq b, \quad \varphi(x) \leqq y \leqq \chi(x)$$

und

$$(5) \qquad a \leqq x \leqq b, \quad \chi(x) \leqq y \leqq \psi(x).$$

Diese zweite Zerlegungsart veranschaulicht Fig. 4.

Wenn man einen der beiden Teilbereiche (2), (3) oder (4), (5) der ersten oder der zweiten Zerlegungsart unterwirft, so entsteht eine Aufteilung des Bereichs (1) in drei Bereiche derselben Art. Man kann nun wieder einen

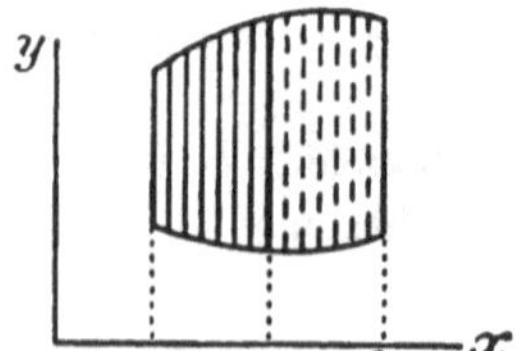

Fig. 3.

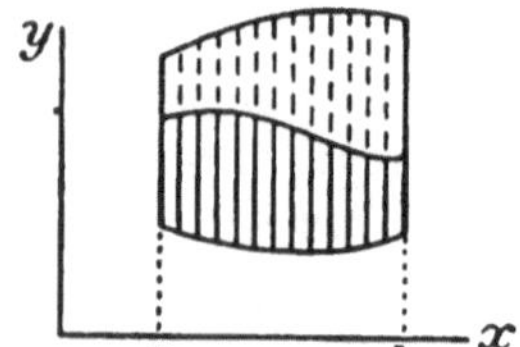

Fig. 4.

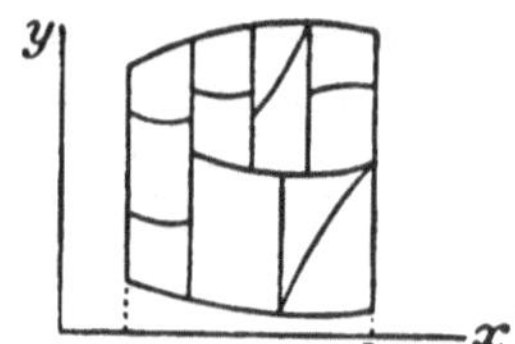

Fig. 5.

der drei Teilbereiche auf die eine oder andere Art zerlegen. Setzt man dieses Verfahren weiter fort, so ergeben sich Zerlegungen des Bereiches (1) in n Bereiche derselben Art, und n kann dabei jede beliebige Anzahl bedeuten. Eine solche Zerlegung zeigt uns z. B. Fig. 5. Wenn wir von Zerlegungen eines Normalbereiches sprechen, sind immer die hier beschriebenen gemeint. Will man statt der x-Normalbereiche y-Normalbereiche betrachten, so sind alle Figuren einer Vierteldrehung zu unterwerfen. x und y vertauschen einfach ihre Rollen. Wir bleiben aber vorläufig bei den x-Normalbereichen.

Wenn $\mathfrak{Z}$ eine Zerlegung des Bereichs (1) bedeutet, so hat jeder Teilbereich eine gewisse Breite und Höhe. Sind es etwa r Teilbereiche, so wird es unter den r Breiten eine größte β geben, ebenso auch unter den r Höhen eine größte α. Wir sagen nun, daß die Zerlegung $\mathfrak{Z}$ sich **unendlich verfeinert**, wenn α und β beide nach Null konvergieren. Dabei stellen wir uns stets eine Folge von Zerlegungen $\mathfrak{Z}_1, \mathfrak{Z}_2, \mathfrak{Z}_3, \ldots$ vor, die von $\mathfrak{Z}$ **durchlaufen** wird, so daß $\mathfrak{Z}$ zuerst die Zerlegung $\mathfrak{Z}_1$ ist, dann die Zerlegung $\mathfrak{Z}_2$ usw. Wenn dann die Breiten und Höhen der Teilbereiche von $\mathfrak{Z}_n$ bei unendlich zunehmendem n nach Null konvergieren, so erfährt $\mathfrak{Z}$ beim Durchlaufen der Folge $\mathfrak{Z}_1, \mathfrak{Z}_2, \mathfrak{Z}_3, \ldots$ eine unendliche Verfeinerung. Um ein Beispiel einer $\mathfrak{Z}$-Folge mit unendlicher Verfeinerung zu geben, teilen wir $a \ldots b$ in n gleiche Teile

$$a_0 \ldots a_1, \quad a_1 \ldots a_2, \ldots, \quad a_{n-1} \ldots a_n,$$

wobei wir $a_0 = a$ und $a_n = b$ setzen. Außerdem bilden wir die $n + 1$ Kurven

$$y = \varphi_0(x), \quad y = \varphi_1(x), \ldots, y = \varphi_n(x),$$

wobei

$$\varphi_\nu(x) = \varphi(x) + \frac{\nu}{n}\{\psi(x) - \varphi(x)\}$$

sein soll. Hierdurch gewinnen wir eine Zerlegung $\mathfrak{Z}$ des Bereiches (1) in die n^2 Teilbereiche

$$a_\mu \leqq x \leqq a_{\mu+1}, \quad \varphi_\nu(x) \leqq y \leqq \varphi_{\nu+1}(x). \tag{6}$$
$$(\mu, \nu = 0, 1, \ldots, n-1).$$

Die Breite aller Teilbereiche ist $\frac{1}{n}(b-a)$, konvergiert also bei wachsendem n nach Null. Ist $\varphi_\nu(\xi)$ der kleinste Wert von $\varphi_\nu(x)$ und $\varphi_{\nu+1}(\xi^*)$ der größte Wert von $\varphi_{\nu+1}(x)$ in $a_\mu \ldots a_{\mu+1}$, so hat der Teilbereich (6) die Höhe $\varphi_{\nu+1}(\xi^*) - \varphi_\nu(\xi)$ oder

$$\varphi_{\nu+1}(\xi^*) - \varphi_\nu(\xi^*) + \varphi_\nu(\xi^*) - \varphi_\nu(\xi),$$

d. h.

$$\frac{1}{n}\{\psi(\xi^*) - \varphi(\xi^*)\} + \left(1 - \frac{\nu}{n}\right)\{\varphi(\xi^*) - \varphi(\xi)\} + \frac{\nu}{n}\{\psi(\xi^*) - \psi(\xi)\}. \tag{7}$$

Da der Unterschied zwischen ξ und ξ^* nicht größer als $\frac{1}{n}(b-a)$ ist und sich die Faktoren $1 - \frac{\nu}{n}$ und $\frac{\nu}{n}$ zwischen den Grenzen 0 und 1 halten, so konvergieren die beiden letzten Bestandteile des Ausdrucks (7) bei wachsendem n nach Null. Man denke an die gleichmäßige Stetigkeit. Der erste Bestandteil ist, wenn M das größte $\psi(x)$ und m das kleinste $\varphi(x)$ in $a \ldots b$ bezeichnet, zwischen 0 und $\frac{1}{n}(M-m)$ enthalten. Auch er strebt bei zunehmendem n nach Null.

Tatsächlich liegt hier also eine Zerlegung vor, die sich mit wachsendem n unendlich verfeinert.

Nach diesen Vorbereitungen können wir erklären, was ein über den Bereich (1) erstrecktes Integral bedeutet. In diesem Bereich sei eine Funktion $f(x, y)$ definiert. Ist $\mathfrak{Z}$ eine Zerlegung des Bereiches (1) in Teilbereiche σ und zugleich σ der Flächeninhalt des mit σ benannten Teilbereichs, so wollen wir die Summe

$$(8) \qquad S(\mathfrak{Z}) = \Sigma f(\xi, \eta)\,\sigma$$

bilden. Sie erstreckt sich über alle Teilbereiche der Zerlegung $\mathfrak{Z}$ und kommt dadurch zustande, daß jeder Teilbereich oder vielmehr sein Flächeninhalt mit einem Funktionswert $f(\xi, \eta)$ multipliziert wird, der in dem Teilbereich vorkommt. ξ, η soll also irgendein dem Bereich σ entnommener Punkt sein. Wenn nun bei unendlicher Verfeinerung von $\mathfrak{Z}$ die Summe $S(\mathfrak{Z})$ stets einem und demselben Grenzwert zustrebt, so heißt dieser Grenzwert das über (1) erstreckte Integral von $f(x, y)$ und wird durch das Symbol

$$(9) \qquad \iint\limits_{(1)} f(x, y)\,dx\,dy$$

bezeichnet. Das Auftreten des Rechtecks $dx\,dy$ in diesem Symbol kann man in folgender Weise rechtfertigen: Wenn man den Bereich (1) zuerst durch Parallelen zur y-Achse in schmale Streifen zerlegt, so kann man zur Weiterteilung eines Streifens Parallelstrecken zur x-Achse benutzen (vgl. Fig. 6). Dann sind wenigstens die im Innern liegenden Teilbereiche tatsächlich solche Rechtecke wie $dx\,dy$. Das doppelte Integralzeichen ist aus dem doppelten Summenzeichen entstanden. Man summiert, wenn eine Zerlegung nach Art der Fig. 6 vorliegt, z. B. zuerst innerhalb eines Streifens und dann über alle Streifen. Allen diesen Symbolen haften Überreste veralteter Auffassungen an. Vor allem fehlt bei den Integralsymbolen irgendein Hinweis auf den Grenzübergang, dem das Integral seinen Ursprung verdankt. Dieser Hinweis konnte deshalb fortbleiben, weil man dx und dy als unendlich kleine Größen ansah. Das Integrationsgebiet dachte man sich in unendlich viele, unendlich kleine Rechtecke $dx\,dy$ aufgeteilt und das an der Stelle x, y befindliche Flächenelement $dx\,dy$ mit dem dort wohnenden Funktionswert $f(x, y)$ zum Produkt vereinigt. Die Summe dieser Produkte ist das fertige Integral (9). Man hatte bei dieser Auffasssungs- oder Redeweise keinen Grenzübergang nötig. Er lag versteckt in den unendlich kleinen Größen. Wir halten uns an die oben gegebene strenge Erklärung des Integrals (9).

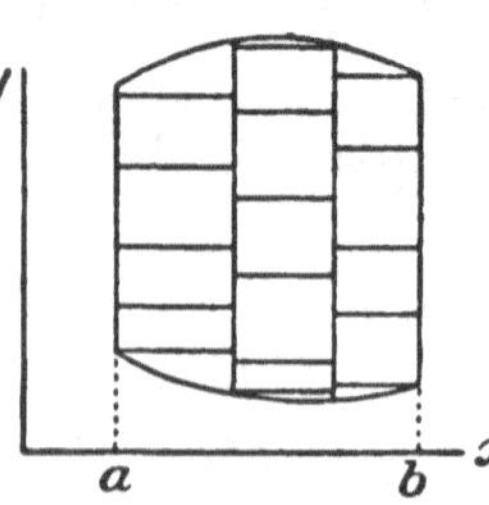

Fig. 6.

Ein Normalbereich wie (1) ist stets beschränkt und, wie man leicht feststellt, abgeschlossen. Hat man es mit einer Funktion zu tun, die sich im Bereich (1) überall stetig verhält, so gibt es in (1) ein größtes und ein kleinstes $f(x, y)$. Dasselbe gilt für die in (8) auftretenden Teilbereiche σ. Bezeichnet M_σ das größte und m_σ das kleinste $f(x, y)$ in σ, so sind

$$\mathfrak{S} = \Sigma\sigma M_\sigma, \quad \mathfrak{s} = \Sigma\sigma m_\sigma$$

Sonderfälle des Summenausdrucks $S(\mathfrak{Z})$. Offenbar ist $S(\mathfrak{Z})$ zwischen $\mathfrak{S}$ und $\mathfrak{s}$ enthalten, so daß es genügt, diese beiden Summen zu betrachten.

Wir werden nun unter Beibehaltung eines stetigen f von einer andern Seite an das Integral (9) herangehen. Zunächst zeigen wir, daß die Funktion

$$F(x) = \int_{\varphi(x)}^{\psi(x)} f(x, y)\, dy$$

im Intervall $a \ldots b$ stetig ist. $y = \varphi(x)$ und $y = \psi(x)$ sind, wie man sich erinnern wolle, die untere und die obere Grenzkurve des Bereichs (1). $f(x, y)$ wird hier unter Festhaltung von x nach y integriert, und zwar zwischen den Grenzen $\varphi(x)$ und $\psi(x)$. Sind x und $x + h$ zwei Werte aus $a \ldots b$, so kommt es darauf an, zu zeigen, daß $F(x + h)$ bei hinschwindendem h nach $F(x)$ konvergiert. Ist, was an den Grenzen von $a \ldots b$ eintreten kann, $\varphi(x) = \psi(x)$, also $F(x) = 0$, so kann man sagen, daß nach dem Mittelwertsatz

$$F(x + h) = \{\psi(x + h) - \varphi(x + h)\} f(x, \eta)$$

gilt. Da $\psi(x + h) - \varphi(x)$ bei schwindendem h nach $\psi(x) - \varphi(x) = 0$ konvergiert, während $f(x, \eta)$ zwischen dem größten und kleinsten f im Bereich (1) bleibt, so folgt $\lim F(x + h) = 0 = F(x)$. Im Falle $\varphi(x) < \psi(x)$ wird für genügend kleine Beträge von h

$$\varphi(x + h) < \psi(x), \quad \psi(x + h) > \varphi(x)$$

sein, so daß die beiden Intervalle $\varphi(x) \ldots \psi(x)$ und $\varphi(x + h) \ldots \psi(x + h)$ einen gemeinsamen Bestandteil $\alpha \ldots \beta$ besitzen, der mit h variieren kann, aber kleiner ist als die Höhe des Bereiches (1). In der Differenz der beiden Integrale $F(x)$ und $F(x + h)$ tritt zunächst der Bestandteil

$$(10) \quad \int_\alpha^\beta \{f(x + h, y) - f(x, y)\}\, dy = (\beta - \alpha)\{f(x + h, \eta) - f(x, \eta)\}$$

auf, der mit h zusammen der Null zustrebt, weil der erste Faktor zwischen endlichen Schranken bleibt und der zweite nach Null konvergiert, wobei man an die gleichmäßige Stetigkeit denken muß. Außer dem Bestandteil (10) kommen in $F(x + h) - F(x)$ nur noch Integrale vor, welche sich auf die über $\alpha \ldots \beta$ hinausragenden Stücke der Intervalle $\varphi(x) \ldots \psi(x)$ und $\varphi(x + h) \ldots \psi(x + h)$ beziehen. Da diese Hinausragungen mit h nach Null konvergieren, so streben die zugehörigen Integrale ebenfalls der Null zu, so daß sich wieder $\lim F(x + h) = F(x)$ ergibt.

Die stetige Funktion $F(x)$ wollen wir nunmehr über das Intervall $a \ldots b$ integrieren und das so entstehende Integral mit D bezeichnen, so daß

$$D = \int_a^b \left(\int_{\varphi(x)}^{\psi(x)} f(x, y)\, dy \right) dx$$

ist. Dieses Doppelintegral, das Ergebnis zweier aufeinanderfolgender einfacher Integrationen, erweist sich, wie wir jetzt sehen werden, als gleichwertig mit dem Integral (9). Wenn man den Bereich (1) durch die Gerade $x = c$ in zwei Teile zerlegt, so läßt sich D in die Summanden

$$\int_a^c \left(\int_{\varphi(x)}^{\psi(x)} f(x, y)\, dy \right) dx, \quad \int_c^b \left(\int_{\varphi(x)}^{\psi(x)} f(x, y)\, dy \right) dx$$

zerfällen. Darüber brauchen wir kein Wort zu verlieren. Teilt man den Bereich durch eine Kurve $y = \chi(x)$, wendet man also, wie wir es früher nannten, die zweite Zerlegungsart an, so folgt aus

$$\int_{\varphi(x)}^{\psi(x)} = \int_{\varphi(x)}^{\chi(x)} + \int_{\chi(x)}^{\psi(x)}$$

sofort

$$D = \int_a^b \Big(\int_{\varphi(x)}^{\chi(x)} f(x, y) dy\Big) dx + \int_a^b \Big(\int_{\chi(x)}^{\psi(x)} f(x, y)\, dy\Big) dx.$$

Aus beiden Feststellungen läßt sich entnehmen, daß zu einer Zerlegung $\mathfrak{Z}$ des Bereiches, die durch wiederholte Anwendung der beiden Teilungsarten entsteht, eine Zerfällung von D in Summanden gehört, die sich auf die einzelnen Teilbereiche beziehen, so wie D auf den Bereich (1). Nun brauchen wir noch eine Bemerkung über D, die durch folgende einfache Überlegung gewonnen wird: $\mathfrak{M}$ sei das größte und $\mathfrak{m}$ das kleinste $f(x, y)$ im Bereich (1). Dann ist

$$\mathfrak{m} \int_{\varphi(x)}^{\psi(x)} dy \leqq \int_{\varphi(x)}^{\psi(x)} f(x, y) dy \leqq \mathfrak{M} \int_{\varphi(x)}^{\psi(x)} dy$$

und daher

$$\mathfrak{m} \int_a^b \{\psi(x) - \varphi(x)\} dx \leqq D \leqq \mathfrak{M} \int_a^b \{\psi(x) - \varphi(x)\} dx$$

oder, wenn wir mit I den Inhalt des Bereiches (1) bezeichnen,

$$\mathfrak{m} I \leqq D \leqq \mathfrak{M} I.$$

Man sieht, daß $D : I$ ein Zwischenwert zwischen $\mathfrak{m}$ und $\mathfrak{M}$ ist. Da der Bereich (1) offenbar zusammenhängend ist, so nimmt die stetige Funktion f diesen Zwischenwert an irgendeiner Stelle x^*, y^* des Bereiches an. Man kann also setzen

$$D = I f(x^*, y^*). \tag{11}$$

Greifen wir nun auf die Feststellung zurück, daß jedem Teilbereich σ der Zerlegung $\mathfrak{Z}$ ein Summand D_σ von D entspricht, und wenden wir auf D_σ die Formel (11) an, wonach

$$D_\sigma = \sigma f(\xi, \eta)$$

ist, so erweist sich D als eine Summe von der Form (8). Wir können hieraus schließen, daß D zwischen $\mathfrak{S}$ und $\mathfrak{s}$ enthalten ist. Die Differenz $\mathfrak{S} - \mathfrak{s}$ oder $\Sigma(M_\sigma - m_\sigma)\sigma$ ist aber kleiner als $\{f(\xi, \eta) - f(\bar{\xi}, \bar{\eta})\} I$, wenn $f(\xi, \eta) - f(\bar{\xi}, \bar{\eta})$ die größte der Differenzen $M_\sigma - m_\sigma$ darstellt. Da ξ, η und $\bar{\xi}, \bar{\eta}$ in demselben Teilbereich der Zerlegung $\mathfrak{Z}$ liegen, so ist $|\xi - \bar{\xi}|$ kleiner als die Breite und $|\eta - \bar{\eta}|$ kleiner als die Höhe dieses Teilbereichs. Bei unendlicher Verfeinerung von $\mathfrak{Z}$ konvergieren daher $\xi - \bar{\xi}$ und $\eta - \bar{\eta}$ beide nach Null. Wegen der Stetigkeit der Funktion f gilt dann dasselbe von $f(\xi, \eta) - f(\bar{\xi}, \bar{\eta})$ und $\{f(\xi, \eta) - f(\bar{\xi}, \bar{\eta})\} I$, so daß also

$$\lim (\mathfrak{S} - \mathfrak{s}) = 0$$

ist. Da nun $\mathfrak{s}$ und $\mathfrak{S}$ das Doppelintegral D einschließen, so folgt

$$\lim \mathfrak{S} = \lim \mathfrak{s} = D,$$

mithin auch

$$\lim S(\mathfrak{Z}) = D.$$

Wenn f im Bereich (1) stetig ist, so existiert also das Integral (9), und man hat

$$\iint\limits_{(1)} f(x, y)\, dx\, dy = \int\limits_a^b \Big(\int\limits_{\varphi(x)}^{\psi(x)} f(x, y)\, dy \Big)\, dx. \tag{12}$$

Hiermit ist zugleich eine wichtige Regel zur Berechnung des Integrals (9) gewonnen. Man muß zuerst bei festgehaltenem x nach y integrieren, und zwar zwischen den Grenzen $\varphi(x)$ und $\psi(x)$, die sich an dem Bereich (1) ablesen lassen. Das Resultat dieser ersten Integration ist eine Funktion von x, die man nun noch zu integrieren hat, und zwar von a bis b, wie der Anblick des Bereichs erkennen läßt.

Es gibt Bereiche, die nicht nur x-Normalbereiche, sondern auch zugleich y-Normalbereiche sind. Man denke an ein Rechteck, dessen Seiten zu den Achsen parallel sind, oder an einen Kreis. Ein solcher Bereich läßt sich sowohl in der Form $a \leqq x \leqq b$, $\varphi(x) \leqq y \leqq \psi(x)$ als auch in der Form

$$A \leqq y \leqq B, \quad \Phi(y) \leqq x \leqq \Psi(y)$$

kennzeichnen. Da x und y vollkommen gleichberechtigt sind, hat man in diesem Falle neben der Formel (12) noch die folgende:

$$\iint\limits_{(1)} f(x, y)\, dx\, dy = \int\limits_A^B \Big(\int\limits_{\Phi(y)}^{\Psi(y)} f(x, y)\, dx \Big)\, dy. \tag{12'}$$

Aus (12) und (12′) ergibt sich

$$\int\limits_a^b \Big(\int\limits_{\varphi(x)}^{\psi(x)} f(x, y)\, dy \Big)\, dx = \int\limits_A^B \Big(\int\limits_{\Phi(y)}^{\Psi(y)} f(x, y)\, dx \Big)\, dy. \tag{13}$$

Es ist nach dieser Formel gleichgültig, nach welcher Veränderlichen man zuerst integriert. Allerdings wird hier die Stetigkeit von $f(x, y)$ gefordert. Ist diese Bedingung nicht erfüllt, so kann die Gleichung (13) ungültig werden.

Ein berühmtes Beispiel ist das Integral von

$$f(x, y) = \frac{x^2 - y^2}{(x^2 + y^2)^2},$$

erstreckt über das Quadrat

$$0 \leqq x \leqq 1, \quad 0 \leqq y \leqq 1. \tag{14}$$

Nach (13) wäre hier die Übereinstimmung der beiden Integrale

$$\int\limits_0^1 \Big(\int\limits_0^1 \frac{(x^2 - y^2)\, dx}{(x^2 + y^2)^2} \Big)\, dy, \quad \int\limits_0^1 \Big(\int\limits_0^1 \frac{(x^2 - y^2)\, dy}{(x^2 + y^2)^2} \Big)\, dx \tag{15}$$

zu erwarten. Da

$$\left(\frac{x}{x^2+y^2}\right)_x = \frac{y^2-x^2}{(x^2+y^2)^2}, \quad \left(\frac{y}{x^2+y^2}\right)_y = \frac{x^2-y^2}{(x^2+y^2)^2}$$

ist, so hat man

$$\int_0^1 \frac{(x^2-y^2)\,dx}{(x^2+y^2)^2} = -\int_0^1 \left(\frac{x}{x^2+y^2}\right)_x dx = -\left(\frac{x}{x^2+y^2}\right)_{x=0}^{x=1} = -\frac{1}{1+y^2},$$

$$\int_0^1 \frac{(x^2-y^2)\,dy}{(x^2+y^2)^2} = \int_0^1 \left(\frac{y}{x^2+y^2}\right)_y dy = \left(\frac{y}{x^2+y^2}\right)_{y=0}^{y=1} = \frac{1}{1+x^2}.$$

Hiernach reduzieren sich die beiden Integrale (15) auf

$$-\int_0^1 \frac{dy}{1+y^2}, \quad \int_0^1 \frac{dx}{1+x^2}.$$

Sie sind also nicht gleich, sondern entgegengesetzt gleich. Die Funktion $\frac{x^2-y^2}{(x^2+y^2)^2}$ verhält sich im Integrationsgebiet, d. h. in dem Quadrat (14), überall stetig, wo der Nenner $(x^2+y^2)^2$ von Null verschieden ist, also überall mit Ausnahme der Ecke $x=0$, $y=0$. Hier liegt eine Unstetigkeitsstelle, die man durch keinerlei Vereinbarung über den Funktionswert $f(0,0)$ beseitigen kann. Um zu sehen, was die Funktion bei Annäherung an diese Stelle tut, setze man $x = r\cos\varphi$, $y = r\sin\varphi$. Dann wird

$$\frac{x^2-y^2}{(x^2+y^2)^2} = \frac{\cos 2\varphi}{r^2}.$$

Rückt man geradeswegs auf die Unstetigkeitsstelle zu, so strebt f nach ∞ oder $-\infty$, je nachdem $\cos 2\varphi > 0$ oder $\cos 2\varphi < 0$ ist. Im Falle $\cos 2\varphi = 0$ bleibt die Funktion beständig gleich Null. Läßt man auch krumme Wege zu, so kann man bei geschicktem Heranschleichen an die Unstetigkeitsstelle jeden endlichen Grenzwert für f gewinnen. Die Gleichung

$$(16) \qquad (x^2+y^2)^2 = k(x^2-y^2)$$

stellt im Falle $k > 0$ eine Lemniskate dar, deren Brennpunkte auf der x-Achse liegen. Durch

$$(16') \qquad (x^2+y^2)^2 = -k(x^2-y^2)$$

wird dieselbe Lemniskate in gedrehter Lage (Vierteldrehung um den Anfangspunkt) gekennzeichnet. Man kann auf jeder solchen Lemniskate zum Anfangspunkt gelangen. Dabei bleibt f beständig gleich k oder gleich $-k$. Die Lemniskaten (16) und (16′) sind die Niveaulinien oder Standlinien der Funktion $\frac{x^2-y^2}{(x^2+y^2)^2}$. Alle Standlinien gehen durch den Anfangspunkt hindurch. In nächster Nähe dieses Punktes nimmt also die Funktion jeden beliebigen Wert an. Das ist die denkbar stärkste Durchbrechung der Stetigkeit. Kein Wunder, daß dadurch die Gleichung (13) ins Wanken gebracht wird, weil wir sie nur unter der Voraussetzung eines stetigen Integranden bewiesen haben. Bei harmloseren Unstetigkeiten behauptet sich diese Gleichung, wie man an folgendem Beispiel sieht: Wir betrachten in dem quadratischen Bereich (14) die Funktion $f(x, y) = \frac{xy}{x^2 + y^2}$ und berechnen die beiden Integrale

$$\int_0^1 \left(\int_0^1 \frac{xy\,dx}{x^2 + y^2} \right) dy, \qquad \int_0^1 \left(\int_0^1 \frac{xy\,dy}{x^2 + y^2} \right) dx. \tag{17}$$

Hier wird

$$\int_0^1 \frac{xy\,dx}{x^2 + y^2} = \frac{1}{2}\, y\{\ln(x^2 + y^2)\}_{x=0}^{x=1} = \frac{1}{2}\, y \ln\left(\frac{y^2 + 1}{y^2}\right),$$

$$\int_0^1 \frac{xy\,dy}{x^2 + y^2} = \frac{1}{2}\, x\{\ln(x^2 + y^2)\}_{y=0}^{y=1} = \frac{1}{2}\, x \ln\left(\frac{x^2 + 1}{x^2}\right).$$

Die Integrale (17) reduzieren sich nun auf

$$\frac{1}{2}\int_0^1 y \ln\left(\frac{y^2 + 1}{y^2}\right) dy, \quad \frac{1}{2}\int_0^1 x \ln\left(\frac{x^2 + 1}{x^2}\right) dx,$$

stimmen also überein. Die Funktion $x \ln\left(\frac{x^2 + 1}{x^2}\right)$ ist im geschlossenen Intervall $0 \ldots 1$ stetig, wenn man ihr für $x = 0$ den Wert 0 beilegt. Läßt man nämlich x nach 0 konvergieren, so strebt $x \ln x$ dem Grenzwert 0 zu. Andererseits ist

$$x \ln\left(\frac{x^2 + 1}{x^2}\right) = x \ln(x^2 + 1) - 2x \ln x,$$

mithin

$$\lim \left\{x \ln\left(\frac{x^2 + 1}{x^2}\right)\right\} = 0.$$

Wenn man in

$$\frac{1}{2}\int_0^1 x \ln\left(\frac{x^2 + 1}{x^2}\right) dx \tag{18}$$

die neue Veränderliche $x^2 = u$ einführt, so ergibt sich

$$\frac{1}{4}\int_0^1 \ln\left(\frac{u + 1}{u}\right) du = \frac{1}{4}\int_0^1 \ln(u + 1)\, du - \frac{1}{4}\int_0^1 \ln u\, du.$$

Nun hat aber $\ln u$ die Stammfunktion $u \ln u - u$, also $\ln(u + 1)$ die Stammfunktion $(u + 1)\ln(u + 1) - (u + 1)$. Daher wird

$$\int_0^1 \ln(u + 1)\,du = 2 \ln 2 - 1, \qquad \int_0^1 \ln u\, du = -1. \tag{19}$$

Bei dem letzten Integral muß man folgende Überlegung anstellen: Da der Integrand $\ln u$ bei Annäherung an $u = 0$ unendlich wird, so muß zuerst das Integral

$$\int_{\varepsilon}^{1} \ln u\, du = (u \ln u - u)_{\varepsilon}^{1} = -1 - \varepsilon \ln \varepsilon + \varepsilon$$

betrachtet werden. Bei hinschwindendem ε ergibt sich -1 als Grenzwert. Dieser Grenzwert gilt als Wert des von 0 bis 1 erstreckten Integrals. Unter Benutzung der Resultate (19) ergibt sich nun für das Integral (18) der Wert $\frac{1}{2}\ln 2$. Er ist also der gemeinsame Wert der Doppelintegrale (17). Der Integrand $\frac{xy}{x^2+y^2}$ weist an der Stelle $x = 0$, $y = 0$ zwar auch eine Unstetigkeit auf. Sie ist aber nicht ganz so bösartig wie bei $\frac{x^2-y^2}{(x^2+y^2)^2}$. Setzt man wieder $x = r\cos\varphi$, $y = r\sin\varphi$, so wird

$$\frac{xy}{x^2+y^2} = \frac{1}{2}\sin 2\varphi\,.$$

In der nächsten Umgebung der Unstetigkeitsstelle werden nicht wie früher alle Werte angenommen, sondern nur die Werte des Intervalls $-\frac{1}{2}\ldots\frac{1}{2}$. Die Funktion hält sich also zwischen endlichen Schranken.

§ 12. Der Gaußsche Integralsatz.

Wir knüpfen an die grundlegende Formel (12) in § 11 an und wollen annehmen, daß der Integrand $f(x, y)$ eine Ableitung ist, und zwar eine Ableitung nach y, also $f = F_y$. Von F und F_y fordern wir die Stetigkeit im Bereich (1).

Das Integral

$$\int_{\varphi(x)}^{\psi(x)} f(x, y)\, dy$$

läßt sich jetzt berechnen, weil wir die Stammfunktion $F(x, y)$ zur Verfügung haben. Es hat den Wert

$$\{F(x, y)\}_{y=\varphi(x)}^{y=\psi(x)} = F(x, \psi(x)) - F(x, \varphi(x))\,.$$

Nach Formel (12) wird also

$$\iint\limits_{(1)} F_y\, dx\, dy = \int_a^b F(x, \psi(x))\, dx - \int_a^b F(x, \varphi(x))\, dx$$

oder

$$(*) \qquad \iint\limits_{(1)} F_y\, dx\, dy = \int_a^b F(x, \psi(x))\, dx + \int_b^a F(x, \varphi(x))\, dx\,.$$

Die Integrale auf der rechten Seite sind sogenannte K u r v e n i n t e g r a l e. Wir wollen hier sogleich den allgemeinen Begriff des Kurvenintegrals erklären. Bei jedem solchen Integral gibt es einen Integrationsweg PQ. Er ist ein bei P beginnender und bei Q endender stetiger Kurvenbogen, analytisch ausgedrückt durch zwei Gleichungen von der Form $x = x(t)$, $y = y(t)$ unter Angabe des Intervalls $\alpha \ldots \beta$, das von dem Parameter t durchlaufen wird. $x(t)$ und $y(t)$ sollen in diesem Intervall stetig sein. $x(\alpha)$, $y(\alpha)$ sind die Koordinaten des Punktes P, in welchem der Integrationsweg beginnt, und $x(\beta)$, $y(\beta)$ die des Punktes Q, in welchem er endigt. Es kann auch vorkommen, daß P und Q zusammenfallen. Dann spricht man von einem geschlossenen Wege. Wenn t das Intervall $\alpha \ldots \beta$ durchläuft, beschreibt der Punkt $x(t)$, $y(t)$, den wir kurz T nennen wollen, den Weg PQ. Nun denke man sich, daß der Punkt T auf seiner Reise längs des Weges PQ gewisse Stationen macht, die durch die Werte $t_1, t_2, \ldots, t_{n-1}$ des Parameters t gekennzeichnet sind. Die genannten Werte zerlegen das Intervall $\alpha \ldots \beta$ in die n Teilintervalle $\alpha \ldots t_1, t_1 \ldots t_2, \ldots, t_{n-1} \ldots \beta$. Dieser Zerlegung entspricht eine Einteilung des Weges PQ in n Abschnitte $PP_1, P_1P_2, \ldots P_{n-1}Q$. Der Bequemlichkeit halber werden wir α und β mit t_0 und t_n, ebenso P und Q mit P_0 und P_n bezeichnen. Wir nennen $t_{\nu-1} \ldots t_\nu$ das ν-te Teilintervall von $\alpha \ldots \beta$ und $P_{\nu-1}P_\nu$ den ν-ten Abschnitt des Weges PQ. Nun denke man sich zwei Funktionen $u(t)$, $v(t)$, die im Intervall $\alpha \ldots \beta$ definiert sind, und denke sich die Werte u, v über den Weg PQ ausgebreitet, so daß an der Stelle T oder $x(t)$, $y(t)$ die Werte $u(t)$ und $v(t)$ wohnen. Solche Belegungen eines Kurvenbogens mit Funktionswerten kommen in den Anwendungen sehr häufig vor. Hier sind es zwei Belegungen, die zusammen betrachtet werden müssen. Wenn nun der Punkt T den Weg PQ durchwandert, so wollen wir uns denken, daß er am Anfang und am Ende jedes Wegeabschnitts $P_{\nu-1}P_\nu$ den dort befindlichen Wert der Funktion $v(t)$ registriert und die Differenz $v(t_\nu) - v(t_{\nu-1})$ ausrechnet. Außerdem möge er beim Durchschreiten von $P_{\nu-1}P_\nu$ einen am Wege stehenden Wert $u(\tau_\nu)$ der Funktion $u(t)$ abpflücken und schließlich auf der Station P_ν das Produkt $u(\tau_\nu)\{v(t_\nu) - v(t_{\nu-1})\}$ bilden, bevor er seine Reise weiter fortsetzt. Die Summe aller dieser Produkte, die der Wanderer notiert hat, also

$$S(\mathfrak{Z}) = \Sigma u(\tau_\nu)\{v(t_\nu) - v(t_{\nu-1})\},$$

hängt von der Zerlegung $\mathfrak{Z}$ des Intervalls $\alpha \ldots \beta$ ab und zugleich von der Lage der einzelnen Werte τ_ν in den Teilintervallen $t_{\nu-1} \ldots t_\nu$. Unter gewissen Bedingungen verhält es sich nun so, daß die Summe $S(\mathfrak{Z})$ bei unendlicher Verfeinerung der Zerlegung $\mathfrak{Z}$ stets einem und demselben Grenzwert zustrebt. Dieser Grenzwert wird dann mit

$$(1) \qquad \int_{t=\alpha}^{t=\beta} u\,dv$$

bezeichnet und ist ein sogenanntes Stieltjessches Integral. Hält man sich an die Vorstellung, daß der Weg PQ mit den Werten u, v belegt ist, so pflegt man zu sagen, es handle sich hier um das Integral von udv, erstreckt längs des Weges PQ. Man schreibt, um diese Auffassung hervorzuheben,

(1*) $$\int\limits_{\overset{\frown}{PQ}} u\,dv,$$

wobei der kleine Bogen andeutet, daß hier ein gewisser Weg von P nach Q die Grundlage der Integralberechnung bildet. Solche Integrale, die im Grunde nichts anderes sind als Stieltjessche Integrale, nennt man allgemein Kurvenintegrale.

Das Integral (1) existiert z. B. immer, wenn v im Intervall $\alpha \ldots \beta$ eine stetige Ableitung $v'(t)$ hat und u in $\alpha \ldots \beta$ stetig ist. Nach dem Mittelwertsatz hat man nämlich

$$v(t_\nu) - v(t_{\nu-1}) = (t_\nu - t_{\nu-1})\, v'(\tau_\nu^*).$$

Bildet man nun

$$S^*(\mathfrak{Z}) = \Sigma u(\tau_\nu^*)\, \{v(t_\nu) - v(t_{\nu-1})\} = \Sigma u(\tau_\nu^*)\, v'(\tau_\nu^*)\, (t_\nu - t_{\nu-1}),$$

so strebt diese Summe bei unendlicher Verfeinerung von $\mathfrak{Z}$ dem Grenzwert

(2) $$\int\limits_\alpha^\beta u(t)\, v'(t)\, dt$$

zu. Aber auch $S(\mathfrak{Z})$ hat diesen Grenzwert. Es ist nämlich

$$S(\mathfrak{Z}) - S^*(\mathfrak{Z}) = \Sigma \{u(\tau_\nu) - u(\tau_\nu^*)\}\, v'(\tau_\nu^*)\, (t_\nu - t_{\nu-1}).$$

Unter den Beträgen $|\, u(\tau_\nu) - u(\tau_\nu^*)\, |$ gibt es aber einen größten $|\, u(\tau) - u(\tau^*)\, |$. Bezeichnen wir außerdem mit $\mathfrak{M}$ den größten Wert der stetigen Funktion $|\, v'(t)\, |$ in $\alpha \ldots \beta$, so ergibt sich die Aussage

$$|\, S(\mathfrak{Z}) - S^*(\mathfrak{Z})\, | \leqq (\beta - \alpha)\, \mathfrak{M}\, |\, u(\tau) - u(\tau^*)\, |.$$

Da τ und τ^* demselben Teilintervall angehören, wird bei unendlicher Verfeinerung der Zerlegung $\lim (\tau - \tau^*) = 0$. Wegen der Stetigkeit von u folgt dann $\lim \{u(\tau) - u(\tau^*)\} = 0$, mithin

$$\lim \{S(\mathfrak{Z}) - S^*(\mathfrak{Z})\} = 0,$$

so daß $S(\mathfrak{Z})$ tatsächlich denselben Grenzwert (2) hat wie $S^*(\mathfrak{Z})$.

Das Integral (1) kann auch unter andern Bedingungen existieren. Wenn $v(t)$ im Intervall $\alpha \ldots \beta$ monoton und $u(t)$ stetig ist, liegt ein solcher Fall vor. In Wirklichkeit braucht man von $u(t)$ noch weniger zu verlangen. Doch wollen wir auf diese Verfeinerungen hier nicht eingehen. Wir erwähnen nur noch, daß die beiden Integrale

(3) $$\int\limits_{\overset{\frown}{PQ}} u\,dv, \quad \int\limits_{\overset{\frown}{PQ}} v\,du$$

existieren, wenn eins von ihnen einen Sinn hat. Es wird sich überdies zeigen, daß ihre Summe gleich $(uv)_P^Q$ ist, d. h. gleich dem Zuwachs, den uv beim Übergange von P zu Q erfährt. Angenommen, daß das erste der beiden Integrale existiert. Dann läßt sich die Existenz des zweiten auf folgende Weise erkennen: Wir bilden auf Grund der Zerlegung $\mathfrak{Z}$ die Summe

(4) $$\Sigma v(\tau_\nu)\{u(t_\nu) - u(t_{\nu-1})\}$$

und beachten, daß

$$v(\tau_\nu)\{u(t_\nu) - u(t_{\nu-1})\}$$
$$= v(\tau_\nu)\{u(t_\nu) - u(\tau_\nu)\} + v(\tau_\nu)\{u(\tau_\nu) - u(t_{\nu-1})\}$$

ist. Andererseits hat man

$$v(\tau_\nu)\{u(t_\nu) - u(\tau_\nu)\} = u(t_\nu)v(t_\nu) - u(\tau_\nu)v(\tau_\nu) - u(t_\nu)\{v(t_\nu) - v(\tau_\nu)\},$$
$$v(\tau_\nu)\{u(\tau_\nu) - u(t_{\nu-1})\} = u(\tau_\nu)v(\tau_\nu) - u(t_{\nu-1})v(t_{\nu-1}) - u(t_{\nu-1})\{v(\tau_\nu) - v(t_{\nu-1})\},$$

mithin

$$(5)\qquad \Sigma v(\tau_\nu)\{u(t_\nu) - u(t_{\nu-1}) = \{u(t)v(t)\}_\alpha^\beta$$
$$- \Sigma[u(t_{\nu-1})\,\{v(\tau_\nu) - v(t_{\nu-1})\} + u(t_\nu)\,\{v(t_\nu) - v(\tau_\nu)\}]\,.$$

Die rechts auftretende Summe konvergiert bei unendlicher Verfeinerung von $\mathfrak{Z}$ nach dem Integral (1*). Sie ist nämlich mit Hilfe einer Zerlegung gebildet, die aus $\mathfrak{Z}$ durch Hinzuziehung der Teilpunkte τ_ν hervorgeht, sich also gleichzeitig mit $\mathfrak{Z}$ unendlich verfeinert. Wenn also das erste der beiden Integrale (3) existiert, so gilt dasselbe vom zweiten, und es besteht nach (5) zwischen beiden die Relation

$$(6)\qquad \int\limits_{\underset{\smile}{PQ}} u\,dv + \int\limits_{\underset{\smile}{PQ}} v\,du = (uv)_P^Q.$$

Man nennt sie die Regel der partiellen Integration.

Nach diesen Zwischenbemerkungen über Kurvenintegrale kehren wir zu der am Anfang des Paragraphen gewonnenen Gleichung (*) zurück. Wir können sie jetzt in folgender Form schreiben:

$$\iint\limits_{(1)} F_y\,dx\,dy = \int\limits_{\underset{\smile}{A'B'}} F\,dx + \int\limits_{\underset{\smile}{BA}} F\,dx\,,$$

wobei Fig. 7 zu beachten ist. Längs der Strecken AA' und $B'B$ hat x einen konstanten Wert, so daß die Integrale

$$\int\limits_{\underset{\smile}{AA'}} F\,dx\,,\qquad \int\limits_{\underset{\smile}{B'B}} F\,dx$$

verschwinden. Hiernach wird

$$\iint\limits_{(1)} F_y\,dx\,dy = \int\limits_{\underset{\smile}{AA'}} F\,dx + \int\limits_{\underset{\smile}{A'B'}} F\,dx + \int\limits_{\underset{\smile}{B'B}} F\,dx + \int\limits_{\underset{\smile}{BA}} F\,dx$$

oder in kürzerer Fassung

$$(7)\qquad \iint\limits_{(1)} F_y\,dx\,dy = \int\limits_{AA'B'BA} F\,dx\,.$$

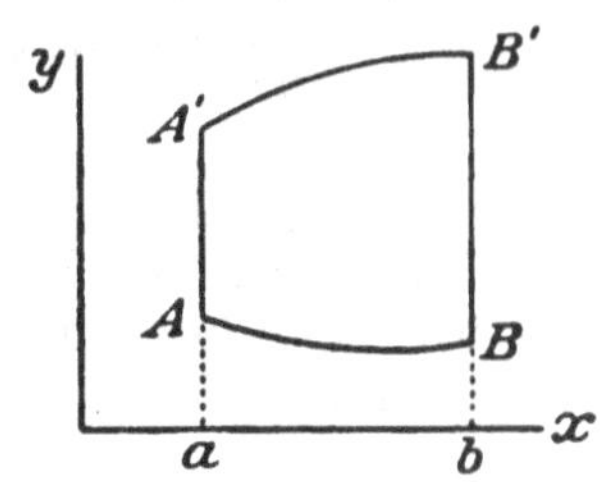

Fig. 7.

Das rechts auftretende Kurvenintegral erstreckt sich längs des ganzen Randes des Bereiches (1), und zwar wird er nach rechts herum durchlaufen. In Gleichung (7) ist der Gaußsche Integralsatz enthalten. Wir schreiben diese Gleichung noch einfacher und ausdrucksvoller in folgender Form:

$$(7^*)\qquad \iint F_y\,dx\,dy = \int\limits_{\rightleftarrows} F\,dx.$$

Den Bereich (1) nehmen wir garnicht in das Symbol auf. Der Gaußsche Satz überträgt sich sofort auf solche Bereiche, die sich aus einer endlichen Anzahl von x-Normalbereichen zusammensetzen. Man muß, wenn $\mathfrak{B}$ ein solcher Bereich ist, der etwa in die x-Normalbereiche $\mathfrak{B}_1, \mathfrak{B}_2, \ldots, \mathfrak{B}_q$ zerfällt, unter

$$\iint\limits_{\mathfrak{B}} f(x, y)\, dx\, dy$$

die Summe der Integrale

$$\iint\limits_{\mathfrak{B}_1} f(x, y)\, dx\, dy, \ldots, \iint\limits_{\mathfrak{B}_q} f(x, y)\, dx\, dy$$

verstehen. Wendet man die Formel (7*) auf $\mathfrak{B}_1, \mathfrak{B}_2, \ldots, \mathfrak{B}_q$ an und bildet

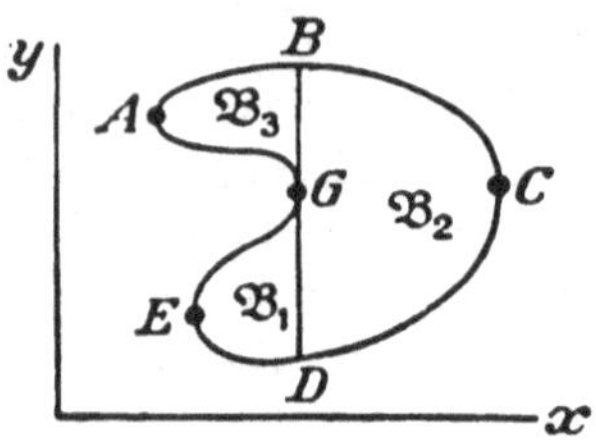

Fig. 8.

die Summe, so ergibt sich der Gaußsche Satz für den Bereich $\mathfrak{B}$. Dabei muß man eine Eigenschaft der Kurvenintegrale benutzen, die unmittelbar aus ihrer Definition zu entnehmen ist und sich in der Gleichung

$$\int\limits_{\overset{PQ}{\smile}} u\, dv + \int\limits_{\overset{QP}{\smile}} u\, dv = 0 \tag{8}$$

ausspricht. Es liege z. B. der Bereich $\mathfrak{B}$ vor, den Fig. 8 darstellt. Er zerfällt in die drei x-Normalbereiche $\mathfrak{B}_1, \mathfrak{B}_2, \mathfrak{B}_3$. Nach (7*) ist

$$\iint\limits_{\mathfrak{B}_1} F_y\, dx\, dy = \int\limits_{DEG} F\, dx + \int\limits_{GD} F\, dx,$$

$$\iint\limits_{\mathfrak{B}_2} F_y\, dx\, dy = \int\limits_{BCD} F\, dx + \int\limits_{DG} F\, dx + \int\limits_{GB} F\, dx,$$

$$\iint\limits_{\mathfrak{B}_3} F_y\, dx\, dy = \int\limits_{GAB} F\, dx + \int\limits_{BG} F\, dx.$$

Hieraus folgt durch Addition unter Berücksichtigung von (8)

$$\iint\limits_{\mathfrak{B}} F_y\, dx\, dy = \int\limits_{DEG} F\, dx + \int\limits_{GAB} F\, dx + \int\limits_{BCD} F\, dx = \int\limits_{\overset{\rightarrow}{\underset{\leftarrow}{\mathfrak{B}}}} F\, dx.$$

Voraussetzung ist hierbei, daß F und F_y im Bereich $\mathfrak{B}$ stetig sind.

Wenn der Bereich $\mathfrak{B}$ auch in eine endliche Anzahl von y-Normalbereichen zerlegbar ist, so kann man die ganze Betrachtung mit vertauschten Achsen durchführen. Da in unsern Figuren die positive x-Achse durch eine Vierteldrehung nach links in die positive y-Achse übergeht, so ist klar, daß bei Vertauschung der Achsen aus Linksherum Rechtsherum wird. Es stellt sich also der Formel

$$\iint\limits_{\mathfrak{B}} F_y\, dx\, dy = \int\limits_{\overset{\rightarrow}{\underset{\leftarrow}{\mathfrak{B}}}} F\, dx \tag{9}$$

die folgende an die Seite:

$$\iint\limits_{\mathfrak{B}} F_x\, dx\, dy = \int\limits_{\overset{\leftarrow}{\underset{\rightarrow}{\mathfrak{B}}}} F\, dy. \tag{10}$$

Wir fügen zu den schon gemachten Voraussetzungen die neue hinzu, daß auch F_x im Bereich $\mathfrak{B}$ stetig ist. Nun wollen wir die beiden Formeln auf verschiedene Funktionen anwenden, die wir $X(x, y)$ und $Y(x, y)$ nennen. Sie sollen im Bereich $\mathfrak{B}$ nebst den Ableitungen X_x und Y_y stetig sein. Nach (9) und (10) ist dann

$$\iint\limits_{\mathfrak{B}} X_x dx dy = \int\limits_{\underrightarrow{\overleftarrow{\mathfrak{B}}}} X dy ,$$

$$\iint\limits_{\mathfrak{B}} Y_y dx dy = -\int\limits_{\underrightarrow{\overleftarrow{\mathfrak{B}}}} Y dx .$$

Hieraus ergibt sich durch Addition, wenn wir die beiden Kurvenintegrale in ein einziges zusammenziehen, was eine Sache der Vereinbarung ist,

$$\iint\limits_{\mathfrak{B}} (X_x + Y_y)\, dx dy = \int\limits_{\underrightarrow{\overleftarrow{\mathfrak{B}}}} (X dy - Y dx) . \tag{11}$$

Das ist der allgemeine Gaußsche Integralsatz, aus dem die beiden Sonderfälle (9) und (10) durch Nullsetzen einer der beteiligten Funktionen hervorgehen.

Auf der linken Seite von (11) erscheint als Integrand die Divergenz des Vektors $X\mathfrak{i} + Y\mathfrak{j}$. Das über $\mathfrak{B}$ erstreckte Integral dieser Divergenz wird durch (11) in ein Randintegral, d. h. in ein längs des Randes von $\mathfrak{B}$ genommenes Integral verwandelt.

Der Gaußsche Integralsatz ist eine sehr ergiebige Quelle, aus der viele andere wichtige Theoreme fließen. Nur einige wenige dieser Folgesätze seien hier hervorgehoben. Wenn man in (11) $X = x$, $Y = y$ setzt, so steht links das Doppelte von $\iint dx dy$. Dieses Integral ist, wenn man sich an die Limesdefinition solcher Integrale erinnert, nichts anderes als der Flächeninhalt des Bereichs $\mathfrak{B}$, den wir mit demselben Buchstaben bezeichnen. Es ist also

$$\mathfrak{B} = \tfrac{1}{2} \int\limits_{\underrightarrow{\overleftarrow{\mathfrak{B}}}} (x dy - y dx) . \tag{12}$$

Auf diese Formel, die eigentlich schon Leibniz bekannt war, stützt sich z. B. die Theorie des Amslerschen Planimeters.

$U(x, y)$, $V(x, y)$ seien im Bereich $\mathfrak{B}$ nebst ihren ersten und zweiten Ableitungen stetig, eine Voraussetzung, die der Bequemlichkeit halber mehr verlangt als für unsern Zweck erforderlich ist. Setzt man in (11)

$$X = U V_y, \qquad Y = -U V_x ,$$

so wird

$$X_x + Y_y = U_x V_y + U V_{yx} - U_y V_x - U V_{xy}$$

oder mit Rücksicht auf $V_{xy} = V_{yx}$

$$X_x + Y_y = U_x V_y - U_y V_x .$$

Wir kommen hier also auf die Funktionaldeterminante von U, V. Auf der rechten Seite von (11) finden wir, da

$$X dy - Y dx = U(V_x dx + V_y dy) = U dV$$

ist,

$$\int\limits_{\overset{\leftarrow}{\underset{\rightarrow}{\mathfrak{B}}}} U dV .$$

Hier muß noch etwas zur Rechtfertigung dieser Umformung gesagt werden, die so glatt in die Feder fließt, daß man kaum dazu kommt, an ihrer Gültigkeit irgendwie zu zweifeln. Ist wirklich, so fragen wir,

$$(13) \qquad \int\limits_{\underset{\smile}{PQ}} U dV = \int\limits_{\underset{\smile}{PQ}} U V_x dx + \int\limits_{\underset{\smile}{PQ}} U V_y dy ?$$

Es genügt für uns, die Sache für Wege von der Form $y = \varphi(x)$ oder $x = \varphi(y)$ klarzustellen. Wegen der Gleichberechtigung von x und y können wir uns sogar auf Wege von der Form $y = \varphi(x)$ beschränken. x möge im Intervall $\alpha \ldots \beta$ variieren. Um nicht in lange Betrachtungen verwickelt zu werden, wollen wir annehmen, daß $\varphi(x)$ eine stetige Ableitung besitzt. Dann hat $V(x, \varphi(x))$ die Ableitung $V_1(x, \varphi(x)) + V_2(x, \varphi(x)) \varphi'(x)$, die ebenfalls stetig ist, und es wird nun, wie wir wissen,

$$\int\limits_{\underset{\smile}{PQ}} U dV = \int\limits_{\alpha}^{\beta} U(x, \varphi(x))\{V_1(x, \varphi(x)) + V_2(x, \varphi(x)) \varphi'(x)\} dx.$$

Andererseits ist

$$\int\limits_{\underset{\smile}{PQ}} U V_x dx = \int\limits_{\alpha}^{\beta} U(x, \varphi(x)) V_1(x, \varphi(x)) dx ,$$

$$\int\limits_{\underset{\smile}{PQ}} U V_y dy = \int\limits_{\alpha}^{\beta} U(x, \varphi(x)) V_2(x, \varphi(x)) \varphi'(x) dx ,$$

so daß tatsächlich die Gleichung (13) stattfindet. Wenn man noch annimmt, daß jeder Punkt des Weges PQ eine Umgebung hat, in welcher V, V_x, V_y existieren und stetig sind, so ist alles in Ordnung.

Die Gleichung

$$(14) \qquad \iint\limits_{\mathfrak{B}} (U_x V_y - U_y V_x) dx dy = \int\limits_{\overset{\leftarrow}{\underset{\rightarrow}{\mathfrak{B}}}} U dV$$

wird also sicher gelten, wenn wir die soeben erwähnten Voraussetzungen, die sich auf die Randstücke von $\mathfrak{B}$ beziehen, noch hinzunehmen, wobei wir allerdings genötigt sind, über die Grenzen des Bereiches hinauszugehen. Dies kann übrigens auch vermieden werden, wenn man die Betrachtungen etwas anders gestaltet. Doch wollen wir darauf nicht eingehen.

Vertauscht man in (14) die Funktionen U und V, so entsteht die Gleichung

$$(14') \qquad \iint\limits_{\mathfrak{B}} (U_x V_y - U_y V_x) dx dy = -\int\limits_{\overset{\leftarrow}{\underset{\rightarrow}{\mathfrak{B}}}} V dU .$$

Aus (14) und (14′) folgt noch

$$(14^*)\qquad \iint\limits_{\mathfrak{B}} (U_x V_y - U_y V_x)\,dx\,dy = \tfrac{1}{2}\int\limits_{\substack{\leftarrow\\ \mathfrak{B}\\ \rightarrow}} (U\,dV - V\,dU)\,,$$

eine Verallgemeinerung der Formel (12).

Setzt man

$$(15)\qquad \mathfrak{x} = U(x, y)\,,\quad \mathfrak{y} = V(x, y)$$

und betrachtet $\mathfrak{x}, \mathfrak{y}$ als cartesische Koordinaten in einer andern Ebene, so entsteht eine Abbildung der (x, y)-Ebene auf die $(\mathfrak{x}, \mathfrak{y})$-Ebene. Jedem Punkt der lateinischen Ebene wird durch die Gleichungen (15) ein Punkt der deutschen Ebene zugeordnet. Wir wollen annehmen, daß die Abbildung wenigstens für den Bereich $\mathfrak{B}$ schlicht ist, d. h. daß verschiedenen Punkten x, y von $\mathfrak{B}$ stets verschiedene Bildpunkte $\mathfrak{x}, \mathfrak{y}$ entsprechen. Diese Bildpunkte mögen einen Bereich $\mathfrak{B}^*$ von ähnlicher Art wie $\mathfrak{B}$ bilden. $\mathfrak{B}^*$ soll sich also aus endlich vielen $\mathfrak{x}$-Bereichen, ebenso aber auch aus endlich vielen $\mathfrak{y}$-Bereichen zusammensetzen. Endlich wollen wir noch fordern, daß der Bildpunkt $\mathfrak{x}, \mathfrak{y}$ den Rand von $\mathfrak{B}^*$ nach links herum durchläuft, wenn der Punkt x, y dasselbe mit dem Rande von $\mathfrak{B}$ tut. Unter diesen Voraussetzungen ist

$$\tfrac{1}{2}\int\limits_{\substack{\leftarrow\\ \mathfrak{B}\\ \rightarrow}} (U\,dV - V\,dU)$$

genau dasselbe wie

$$\tfrac{1}{2}\int\limits_{\substack{\leftarrow\\ \mathfrak{B}^*\\ \rightarrow}} (\mathfrak{x}\,d\mathfrak{y} - \mathfrak{y}\,d\mathfrak{x}) = \mathfrak{B}^*\,.$$

Wir können daher nach (14*) auch schreiben

$$(16)\qquad \mathfrak{B}^* = \iint\limits_{\mathfrak{B}} (U_x V_y - U_y V_x)\,dx\,dy$$

oder, wenn für die Funktionaldeterminante das Symbol

$$(17)\qquad \frac{\partial(U, V)}{\partial(x, y)}$$

benutzt wird,

$$(16')\qquad \mathfrak{B}^* = \iint\limits_{\mathfrak{B}} \frac{\partial(U, V)}{\partial(x, y)}\,dx\,dy\,.$$

Das hier auftretende Doppelintegral ist nun wegen der Stetigkeit von U_x, V_x, U_y, V_y in der Form

$$\mathfrak{B} D(\xi, \eta)$$

darstellbar, wobei $D(x, y)$ die Funktionaldeterminante (17) bezeichnet. Damit ist die wichtige Beziehung

$$(16^*)\qquad \mathfrak{B}^* = \mathfrak{B} D(\xi, \eta)$$

gewonnen, die uns sagt, daß der Quotient aus Bildbereich und Urbereich gleich einem Werte der Funktionaldeterminante ist. Lassen wir $\mathfrak{B}$ auf einen

Punkt x, y zusammenschrumpfen, so wird $\lim D(\xi, \eta) = D(x, y)$, und es ergibt sich

$$D(x, y) = \lim \left(\frac{\mathfrak{B}^*}{\mathfrak{B}}\right).$$

Aus dieser Formel lassen sich alle wichtigen Eigenschaften der Funktionaldeterminanten ableiten. Der Quotient $\mathfrak{B}^* : \mathfrak{B}$ ist das zweidimensionale Analogon eines Differenzenquotienten.

Eine berühmte Anwendung der Relation (16*) gibt es bei der Transformation der Doppelintegrale. Im Bereich $\mathfrak{B}^*$ sei eine stetige Funktion $f(\mathfrak{x}, \mathfrak{y})$ gegeben. Wir wollen dem Punkte x, y in $\mathfrak{B}$, dessen Bildpunkt $\mathfrak{x}, \mathfrak{y}$ ist, denselben Wert $f(\mathfrak{x}, \mathfrak{y})$ zuordnen. Dann liegt im Bereich $\mathfrak{B}$ die stetige Funktion $f(U(x, y), V(x, y))$ vor. Nun wollen wir das über $\mathfrak{B}^*$ erstreckte Integral $\iint f(\mathfrak{x}, \mathfrak{y})\, d\mathfrak{x}\, d\mathfrak{y}$ betrachten. $\mathfrak{Z}$ sei eine Zerlegung von $\mathfrak{B}$ in Teilbereiche σ und $\mathfrak{Z}^*$ die entsprechende Zerlegung von $\mathfrak{B}^*$ mit den Teilbereichen σ^*. Nun hat man nach (16*)

$$\sigma^* = \sigma D(x_\sigma, y_\sigma),$$

wobei x_σ, y_σ ein gewisser Punkt im Bereiche σ ist. Wenn wir mit $\mathfrak{x}_{\sigma^*}, \mathfrak{y}_{\sigma^*}$ den Bildpunkt von x_σ, y_σ bezeichnen, so heben wir mit dieser Bezeichnung bereits hervor, daß es sich um einen Punkt in σ^* handelt. Wir können jetzt $\Sigma f(\mathfrak{x}_{\sigma^*}, \mathfrak{y}_{\sigma^*})\sigma^*$ als Näherungssumme für das Integral $\iint\limits_{\mathfrak{B}^*} f(\mathfrak{x}, \mathfrak{y})\, d\mathfrak{x}\, d\mathfrak{y}$ benutzen. Diese Näherungssumme läßt sich dann in folgender Form schreiben:

$$\Sigma f(U(x_\sigma, y_\sigma), V(x_\sigma, y_\sigma))\, D(x_\sigma, y_\sigma)\, \sigma$$

und erscheint damit zugleich als Näherungssumme des Integrals

$$\iint\limits_{\mathfrak{B}} f(U(x, y), V(x, y))\, D(x, y)\, dx\, dy.$$

Bei unendlicher Verfeinerung von $\mathfrak{Z}$ und damit von $\mathfrak{Z}^*$ konvergieren diese Näherungssummen nach den Integralen, und es ergibt sich die Aussage

$$(18) \qquad \iint\limits_{\mathfrak{B}^*} f(\mathfrak{x}, \mathfrak{y})\, dx\, dy = \iint\limits_{\mathfrak{B}} f(U(x, y), V(x, y))\, \frac{\partial(U, V)}{\partial(x, y)}\, dx\, dy,$$

worin die Transformationsregel für Doppelintegrale steckt. Man sieht, daß es bei Doppelintegralen kein gedankenloses Einführen der neuen Veränderlichen gibt. Man setzt zwar in $f(\mathfrak{x}, \mathfrak{y})$ ganz einfach statt $\mathfrak{x}, \mathfrak{y}$ ihre Ausdrücke $U(x, y), V(x, y)$ ein. Im übrigen aber muß man sich merken, daß an die Stelle von $d\mathfrak{x}\, d\mathfrak{y}$ der Ausdruck

$$\frac{\partial(U, V)}{\partial(x, y)}\, dx\, dy$$

tritt. Diese Unvollkommenheit hat ihren Grund darin, daß wir, um im Sinne der Leibnizschen Zeit zu reden, als Flächenelement ein achsenparalleles Rechteck benutzen. Würden wir statt des Rechtecks $d\mathfrak{x}\, d\mathfrak{y}$ ein Parallelogramm

$$d\mathfrak{x}\, \delta\mathfrak{y} - d\mathfrak{y}\, \delta\mathfrak{x}$$

benutzen, wobei $d\mathfrak{x}, d\mathfrak{y}$ und $\delta\mathfrak{x}, \delta\mathfrak{y}$ die beiden von $\mathfrak{x}, \mathfrak{y}$ ausgehenden Parallelogrammseiten kennzeichnen, so könnten wir uns ohne Nachdenken dem Rechenstift überlassen und

$$d\mathfrak{x} = U_x dx + U_y dy, \qquad \delta\mathfrak{x} = U_x \delta x + U_y \delta y,$$
$$d\mathfrak{y} = V_x dx + V_y dy, \qquad \delta\mathfrak{y} = V_x \delta x + V_y \delta y$$

setzen. Es würde sich dann ergeben

$$d\mathfrak{x}\delta\mathfrak{y} - d\mathfrak{y}\delta\mathfrak{x} = (dx\delta y - dy\delta x)(U_x V_y - U_y V_x),$$

d. h. es wäre

$$f(\mathfrak{x}, \mathfrak{y})(d\mathfrak{x}\,\delta\mathfrak{y} - d\mathfrak{y}\delta\mathfrak{x}) = f(U, V)\frac{\partial(U, V)}{\partial(x, y)}(dx\delta y - dy\delta x).$$

Man käme also ganz von selbst zur richtigen Transformationsformel. So sollte man sich denn entschließen, nicht mehr $\iint f(\mathfrak{x}, \mathfrak{y})\,d\mathfrak{x}d\mathfrak{y}$ zu schreiben, sondern

$$\iint f(\mathfrak{x}, \mathfrak{y})(d\mathfrak{x}\delta\mathfrak{y} - d\mathfrak{y}\delta\mathfrak{x}).$$

Dann braucht man keine Transformationsregel zu lernen.

§ 13. Geometrische Anwendungen der Doppelintegrale.

Die Doppelintegrale dienen in erster Linie zur Berechnung der Volumina. $f(x, y)$ sei in dem Bereich $\mathfrak{B}$, einem Bereich von der in § 12 betrachteten Art, stetig und positiv. Dann liegt über $\mathfrak{B}$ ein ganz bestimmtes Stück der Fläche $z = f(x, y)$. Dieses bildet die obere Begrenzung eines Zylinderstumpfs $\mathfrak{V}$ mit der Basis $\mathfrak{B}$. Man denke sich nun $\mathfrak{B}$ in Teilbereiche σ zerlegt und betrachte den über einem solchen σ stehenden Teil von $\mathfrak{V}$. Dieser Teil möge $\mathfrak{V}_\sigma$ heißen. Ist M_σ das größte und m_σ das kleinste $f(x, y)$ im Teilbereich σ, so wird offenbar $\mathfrak{V}_\sigma$ zwischen σm_σ und σM_σ enthalten sein. Diese einschließenden Volumina sind Zylinder, die auf der Basis σ stehen und die Höhen m_σ und M_σ haben. $\mathfrak{V}$ selbst liegt zwischen

$$\Sigma\sigma m_\sigma, \quad \Sigma\sigma M_\sigma.$$

Bei unendlicher Verfeinerung der Zerlegung konvergieren beide nach

$$\iint\limits_{\mathfrak{B}} f(x, y)\,dx dy.$$

Dieses Doppelintegral muß also gleich $\mathfrak{V}$ sein. Es stellt demnach das Volumen eines Zylinderstumpfes dar.

Läßt man den Bereich $\mathfrak{B}$ mit der Kreisfläche $x^2 + y^2 \leqq a^2$ zusammenfallen und setzt $z = \sqrt{a^2 - x^2 - y^2}$, so ist $\mathfrak{V}$ eine Halbkugel vom Radius a. Diese Halbkugel hat also das Volumen

$$(1) \qquad \iint\limits_{\mathfrak{K}} \sqrt{a^2 - x^2 - y^2}\,dx dy,$$

wobei $\mathfrak{K}$ die erwähnte Kreisfläche ist. Um dieses Doppelintegral bequem zu berechnen, führen wir Polarkoordinaten ein, d. h. wir setzen

$$x = r\cos\varphi, \; y = r\sin\varphi.$$

Die Kreisfläche $\mathfrak{K}$ wird dann durch folgende Angaben gekennzeichnet:

$$(2) \qquad 0 \leqq r \leqq a, \; 0 \leqq \varphi \leqq 2\pi.$$

Wenn wir r als Abszisse und φ als Ordinate auftragen, so grenzen die Ungleichungen (2) ein Rechteck $\mathfrak{R}$ ab. Das Doppelintegral verwandelt sich nun nach der Transformationsregel in

$$(1') \qquad \iint_{\mathfrak{R}} r\sqrt{a^2 - r^2}\, dr\, d\varphi\,,$$

weil

$$\frac{\partial x}{\partial r} = \cos\varphi, \quad \frac{\partial x}{\partial \varphi} = -r\sin\varphi,$$
$$\frac{\partial y}{\partial r} = \sin\varphi, \quad \frac{\partial y}{\partial \varphi} = r\cos\varphi$$

ist, also

$$\frac{\partial(x, y)}{\partial(r, \varphi)} = r\,.$$

Das Doppelintegral (1′) läßt sich auf zwei einfache Integrationen zurückführen. Integriert man zuerst nach φ, von 0 bis 2π, so ergibt sich

$$2\pi r\sqrt{a^2 - r^2}\, dr\,.$$

Nun muß noch nach r integriert werden, und zwar von 0 bis a, d. h. man muß folgendes Integral berechnen:

$$2\pi\int_0^a r\sqrt{a^2 - r^2}\, dr.$$

Hier sieht man mit einem Blick die Stammfunktion

$$-\tfrac{1}{3}(a^2 - r^2)^{\frac{3}{2}},$$

die für $r = 0$ den Wert $-\frac{1}{3}a^3$, für $r = a$ den Wert 0 hat, so daß beim Übergange von der unteren zur oberen Grenze der Zuwachs $\frac{1}{3}a^3$ entsteht. Die Halbkugel vom Radius a hat also das Volumen $\frac{2\pi a^3}{3}$, wie man es auch in der Elementargeometrie herleitet.

Wenn man außer der Fläche $z = f(x, y)$ noch eine zweite $z = g(x, y)$ betrachtet und im Bereiche $\mathfrak{B}$ immer $g(x, y) \leqq f(x, y)$ ist, so hat das Doppelintegral

$$\iint_{\mathfrak{B}} \{f(x, y) - g(x, y)\}\, dx\, dy$$

eine leicht erkennbare Bedeutung. Es stellt ebenfalls das Volumen eines Zylinderstumpfes dar. Der Zylinder hat $\mathfrak{B}$ zum Querschnitt und wird oben durch die Fläche $z = f(x, y)$, unten durch die Fläche $z = g(x, y)$ abgeschnitten.

Eine andere wichtige Anwendung der Doppelintegrale ergibt sich beim Problem der Komplanation, d. h. bei der Ausmessung gekrümmter Flächenstücke. Wir schicken eine Bemerkung voraus über die Projektion eines ebenen Flächenstücks auf eine andere Ebene. $\mathfrak{i}_1$ und $\mathfrak{j}_1$ seien zwei zueinander senkrechte Einheitsvektoren, die vom Anfangspunkte ausgehen. Setzt man

$$\mathfrak{r} = u\mathfrak{i}_1 + v\mathfrak{j}_1,$$

so hat man den Ortsvektor eines Punktes vor sich, der in der Ebene der Vektoren $\mathfrak{i}_1$, $\mathfrak{j}_1$ liegt und dort die Koordinaten u, v hat. Sind seine räumlichen Koordinaten x, y, z, so gilt die Gleichung

$$x\mathfrak{i} + y\mathfrak{j} + z\mathfrak{k} = u\mathfrak{i}_1 + v\mathfrak{j}_1 .$$

Hieraus folgt sogleich

$$(3) \qquad \begin{cases} x = u(\mathfrak{i}\,.\,\mathfrak{i}_1) + v(\mathfrak{i}\,.\,\mathfrak{j}_1)\,, \\ y = u(\mathfrak{j}\,.\,\mathfrak{i}_1) + v(\mathfrak{j}\,.\,\mathfrak{j}_1)\,. \end{cases}$$

Wenn nun der Punkt u, v in der Ebene $\mathfrak{i}_1$, $\mathfrak{j}_1$ ein Flächenstück umwandert, so wird dessen Inhalt durch

$$\tfrac{1}{2}\int (u\,dv - v\,du)$$

ausgedrückt. Gleichzeitig umfährt der Punkt x, y, die Projektion von u, v auf die (x, y)-Ebene, ein Flächenstück des Inhalts

$$\tfrac{1}{2}\int (x\,dy - y\,dx).$$

Nach (3) ist aber

$$\begin{vmatrix} x & y \\ dx & dy \end{vmatrix} = \begin{vmatrix} u & v \\ du & dv \end{vmatrix} \begin{vmatrix} \mathfrak{i}\,.\,\mathfrak{i}_1, & \mathfrak{i}\,.\,\mathfrak{j}_1 \\ \mathfrak{j}\,.\,\mathfrak{i}_1, & \mathfrak{j}\,.\,\mathfrak{j}_1 \end{vmatrix} .$$

Stützen wir uns auf die Formel

$$\begin{vmatrix} \mathfrak{i}\cdot\mathfrak{i}_1, & \mathfrak{i}\cdot\mathfrak{j}_1 \\ \mathfrak{j}\cdot\mathfrak{i}_1, & \mathfrak{j}\cdot\mathfrak{j}_1 \end{vmatrix} = (\mathfrak{i}\times\mathfrak{j})\cdot(\mathfrak{i}_1\times\mathfrak{j}_1) = \mathfrak{k}\cdot(\mathfrak{i}_1\times\mathfrak{j}_1),$$

so können wir schreiben

$$\tfrac{1}{2}\int (x\,dy - y\,dx) = \tfrac{1}{2}\,(\mathfrak{k}\cdot(\mathfrak{i}_1\times\mathfrak{j}_1))\int (u\,dv - v\,du)\,.$$

Beim Projizieren von der (u, v)-Ebene auf die (x, y)-Ebene erhält also ein Flächeninhalt den Faktor $\mathfrak{k}\cdot(\mathfrak{i}_1\times\mathfrak{j}_1)$. Nun ist $\mathfrak{i}_1\times\mathfrak{j}_1$ ein Einheitsvektor, der senkrecht auf der Ebene $\mathfrak{i}_1$, $\mathfrak{j}_1$, und $\mathfrak{k}$ ein Einheitsvektor, der senkrecht auf der (x, y)-Ebene steht. Setzen wir also $\mathfrak{k}\cdot(\mathfrak{i}_1\times\mathfrak{j}_1) = \cos\gamma$, so ist γ der Winkel, den die genannten Ebenen einschließen. Der Faktor, der beim Projizieren auf eine andere Ebene zu einem Flächeninhalt hinzutritt, lautet demnach $\cos\gamma$.

Nach Erledigung dieser Frage können wir das Komplanationsproblem angreifen. Wir wollen das über dem Bereich $\mathfrak{B}$ liegende Stück der Fläche $z = f(x, y)$ ausmessen. Dazu schlagen wir folgenden Weg ein: Wir teilen den Bereich $\mathfrak{B}$ in Teilbereiche σ. Über jedem σ liegt ein Stück S_σ der auszumessenden Fläche. $\mathfrak{x}$, $\mathfrak{y}$, $\mathfrak{z}$ sei ein Punkt von S_σ. In ihm legen wir die Tangentialebene an die Fläche, deren Gleichung, wie wir wissen,

$$(4) \qquad Z - \mathfrak{z} = (X - \mathfrak{x})\,f_1(\mathfrak{x}, \mathfrak{y}) + (Y - \mathfrak{y})\,f_2(\mathfrak{x}, \mathfrak{y})$$

lautet. f_1 und f_2 sind die Ableitungen von f nach $\mathfrak{x}$ und $\mathfrak{y}$. Über σ befindet sich nun auch ein bestimmtes Stück dieser Tangentialebene, das wir T_σ nennen wollen. Unser Ziel ist, ΣS_σ zu berechnen. Wir ersetzen diese Summe durch ΣT_σ und sagen uns, daß bei genügender Kleinheit der Teilbereiche σ die beiden Summen nur unmerklich voneinander abweichen. Sollte bei unendlicher Verfeinerung der Zerlegung $\lim \Sigma T_\sigma$ existieren, so fühlen wir uns berechtigt, diesen Grenzwert als den Inhalt des über $\mathfrak{B}$ liegenden Flächenstücks zu betrachten. Wir definieren überhaupt diesen Inhalt, für den es noch keine Erklärung gibt, durch jenen Grenzwert. T_σ hat nun die Projektion σ, so daß $\sigma = T_\sigma \cos\gamma$ ist, wobei γ den Winkel zwischen Tangentialebene und (x, y)-Ebene oder, was auf dasselbe hinauskommt, den Winkel zwischen der Flächennormale und der z-Achse bedeutet. Aus (4) ersehen wir, daß $-f_1(\mathfrak{x}, \mathfrak{y})$, $-f_2(\mathfrak{x}, \mathfrak{y})$, 1 die Koordinaten eines Vektors sind, der auf der Tangentialebene senkrecht steht. Man reduziert diesen Vektor auf die Länge 1, indem man ihn mit $\sqrt{f_1^2(\mathfrak{x}, \mathfrak{y}) + f_2^2(\mathfrak{x}, \mathfrak{y}) + 1}$ dividiert. Daher ist

$$\cos\gamma = \frac{1}{\sqrt{f_1^2(\mathfrak{x}, \mathfrak{y}) + f_2^2(\mathfrak{x}, \mathfrak{y}) + 1}}$$

und

$$T_\sigma = \frac{\sigma}{\cos\gamma} = \sigma\sqrt{f_1^2(\mathfrak{x}, \mathfrak{y}) + f_2^2(\mathfrak{x}, \mathfrak{y}) + 1}\,.$$

Wenn nun $f_1(x, y)$, $f_2(x, y)$ im Bereich $\mathfrak{B}$ stetig sind, so gilt dasselbe von $\sqrt{f_1^2(x, y) + f_2^2(x, y) + 1}$, und daher konvergiert ΣT_σ bei unendlicher Verfeinerung der Zerlegung nach dem Grenzwert

$$\iint\limits_{\mathfrak{B}} \sqrt{f_1^2(x, y) + f_2^2(x, y) + 1}\, dx\, dy$$

oder, wenn wir statt f_1 und f_2 die Bezeichnungen p, q benutzen, nach

$$\iint\limits_{\mathfrak{B}} \sqrt{p^2 + q^2 + 1}\, dx\, dy\,. \tag{5}$$

Das ist die gesuchte Komplanationsformel.

Wir wollen wieder die Halbkugel $z = \sqrt{a^2 - x^2 - y^2}$ betrachten, um diesmal ihre krumme Oberfläche zu berechnen. Es ist hier

$$p = -\frac{x}{\sqrt{a^2 - x^2 - y^2}}, \qquad q = -\frac{y}{\sqrt{a^2 - x^2 - y^2}},$$

also

$$p^2 + q^2 + 1 = \frac{a^2}{a^2 - x^2 - y^2}\,.$$

Zunächst fassen wir die über dem Kreise $\mathfrak{C}$ oder $x^2 + y^2 \leqq c^2$ liegende Kugelhaube ins Auge $(c < a)$. Sie wird durch

$$\iint\limits_{\mathfrak{C}} \frac{a\, dx\, dy}{\sqrt{a^2 - x^2 - y^2}}$$

gemessen. Führen wir statt x, y Polarkoordinaten ein, so kommen wir auf das über den Bereich $0 \leqq r \leqq c$, $0 \leqq \varphi \leqq 2\pi$ zu erstreckende Integral

$$\iint \frac{a\, r\, dr\, d\varphi}{\sqrt{a^2 - r^2}}\,.$$

Integriert man zuerst nach φ, so ergibt sich der Ausdruck $\dfrac{2\pi a\, r\, dr}{\sqrt{a^2 - r^2}}$, der nun noch von $r = 0$ bis $r = c$ integriert werden muß. Dabei findet man

$$2\pi a \int_0^c \frac{r\,dr}{\sqrt{a^2 - r^2}} = 2\pi a \left(-\sqrt{a^2 - r^2}\right)_0^c = 2\pi a \left(a - \sqrt{a^2 - c^2}\right).$$

Hier ist offenbar $a - \sqrt{a^2 - c^2}$ die Höhe der Kugelhaube. Nennt man sie h, so entsteht der aus der Elementargeometrie bekannte Ausdruck $2\pi a h$. Er verwandelt sich für $h = a$ in $2\pi a^2$, die Oberfläche der Halbkugel.

In den Anwendungen werden die Doppelintegrale zur Berechnung vieler anderer Größen benutzt, z. B. von Trägheitsmomenten, Potentialen, Schwerpunktskoordinaten usw.

Differentialgleichungen.

§ 1. Differentialgleichungen von Kurvenscharen.

Wenn man die Gleichung einer Geraden aufschreibt, $y = ax + b$, so sieht man, daß sie mit zwei Konstanten behaftet ist. Erteilt man den Konstanten a und b alle möglichen Werte, so entsteht die Schar aller Geraden der Ebene (mit Ausschluß der Parallelen zur y-Achse). Wir wollen jetzt eine Eigenschaft ableiten, die allen Mitgliedern dieser Schar zukommt. Aus $y = ax + b$ folgt zunächst $y' = a$ und durch nochmalige Differentiation $y'' = 0$. Die Eigenschaft $y'' = 0$ ist kennzeichnend für die Geraden $y = ax + b$. Sie besagt nämlich, daß y' eine verschwindende Ableitung hat, also konstant ist, so daß man $y' = a$ setzen kann oder $(y - ax)' = 0$. Dann ist aber $y - ax$ ebenfalls konstant, $y - ax = b$.

Die Gleichung eines Kreises

$$(x - a)^2 + (y - b)^2 = c^2$$

ist mit drei Konstanten a, b, c behaftet. Auch hier läßt sich leicht eine Eigenschaft ableiten, die alle Kreise gemein haben. Man findet durch Differentiation zunächst

$$x - a + (y - b)\, y' = 0\,,$$

durch nochmalige Differentiation

$$1 + y'^2 + (y - b)\, y'' = 0\,.$$

und durch eine dritte Differentiation

$$3y'y'' + (y - b)\, y''' = 0\,.$$

Aus den beiden letzten Gleichungen folgt

$$\begin{vmatrix} 1 + y'^2, & y'' \\ 3y'y'', & y''' \end{vmatrix} = 0$$

oder

$$(1) \qquad y'''(1 + y'^2) - 3y'y''^2 = 0\,.$$

Bevor wir auch hier den umgekehrten Weg gehen, wollen wir zunächst bemerken, daß die obige Gleichung erfüllt ist, wenn y'' verschwindet. Die für die Kreise festgestellte Eigenschaft wird also auch von den Geraden geteilt, die man als Kreise mit unendlich großem Radius in die Schar der Kreise aufnehmen kann. Nehmen wir nunmehr $y'' \neq 0$ an, so können wir die Gleichung (1) in folgender Form schreiben:

$$\frac{y'''}{y''} - \frac{3}{2}\frac{2y'y''}{1+y'^2} = 0.$$

Links steht die logarithmische Ableitung von

$$y''(1+y'^2)^{-\frac{3}{2}}.$$

Da diese Ableitung verschwinden soll, muß

$$y''(1+y'^2)^{-\frac{3}{2}} = k \tag{2}$$

sein, wobei k eine von Null verschiedene Konstante bedeutet. Da $y'' \neq 0$ sein soll, kann auch y' nicht durchweg verschwinden. Die letzte Gleichung ist daher gleichbedeutend mit

$$y'y''(1+y'^2)^{-\frac{3}{2}} - ky' = 0.$$

Links steht die Ableitung von

$$-(1+y'^2)^{-\frac{1}{2}} - ky.$$

Also muß

$$(1+y'^2)^{-\frac{1}{2}} + ky = l$$

sein, wobei l wieder eine Konstante bedeutet. Nunmehr läßt sich die Gleichung (2) auf folgende Form bringen:

$$y''(l-ky) = k(1+y'^2)$$

oder

$$1 + y'^2 + yy'' - by'' = 0. \qquad \left(b = \frac{l}{k}\right)$$

Die linke Seite ist die Ableitung von

$$(x + yy') - by',$$

so daß wir setzen können

$$x - a + (y-b)\,y' = 0.$$

Die linke Seite stellt die halbe Ableitung von

$$(x-a)^2 + (y-b)^2$$

dar. Es muß also $(x-a)^2 + (y-b)^2 = c^2$ sein. Wir kommen auch hier auf die Ausgangsgleichung zurück, so daß die Kreise durch die Eigenschaft (1) gekennzeichnet sind, wobei die Geraden mit zu den Kreisen gerechnet werden.

Man nennt eine Relation zwischen x, y und den Ableitungen y', y'', ... bis zur r-ten Ordnung eine Differentialgleichung r-ter Ordnung. (1) ist die Differentialgleichung der Kreise, $y'' = 0$ die Differentialgleichung der Geraden. Man kann zeigen, daß unter gewissen Voraussetzungen jede Kurvenschar ihre Differentialgleichung hat und zu jeder Differentialgleichung eine durch sie gekennzeichnete Kurvenschar gehört. Eine vorgelegte Differentialgleichung integrieren heißt die zugehörige Kurvenschar bestimmen. Die Kurven dieser Schar heißen Integralkurven. Die Integration einer Differentialgleichung ist ein schwieriges Problem, das sich nur in seltenen Fällen so einfach lösen läßt, wie es bei den oben behandelten Beispielen möglich war.

§ 2. Einfache Typen von Differentialgleichungen erster Ordnung.

Eine Differentialgleichung erster Ordnung ist nach der in § 1 gegebenen Definition eine Relation zwischen x, y, y'. Wenn sie sich nach y' auflösen läßt, erscheint sie in der Form

$$(1) \qquad y' = f(x, y).$$

Eine solche Gleichung ordnet jedem Punkte x, y einen Wert y' zu. Man denke sich durch x, y eine Gerade mit der Steigung y' hindurchgelegt, also eine Gerade, deren Neigungswinkel φ gegen die x-Achse durch $\tan\varphi = f(x, y)$ bestimmt ist. Von dieser Geraden lösche man alles aus bis auf ein kleines Stückchen in der Umgebung des Punktes x, y. Denkt man sich diese Konstruktion für alle Punkte der Ebene durchgeführt, so entsteht ein sogenanntes Richtungsfeld. An jeder Stelle x, y sieht man ein kleines Wegstück oder, wie man auch sagt, ein Wegelement. Das Integrationsproblem besteht nun darin, Wege aus diesen ganz kleinen Wegstücken aufzubauen. Die so gewonnenen Wege sind die Integralkurven der Differentialgleichung. Manchmal kann man aus dem Richtungsfeld sofort die Integralkurven durch den einfachen Anblick gewinnen. Ein Beispiel hierfür bietet die Differentialgleichung $y' = -\frac{x}{y}$. Ihr Richtungsfeld ist in Fig. 9 zu sehen. Die kleinen Wegstücke sind immer senkrecht zum Ortsvektor des Punktes x, y gerichtet. Man sieht mit einem Blick, daß die um den Anfangspunkt beschriebenen Kreise sich aus den Wegelementen der Figur aufbauen. Diese Kreise sind also die Integralkurven der Differentialgleichung $y' = -\frac{x}{y}$ oder $x + yy' = 0$. Tatsächlich ist nach dieser Gleichung $x^2 + y^2$ konstant, also $x^2 + y^2 = c^2$.

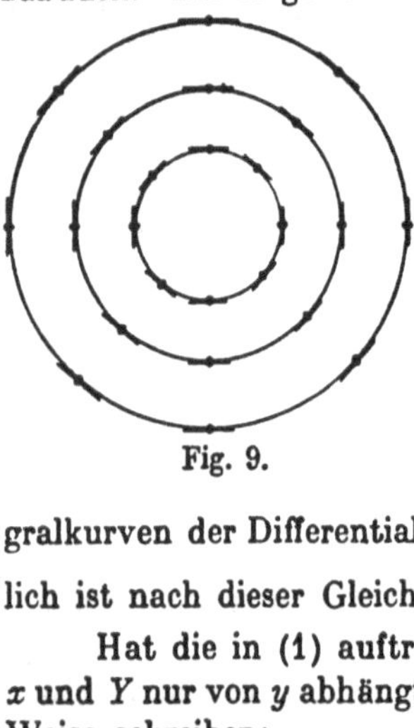

Fig. 9.

Hat die in (1) auftretende Funktion die Form XY, wobei X nur von x und Y nur von y abhängt, so kann man die Differentialgleichung in folgender Weise schreiben:

$$\frac{dy}{Y} = X dx.$$

Die Veränderlichen x, y sind jetzt getrennt oder separiert. Auf jeder Seite der Gleichung steht ein Differential, links das Differential von

$$\varphi(y) = \int \frac{dy}{Y},$$

rechts das Differential von

$$\psi(x) = \int X dx.$$

Die Gleichung besagt, daß $d\{\varphi(y) - \psi(x)\} = 0$, also $\varphi(y) - \psi(x) = c$ ist. Die Berechnung eines einfachen Integrals nennt man eine Quadratur. Man sieht, daß man, falls die Trennung der Variablen gelingt, mit Quadraturen zum Ziele kommt.

Leibniz, der die Integration einer Differentialgleichung erster Ordnung die umgekehrte Tangentenmethode nannte, weil aus einer Aussage über x, y, y', d. h. über die Tangente, die Kurve bestimmt werden soll, hat viele solche Differentialgleichungen integriert. Dabei wird oft mit gewissen Abschnitten operiert, die durch die Tangente und die Normale einer Kurve auf der x-Achse bestimmt sind. Die Gleichung der Tangente lautet $\mathfrak{y} - y = (\mathfrak{x} - x)\, y'$. Sie bestimmt auf der Abszissenachse den Abschnitt $x - \frac{y}{y'}$, weil man nach der Einsetzung $\mathfrak{y} = 0$ für $\mathfrak{x}$ gerade diesen Wert findet. Subtrahiert man ihn von x, so ergibt sich $\frac{y}{y'}$. Das ist die Strecke auf der Abszissenachse, die von der Tangente bis zur Ordinate reicht, die sogenannte Subtangente. Die Normale, deren Gleichung $\mathfrak{x} - x + (\mathfrak{y} - y)y' = 0$ lautet, bestimmt auf der Abszissenachse den Abschnitt $x + yy'$. Daher ist yy' die Strecke auf der Abszissenachse, die von der Ordinate bis zur Normale reicht. Man nennt sie die Subnormale. In Fig. 10 hat man z. B.

$$TQ = \frac{y}{y'}, \quad QN = yy'.$$

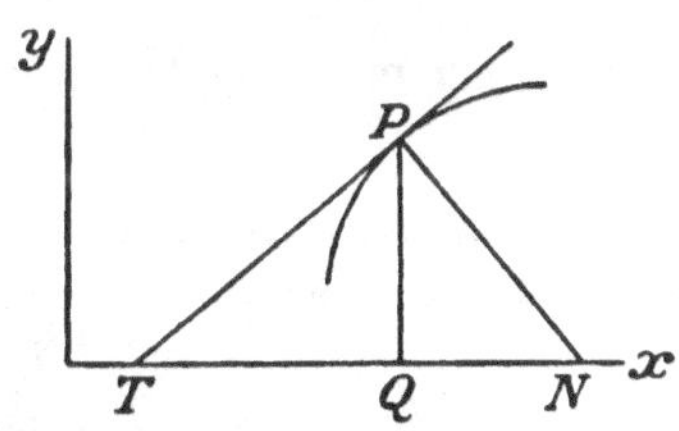

Fig. 10.

Eine Aufgabe, die Leibniz behandelt, verlangt z. B., daß die Subnormale umgekehrt proportional zur Ordinate sein soll, also

$$yy' = \frac{a^2}{y}.$$

Hier lassen sich die Variablen trennen und man erhält auf diese Weise

$$y^2 dy = a^2 dx,$$

mithin

$$\frac{y^3}{3} = a^2 x + c.$$

Diese Kurve entsteht aus der kubischen Parabel $y^3 = 3a^2x$ durch Translation in der x-Richtung. Eine andere Aufgabe von Leibniz, wo er allerdings bei der Integration einen Fehler macht und nur dadurch ein Resultat erzielt, ist die folgende: Die Summe aus Abszisse und Subnormale, also $x + yy'$, soll umgekehrt proportional zur Ordinate sein, also

$$x + yy' = \frac{a^2}{y}.$$

Viele haben mit dieser scheinbar so einfachen Differentialgleichung vergeblich gerungen.

Wenn die Differentialgleichung $y' = f(x, y)$ die Form

(2) $$y' = \omega\left(\frac{y}{x}\right)$$

hat, so nennt man sie **homogen**. Das Richtungsfeld einer solchen Differentialgleichung ist dadurch gekennzeichnet, daß allen Punkten der Geraden $y = kx$ parallele Wegelemente zugeordnet sind. Es liegt nahe, statt y die unbekannte Funktion $z = \frac{x}{y}$ einzuführen, also $y = xz$ zu setzen. Dann wird $y' = z + xz'$, und man kommt auf die Gleichung

$$z + xz' = \omega(z)$$

oder

$$z' = \frac{\omega(z) - z}{x}.$$

Hier lassen sich die Variablen ohne weiteres trennen. Es ergibt sich

$$\frac{dx}{x} = \frac{dz}{\omega(z) - z},$$

mithin

$$\ln x = \int \frac{dz}{\omega(z) - z} + c$$

oder, wenn man das Integral $\Omega(z)$ nennt und $e^c = C$ setzt,

$$x = C\,e^{\Omega(z)}, \quad y = Cze^{\Omega(z)}.$$

Damit hat man die Integralkurven in Parameterdarstellung gewonnen. Man sieht, daß sie alle aus

$$x = e^{\Omega(z)}, \quad y = ze^{\Omega(z)}$$

durch Hinzufügen des konstanten Faktors C zu beiden Koordinaten entstehen, also durch alle möglichen Streckungen.

Es gibt eine naheliegende Verallgemeinerung der homogenen Differentialgleichung. Man gelangt zu ihr dadurch, daß man das Geradenbüschel $y = kx$ durch irgendein anderes ersetzt und für die Punkte einer Geraden des Büschels parallele Wegelemente fordert. Besteht das Büschel aus den Geraden

$$A_2x + B_2y + C_2 - k(A_1x + B_1y + C_1) = 0,$$

so drückt sich die erwähnte Forderung durch die Gleichung

(3) $$y' = \omega\left(\frac{A_2x + B_2y + C_2}{A_1x + B_1y + C_1}\right)$$

aus. Wenn das Geradenbüschel einen eigentlichen Scheitel hat, also $A_1B_2 - A_2B_1$ von Null verschieden ist, so setze man

$$A_1x + B_1y + C_1 = \mathfrak{x}, \quad A_2x + B_2y + C_2 = \mathfrak{y},$$

also

$$A_1dx + B_1dy = d\mathfrak{x}, \quad A_2dx + B_2dy = d\mathfrak{y}.$$

Dann wird

$$\mathfrak{y}' = \frac{A_2 + B_2 y'}{A_1 + B_1 y'} = \frac{A_2 + B_2 \omega\left(\frac{\mathfrak{y}}{\mathfrak{x}}\right)}{A_1 + B_1 \omega\left(\frac{\mathfrak{y}}{\mathfrak{x}}\right)} = \omega^*\left(\frac{\mathfrak{y}}{\mathfrak{x}}\right).$$

Damit hat man die allgemeinere Differentialgleichung (3) auf (2) zurückgeführt.

Im Falle $A_1B_2 - A_2B_1 = 0$ liegt ein Parallelenbüschel vor. $A_1x + B_1y$ und $A_2x + B_2y$ unterscheiden sich von einer Linearform $Ax + By$ um konstante Faktoren,

$$A_1x + B_1y = \lambda_1(Ax + By), \quad A_2x + B_2y = \lambda_2(Ax + By).$$

Wenn B nicht verschwindet, setze man

$$x = \mathfrak{x}, \quad Ax + By = \mathfrak{y},$$

also

$$dx = d\mathfrak{x}, \quad A\,dx + B\,dy = d\mathfrak{y}.$$

Dann wird

$$\mathfrak{y}' = A + By' = A + B\omega\left(\frac{\lambda_2\mathfrak{y} + C_2}{\lambda_1\mathfrak{y} + C_1}\right) = \Omega(\mathfrak{y}),$$

und man kann sofort separieren, wodurch sich

$$d\mathfrak{x} = \frac{d\mathfrak{y}}{\Omega(\mathfrak{y})}$$

ergibt. Sollte $B = 0$ sein, so wäre von vornherein

$$y' = \omega\left(\frac{A_2x + C_2}{A_1x + C_1}\right).$$

Man hätte also wieder getrennte Veränderliche.

Wenn die Differentialgleichung $y' = f(x, y)$ die Form

$$y' = P(x)\,y + Q(x) \tag{4}$$

hat, nennt man sie linear. Für diese Differentialgleichung gibt es eine Integrationsmethode von Johann Bernoulli. Er setzt $y = uv$, wodurch Gleichung (4) in

$$uv' + vu' = Puv + Q$$

übergeht. Schreibt man die beiden mittleren Glieder einander gleich, also $u' = Pu$, d. h.

$$u = e^{\int P\,dx}, \tag{5}$$

so bleibt nur noch die Gleichung

$$uv' = Q$$

oder

$$v' = Qe^{-\int P\,dx}$$

zu erfüllen. Dies geschieht durch

$$v = C + \int Qe^{-\int P\,dx}\,dx. \tag{6}$$

Bildet man das Produkt aus (5) und (6), so erhält man

(7) $$y = (C + \int Q e^{-\int P dx} dx) e^{\int P dx}.$$

Damit sind die Integralkurven der linearen Differentialgleichung gewonnen.

Eine andere Fassung dieser Integrationsmethode, die an eine verallgemeinerungsfähige Idee von Lagrange anknüpft, ist folgende: Man schreibt die Gleichung (4) in der Form

$$y' - Py = Q$$

und versucht, den Faktor z so zu wählen, daß die linke Seite der Gleichung

(8) $$y'z - Pyz = Qz$$

die Ableitung eines Produktes ist, also mit $y'z + yz'$ zusammenfällt. Hierzu muß man bewirken, daß $z' = -Pz$ wird, was sich durch $z = e^{-\int P dx}$ erreichen läßt. Gleichung (8) lautet nun

$$(yz)' = Qz$$

und führt zu

$$yz = C + \int Qz dx,$$

mithin

$$y = (C + \int Qz dx) z^{-1},$$

was mit (7) in Einklang steht.

Die Integralkurven einer linearen Differentialgleichung haben zu je dreien eine wichtige Eigenschaft, die sich mit Leichtigkeit aus Formel (7) herleiten läßt. Diese Formel hat offenbar folgende Gestalt:

$$y = C\alpha(x) + \beta(x).$$

Erteilt man nun der Konstanten C die drei Werte C_1, C_2, C_3, so entstehen drei Integralkurven, deren Ordinaten wir mit den Indizes 1, 2, 3 versehen. Es ergibt sich dann

$$y_2 - y_3 = (C_2 - C_3)\alpha(x), \quad y_3 - y_1 = (C_3 - C_1)\alpha(x),$$

woraus man entnimmt

$$\frac{y_2 - y_3}{y_3 - y_1} = \frac{C_2 - C_3}{C_3 - C_1}.$$

Auf allen Parallelen zur x-Achse bestimmen die drei Integralkurven dasselbe Teilverhältnis. Hierdurch hat man ein Mittel in der Hand, um aus zwei Integralkurven jede andere zu konstruieren. Man braucht nur die Strecken, welche die beiden Integralkurven auf den Geraden $x = \text{Const.}$ bestimmen, nach einem konstanten Verhältnis zu teilen.

Eine Verallgemeinerung der linearen Differentialgleichung ist die Bernoullische, welche die Form

(9) $$y' = P(x)y + Q(x)y^n$$

hat, wobei n irgendein Exponent ist, der aber nicht mit 1 zusammenfallen darf, weil man sonst beide Glieder der rechten Seite zusammenziehen könnte und dadurch auf die lineare Differentialgleichung käme. Setzt man $y = z^\nu$, so wird $y' = \nu z^{\nu-1} z'$, und (9) verwandelt sich in

$$\nu z^{\nu-1} z' = P(x) z^{\nu} + Q(x) z^{n\nu}$$

oder

$$z' = \frac{1}{\nu} P(x) z + \frac{1}{\nu} Q(x) z^{n\nu-\nu+1}. \tag{10}$$

Durch die Einsetzung $y = z^{\nu}$ verwandelt sich also die Bernoullische Differentialgleichung (9) wieder in eine solche. Man kann nun bewirken, daß diese neue Differentialgleichung (10) linear ist. Dazu braucht man nur $n\nu - \nu + 1 = 0$, also $\nu = \frac{1}{1-n}$ zu setzen.

Eine berühmte Differentialgleichung erster Ordnung, die sich bei vielen wichtigen Problemen einstellt, ist die **Riccatische**. Sie hat die Form

$$y' = P(x) y^2 + Q(x) y + R(x). \tag{11}$$

y' ist ein Polynom zweiten Grades in y, also nur um einen Grad höher als bei der linearen Differentialgleichung. Trotzdem läßt sich die Riccatische Gleichung im allgemeinen nicht mit Hilfe von Quadraturen (in endlicher Anzahl) lösen.

Sobald man eine spezielle Lösung der Gleichung (11) kennt oder, geometrisch gesprochen, eine einzelne Integralkurve, läßt sich (11) auf eine lineare Differentialgleichung reduzieren. Es sei etwa $y_1(x)$ eine bekannte Einzellösung von (11), also

$$y_1' = P(x) y_1^2 + Q(x) y_1 + R(x).$$

Setzt man alsdann $y = y_1 + \frac{1}{z}$, so wird $y' = y_1' - \frac{z'}{z^2}$, und die Riccatische Gleichung verwandelt sich in

$$P y_1^2 + Q y_1 + R - \frac{z'}{z^2} = P\left(y_1 + \frac{1}{z}\right)^2 + Q\left(y_1 + \frac{1}{z}\right) + R,$$

d. h. in

$$z' = -(2 P y_1 + Q) z - P. \tag{12}$$

Das ist aber eine lineare Differentialgleichung, die sich, wie wir gesehen haben, mit Hilfe zweier Quadraturen lösen läßt.

Kennt man zwei Einzellösungen von (11), etwa $y_1(x)$ und $y_2(x)$, so ist auch für die lineare Differentialgleichung (12) eine Einzellösung bekannt, nämlich $z_1 = \frac{1}{y_2 - y_1}$. Aus (12) und

$$z_1' = -(2 P y_1 + Q) z_1 - P$$

folgt dann

$$(z - z_1)' = -(2 P y_1 + Q)(z - z_1),$$

mithin

$$z - z_1 = C e^{-\int (2 P y_1 + Q) dx}.$$

Damit ist zugleich $y = y_1 + \frac{1}{z}$, die Lösung der Riccatischen Gleichung, gewonnen, und zwar mit Hilfe einer Quadratur. Zwei bekannte Lösungen dieser

Differentialgleichung ermöglichen also die Integration mittels einer einzigen Quadratur. Sind drei Lösungen der Riccatischen Gleichung bekannt, etwa $y_1(x)$, $y_2(x)$, $y_3(x)$, so ist man im Besitze von zwei Einzellösungen der linearen Differentialgleichung (12), nämlich $z_1 = \frac{1}{y_2 - y_1}$ und $z_2 = \frac{1}{y_3 - y_1}$. Wenn dann z irgendeine Lösung von (12) bedeutet, so ist, wie wir wissen, das Differenzenverhältnis $\frac{z_2 - z}{z - z_1}$ konstant. Setzt man für z, z_1, z_2 die Ausdrücke

$$\frac{1}{y - y_1}, \quad \frac{1}{y_2 - y_1}, \quad \frac{1}{y_3 - y_1}$$

ein, so ergibt sich

$$\frac{y_3 - y}{y - y_2} : \frac{y_3 - y_1}{y_1 - y_2} = C. \tag{13}$$

Vier Lösungen der Riccatischen Gleichung bilden also ein konstantes Doppelverhältnis, d. h. vier Integralkurven bestimmen auf den Geraden $x = \text{Const.}$ Punktquadrupel mit konstantem Doppelverhältnis. Wenn man zwei dieser Geraden ins Auge faßt, so werden sie durch die Integralkurven der Riccatischen Gleichung projektiv aufeinander abgebildet. Bei dieser Abbildung gehören immer solche Punkte zusammen, die auf derselben Integralkurve liegen. Aus drei Integralkurven läßt sich auf Grund dieser Eigenschaft jede andere konstruieren. Wenn man drei Einzellösungen der Riccatischen Gleichung kennt, gelingt mit Hilfe von (13) die Integration ohne jede Quadratur. Bei der linearen Differentialgleichung werden je zwei Parallelen zur y-Achse durch die Integralkurven affin aufeinander abgebildet, und es genügen schon zwei Einzellösungen zur quadraturfreien Integration.

Wenn eine Differentialgleichung $F(x, y, y') = 0$ vorliegt, die nicht nach y' aufgelöst zu sein braucht, so kann man diejenigen Punkte betrachten, für welche y' einen bestimmten Wert, also das Wegelement eine bestimmte Neigung gegen die x-Achse hat. Diese Punkte bilden eine Isokline. Man könnte vielleicht glauben, dies sei ein ganz besonders wichtiger Begriff, und sich von einer Klassifikation der Differentialgleichung nach der Beschaffenheit der Isoklinen große Erfolge versprechen. Leider ist die Sachlage die, daß es nur einige wenige Fälle gibt, wo sich der Begriff als nützlich erweist. Wir wollen z. B. mit Lagrange fragen, welche Differentialgleichungen geradlinige Isoklinen haben. Bei einer solchen Lagrangeschen Differentialgleichung muß durch $F(x, y, k) = 0$ für jeden Wert von k eine Gerade dargestellt werden, d. h. diese Gleichung muß sich in der Form

$$y = x\,\varphi(k) + \psi(k)$$

schreiben lassen. Eine Lagrangesche Differentialgleichung hat demnach folgende Gestalt:

$$y = x\,\varphi(y') + \psi(y'). \tag{14}$$

Bei dieser Differentialgleichung kommt man durch ein merkwürdiges Verfahren zum Ziele, das man Integration durch Differentiation genannt hat. Differenziert man die Gleichung (14), so ergibt sich

$$y' = \varphi(y') + \{x\varphi'(y') + \psi'(y')\}\frac{dy'}{dx}$$

oder, etwas anders geschrieben,

$$(15) \qquad \frac{dx}{dy'} = \frac{x\varphi'(y') + \psi'(y')}{y' - \varphi(y')}.$$

Das ist nun eine lineare Differentialgleichung zwischen den Variablen x und y'. Wir wissen, wie man eine solche Gleichung integriert und finden bei Durchführung der Integration ein Ergebnis von der Form

$$x = C\alpha(y') + \beta(y').$$

Dann ist aber nach (14)

$$y = C\alpha(y')\varphi(y') + \beta(y')\varphi(y') + \psi(y').$$

x und y sind hiermit als Funktionen des Parameters y' ausgedrückt. Die Integralkurven liegen also in Parameterdarstellung vor. Aus dieser Parameterdarstellung kann man eine wichtige Eigenschaft der Integralkurven ablesen, wenn man beachtet, daß die Konstante C linear auftritt. Man erkennt dann, daß zwei Isoklinen durch die Integralkurven affin aufeinander bezogen werden.

Die obige Methode versagt im Falle $\varphi(y') = y'$. Wenigstens kann man nicht bis zur Gleichung (15) vordringen. Man nennt

$$(16) \qquad y = xy' + \psi(y')$$

die Clairautsche Differentialgleichung. Wenn man sie differenziert, so ergibt sich

$$0 = \{x + \psi'(y')\}\frac{dy'}{dx}.$$

Es muß also entweder $\frac{dy'}{dx}$ oder $x + \psi'(y')$ verschwinden. Faßt man die erste Möglichkeit ins Auge, so ergibt sich $y' = c$, also nach (16)

$$(17) \qquad y = xc + \psi(c).$$

Das ist eine Schar von Geraden, die Integralkurven von (16) darstellen. In der Tat folgt aus (17) $y' = c$, so daß (17) mit (16) gleichbedeutend ist. Es bleibt noch die Möglichkeit, $x + \psi'(y') = 0$ zu prüfen. Nach (16) wird dann $y = \psi(y') - y'\psi'(y')$, so daß man auf die Kurve

$$(18) \qquad x = -\psi'(y'), \quad y = \psi(y') - y'\psi'(y')$$

kommt. Daß diese Kurve ebenfalls eine Integralkurve der vorliegenden Differentialgleichung ist, sieht man sofort. Aus (18) folgt nämlich (16). Daß der in (18) auftretende Parameter y' die Ableitung von y nach x ist, kann man durch Differentiation feststellen. Man findet in der Tat

$$dx = -\psi''(y')dy', \quad dy = -y'\psi''(y')dy',$$

also $\frac{dy}{dx} = y'$. Nur im Falle $\psi''(y') = 0$, also $\psi'(y') = k$, käme man in Verlegenheit. Da reduziert sich die Kurve (18) auf einen Punkt. Es wird dann $\psi(y') = ky' + l$, also nach (18)

(19) $$x = -k, \quad y = l.$$

Gleichung (17) lautet jetzt

$$y = xc + kc + l.$$

Die Integralkurven sind also die Geraden, die durch den Punkt (19) hindurchgehen. Will man den Punkt (19) als Integralkurve retten, so muß man ihn als einen ganz kleinen Kreis betrachten, dessen Tangenten dann die geradlinigen Integralkurven sind. Eine ähnliche Beziehung besteht auch im Falle $\psi''(y') \neq 0$ zwischen der Kurve (18) und den geradlinigen Integralkurven (17). Diese sind die Tangenten der singulären Integralkurve (18). Die Gleichung einer solchen Tangente lautet nach (18), da $\frac{dy}{dx} = y'$ ist,

$$\{\mathfrak{y} - \psi(y') + y'\,\psi'(y')\} = \{\mathfrak{x} + \psi'(y')\}\,y'$$

oder

(20) $$\mathfrak{y} = \mathfrak{x}y' + \psi(y').$$

Hier hat nun, da wir die Tangente in einem bestimmten Punkte der Kurve (18) betrachten, y' einen festen Wert c, so daß (20) bis auf die deutschen Bezeichnungen tatsächlich mit (17) übereinstimmt.

Wenn die Integralkurven einer Differentialgleichung erster Ordnung eine bestimmte Kurve berühren, die man dann die Hüllkurve oder Enveloppe jener Integralkurven nennt, so kann man leicht erkennen, daß auch die Hüllkurve eine Integralkurve ist. Sie wird als singuläre Integralkurve bezeichnet.

§ 3. Das Zweikörperproblem in der Ebene.

Außer einzelnen Differentialgleichungen hat man oft Systeme von solchen Gleichungen mit mehreren unbekannten Funktionen zu betrachten. Ein solches System tritt bei dem Zweikörperproblem in der Himmelsmechanik auf. Leibniz war der erste, der dieses Problem mit den Methoden des neuen Kalküls behandelte. Wir betrachten in der (x, y)-Ebene zwei Massenpunkte m_1 und m_2, die nach dem Newtonschen Gesetz aufeinander wirken, also mit einer Kraft, die m_1 nach m_2 und m_2 nach m_1 hinzieht und durch $\frac{k m_1 m_2}{r^2}$ gemessen wird. k ist ein Proportionalitätsfaktor und r die Entfernung zwischen m_1 und m_2. Die Komponenten der auf m_1 wirkenden Kraft lauten

$$\frac{k m_1 m_2}{r^3}(x_2 - x_1), \quad \frac{k m_1 m_2}{r^3}(y_2 - y_1).$$

Man muß nämlich die Kraft mit den Koordinaten des auf die Länge 1 reduzierten Vektors $m_1 \to m_2$ multiplizieren, um die Kraftkomponenten zu erhalten. Nach dem Newtonschen Gesetz „Kraft gleich Masse mal Beschleunigung" gelten nun folgende Gleichungen:

$$m_1 \frac{d^2 x_1}{dt^2} = \frac{k m_1 m_2}{r^3}(x_2 - x_1),$$

$$m_1 \frac{d^2 y_1}{dt^2} = \frac{k m_1 m_2}{r^3}(y_2 - y_1)$$

oder

$$(1) \qquad \begin{cases} \dfrac{d^2 x_1}{dt^2} = \dfrac{k m_2}{r^3}(x_2 - x_1), \\ \dfrac{d^2 y_1}{dt^2} = \dfrac{k m_2}{r^3}(y_2 - y_1). \end{cases}$$

Daneben finden folgende Gleichungen statt:

$$(2) \qquad \begin{cases} \dfrac{d^2 x_2}{dt^2} = \dfrac{k m_1}{r^3}(x_1 - x_2), \\ \dfrac{d^2 y_2}{dt^2} = \dfrac{k m_1}{r^3}(y_1 - y_2). \end{cases}$$

Aus (1) und (2) folgt nun, wenn wir $x_2 - x_1 = x$, $y_2 - y_1 = y$ und $m_1 + m_2 = M$ setzen,

$$(3) \qquad \frac{d^2 x}{dt^2} = -\frac{k M x}{r^3}, \qquad \frac{d^2 y}{dt^2} = -\frac{k M y}{r^3}.$$

Diese Differentialgleichungen beherrschen die Relativbewegung des Punktes m_2 um den Punkt m_1. Mit ihnen wollen wir uns nach dem Vorgange von Leibniz beschäftigen.

Multipliziert man die zweite mit x, die erste mit y und subtrahiert, so ergibt sich

$$(4) \qquad x \frac{d^2 y}{dt^2} - y \frac{d^2 x}{dt^2} = 0.$$

Die linke Seite ist die Ableitung von $x \frac{dy}{dt} - y \frac{dx}{dt}$. Es folgt also aus (4)

$$(5) \qquad x \frac{dy}{dt} - y \frac{dx}{dt} = c.$$

Dabei ist c eine Konstante, die wir als nicht verschwindend voraussetzen. $x dy - y dx$ ist der doppelte schmale Sektor, den der Radiusvektor des Punktes x, y in der Zeit dt überstreicht. Er ist nach (5) gleich $c dt$. In der Zeit $t_1 \ldots t_2$ wird also ein Sektor überstrichen, dessen doppelter Inhalt $c(t_2 - t_1)$ ist. Damit haben wir den Keplerschen Flächensatz gewonnen.

Führt man statt x, y Polarkoordinaten ein, setzt man also $x = r \cos \varphi$, $y = r \sin \varphi$, so verwandelt sich (5) in

$$(5') \qquad r^2 d\varphi = c\,dt.$$

Aus (3) ergibt sich nun unter Benutzung dieser Beziehung

$$\frac{dx}{dt} = -k M \int \frac{x\,dt}{r^3} = -\frac{k M}{c} \int \cos \varphi \, d\varphi,$$

$$\frac{dy}{dt} = -k M \int \frac{y\,dt}{r^3} = -\frac{k M}{c} \int \sin \varphi \, d\varphi,$$

d. h.

$$(6)\qquad \frac{dx}{dt} = A - \frac{kM}{c}\sin\varphi, \quad \frac{dy}{dt} = B + \frac{kM}{c}\cos\varphi.$$

Setzt man für dx, dy ihre Ausdrücke in Polarkoordinaten ein, so gelangt man zu folgenden Aussagen:

$$(6')\qquad \begin{cases} \cos\varphi\dfrac{dr}{dt} - r\sin\varphi\dfrac{d\varphi}{dt} = A - \dfrac{kM}{c}\sin\varphi, \\ \sin\varphi\dfrac{dr}{dt} + r\cos\varphi\dfrac{d\varphi}{dt} = B + \dfrac{kM}{c}\cos\varphi. \end{cases}$$

Hieraus ergibt sich

$$(6^*)\qquad \begin{cases} \dfrac{dr}{dt} = \quad A\cos\varphi + B\sin\varphi, \\ r\dfrac{d\varphi}{dt} = -A\sin\varphi + B\cos\varphi + \dfrac{kM}{c}. \end{cases}$$

Ersetzt man in der zweiten Gleichung $\frac{d\varphi}{dt}$ durch den aus (5′) entnommenen Wert $\frac{c}{r^2}$, so findet man

$$(7)\qquad \frac{c}{r} = -A\sin\varphi + B\cos\varphi + \frac{kM}{c}$$

oder, wenn man mit r multipliziert und für $r\cos\varphi$, $r\sin\varphi$ wieder x, y schreibt,

$$(7')\qquad c = Bx - Ay + \frac{kM}{c}r.$$

Diese Gleichung hat eine einfache geometrische Bedeutung, die sofort hervortritt, wenn man ihr folgende Gestalt gibt:

$$\frac{Ay - Bx + c}{\sqrt{A^2 + B^2}} = \frac{kMr}{c\sqrt{A^2 + B^2}}.$$

Sie besagt, daß der Punkt x, y in bezug auf die Gerade $Ay - Bx + c = 0$ und den Punkt m_1, der hier der Anfangspunkt ist, ein konstantes Abstandsverhältnis bewahrt. Daher beschreibt der genannte Punkt einen Kegelschnitt, dessen einer Brennpunkt m_1 ist. Damit haben wir das Keplersche Bahngesetz bewiesen. Wenn man die Gleichung (7) differenziert, so findet man

$$\frac{c}{r^2}\frac{dr}{dt} = A\cos\varphi\frac{d\varphi}{dt} + B\sin\varphi\frac{d\varphi}{dt}.$$

Das ist mit Rücksicht auf (5′) die erste Gleichung (6*), die also im Vergleich zu (7) nichts Neues aussagt.

Noch ein Wort über das sogenannte dritte Keplersche Gesetz, wobei wir den Fall einer elliptischen Bahn betrachten. Schreibt man die Polargleichung (7) in der üblichen Form

$$r = \frac{p}{1 + \varepsilon\cos(\varphi - \varphi_0)},$$

so erkennt man, daß

$$(8)\qquad p = \frac{c^2}{k M}$$

ist. Bezeichnet man mit a die große, mit b die kleine Halbachse und mit T die Umlaufszeit, so ist nach dem Keplerschen Flächensatz $2\pi ab = cT$, also $c = \frac{2\pi ab}{T}$. Andererseits hat man $p = \frac{b^2}{a}$. Daher ist die Gleichung (8) gleichbedeutend mit

$$(9)\qquad \frac{kM}{4\pi^2} = \frac{a^3}{T^2}.$$

§ 4. Eulersche Multiplikatoren.

Eine nach y' aufgelöste Differentialgleichung erster Ordnung kann man auch in der Form

$$(1)\qquad X(x, y)\,dx + Y(x, y)\,dy = 0$$

schreiben. Euler versuchte die Integration dadurch zu bewirken, daß er die linke Seite der Gleichung (1) durch Hinzufügen eines Faktors $M(x, y)$ in ein Differential verwandelte. Soll

$$M(X dx + Y dy) = d\omega$$

sein, also $MX = \omega_x$, $MY = \omega_y$, so muß die Gleichung $(MX)_y = (MY)_x$ stattfinden. Sie lautet ausführlich geschrieben

$$(2)\qquad XM_y - YM_x + M(X_y - Y_x) = 0\,.$$

Man nennt M einen **Eulerschen Multiplikator.** Ist ein solcher gefunden, so weiß man, daß $d\omega = 0$ eine Folge von (1) ist, daß also längs der Integralkurven von (1) die Funktion ω konstant bleibt. Eine solche Funktion heißt ein **Integral** dieser Differentialgleichung. Die Integralkurven werden durch $\omega(x, y) = c$ dargestellt. (2) ist die kennzeichnende Bedingung für einen Eulerschen Multiplikator. Dividiert man durch M, so nimmt sie die Form

$$(2')\qquad X(\ln M)_y - Y(\ln M)_x + X_y - Y_x = 0$$

an. Sie ist eine partielle Differentialgleichung für $\ln M$. Die gewöhnliche Differentialgleichung (1) wird hier also auf eine partielle reduziert, also auf etwas Schwereres. Man muß aber bedenken, daß es genügt, eine einzige Lösung von (2′) zu finden. Die vollständige Integration von (2′) wird nicht erfordert.

Nach der Eulerschen Methode läßt sich z. B. die Differentialgleichung $y' + P(x)\,y + Q(x) = 0$ behandeln. In der Form (1) geschrieben lautet sie

$$(3)\qquad (Py + Q)\,dx + dy = 0.$$

Hier ist also $X = Py + Q$, $Y = 1$, und (2′) reduziert sich auf

$$(Py + Q)\,(\ln M)_y - (\ln M)_x + P = 0\,.$$

Es gibt eine Lösung $\ln M$, die nur von x abhängt. Setzt man in der Tat

$(\ln M)_y = 0$, so bleibt die Aussage

$$(\ln M)_x = P$$

übrig, die sofort zu $\ln M = \int P\,dx$ und $M = e^{\int P\,dx}$ führt. Tatsächlich ergibt sich auf der linken Seite ein Differential $d\omega$, wenn man (3) mit dem Faktor $e^{\int P\,dx}$ versieht. Es ist nämlich

$$(Py + Q)\, e^{\int P\,dx}\, dx + e^{\int P\,dx}\, dy = d(y e^{\int P\,dx}) + d\int Q e^{\int P\,dx}\, dx\,.$$

Man kommt also zu dem Resultat

$$y e^{\int P\,dx} + \int Q e^{\int P\,dx}\, dx = c\,.$$

In manchen Fällen ist es nicht so leicht, die Stammfunktion $\omega(x, y)$ eines Differentials $d\omega = \alpha(x, y)dx + \beta(x, y)dy$ herauszufinden. Zunächst weiß man nur, daß $\alpha_y = \beta_x$ ist. Um nun ω zu finden, bedenke man, daß ω bei festem y das Differential $\alpha(x, y)\,dx$ hat, ebenso bei festem x das Differential $\beta(x, y)\,dy$. Hieraus folgt

$$\omega(x, y_0) - \omega(x_0, y_0) = \int_{x_0}^{x} \alpha(\mathfrak{x}, y_0)\, d\mathfrak{x}\,,$$

$$\omega(x, y) - \omega(x, y_0) = \int_{y_0}^{y} \beta(x, \mathfrak{y})\, d\mathfrak{y}\,.$$

Setzt man $\alpha_y = \beta_x = \gamma$, so kann man noch schreiben

$$\beta(x, \mathfrak{y}) - \beta(x_0, \mathfrak{y}) = \int_{x_0}^{x} \gamma(\mathfrak{x}, \mathfrak{y})\, d\mathfrak{x}\,.$$

Es wird also schließlich

$$\omega(x, y) = \omega(x_0, y_0) + \int_{x_0}^{x} \alpha(\mathfrak{x}, y_0)\, d\mathfrak{x} + \int_{y_0}^{y} \beta(x_0, \mathfrak{y})\, d\mathfrak{y} + \int_{x_0}^{x}\int_{y_0}^{y} \gamma(\mathfrak{x}, \mathfrak{y})\, d\mathfrak{x}\, d\mathfrak{y}\,. \tag{4}$$

Das hier auftretende Doppelintegral kann man sowohl in der Form

$$\int_{x_0}^{x}\Big(\int_{y_0}^{y} \gamma(\mathfrak{x}, \mathfrak{y})\, d\mathfrak{y}\Big)\, d\mathfrak{x} \tag{5}$$

als auch in der Form

$$\int_{y_0}^{y}\Big(\int_{x_0}^{x} \gamma(\mathfrak{x}, \mathfrak{y})\, d\mathfrak{x}\Big)\, d\mathfrak{y} \tag{5'}$$

schreiben. Wir machen, um diese Umformung mit Sicherheit vornehmen zu können, die Annahme, daß $\gamma(x, y)$ in einer gewissen Umgebung von x_0, y_0 ebenso wie $\alpha(x, y)$ und $\beta(x, y)$ stetig ist, und halten uns mit x, y in hinreichender Nähe dieser Stelle. Durch (4) wird dann eine Funktion definiert, von der sich sofort zeigt, daß sie das Differential $\alpha dx + \beta dy$ hat. In der Tat ist

$$(6) \qquad \omega_x = \alpha(x, y_0) + \int_{y_0}^{y} \gamma(x, \mathfrak{y})\, d\mathfrak{y},$$

weil das Integral (5), nach x differenziert, den Wert des Integranden $\int_{y_0}^{y} \gamma(\mathfrak{x}, \mathfrak{y})\, d\mathfrak{y}$ für $\mathfrak{x} = x$ liefert. Da nun $\gamma = \alpha_y$ ist, so wird

$$\int_{y_0}^{y} \gamma(x, \mathfrak{y})\, d\mathfrak{y} = (\alpha(x, \mathfrak{y}))_{y_0}^{y} = \alpha(x, y) - \alpha(x, y_0).$$

Setzt man dies in (6) ein, so ergibt sich $\omega_x = \alpha(x, y)$. Ebenso findet man, wenn man die Form (5′) des Doppelintegrals benutzt,

$$(6') \qquad \omega_y = \beta(x_0, y) + \int_{x_0}^{x} \gamma(\mathfrak{x}, y)\, d\mathfrak{x}.$$

Mit Rücksicht auf $\gamma = \beta_x$ ist aber

$$\int_{x_0}^{x} \gamma(\mathfrak{x}, y)\, d\mathfrak{x} = (\beta(\mathfrak{x}, y))_{x_0}^{x} = \beta(x, y) - \beta(x_0, y).$$

Setzt man dies in (6′) ein, so kommt $\omega_y = \beta(x, y)$ heraus. Man hat somit $d\omega = \alpha dx + \beta dy$.

Unter gewissen Bedingungen, denen die Funktionen X, Y unterliegen, gibt es für die Differentialgleichung (1) ein Integral $\omega(x, y)$, so daß X, Y bis auf einen Faktor gleich ω_x, ω_y sind. Es gibt also unter gewissen Bedingungen stets einen Multiplikator. Ganz anders wird die Sachlage, wenn man statt (1) eine Gleichung mit drei Veränderlichen x, y, z betrachtet, also eine Gleichung von der Form

$$(7) \qquad X dx + Y dy + Z dz = 0.$$

Hier ist im allgemeinen kein Multiplikator vorhanden, der die linke Seite in ein Differential $d\omega(x, y, z)$ verwandelt. Das hat Euler durch folgende Überlegung erkannt: Wäre

$$MX = \omega_x, \quad MY = \omega_y, \quad MZ = \omega_z,$$

so hätte man

$$(MZ)_y - (MY)_z = 0,$$
$$(MX)_z - (MZ)_x = 0,$$
$$(MY)_x - (MX)_y = 0$$

oder ausführlich geschrieben

$$M(Z_y - Y_z) + ZM_y - YM_z = 0,$$
$$M(X_z - Z_x) + XM_z - ZM_x = 0,$$
$$M(Y_x - X_y) + YM_x - XM_y = 0.$$

Hieraus folgt durch Multiplikation mit X, Y, Z und Addition

$$(8) \qquad X(Z_y - Y_z) + Y(X_z - Z_x) + Z(Y_x - X_y) = 0.$$

Setzt man

$$\mathfrak{V} = X\mathfrak{i} + Y\mathfrak{j} + Z\mathfrak{k},$$

so wird, wie wir wissen, der Vektor

$$(Z_y - Y_z)\mathfrak{i} + (X_z - Z_x)\mathfrak{j} + (Y_x - X_y)\mathfrak{k}$$

als **Rotation** des Vektors $\mathfrak{V}$ bezeichnet und durch das Symbol rot $\mathfrak{V}$ dargestellt. Die Eulersche Bedingung (8) läßt sich dann in der Form schreiben

$$(8') \qquad \mathfrak{V} \cdot \operatorname{rot} \mathfrak{V} = 0 .$$

Nur wenn diese Bedingung erfüllt ist, gibt es einen Multiplikator M, der $X dx + Y dy + Z dz$ in ein Differential $d\omega$ verwandelt. Betrachtet man z. B. den Ausdruck

$$(9) \qquad dz + x dy - y dx ,$$

so ist

$$\mathfrak{V} = -y\mathfrak{i} + x\mathfrak{j} + \mathfrak{k} ,$$

also

$$\operatorname{rot} \mathfrak{V} = 2\mathfrak{k}$$

und

$$\mathfrak{V} \cdot \operatorname{rot} \mathfrak{V} = 2 .$$

Daraus können wir schließen, daß es für den Ausdruck (9) keinen Multiplikator gibt. Die Gleichung $dz + x dy - y dx = 0$ läßt sich also nicht in der Form $\omega(x, y, z) = c$ integrieren. Sie bestimmt keine Flächenschar.

Daß unter der Bedingung (8) wirklich ein Multiplikator vorhanden ist, müßte erst noch bewiesen werden. Das kann etwa in folgender Weise geschehen: Wir wissen, daß $X dx + Y dy$, wenn man z festhält, durch einen Multiplikator in ein Differential $\varphi_x dx + \varphi_y dy$ verwandelt werden kann. Natürlich wird der Multiplikator, wie auch φ, mit z behaftet sein. Jedenfalls sich der Ausdruck $X dx + Y dy + Z dz$ in der Form schreiben

$$\mu(\varphi_x dx + \varphi_y dy) + Z dz$$

oder

$$(10) \qquad \mu(\varphi_x dx + \varphi_y dy + \varphi_z dz) + \zeta dz ,$$

so daß

$$X = \mu \varphi_x, \qquad Y = \mu \varphi_y, \qquad Z = \mu \varphi_z + \zeta$$

ist. Setzt man diese Ausdrücke in die Eulersche Bedingungsgleichung ein, so reduziert sie sich auf

$$(11) \qquad \varphi_x(\mu\zeta_y - \zeta\mu_y) - \varphi_y(\mu\zeta_x - \zeta\mu_x) = 0 ,$$

wofür man auch schreiben kann

$$\varphi_x(\zeta\mu^{-1})_y - \varphi_y(\zeta\mu^{-1})_x = 0 .$$

Hiernach sind die Ableitungen $(\zeta\mu^{-1})_x$ und $(\zeta\mu^{-1})_y$ proportional zu φ_x, φ_y, so daß man setzen kann

$$d(\zeta\mu^{-1}) = \varrho\, d\varphi + \sigma\, dz\,,$$

woraus dann folgt, daß $\zeta\mu^{-1}$ gleichzeitig mit φ und z konstant bleibt, also eine Funktion von φ und z ist, $\zeta\mu^{-1} = f(\varphi, z)$. Auf Grund dieser Feststellung gewinnt der Ausdruck (10) folgende Gestalt:

$$\mu\{d\varphi + f(\varphi, z)\, dz\}\,.$$

Da sich $d\varphi + f(\varphi, z)\, dz$ auf die Form $\lambda(\varphi, z)\, d\omega(\varphi, z)$ bringen läßt, so kommt man schließlich zu $\lambda\mu\, d\omega$. Das obige Verfahren geht auf Pfaff zurück, den großen Förderer der Theorie der Differentialgleichungen. Nach ihm werden auch die hier betrachteten linearen Differentialformen als Pfaffsche Ausdrücke bezeichnet.

§ 5. Lineare Differentialgleichungen höherer Ordnung.

Von den gewöhnlichen Differentialgleichungen höherer Ordnung wollen wir hier nur die linearen kurz besprechen. Sie haben die Form

$$y^{(n)} + \varphi_1(x)\, y^{(n-1)} + \cdots + \varphi_n(x)\, y = \psi(x)\,. \tag{1}$$

Wenn $\psi(x) = 0$ ist, spricht man von einer linearen homogenen Differentialgleichung. $\varphi_1(x), \ldots, \varphi_n(x)$ und $\psi(x)$ seien in dem Intervall $a \ldots b$ stetig. Setzen wir $y^{(n)} = z(x)$, so ist nach dem Taylorschen Lehrsatz

$$y^{(n-1)}(x) = y^{(n-1)}(a) + \int_a^x z(\mathfrak{x})\, d\mathfrak{x}\,,$$

$$y^{(n-2)}(x) = y^{(n-2)}(a) + \frac{x-a}{1!}\, y^{(n-1)}(a) + \int_a^x \frac{x-\mathfrak{x}}{1!}\, z(\mathfrak{x})\, d\mathfrak{x}\,,$$

. . . .

$$y(x) = y(a) + \frac{x-a}{1!}\, y'(a) + \cdots + \frac{(x-a)^{n-1}}{(n-1)!}\, y^{(n-1)}(a) + \int_a^x \frac{(x-\mathfrak{x})^{n-1}}{(n-1)!}\, z(\mathfrak{x})\, d\mathfrak{x}\,.$$

Setzt man diese Ausdrücke in die Differentialgleichung (1) ein, so ergibt sich eine Aussage über die Funktion $z(x)$. Diese hat folgende Gestalt:

$$z(x) + \int_a^x K(x, \mathfrak{x})\, z(\mathfrak{x})\, d\mathfrak{x} = f(x)\,. \tag{2}$$

Dabei ist offenbar

$$K(x, \mathfrak{x}) = \varphi_1(x) + \frac{x-\mathfrak{x}}{1!}\, \varphi_2(x) + \cdots + \frac{(x-\mathfrak{x})^{n-1}}{(n-1)!}\, \varphi_n(x) \tag{3}$$

und

$$(4)\quad f(x) = \psi(x) - \varphi_n(x)\,y(a) - \left\{\varphi_{n-1}(x) + \frac{x-a}{1!}\varphi_n(x)\right\}y'(a) - \cdots$$
$$- \left\{\varphi_1(x) + \frac{x-a}{1!}\varphi_2(x) + \cdots + \frac{(x-a)^{n-1}}{(n-1)!}\varphi_n(x)\right\}y^{(n-1)}(a).$$

Unter den von uns gemachten Voraussetzungen ist offenbar $f(x)$ im Intervall $a \ldots b$ stetig. $K(x, \mathfrak{x})$ ist stetig in einem Bereich, der dadurch entsteht, daß man x in $a \ldots b$ variieren läßt und $\mathfrak{x}$ keinerlei Beschränkung auferlegt.

Man nennt (2) eine Volterrasche Integralgleichung. Es gibt, wie man zeigen kann (vgl. mein Buch über Integralgleichungen), im Intervall $a \ldots b$ eine und nur eine stetige Funktion $z(x)$, die der Integralgleichung (2) genügt. Dann wird

$$(5)\quad y(x) = y(a) + \frac{x-a}{1!}y'(a) + \cdots + \frac{(x-a)^{n-1}}{(n-1)!}y^{(n-1)}(a)$$
$$+ \int_a^x \frac{(x-\mathfrak{x})^{n-1}}{(n-1)!}z(\mathfrak{x})\,d\mathfrak{x}$$

die Differentialgleichung (1) erfüllen. Es gibt also für diese Differentialgleichung eine und nur eine Lösung $y(x)$, die im Intervall $a \ldots b$ n-mal stetig differenzierbar ist und an der Stelle a nebst ihren $n-1$ ersten Ableitungen vorgeschriebene Werte annimmt.

Wir wollen jetzt den homogenen Fall besonders betrachten, also in (1) $\psi(x) = 0$ setzen. $K(x, \mathfrak{x})$, der sogenannte Kern der Integralgleichung (2), bleibt, wie der Anblick von (3) zeigt, immer derselbe. Der Kern hängt auch in keiner Weise von den Anfangswerten $y(a), y'(a), \ldots, y^{(n-1)}(a)$ ab. $f(x)$ ist, wie man aus (4) ersieht, im Falle $\psi(x) = 0$ eine lineare Verbindung der Funktionen

$$(6)\quad \begin{cases} f_0(x) = -\varphi_n(x), \quad f_1(x) = -\varphi_{n-1}(x) - \dfrac{x-a}{1!}\varphi_n(x), \ldots, \\ f_{n-1}(x) = -\varphi_1(x) - \dfrac{x-a}{1!}\varphi_2(x) - \cdots - \dfrac{(x-a)^{n-1}}{(n-1)!}\varphi_n(x), \end{cases}$$

und zwar wird

$$f(x) = f_0(x)\,y(a) + f_1(x)\,y'(a) + \cdots + f_{n-1}(x)\,y^{(n-1)}(a).$$

Sind nun $z_0(x), z_1(x), \ldots, z_{n-1}(x)$ die Lösungen der Integralgleichungen

$$z_\nu(x) + \int_a^x K(x, \mathfrak{x})\,z_\nu(\mathfrak{x})\,d\mathfrak{x} = f_\nu(x), \quad (\nu = 0, \ldots, n-1)$$

so erfüllt offenbar

$$(7)\quad z(x) = \Sigma z_\nu(x)\,y^{(\nu)}(a)$$

die Integralgleichung (2). Die Funktionen $f_\nu(x)$ sind, wie die Gleichungen (6) zeigen, unabhängig von den Anfangswerten $y(a), y'(a), \ldots, y^{(n-1)}(a)$. Setzt man nun in (5) für $z(x)$ den Ausdruck (7) ein, so kann man schreiben

$$y(x) = \left(1 + \int_a^x \frac{(x-\mathfrak{x})^{n-1}}{(n-1)!} z_0(\mathfrak{x})d\mathfrak{x}\right) y(a)$$

$$+ \left(\frac{x-a}{1!} + \int_a^x \frac{(x-\mathfrak{x})^{n-1}}{(n-1)!} z_1(\mathfrak{x})d\mathfrak{x}\right) y'(a) + \cdots$$

$$+ \left(\frac{(x-a)^{n-1}}{(n-1)!} + \int_a^x \frac{(x-\mathfrak{x})^{n-1}}{(n-1)!} z_{n-1}(\mathfrak{x})d\mathfrak{x}\right) y^{(n-1)}(a)$$

oder, wenn man die eingeklammerten Binome mit $y_0(x), y_1(x), \ldots, y_{n-1}(x)$ bezeichnet,

$$(8) \quad y(x) = y_0(x)\, y(a) + y_1(x)\, y'(a) + \cdots + y_{n-1}(x)\, y^{(n-1)}(a).$$

Man sieht, daß sich die Lösungen einer linearen homogenen Differentialgleichung n-ter Ordnung aus n **Grundlösungen** $y_0(x), y_1(x), \ldots, y_{n-1}(x)$ linear aufbauen. $y_\nu(x)$ entsteht offenbar aus y dadurch, daß man $y(a)$, $y'(a), \ldots, y^{(n-1)}(a)$ alle gleich Null setzt und nur $y^{(\nu)}(a) = 1$. Daher reduzieren sich die Funktionen $y_\nu(x), y_\nu'(x), \ldots, y_\nu^{(n-1)}(x)$ für $x = a$ alle auf Null und nur $y_\nu^{(\nu)}(x)$ auf 1. Die Wronskische Matrix der Grundlösungen, d. h. die Matrix

$$\begin{pmatrix} y_0(x) & y_1(x) & \ldots & y_{n-1}(x) \\ y_0'(x) & y_1'(x) & \ldots & y_{n-1}'(x) \\ \cdot & \cdot & \cdot & \cdot \\ y_0^{(n-1)}(x) & y_1^{(n-1)}(x) & \ldots & y_{n-1}^{(n-1)}(x) \end{pmatrix}$$

reduziert sich also an der Stelle $x = a$ auf die Einheitsmatrix. Statt dieser besonderen Grundlösungen kann man n lineare Verbindungen

$$(9) \quad Y_\nu(x) = c_{\nu 0}\, y_0(x) + c_{\nu 1}\, y_1(x) + \cdots + c_{\nu, n-1}\, y_{n-1}(x) \quad (\nu = 1, \ldots, n-1)$$

als neue Grundlösungen benutzen, vorausgesetzt, daß die Determinante der c von Null verschieden ist. Dann lassen sich nämlich die Gleichungen (9) nach $y_0(x), \ldots, y_{n-1}(x)$ auflösen, die als lineare Verbindungen von $Y_0(x), \ldots, Y_{n-1}(x)$ erscheinen. Setzt man diese Ausdrücke in (8) ein, so sieht man, daß jede Lösung sich auch aus $Y_0(x), \ldots, Y_{n-1}(x)$ linear aufbauen läßt. Wir betrachten hier, wie aus der ganzen Herleitung hervorgeht, nur solche Lösungen, die im Intervall $a \ldots b$ nebst ihren n ersten Ableitungen stetig sind.

Lagrange hat für Ausdrücke von der Form

$$\varphi_0(x)\, y^{(n)} + \varphi_1(x)\, y^{(n-1)} + \cdots + \varphi_n(x)\, y$$

den Begriff des **Multiplikators** geschaffen. Er versucht, einen Faktor $u(x)$ so zu wählen, daß sich

$$(10) \quad u(x)\,\{\varphi_0(x)\, y^{(n)} + \varphi_1(x)\, y^{(n-1)} + \cdots + \varphi_n(x)\, y\}$$

als Ableitung eines Ausdrucks $(n-1)$-ter Ordnung

$$\psi_0(x)\, y^{(n-1)} + \psi_1(x)\, y^{(n-2)} + \cdots + \psi_{n-1}(x)\, y$$

darstellen läßt. Die Ableitung eines solchen Ausdrucks lautet

$$(11) \quad \begin{cases} \psi_0(x)\, y^{(n)} + \psi_1(x)\, y^{(n-1)} + \cdots + \psi_{n-1}(x)\, y' \\ \qquad + \psi_0'(x)\, y^{(n-1)} + \cdots + \psi_{n-2}'(x)\, y' + \psi_{n-1}'(x)\, y. \end{cases}$$

Vergleicht man sie mit (10), so ergeben sich, wenn man zunächst nur die Koeffizienten von $y^{(n)}, y^{(n-1)}, \ldots, y'$ gleichsetzt, folgende Aussagen:

$$\begin{aligned} u\varphi_0 &= \psi_0\,, \\ u\varphi_1 &= \psi_1 + \psi_0'\,, \\ &\ldots\ldots\ldots\ldots \\ u\varphi_{n-1} &= \psi_{n-1} + \psi_{n-2}'\,. \end{aligned}$$

Hieraus berechnet man schrittweise

$$(12)\quad \begin{cases} \psi_0 = u\varphi_0\,, \\ \psi_1 = u\varphi_1 - (u\varphi_0)'\,, \\ \ldots\ldots\ldots\ldots\ldots\ldots\ldots\ldots \\ \psi_{n-1} = u\varphi_{n-1} - (u\varphi_{n-2})' + \cdots + (-1)^{n-1}(u\varphi_0)^{(n-1)}. \end{cases}$$

Die Differenz von (10) und (11) lautet nun, da sich die Glieder mit $y^{(n)}, y^{(n-1)}, \ldots, y'$ fortheben,

$$y(u\varphi_n - \psi_{n-1}')$$

oder

$$y\{u\varphi_n - (u\varphi_{n-1})' + (u\varphi_{n-2})'' - \ldots + (-1)^n(u\varphi_0)^{(n)}\}\,.$$

Es gilt also, und das ist Lagranges wichtige Entdeckung, für zwei beliebige Funktionen y und u folgende Beziehung:

$$(13)\quad \begin{cases} u\{y\varphi_n + y'\varphi_{n-1} + \cdots + y^{(n)}\varphi_0\} \\ -\,y\{u\varphi_n - (u\varphi_{n-1})' + \cdots + (-1)^n(u\varphi_0)^{(n)}\} \\ =\{y\psi_{n-1} + y'\psi_{n-2} + \cdots + y^{(n-1)}\psi_0\}'\,, \end{cases}$$

wobei für $\psi_0, \ldots, \psi_{n-1}$ die Ausdrücke (12) gelten. Man nennt

$$u\varphi_n - (u\varphi_{n-1})' + \ldots + (-1)^n(u\varphi_0)^{(n)}$$

den zu $y\varphi_n + y'\varphi_{n-1} + \cdots + y^{(n)}\varphi_0$ adjungierten Ausdruck. Soll die Funktion u ein Multiplikator im Sinne Lagranges sein, so muß sie die Differentialgleichung

$$(14)\qquad u\varphi_n - (u\varphi_{n-1})' + \cdots + (-1)^n(u\varphi_0)^{(n)} = 0$$

erfüllen.

Mit Hilfe dieser Lagrangeschen Idee kann man die inhomogene Differentialgleichung

$$(15)\qquad \varphi_0 y^{(n)} + \varphi_1 y^{(n-1)} + \cdots + \varphi_n y = \psi$$

auf die homogene Differentialgleichung (14) zurückführen. Dabei denken wir uns $\varphi_0 = 1$. Dann hat in der adjungierten Differentialgleichung (14) die n-te Ableitung der unbekannten Funktion u den Faktor $(-1)^n$. Nun seien $u_1(x), \ldots, u_n(x)$ Grundlösungen von (14), ferner sei y irgendeine Lösung von (15). Dann hat man nach (13)

$$y\psi_{\nu,n-1} + y'\psi_{\nu,n-2} + \cdots + y^{(n-1)}\psi_{\nu 0} = c_n + \int u_\nu \psi\,dx = w_\nu\,.$$
$$(\nu = 1, 2, \ldots, n).$$

Dabei entstehen $\psi_{\nu 0}, \ldots, \psi_{\nu,n-1}$ aus $\psi_0, \ldots, \psi_{n-1}$, wenn man in (12) u durch u_ν ersetzt. Man kann diese n Gleichungen nach $y, y', \ldots, y^{(n-1)}$ auflösen und findet insbesondere für y folgenden Ausdruck:

$$\begin{vmatrix} w_1 & \psi_{1,n-2} \cdots \psi_{10} \\ w_2 & \psi_{2,n-2} \cdots \psi_{20} \\ \cdots & \cdots \\ w_n & \psi_{n,n-2} \cdots \psi_{n0} \end{vmatrix} : \begin{vmatrix} \psi_{1,n-1} & \psi_{1,n-2} \cdots \psi_{10} \\ \psi_{2,n-1} & \psi_{2,n-2} \cdots \psi_{20} \\ \cdots & \cdots \\ \psi_{n,n-1} & \psi_{n,n-2} \cdots \psi_{n0} \end{vmatrix} .$$

Die Nennerdeterminante ist, da $\varphi_0 = 1$ angenommen wird, bis aufs Vorzeichen die Wronskische Determinante von $u_1, \ldots, u_n$, also von Null verschieden.

Eine lineare homogene Differentialgleichung n-ter Ordnung mit konstanten Koeffizienten stellt ein besonders einfaches Integrationsproblem dar. Wir wollen dies an dem Einzelfall $r = 2$ zeigen. Die Differentialgleichung $y'' + a_1 y' + a_2 y = 0$ zu integrieren, ist im Grunde ein algebraisches Problem. Setzt man nämlich $y = e^{rx}$, wo r eine unbekannte Konstante bedeutet, so wird $y' = re^{rx}$, $y'' = r^2 e^{rx}$, also

$$y'' + a_1 y' + a_2 y = e^{rx}(r^2 + a_1 r + a_2).$$

Daher wird e^{rx} eine Lösung der Differentialgleichung $y'' + a_1 y' + a_2 y = 0$ sein, sobald r die Gleichung $r^2 + a_1 r + a_2 = 0$ erfüllt, die sogenannte charakteristische Gleichung.

Hat diese Gleichung zwei verschiedene reelle Wurzeln r_1 und r_2, so haben wir in $e^{r_1 x}$, $e^{r_2 x}$ zwei Lösungen gewonnen, die wir als Grundlösungen brauchen können, weil zwischen ihnen keine lineare Relation $k_1 e^{r_1 x} + k_2 e^{r_2 x} = 0$ besteht. Bestände eine solche Relation, so wäre

$$k_1 + k_2 + \frac{(k_1 r_1 + k_2 r_2)x}{1!} + \frac{(k_1 r_1^2 + k_2 r_2^2)x^2}{2!} + \cdots = 0,$$

und es müßten alle Koeffizienten dieser Potenzreihe verschwinden, was auf Grund der Verschiedenheit von r_1 und r_2 nur im Falle $k_1 = k_2 = 0$ zutrifft. Jede Lösung läßt sich also in der Form $c_1 e^{r_1 x} + c_2 e^{r_2 x}$ darstellen.

Hat die charakteristische Gleichung eine Doppelwurzel r_1, so ist $a_1 = -2r_1$, $a_2 = r_1^2$. Dann ist nicht nur $e^{r_1 x}$ eine Lösung der Differentialgleichung $y'' - 2r_1 y' + r_1^2 y = 0$, sondern, wie man leicht bestätigt, auch $xe^{r_1 x}$. Beide sind als Grundlösungen verwendbar, d. h. jede Lösung läßt sich in der Form $(c_1 + c_2 x)e^{r_1 x}$ darstellen.

Hat endlich die charakteristische Gleichung die beiden komplexen Wurzeln $r + is$, $r - is$, so ist $a_1 = -2r$, $a_2 = r^2 + s^2$. Als Grundlösungen der Differentialgleichung

$$y'' - 2ry' + (r^2 + s^2)y = 0$$

können dann die Funktionen

$$e^{rx} \cos sx, \quad e^{rx} \sin sx$$

benutzt werden.

Differentialgeometrie.

§ 1. Raumkurven.

Wir denken uns eine Raumkurve in Parameterdarstellung

$$(1) \qquad x = x(t), \quad y = y(t), \quad z = z(t)$$

oder kurz $\mathfrak{r} = \mathfrak{r}(t)$. Dabei ist $\mathfrak{r}$ der Ortsvektor des Punktes x, y, z, also der Vektor $x\mathfrak{i} + y\mathfrak{j} + z\mathfrak{k}$. Die Tangente der Kurve (1) im Punkte x, y, z wird als die Grenzlage der Sekante betrachtet, d. h. der Verbindungsgeraden jenes Punktes mit einem anderen Kurvenpunkte x_1, y_1, z_1, wobei man sich denken muß, daß der zweite Kurvenpunkt nach dem ersten hinrückt. Der auf der Sekante liegende Vektor

$$\frac{x_1 - x}{\Delta t}\mathfrak{i} + \frac{y_1 - y}{\Delta t}\mathfrak{j} + \frac{z_1 - z}{\Delta t}\mathfrak{k}$$

strebt dem Grenzvektor

$$(2) \qquad x'\mathfrak{i} + y'\mathfrak{j} + z'\mathfrak{k}$$

zu, der also auf der Tangente liegt. Wir bezeichnen diesen Tangentialvektor, den wir uns im Kurvenpunkte x, y, z angebracht denken, mit $\mathfrak{r}'$.

Wenn man durch x, y, z eine Ebene hindurchlegt, deren Hessesche Gleichung

$$(3) \qquad \alpha(H - x) + \beta(Y - y) + \gamma(Z - z) = 0$$

oder $(\mathfrak{R} - \mathfrak{r}) \cdot \mathfrak{n} = 0$ lautet, wobei $\mathfrak{n} = \alpha\mathfrak{i} + \beta\mathfrak{j} + \gamma\mathfrak{k}$ ein zur Ebene senkrechter Einheitsvektor ist, so wird der Abstand des Kurvenpunktes x_1, y_1, z_1 von dieser Ebene durch $\alpha(x_1 - x) + \beta(y_1 - y) + \gamma(z_1 - z)$ oder $(\mathfrak{r}_1 - \mathfrak{r}) \cdot \mathfrak{n}$ angegeben, und zwar mit einem gewissen Vorzeichen. Setzen wir nun bei $x(t), y(t), z(t)$ stetige Ableitungen bis zur dritten Ordnung voraus, so können wir schreiben

$$x_1 - x = x'\Delta t + \frac{x''}{2}\Delta t^2 + \left(\frac{x'''}{6} + \lambda\right)\Delta t^3,$$

$$y_1 - y = y'\Delta t + \frac{y''}{2}\Delta t^2 + \left(\frac{y'''}{6} + \mu\right)\Delta t^3,$$

$$z_1 - z = z'\Delta t + \frac{z''}{2}\Delta t^2 + \left(\frac{z'''}{6} + \nu\right)\Delta t^3,$$

wobei λ, μ, ν gleichzeitig mit Δt der Null zustreben. Hiernach wird

$$\mathfrak{r}_1 - \mathfrak{r} = \mathfrak{r}' \Delta t + \frac{\mathfrak{r}''}{2} \Delta t^2 + \left(\frac{\mathfrak{r}'''}{6} + \mathfrak{d}\right) \Delta t^3,$$

wenn wir die Abkürzung $\lambda \mathfrak{i} + \mu \mathfrak{j} + \nu \mathfrak{k} = \mathfrak{d}$ benutzen. Weiter können wir schreiben

$$(\mathfrak{r}_1 - \mathfrak{r}) \cdot \mathfrak{n} = (\mathfrak{r}' \cdot \mathfrak{n}) \Delta t + \frac{1}{2} (\mathfrak{r}'' \cdot \mathfrak{n}) \Delta t^2 + \left\{\frac{1}{6} (\mathfrak{r}''' \cdot \mathfrak{n}) + (\mathfrak{d} \cdot \mathfrak{n})\right\} \Delta t^3.$$

Soll diese Größe eine möglichst hohe Potenz von Δt als Faktor enthalten, d. h. bei schwindendem Δt unendlich klein von möglichst hoher Ordnung werden, so muß man bewirken, daß $\mathfrak{r}' \cdot \mathfrak{n}$ und $\mathfrak{r}'' \cdot \mathfrak{n}$ beide verschwinden. Dann unterscheidet sich $(\mathfrak{r}_1 - \mathfrak{r}) \cdot \mathfrak{n}$ von Δt^3 um einen Faktor, der dem Grenzwert $\frac{1}{6} (\mathfrak{r}''' \cdot \mathfrak{n})$ zustrebt. Ist dieser Grenzwert nicht gleich Null, so können wir sagen, daß $(\mathfrak{r}_1 - \mathfrak{r}) \cdot \mathfrak{n}$ bei schwindendem Δt unendlich klein von dritter Ordnung wird. Sonst ist die Ordnung noch höher. Die Ebene (3) heißt im Falle $\mathfrak{r}' \cdot \mathfrak{n} = \mathfrak{r}'' \cdot \mathfrak{n} = 0$ die Schmiegungsebene der Kurve im Punkte x, y, z. Da $\mathfrak{r}' \cdot \mathfrak{n} = \mathfrak{r}'' \cdot \mathfrak{n} = 0$ ist, so unterscheidet sich $\mathfrak{n}$ von $\mathfrak{r}' \times \mathfrak{r}''$ um einen skalaren Faktor, so daß die Gleichung (3) auch durch

$$(3^*) \qquad \begin{vmatrix} X - x, & Y - y, & Z - z \\ x', & y', & z' \\ x'', & y'', & z'' \end{vmatrix} = 0$$

ersetzt werden kann, oder in kürzerer Schreibung

$$(3_1^*) \qquad [\mathfrak{R} - \mathfrak{r}, \mathfrak{r}', \mathfrak{r}''] = 0.$$

(3*) ist also die Gleichung der Schmiegungsebene.

Wir wollen hier gleich die Frage aufwerfen, ob es vorkommen kann, daß längs eines Kurvenbogens überall $\mathfrak{r}' \times \mathfrak{r}'' = 0$ ist, so daß sich die Gleichung der Schmiegungsebene auf $0 = 0$ reduziert. Unmöglich kann längs des betrachteten Kurvenbogens $\mathfrak{r}' = 0$ sein, weil sonst $x(t), y(t), z(t)$ konstant wären und der Bogen sich auf einen Punkt zusammenzöge. Es sei also längs eines gewissen Teilbogens $x'(t) \neq 0$. Dann setzen wir $y' = vx'$, $z' = wx'$ und erhalten durch Differentiation

$$y'' = vx'' + v'x', \quad z'' = wx'' + w'x'.$$

Führt man nun in $x'y'' - y'x'' = 0$ und $x'z'' - z'x'' = 0$ diese Werte ein, so ergibt sich $v'x'^2 = 0$, $w'x'^2 = 0$, also $v' = w' = 0$, d. h. v und w konstant. Dann folgt aber weiter $y = vx + V$, $z = wx + W$, wobei V, W zwei neue Konstanten sind. Man sieht, daß der betrachtete Teilbogen geradlinig ist. Die gerade Linie zeigt also als einzige Raumkurve die Eigenschaft, nirgends eine bestimmte Schmiegungsebene zu besitzen.

Errichtet man im Punkte x, y, z ein Lot auf der Schmiegungsebene, so erhält man die Binormale der Raumkurve in dem genannten Punkte. Es gibt noch eine dritte Gerade, die für uns von Wichtigkeit ist, die sogenannte Hauptnormale. Sie steht senkrecht auf der Tangente und der Binormalen, fällt also in die Schmiegungsbene. Tangente, Hauptnormale und Binormale bilden das mit der Kurve verknüpfte Dreikant. Man nennt es auch das begleitende Dreikant.

Ein Bogen der betrachteten Raumkurve wird ganz ähnlich ausgemessen wie ein Kurvenbogen in der Ebene. Man betrachtet zuerst einen einbeschriebenen Sehnenzug. Die einzelne Sehne hat die Länge

$$\sqrt{(\Delta x)^2 + \Delta(y)^2 + (\Delta z)^2}$$

oder

$$\sqrt{\{x'(t_1)\}^2 + \{y'(t_2)\}^2 + \{z'(t_3)\}^2} \cdot \Delta t,$$

wobei t_1, t_2, t_3 drei durch den Mittelwertsatz bestimmte Werte zwischen t und $t + \Delta t$ sind. Da wir die Ableitungen als stetig voraussetzen, ist auch

$$\omega(t) = \{x'(t)\}^2 + \{y'(t)\}^2 + \{z'(t)\}^2$$

stetig. Wir wollen annehmen, daß $\omega(t)$ längs des betrachteten Bogens nirgends verschwindet. Entspricht der Bogen dem Intervall $\alpha \ldots \beta$ des Parameters t, wird er also vom Punkte $x(t)$, $y(t)$, $z(t)$ durchlaufen, wenn t von α bis β variiert, so wollen wir unter ω_*^2 den kleinsten Wert von $\omega(t)$ im Intervall $\alpha \ldots \beta$ verstehen. Dann ist $\omega(t) \geqq \omega_*^2$, und

$$\sqrt{\omega(t+h)} - \sqrt{\omega(t)} = \frac{\omega(t+h) - \omega(t)}{\sqrt{\omega(t+h)} + \sqrt{\omega(t)}}$$

hat einen kleineren Betrag als $\frac{1}{2\omega_*}\{\omega(t+h) - \omega(t)\}$, konvergiert also zusammen mit h nach Null. $\sqrt{\omega(t)}$ ist daher, ebenso wie $\omega(t)$, im Intervall $\alpha \ldots \beta$ stetig. Wir werden nun zeigen, daß der Sehnenzug

$$\text{(4)} \qquad \Sigma \sqrt{\{x'(t_1)\}^2 + \{y'(t_2)\}^2 + \{z'(t_3)\}^2} \cdot \Delta t$$

bei unendlicher Verfeinerung der Intervallteilung dem Grenzwert

$$\text{(5)} \qquad \int_\alpha^\beta \sqrt{\omega(t)}\, dt$$

zustrebt. Hierzu vergleichen wir den Sehnenzug (4) mit einer Näherungssumme des Integrals, z. B. mit $\Sigma \sqrt{\omega(t_1)}\, \Delta t$ oder

$$\text{(6)} \qquad \Sigma \sqrt{\{x'(t_1)\}^2 + \{y'(t_1)\}^2 + \{z'(t_1)\}^2} \cdot \Delta t.$$

Die Differenz der Summen (4) und (5) lautet

$$\sum \frac{\{y'(t_2)\}^2 - \{y'(t_1)\}^2 + \{z'(t_3)\}^2 - \{z'(t_1)\}^2}{\sqrt{\omega(t_1)} + \sqrt{\{x'(t_1)\}^2 + \{y'(t_2)\}^2 + \{z'(t_3)\}^2}} \cdot \Delta t,$$

ist also ihrem Betrage nach kleiner als

$$\text{(7)} \qquad \frac{1}{\omega_*} \Sigma [\{y'(\tau_2)\}^2 - \{y'(\tau_1)\}^2 + \{z'(\tau_3)\}^2 - \{z'(\tau_1)\}^2]\, \Delta t.$$

Dabei ist τ_1, τ_2 diejenige Permutation von t_1, t_2, die eine positive Differenz $\{y'(\tau_2)\}^2 - \{y'(\tau_1)\}^2$ liefert. Ähnliches gilt von τ_1, τ_3. Daß nun die Summe nach Null konvergiert, ist klar. Ihr Grenzwert lautet nämlich

$$\frac{1}{\omega_*}\left\{\int_\alpha^\beta y'^2(t)\, dt - \int_\alpha^\beta y'^2(t)\, dt + \int_\alpha^\beta z'^2(t)\, dt - \int_\alpha^\beta z'^2(t)\, dt\right\} = 0.$$

Um so mehr wird also die Differenz der Summen (4) und (6) der Null zustreben. Da (6) das Integral (5) zum Grenzwert hat, so folgt, daß dieses Integral zugleich der Grenzwert von (4) ist. Die Länge des von $x(\alpha), y(\alpha), z(\alpha)$ bis $x(\beta), y(\beta), z(\beta)$ reichenden Kurvenbogens wird hiernach durch das Integral

$$\int_\alpha^\beta \sqrt{\{x'(t)\}^2 + \{y'(t)\}^2 + \{z'(t)\}^2}\, dt$$

oder

$$\int_\alpha^\beta \sqrt{\mathfrak{r}' \cdot \mathfrak{r}'}\, dt \tag{8}$$

ausgedrückt. Hält man die untere Grenze des Integrals (8) fest, während die obere durch t ersetzt wird, so hat der variable Bogen

$$s = \int_\alpha^t \sqrt{\mathfrak{r}' \cdot \mathfrak{r}'}\, dt$$

das Differential

$$ds = \sqrt{\mathfrak{r}' \cdot \mathfrak{r}'}\, dt\,. \tag{9}$$

Man nennt ds auch das Bogenelement der Kurve.

Wir gehen nun an die Herstellung des begleitenden Vektortripels der Raumkurve. Dieses besteht aus den Einheitsvektoren $\mathfrak{t}, \mathfrak{h}, \mathfrak{b}$, die vom Kurvenpunkt x, y, z ausgehen und auf der Tangente, der Hauptnormalen und der Binormalen liegen. Offenbar können wir setzen

$$\mathfrak{t} = \frac{\mathfrak{r}'}{\sqrt{\mathfrak{r}' \cdot \mathfrak{r}'}}\,. \tag{10}$$

Da die Gleichung der Schmiegungsebene nach (3_1^*)

$$[\mathfrak{R} - \mathfrak{r}, \mathfrak{r}', \mathfrak{r}''] = (\mathfrak{R} - \mathfrak{r}) \cdot (\mathfrak{r}' \times \mathfrak{r}'') = 0$$

lautet, so steht $\mathfrak{r}' \times \mathfrak{r}''$ senkrecht auf der Schmiegungsebene. Daher können wir

$$\mathfrak{b} = \frac{\mathfrak{r}' \times \mathfrak{r}''}{\sqrt{(\mathfrak{r}' \times \mathfrak{r}'') \cdot (\mathfrak{r}' \times \mathfrak{r}'')}} \tag{11}$$

setzen. Wir wollen nun fordern, daß $\mathfrak{t}, \mathfrak{h}, \mathfrak{b}$ ein Rechtstripel bilden. Dann wird $\mathfrak{h} = \mathfrak{b} \times \mathfrak{t}$, d. h.

$$\mathfrak{h} = \frac{(\mathfrak{r}' \times \mathfrak{r}'') \times \mathfrak{r}'}{\sqrt{\mathfrak{r}' \cdot \mathfrak{r}'}\sqrt{(\mathfrak{r}' \times \mathfrak{r}'') \cdot (\mathfrak{r}' \times \mathfrak{r}'')}}\,. \tag{12}$$

Man kann die beiden in (9), (10), (11), (12) auftretenden Wurzeln beliebig signieren, muß dann aber an der einmal gewählten Signierung festhalten. Gewöhnlich nimmt man $\sqrt{\mathfrak{r}' \cdot \mathfrak{r}'}$ positiv, so daß in (9) ds und dt gleiche Zeichen haben und der Bogen im Sinne wachsender t-Werte gerechnet wird. Diese Festsetzung ist zwar keineswegs notwendig. Wir werden sie aber trotzdem aufstellen.

Man kann $\mathfrak{t}$, $\mathfrak{h}$, $\mathfrak{b}$ auch als Funktionen von s betrachten und nach den Ableitungen $\frac{d\mathfrak{t}}{ds}, \frac{d\mathfrak{h}}{ds}, \frac{d\mathfrak{b}}{ds}$ fragen. Dadurch kommt man auf die für die ganze Kurventheorie grundlegenden Frenetschen Formeln. Da sich jeder Vektor aus $\mathfrak{t}$, $\mathfrak{h}$, $\mathfrak{b}$ linear aufbauen läßt, so können wir schreiben

$$(13)\qquad \begin{cases} \frac{d\mathfrak{t}}{ds} = u_1\mathfrak{t} + u_2\mathfrak{h} + u_3\mathfrak{b}\,, \\ \frac{d\mathfrak{h}}{ds} = v_1\mathfrak{t} + v_2\mathfrak{h} + v_3\mathfrak{b}\,, \\ \frac{d\mathfrak{b}}{ds} = w_1\mathfrak{t} + w_2\mathfrak{h} + w_3\mathfrak{b}\,. \end{cases}$$

Nun folgt aus

$$\mathfrak{t}\cdot\mathfrak{t} = 1,\ \mathfrak{h}\cdot\mathfrak{h} = 1,\ \mathfrak{b}\cdot\mathfrak{b} = 1$$

sofort

$$\mathfrak{t}\cdot\frac{d\mathfrak{t}}{ds} = 0, \quad \mathfrak{h}\cdot\frac{d\mathfrak{h}}{ds} = 0, \quad \mathfrak{b}\cdot\frac{d\mathfrak{b}}{ds} = 0\,,$$

d. h. $u_1 = v_2 = w_3 = 0$. Ferner können wir aus $\mathfrak{h}\cdot\mathfrak{b} = 0$, $\mathfrak{b}\cdot\mathfrak{t} = 0$, $\mathfrak{t}\cdot\mathfrak{h} = 0$ entnehmen

$$\mathfrak{h}\cdot\frac{d\mathfrak{b}}{ds} + \mathfrak{b}\cdot\frac{d\mathfrak{h}}{ds} = 0, \quad \mathfrak{b}\cdot\frac{d\mathfrak{t}}{ds} + \mathfrak{t}\cdot\frac{d\mathfrak{b}}{ds} = 0, \quad \mathfrak{t}\cdot\frac{d\mathfrak{h}}{ds} + \mathfrak{h}\cdot\frac{d\mathfrak{t}}{ds} = 0\,,$$

d. h.

$$w_2 + v_3 = 0, \quad u_3 + w_1 = 0, \quad v_1 + u_2 = 0\,.$$

Man ersieht aus diesen Feststellungen, daß die Matrix der u, v, w schiefsymmetrisch ist. Wir können aber noch eine weitere Aussage machen. Aus (10) oder $\mathfrak{t} = (\mathfrak{r}'\cdot\mathfrak{r}')^{-\frac{1}{2}}\,\mathfrak{r}'$ ergibt sich

$$\mathfrak{t}' = (\mathfrak{r}'\cdot\mathfrak{r}')^{-\frac{1}{2}}\,\mathfrak{r}'' - (\mathfrak{r}'\cdot\mathfrak{r}')^{-\frac{3}{2}}\,(\mathfrak{r}'\cdot\mathfrak{r}'')\mathfrak{r}'$$

und nach Division durch $s' = (\mathfrak{r}'\cdot\mathfrak{r}')^{\frac{1}{2}}$

$$(14)\qquad \frac{d\mathfrak{t}}{ds} = (\mathfrak{r}'\cdot\mathfrak{r}')^{-2}\{(\mathfrak{r}'\cdot\mathfrak{r}')\mathfrak{r}'' - (\mathfrak{r}'\cdot\mathfrak{r}'')\,\mathfrak{r}'\}\,.$$

Andererseits lautet der Zähler in Formel (12) nach dem Entwicklungssatz der Vektorrechnung $(\mathfrak{r}'\cdot\mathfrak{r}')\,\mathfrak{r}'' - (\mathfrak{r}'\cdot\mathfrak{r}'')\mathfrak{r}'$, so daß

$$(15)\qquad \mathfrak{h} = \frac{(\mathfrak{r}'\cdot\mathfrak{r}')\,\mathfrak{r}'' - (\mathfrak{r}'\cdot\mathfrak{r}'')\,\mathfrak{r}'}{\sqrt{\mathfrak{r}'\cdot\mathfrak{r}'}\,\sqrt{(\mathfrak{r}'\times\mathfrak{r}'')\cdot(\mathfrak{r}'\times\mathfrak{r}'')}}$$

ist. Beachtet man dies, so nimmt Gleichung (14) folgende Gestalt an:

$$(14')\qquad \frac{d\mathfrak{t}}{ds} = \frac{\sqrt{(\mathfrak{r}'\times\mathfrak{r}'')\cdot(\mathfrak{r}'\times\mathfrak{r}'')}}{(\sqrt{\mathfrak{r}'\cdot\mathfrak{r}'})^3}\,\mathfrak{h}\,.$$

Jedenfalls verschwindet also in (13) der Koeffizient u_3, mithin auch w_1. Es bleiben also von allen neun Koeffizienten nur u_2, w_2 und $v_1 = -u_2$, $v_3 = -w_2$ übrig. u_2 haben wir bereits berechnet. Es fehlt uns noch w_2 oder $v_3 = -w_2$.

Um v_3 zu finden, bemerken wir, daß nach der zweiten Gleichung (13)

$$v_3 = \mathfrak{b} \cdot \frac{d\mathfrak{h}}{ds}$$

ist. Aus (15) ergibt sich aber

$$\mathfrak{h}' = \frac{\mathfrak{r}''' \sqrt{\mathfrak{r}' \cdot \mathfrak{r}'}}{\sqrt{(\mathfrak{r}' \times \mathfrak{r}'') \cdot (\mathfrak{r}' \times \mathfrak{r}'')}} + \cdots,$$

wobei die Punkte Glieder mit $\mathfrak{r}'$ und $\mathfrak{r}''$ andeuten. Hiernach wird

$$\frac{d\mathfrak{h}}{ds} = \frac{\mathfrak{r}'''}{\sqrt{(\mathfrak{r}' \times \mathfrak{r}'') \cdot (\mathfrak{r}' \times \mathfrak{r}'')}} + \cdots$$

Da nun $\mathfrak{h}$ proportional zu $\mathfrak{r}' \times \mathfrak{r}''$, also orthogonal zu $\mathfrak{r}'$ und $\mathfrak{r}''$ ist, so ergibt sich als inneres Produkt von $\frac{d\mathfrak{h}}{ds}$ und $\mathfrak{b}$

$$v_3 = \frac{\mathfrak{b} \cdot \mathfrak{r}'''}{\sqrt{(\mathfrak{r}' \times \mathfrak{r}'') \cdot (\mathfrak{r}' \times \mathfrak{r}'')}}$$

oder unter Benutzung von (11)

$$v_3 = \frac{[\mathfrak{r}'\mathfrak{r}''\mathfrak{r}''']}{(\mathfrak{r}' \times \mathfrak{r}'') \cdot (\mathfrak{r}' \times \mathfrak{r}'')}.$$

Setzt man

$$(16) \qquad \varkappa = \frac{\sqrt{(\mathfrak{r}' \times \mathfrak{r}'') \cdot (\mathfrak{r}' \times \mathfrak{r}'')}}{(\sqrt{\mathfrak{r}' \cdot \mathfrak{r}'})^3}, \qquad \tau = \frac{[\mathfrak{r}'\mathfrak{r}''\mathfrak{r}''']}{(\mathfrak{r}' \times \mathfrak{r}'') \cdot (\mathfrak{r}' \times \mathfrak{r}'')},$$

so nehmen die Gleichungen (13) folgende Gestalt an:

$$(13^*) \qquad \frac{d\mathfrak{t}}{ds} = \varkappa\mathfrak{h}, \quad \frac{d\mathfrak{h}}{ds} = -\varkappa\mathfrak{t} + \tau\mathfrak{b}, \quad \frac{d\mathfrak{b}}{ds} = -\tau\mathfrak{h}.$$

Das sind die berühmten Frenetschen Formeln. Man nennt $\varkappa$ die Krümmung, τ die Torsion der Raumkurve im Punkte x, y, z. Wenn man das Tripel $\mathfrak{t}, \mathfrak{h}, \mathfrak{b}$ nach dem Anfangspunkt O verschiebt, so entstehen drei Vektoren OT, OH, OB, die gleich $\mathfrak{t}, \mathfrak{h}, \mathfrak{b}$ sind. Bei variierendem s beschreiben die Punkte T, H, B drei Kurven auf der um O beschriebenen Einheitskugel. Das Bogenelement der von T beschriebenen Kurve lautet $d\sigma = \sqrt{\frac{d\mathfrak{t}}{ds} \cdot \frac{d\mathfrak{t}}{ds}}\, ds$. Nach der ersten Formel (13*) ist es bis aufs Vorzeichen gleich $\varkappa ds$. Ebenso ergibt sich als Bogenelement der von B beschriebenen Kurve bis aufs Vorzeichen τds. Hiermit ist eine geometrische Deutung von $\varkappa$ und τ gewonnen, wenigstens bis aufs Vorzeichen. Man kann kurz sagen, daß beim Durchlaufen des Bogenelements ds die Vektoren $\mathfrak{t}$ und $\mathfrak{b}$ sich um die Winkel $\varkappa ds$ und τds drehen. Es fragt sich nur noch, wie diese Drehungen gerechnet werden, d. h. in welchem Sinne positiv und in welchem negativ. Darüber kann man sich aus den Frenetschen Formeln (13*) belehren. Da $d\mathfrak{t} = \mathfrak{h}\varkappa ds$ ist, so erfolgt die Drehung, die $\mathfrak{t}$ in $\mathfrak{t} + d\mathfrak{t}$ überführt, um den Vektor $\mathfrak{b}$. Sie geht bei positivem $\varkappa ds$ nach der Seite, auf welcher $\mathfrak{h}$ liegt, also links herum, bei negativem $\varkappa ds$ rechts herum. Ebenso sagt uns die dritte Frenetsche Formel $d\mathfrak{b} = -\mathfrak{h}\tau ds$, daß die Drehung, die $\mathfrak{b}$ in $\mathfrak{b} + d\mathfrak{b}$ überführt, um den Vektor $\mathfrak{t}$ erfolgt. Sie geht bei positivem τds nach der Richtung $-\mathfrak{h}$, also links herum, bei negativem τds rechts herum. Es ist bequem, sich zur Nachprüfung dieser Aussagen an Fig. 11 zu halten. Wir wissen jetzt also, daß beim Durchlaufen des Bogenelements ds der Vektor $\mathfrak{t}$ die Drehung $\varkappa ds$ um $\mathfrak{b}$ und der Vektor $\mathfrak{b}$ die Drehung τds um $\mathfrak{t}$ ausführt. Linksdrehungen werden positiv gerechnet.

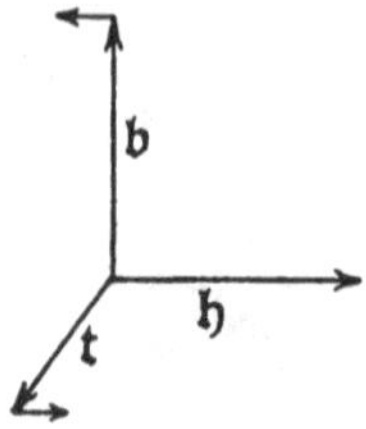

Fig. 11.

Mittels des Vektors

$$\mathfrak{d} = \varkappa\mathfrak{b} + \tau\mathfrak{t},$$

des sogenannten Darbouxschen Vektors, kann man die drei Frenetschen Formeln in übereinstimmender Form schreiben. Es ist nämlich

$$\mathfrak{d} \times \mathfrak{t} = \varkappa\mathfrak{h},\ \mathfrak{d} \times \mathfrak{h} = -\varkappa\mathfrak{t} + \tau\mathfrak{b},\ \mathfrak{d} \times \mathfrak{b} = -\tau\mathfrak{h},$$

mithin

$$(13^{**}) \qquad \frac{d\mathfrak{t}}{ds} = \mathfrak{d} \times \mathfrak{t},\quad \frac{d\mathfrak{h}}{ds} = \mathfrak{d} \times \mathfrak{h},\quad \frac{d\mathfrak{b}}{ds} = \mathfrak{d} \times \mathfrak{b}\cdot$$

Wir wollen noch die Ausdrücke der Vektoren $\mathfrak{t}$, $\mathfrak{h}$, $\mathfrak{b}$ durch die Variable s angeben. Die Ableitungen nach s bezeichnen wir durch Newtonsche Punkte. Im Falle $s = t$ folgt aus (9)

$$\dot{\mathfrak{r}} \cdot \dot{\mathfrak{r}} = 1$$

und weiter

$$\dot{\mathfrak{r}} \cdot \ddot{\mathfrak{r}} = 0.$$

Es wird also nach (10), (11), (12)

$$\mathfrak{t} = \dot{\mathfrak{r}},\quad \mathfrak{h} = \frac{\ddot{\mathfrak{r}}}{\sqrt{\ddot{\mathfrak{r}} \cdot \ddot{\mathfrak{r}}}},\quad \mathfrak{b} = \frac{\dot{\mathfrak{r}} \times \ddot{\mathfrak{r}}}{\sqrt{\ddot{\mathfrak{r}} \cdot \ddot{\mathfrak{r}}}}.$$

Auch die Ausdrücke für $\varkappa$ und τ vereinfachen sich erheblich, wenn man s als Parameter benutzt. Nach (16) wird

$$(16') \qquad \varkappa = \sqrt{\ddot{\mathfrak{r}} \cdot \ddot{\mathfrak{r}}},\quad \tau = \frac{[\dot{\mathfrak{r}}\ddot{\mathfrak{r}}\dddot{\mathfrak{r}}]}{\ddot{\mathfrak{r}} \cdot \ddot{\mathfrak{r}}}.$$

Die Frenetschen Formeln ermöglichen es uns, Reihenentwicklungen für die Koordinaten des Kurvenpunktes nach Potenzen des Bogens zu geben. Man hat zunächst $\dot{\mathfrak{r}} = \mathfrak{t}$ und weiter nach den Frenetschen Formeln

$$\ddot{\mathfrak{r}} = \varkappa\mathfrak{h},\quad \dddot{\mathfrak{r}} = \dot{\varkappa}\mathfrak{h} + \varkappa\dot{\mathfrak{h}} = -\varkappa^2\mathfrak{t} + \dot{\varkappa}\mathfrak{h} + \varkappa\tau\mathfrak{b}, \ldots.$$

Es ist also nach Taylor

$$(17) \quad \Delta\mathfrak{r} = \mathfrak{t}\Delta s + \tfrac{1}{2}\varkappa\mathfrak{h}(\Delta s)^2 + \tfrac{1}{6}(-\varkappa^2\mathfrak{t} + \dot{\varkappa}\mathfrak{h} + \varkappa\tau\mathfrak{b})(\Delta s)^3 + \cdots.$$

Bezeichnet man mit $\mathfrak{x}$, $\mathfrak{y}$, $\mathfrak{z}$ die Koordinaten des Kurvenpunktes $\mathfrak{r} + \Delta\mathfrak{r}$ in bezug auf das Tripel $\mathfrak{t}$, $\mathfrak{h}$, $\mathfrak{b}$, das im Punkte $\mathfrak{r}$ angebracht ist, und ersetzt Δs durch S, so läßt sich (17) in folgende drei Gleichungen auflösen:

$$(18) \qquad \begin{cases} \mathfrak{x} = S - \tfrac{1}{6}\varkappa^2 S^3 + \cdots, \\ \mathfrak{y} = \tfrac{1}{2}\varkappa S^2 + \tfrac{1}{6}\dot{\varkappa} S^3 + \cdots, \\ \mathfrak{z} = \tfrac{1}{6}\varkappa\tau S^3 + \cdots. \end{cases}$$

Man braucht diese Reihen nur bis zur dritten Potenz von S zu kennen und ist bereits in der Lage, $\varkappa$ und τ anzugeben.

Mit Hilfe der Frenetschen Formeln kann man alle möglichen Probleme der Kurventheorie behandeln. Wir wollen z. B. die Frage aufwerfen, welche Kurven konstante Krümmung und konstante Torsion haben. Man kann zunächst zeigen, daß bei konstantem $\varkappa$ und τ auch der Darbouxsche Vektor $\mathfrak{d}$ konstant ist. Man hat in der Tat

$$\dot{\mathfrak{d}} = \varkappa\dot{\mathfrak{b}} + \tau\dot{\mathfrak{t}} = \varkappa(-\tau\mathfrak{h}) + \tau(\varkappa\mathfrak{h}) = 0.$$

Nachdem die Konstanz des Vektors $\mathfrak{d}$ festgestellt ist, kann man aus $\mathfrak{d}\cdot\mathfrak{t} = \tau$ erkennen, daß $\mathfrak{t}$ mit $\mathfrak{d}$ einen konstanten Winkel einschließt. Denkt man sich durch alle Punkte der betrachteten Kurve Parallelen zu dem konstanten Vektor $\mathfrak{d}$ gezogen, so entsteht ein Zylinder, dessen Geraden die Kurve unter konstantem Winkel durchsetzt. Sie heißt auf Grund dieser Eigenschaft eine **Böschungslinie** des Zylinders. Einen Querschnitt dieses Zylinders erhalten wir, wenn wir von jedem Punkte der Kurve parallel zu $\mathfrak{d}$ bis zur Ebene $\mathfrak{R}\cdot\mathfrak{d} = 0$ fortschreiten. Dadurch kommen wir zu einem Punkte, dessen Ortsvektor $\mathfrak{r} + \lambda\mathfrak{d}$ lautet. Da er in der Ebene $\mathfrak{R}\cdot\mathfrak{d} = 0$ liegen soll, muß

$$\mathfrak{r}\cdot\mathfrak{d} + \lambda(\mathfrak{d}\cdot\mathfrak{d}) = 0$$

sein, also

$$\lambda = -\frac{\mathfrak{r}\cdot\mathfrak{d}}{\mathfrak{d}\cdot\mathfrak{d}},$$

so daß

$$\mathfrak{R} = \mathfrak{r} - \frac{\mathfrak{r}\cdot\mathfrak{d}}{\mathfrak{d}\cdot\mathfrak{d}}\,\mathfrak{d}$$

den erwähnten Querschnitt des Zylinders darstellt. Es ergibt sich nun

$$\mathfrak{R}' = \dot{\mathfrak{r}} - \frac{\dot{\mathfrak{r}}\cdot\mathfrak{d}}{\mathfrak{d}\cdot\mathfrak{d}}\,\mathfrak{d} = \mathfrak{t} - \frac{\mathfrak{t}\cdot\mathfrak{d}}{\mathfrak{d}\cdot\mathfrak{d}}\,\mathfrak{d}$$

oder, da $\mathfrak{d} = \varkappa\mathfrak{b} + \tau\mathfrak{t}$ ist,

$$\mathfrak{R}' = \mathfrak{t} - \frac{\tau\mathfrak{d}}{\varkappa^2 + \tau^2} = \frac{\varkappa(\varkappa\mathfrak{t} - \tau\mathfrak{b})}{\varkappa^2 + \tau^2}.$$

Wir schreiben $\mathfrak{R}'$ und nicht $\dot{\mathfrak{R}}$, um hervorzuheben, daß s nicht der Bogen des Querschnitts ist, sondern dort nur die Rolle eines Parameters spielt. Weiter folgt nach den Frenetschen Formeln

$$\mathfrak{R}'' = \frac{\varkappa(\varkappa\dot{\mathfrak{t}} - \tau\dot{\mathfrak{b}})}{\varkappa^2 + \tau^2} = \varkappa\mathfrak{h}.$$

Nun bilden wir

$$\mathfrak{R}' \times \mathfrak{R}'' = \frac{\varkappa^2\{\varkappa(\mathfrak{t}\times\mathfrak{h}) - \tau(\mathfrak{b}\times\mathfrak{h})\}}{\varkappa^2 + \tau^2} = \frac{\varkappa^2\mathfrak{d}}{\varkappa^2 + \tau^2}$$

und

$$\mathfrak{R}' \cdot \mathfrak{R}' = \frac{\varkappa^2}{\varkappa^2 + \tau^2}.$$

Dann können wir nach der ersten Formel (16) die Krümmung des Zylinderquerschnitts berechnen. Da

$$(\mathfrak{R}' \times \mathfrak{R}'') \cdot (\mathfrak{R}' \times \mathfrak{R}'') = \frac{\varkappa^4}{\varkappa^2 + \tau^2}$$

ist, so finden wir für die genannte Krümmung den konstanten Wert

$$\frac{\varkappa^2 + \tau^2}{\varkappa}.$$

Der Querschnitt ist daher ein Kreis. Ein Kurve mit konstanter Krümmung und konstanter Torsion ist also Böschungslinie eines Kreiszylinders. Man bezeichnet eine solche Kurve auch als gemeine Schraubenlinie.

Wenn man nicht konstante $\varkappa$, τ, sondern nur ein konstantes Verhältnis $\varkappa : \tau$ fordert, so kann man den Darbouxschen Vektor in folgender Form schreiben:

$$\mathfrak{d} = \lambda(A\mathfrak{t} + B\mathfrak{b}),$$

wobei A und B konstante Werte haben. In diesem Falle hat der Vektor $A\mathfrak{t} + B\mathfrak{b}$ die Ableitung Null. Es wird nämlich

$$A\dot{\mathfrak{t}} + B\dot{\mathfrak{b}} = (A\varkappa - B\tau)\mathfrak{h} = 0,$$

weil $\varkappa = \lambda B$, $\tau = \lambda A$ ist. Der konstante Vektor $A\mathfrak{t} + B\mathfrak{b}$ gibt nun mit $\mathfrak{t}$ das konstante innere Produkt A. Hieraus folgt, daß die Kurve Böschungslinie eines Zylinders ist, den man erhält, wenn man durch alle Kurvenpunkte Geraden in Richtung des konstanten Vektors $A\mathfrak{t} + B\mathfrak{b}$ zieht.

Eine Kurve mit verschwindender Torsion ist eine ebene Kurve. Man erkennt das am besten aus der zweiten Gleichung (16), die im Falle $\tau = 0$ die Aussage $[\mathfrak{r}'\mathfrak{r}''\mathfrak{r}'''] = 0$ liefert. Da die Wronskische Determinante von x', y', z' gleich Null ist, besteht zwischen diesen Funktionen eine lineare Relation mit konstanten Koeffizienten. Aus

$$ax' + by' + cz' = 0$$

folgt dann weiter

$$ax + by + cz + d = 0,$$

womit unsere Behauptung bewiesen ist. Bei einer ebenen Kurve reduzieren sich die drei Frenetschen Formeln auf zwei, nämlich auf

$$\frac{d\mathfrak{t}}{ds} = \varkappa\mathfrak{h}, \quad \frac{d\mathfrak{h}}{ds} = -\varkappa\mathfrak{t}. \tag{19}$$

$\mathfrak{t}$ ist der Tangentialvektor, $\mathfrak{h}$ der Normalvektor der ebenen Kurve. Eine wesentliche Vereinfachung erfahren die Gleichungen (19), wenn man $\int \varkappa ds = \varphi$ als Parameter an Stelle von s einführt. Sie nehmen dann folgende Gestalt an:

$$\frac{d\mathfrak{t}}{d\varphi} = \mathfrak{h}, \quad \frac{d\mathfrak{h}}{d\varphi} = -\mathfrak{t} \tag{19'}$$

Hieraus ergibt sich

$$\frac{d^2\mathfrak{t}}{d\varphi^2} + \mathfrak{t} = 0$$

oder, wenn man $\mathfrak{t} = \mathfrak{x}\mathfrak{i} + \mathfrak{y}\mathfrak{j}$ setzt,

$$\frac{d^2\mathfrak{x}}{d\varphi^2} + \mathfrak{x} = 0, \quad \frac{d^2\mathfrak{y}}{d\varphi^2} + \mathfrak{y} = 0\,.$$

Wir können daher schreiben

$$\mathfrak{x} = a_1 \cos\varphi + a_2 \sin\varphi, \qquad \mathfrak{y} = b_1 \cos\varphi + b_2 \sin\varphi,$$

mithin

$$(20) \qquad \mathfrak{t} = \mathfrak{C}_1 \cos\varphi + \mathfrak{C}_2 \sin\varphi,$$

wobei wir die Abkürzungen $a_1\mathfrak{i} + b_1\mathfrak{j} = \mathfrak{C}_1$, $a_2\mathfrak{i} + b_2\mathfrak{j} = \mathfrak{C}_2$ benutzen. Nach (19′) ist dann

$$(21) \qquad \mathfrak{h} = -\,\mathfrak{C}_1 \sin\varphi + \mathfrak{C}_2 \cos\varphi.$$

Für $\varphi = 0$ reduzieren sich $\mathfrak{t}$ und $\mathfrak{h}$ auf $\mathfrak{C}_1$ und $\mathfrak{C}_2$, woraus zu entnehmen ist, daß $\mathfrak{C}_1$ und $\mathfrak{C}_2$ zwei zueinander senkrechte Einheitsvektoren bedeuten. Aus (20) ergibt sich, wenn wir $\mathfrak{t} = \dot{\mathfrak{r}} = \frac{\varkappa\, d\mathfrak{r}}{d\varphi}$ einsetzen,

$$\frac{d\mathfrak{r}}{d\varphi} = \mathfrak{C}_1 \varkappa^{-1} \cos\varphi + \mathfrak{C}_2 \varkappa^{-1} \sin\varphi$$

und weiter

$$(22) \qquad \mathfrak{r} = \mathfrak{A} + \mathfrak{C}_1 \int \varkappa^{-1} \cos\varphi\, d\varphi + \mathfrak{C}_2 \int \varkappa^{-1} \sin\varphi\, d\varphi.$$

Wenn $\varkappa$ eine bekannte Funktion von s, also auch von $\int \varkappa\, ds = \varphi$ ist, so gibt uns Formel (22) die zugehörige ebene Kurve. Da wir $\mathfrak{C}_1$, $\mathfrak{C}_2$ beliebig verschieben und drehen können, so ist die Kurve durch die Aussage $\varkappa = \varkappa(s)$ nur bis auf Drehungen und Verschiebungen bestimmt, was von vornherein zu erwarten war. Bei konstantem $\varkappa$ können wir (22) in folgender Form schreiben:

$$(22') \qquad \mathfrak{r} = \mathfrak{A} + \mathfrak{C}_1 \varkappa^{-1} \sin\varphi - \mathfrak{C}_2 \varkappa^{-1} \cos\varphi.$$

Diese Kurve ist ein Kreis, da aus (22′)

$$(\mathfrak{r} - \mathfrak{A}) \cdot (\mathfrak{r} - \mathfrak{A}) = \varkappa^{-2}$$

folgt. Damit haben wir eine oben bereits benutzte Eigenschaft ausführlich bewiesen.

Wir wollen jetzt noch eine andere Erledigung des Problems der Kurven konstanter Krümmung und Torsion vorführen. Wenn man weiß, daß $\varkappa$ und τ konstant sind, so folgt aus der zweiten Frenetschen Gleichung (13*) durch Differentiation

$$\ddot{\mathfrak{h}} = -\,(\varkappa^2 + \tau^2)\,\mathfrak{h}\,.$$

Die Koordinaten des Vektors $\mathfrak{h}$ genügen also der Differentialgleichung $\ddot{u} + (\varkappa^2 + \tau^2)\,u = 0$ und setzen sich daher linear aus den Fundamentallösungen $\cos\omega s$, $\sin\omega s$ zusammen ($\omega = \sqrt{\varkappa^2 + \tau^2}$), so daß

$$\mathfrak{h} = \mathfrak{C}_1 \cos\omega s + \mathfrak{C}_2 \sin\omega s$$

ist, wobei $\mathfrak{C}_1$, $\mathfrak{C}_2$ konstante Vektoren bedeuten. Da $\mathfrak{h} \cdot \mathfrak{h} = 1$ sein muß, ergibt sich die Aussage

$$(\mathfrak{C}_1 \cdot \mathfrak{C}_1) \cos^2 \omega s + 2(\mathfrak{C}_1 \cdot \mathfrak{C}_2) \cos \omega s \sin \omega s + (\mathfrak{C}_2 \cdot \mathfrak{C}_2) \sin^2 \omega s = 1.$$

Für $s = 0$ reduziert sie sich auf $\mathfrak{C}_1 \cdot \mathfrak{C}_1 = 1$, für $s = \frac{\pi}{2\omega}$ auf $\mathfrak{C}_2 \cdot \mathfrak{C}_2 = 1$, und schließlich lautet sie $\mathfrak{C}_1 \cdot \mathfrak{C}_2 = 0$. Demnach sind $\mathfrak{C}_1$ und $\mathfrak{C}_2$ Einheitsvektoren, die aufeinander senkrecht stehen. Wir können sie ohne weiteres mit $-\mathfrak{i}$ und $-\mathfrak{j}$ identifizieren und schreiben

$$\mathfrak{h} = -\mathfrak{i} \cos \omega s - \mathfrak{j} \sin \omega s.$$

Setzt man diesen Ausdruck in die erste Frenetsche Gleichung ein, also in $\frac{d\mathfrak{t}}{ds} = \varkappa \mathfrak{h}$, so findet man durch Integration

$$\mathfrak{t} = -\frac{\varkappa \mathfrak{i}}{\omega} \sin \omega s + \frac{\varkappa \mathfrak{j}}{\omega} \cos \omega s + \mathfrak{C}.$$

Da $\mathfrak{h} \cdot \mathfrak{t} = 0$ sein muß, erfüllt $\mathfrak{C}$ die Bedingung $(\mathfrak{i} \cdot \mathfrak{C}) \cos \omega s + (\mathfrak{j} \cdot \mathfrak{C}) \sin \omega s = 0$, woraus $\mathfrak{i} \cdot \mathfrak{C} = 0$, $\mathfrak{j} \cdot \mathfrak{C} = 0$ folgt. Da $\mathfrak{t} = \dot{\mathfrak{r}}$ ist, so folgt weiter

$$\mathfrak{r} = \frac{\varkappa \mathfrak{i}}{\omega^2} \cos \omega s + \frac{\varkappa \mathfrak{j}}{\omega^2} \sin \omega s + \mathfrak{C} s + \mathfrak{D}.$$

Daß diese Gleichung eine gemeine Schraubenlinie darstellt, ist leicht zu erkennen.

§ 2. Flächen.

Wenn man drei Gleichungen von der Form

$$(1) \qquad x = x(u, v), \quad y = y(u, v), \quad z = z(u, v)$$

aufschreibt und eine der beiden Veränderlichen, etwa v, fixiert, so hat man die Parameterdarstellung einer Raumkurve vor sich. Erteilt man v andere und andere Werte, so entsteht eine Schar von ∞^1 Raumkurven, die eine Fläche bedecken. Hierbei ist noch eine Bedingung zu erfüllen, wenn wirklich eine Fläche herauskommen soll. Die Kurve (1) hat, wenn wir v festhalten, den Tangentialvektor x_u, y_u, z_u. Andererseits erfährt der Punkt x, y, z, wenn v um dv variiert, die Verschiebung $x_v dv, y_v dv, z_v dv$. Diese darf natürlich nicht immer in die Richtung des Tangentialvektors fallen. Sonst ginge die betrachtete Raumkurve bei jener infinitesimalen Abänderung von v in sich selbst über. Von der Erzeugung einer Fläche wäre also keine Rede. Wir müssen daher fordern, daß die Vektoren x_u, y_u, z_u und x_v, y_v, z_v nicht immer proportional sind, d. h., daß in der Matrix

$$(2) \qquad \begin{cases} x_u, & y_u, & z_u \\ x_v, & y_v, & z_v \end{cases}$$

nicht alle zweireihigen Determinanten verschwinden. Wenn wir in einem gewissen Bereich, etwa in der Umgebung des speziellen Wertsystems u_0, v_0, die Stetigkeit der partiellen Ableitungen fordern und z. B. $x_u y_v - y_u z_v$ an der Stelle u_0, v_0 von Null verschieden ist, dann sind durch die beiden ersten Gleichungen (1) u und v als Funktionen von x, y bestimmt. Zu jedem in einer gewissen Nähe von $x(u_0, v_0)$, $y(u_0, v_0)$ oder x_0, y_0 liegenden Wertsystem x, y gehört in einer gewissen Nähe von u_0, v_0 ein bestimmtes Wertsystem u, v, das mit x, y zusammen die beiden ersten Gleichungen (1) erfüllt. Diese Tatsache entnehmen wir der Theorie der impliziten Funktion. Nach der dritten Gleichung (1) ist dann z, wenigstens in gewisser Nähe von x_0, y_0, eine Funktion von x, y, so daß die Gleichungen (1) tatsächlich eine Fläche bestimmen. Die Gleichungen (1) geben eine Parameterdarstellung der Fläche. Bei festem v stellen sie eine u-Linie, bei festem u eine v-Linie dar. Durch diese Kurven wird die Fläche doppelt überdeckt.

Wir wissen von früher, daß alle Kurven, welche auf der betrachteten Fläche durch den Punkt P hindurchgehen, im Punkte P Tangenten haben, die in einer Ebene liegen, der Tangentialebene der Fläche im Punkte P. Da x_u, y_u, z_u und x_v, y_v, z_v zwei solche Tangentialvektoren sind und offenbar die Ableitungen des Ortsvektors $\mathfrak{r} = x\mathfrak{i} + y\mathfrak{j} + z\mathfrak{k}$ nach u und v darstellen, so können wir die Gleichung der Tangentialebene in der Form

$$[\mathfrak{R} - \mathfrak{r}, \mathfrak{r}_u, \mathfrak{r}_v] = 0 \tag{3}$$

schreiben. $\mathfrak{R}$ ist der Ortsvektor eines in dieser Ebene variierenden Punktes. Offenbar stellt $\mathfrak{r}_u \times \mathfrak{r}_v$ einen zur Tangentialebene senkrechten Vektor dar. Bringt man ihn auf die Länge 1, so entsteht der Einheitsvektor

$$\mathfrak{n} = \frac{\mathfrak{r}_u \times \mathfrak{r}_v}{\sqrt{(\mathfrak{r}_u \times \mathfrak{r}_v) \cdot (\mathfrak{r}_u \times \mathfrak{r}_v)}}, \tag{4}$$

der als Normalvektor der Fläche im betrachteten Punkte bezeichnet wird.

Die drei Vektoren $\mathfrak{r}_u, \mathfrak{r}_v$ und $\mathfrak{n}$ spielen in der Flächentheorie eine ähnliche Rolle wie $\mathfrak{t}, \mathfrak{h}, \mathfrak{b}$ in der Kurventheorie. $\mathfrak{r}_u, \mathfrak{r}_v$ sind aber weder Einheitsvektoren noch stehen sie im allgemeinen aufeinander senkrecht. Nur $\mathfrak{n}$ ist zu den beiden andern Vektoren des Tripels orthogonal und hat die Länge 1. Den Frenetschen Formeln entsprechen in der Flächentheorie fünf wichtige Gleichungen, welche die Ableitungen von $\mathfrak{r}_u, \mathfrak{r}_v, \mathfrak{n}$ nach u und v, also die Vektoren

$$\mathfrak{r}_{uu}, \mathfrak{r}_{uv}, \mathfrak{r}_{vv}, \mathfrak{n}_u, \mathfrak{n}_v$$

durch $\mathfrak{r}_u, \mathfrak{r}_v, \mathfrak{n}$ ausdrücken. Man nennt diese Gleichungen die Formeln von Gauß und Weingarten. Wir schreiben sie in der Form

$$\begin{cases} \mathfrak{r}_{uu} = \alpha_1 \mathfrak{r}_u + \alpha_2 \mathfrak{r}_v + L\mathfrak{n}, \\ \mathfrak{r}_{uv} = \beta_1 \mathfrak{r}_u + \beta_2 \mathfrak{r}_v + M\mathfrak{n}, \\ \mathfrak{r}_{uv} = \gamma_1 \mathfrak{r}_u + \gamma_2 \mathfrak{r}_v + N\mathfrak{n}, \\ \mathfrak{n}_u = k_1 \mathfrak{r}_u + k_2 \mathfrak{r}_v, \\ \mathfrak{n}_v = l_1 \mathfrak{r}_u + l_2 \mathfrak{r}_v. \end{cases} \tag{5}$$

Daß in den beiden letzten Gleichungen die Glieder mit $\mathfrak{n}$ fehlen müssen, kann man voraussehen. Aus $\mathfrak{n} \cdot \mathfrak{n} = 1$ folgt nämlich $\mathfrak{n} \cdot \mathfrak{n}_u = 0$, $\mathfrak{n} \cdot \mathfrak{n}_v = 0$. Andererseits ist $\mathfrak{n} \cdot \mathfrak{r}_u = 0$, $\mathfrak{n} \cdot \mathfrak{r}_v = 0$, aber $\mathfrak{n} \cdot \mathfrak{n} = 1$. Aus den drei ersten Gleichungen folgt mit Rücksicht auf die drei letzten Angaben

$$\mathfrak{r}_{uu} \cdot \mathfrak{n} = L,\ \mathfrak{r}_{uv} \cdot \mathfrak{n} = M,\ \mathfrak{r}_{vv} \cdot \mathfrak{n} = N. \tag{6}$$

Man nennt L, M, N die **Fundamentalgrößen zweiter Ordnung.** Als **Fundamentalgrößen erster Ordnung** werden die innern Produkte

$$(7) \qquad \mathfrak{x}_u \cdot \mathfrak{x}_u = E, \ \mathfrak{x}_u \cdot \mathfrak{x}_v = F, \ \mathfrak{x}_v \cdot \mathfrak{x}_v = G$$

bezeichnet. Sie treten bei der Bogenbestimmung einer auf der Fläche liegenden Kurve auf. Um eine solche Kurve zu erhalten, muß man die in (1) auftretenden Parameter u, v als Funktionen von t betrachten. Dann ist nach dem Fundamentalsatz von Leibniz

$$dx = x_u du + x_v dv, \quad dy = y_u du + y_v dv, \quad dz = z_u du + z_v dv.$$

Wir können diese drei Gleichungen in

$$d\mathfrak{x} = \mathfrak{x}_u du + \mathfrak{x}_v dv$$

zusammenziehen und erhalten dann für das quadrierte Bogenelement $ds^2 = dx^2 + dy^2 + dz^2 = d\mathfrak{x} \cdot d\mathfrak{x}$ folgenden Ausdruck:

$$\begin{aligned} ds^2 &= (\mathfrak{x}_u du + \mathfrak{x}_v dv) \cdot (\mathfrak{x}_u du + \mathfrak{x}_v dv) \\ &= E du^2 + 2F du dv + G dv^2. \end{aligned}$$

Man nennt ds auch kurz das **Bogenelement der Fläche.**

Die in den beiden letzten Gleichungen (5) auftretenden Koeffizienten k_1, k_2, l_1, l_2 lassen sich durch die Fundamentalgrößen erster und zweiter Ordnung ausdrücken. Multipliziert man $\mathfrak{n}_u, \mathfrak{n}_v$ innerlich mit $\mathfrak{x}_u, \mathfrak{x}_v$, so entstehen folgende Aussagen:

$$(8) \qquad \begin{cases} \mathfrak{x}_u \cdot \mathfrak{n}_u = k_1 E + k_2 F, & \mathfrak{x}_u \cdot \mathfrak{n}_v = l_1 E + l_2 F, \\ \mathfrak{x}_v \cdot \mathfrak{n}_u = k_1 F + k_2 G, & \mathfrak{x}_v \cdot \mathfrak{n}_v = l_1 F + l_2 G. \end{cases}$$

Die linken Seiten hängen in einfacher Weise mit den Fundamentalgrößen zweiter Ordnung zusammen. Man erkennt dies sofort durch Differentiation der Gleichungen $\mathfrak{x}_u \cdot \mathfrak{n} = 0, \mathfrak{x}_v \cdot \mathfrak{n} = 0$ nach u und v. Dadurch ergibt sich

$$\begin{aligned} (\mathfrak{x}_{uu} \cdot \mathfrak{n}) + (\mathfrak{x}_u \cdot \mathfrak{n}_u) = 0, \quad & (\mathfrak{x}_{uv} \cdot \mathfrak{n}) + (\mathfrak{x}_u \cdot \mathfrak{n}_v) = 0, \\ (\mathfrak{x}_{vu} \cdot \mathfrak{n}) + (\mathfrak{x}_v \cdot \mathfrak{n}_u) = 0, \quad & (\mathfrak{x}_{vv} \cdot \mathfrak{n}) + (\mathfrak{x}_v \cdot \mathfrak{n}_v) = 0. \end{aligned}$$

Es ist also

$$(9) \quad \mathfrak{x}_u \cdot \mathfrak{n}_u = -L, \quad \mathfrak{x}_u \cdot \mathfrak{n}_v = \mathfrak{x}_v \cdot \mathfrak{n}_u = -M, \quad \mathfrak{x}_v \cdot \mathfrak{n}_v = -N,$$

so daß die Gleichungen (8) jetzt lauten

$$(8') \qquad \begin{cases} k_1 E + k_2 F + L = 0, & l_1 E + l_2 F + M = 0, \\ k_1 F + k_2 G + M = 0, & l_1 F + l_2 G + N = 0. \end{cases}$$

Sie lassen sich nach k_1, k_2 und l_1, l_2 auflösen. Dies beruht darauf, daß $EG - F^2 > 0$ ist. Man hat nämlich

$$(\mathfrak{x}_u \times \mathfrak{x}_v) \cdot (\mathfrak{x}_u \times \mathfrak{x}_v) = \begin{vmatrix} \mathfrak{x}_u \cdot \mathfrak{x}_u, & \mathfrak{x}_u \cdot \mathfrak{x}_v \\ \mathfrak{x}_v \cdot \mathfrak{x}_u, & \mathfrak{x}_v \cdot \mathfrak{x}_u \end{vmatrix} = \begin{vmatrix} E & F \\ F & G \end{vmatrix}.$$

Andererseits ist $(\mathfrak{x}_u \times \mathfrak{x}_v) \cdot (\mathfrak{x}_u \times \mathfrak{x}_v)$ die Quadratsumme aus den Determinanten der Matrix (2), die nicht alle verschwinden. Wir finden durch Auflösen der Gleichungen (8')

$$\begin{aligned} k_1 : k_2 : 1 &= (FM - GL) : (FL - EM) : (EG - F^2), \\ l_1 : l_2 : 1 &= (FN - GM) : (FM - EN) : (EG - F^2). \end{aligned}$$

Die beiden letzten Gleichungen (5) lauten demnach

$$(10)\quad \mathfrak{n}_u = (EG - F^2)^{-1} \begin{vmatrix} E & F & \mathfrak{r}_u \\ F & G & \mathfrak{r}_v \\ L & M & 0 \end{vmatrix}, \quad \mathfrak{n}_v = (EG - F^2)^{-1} \begin{vmatrix} E & F & \mathfrak{r}_u \\ F & G & \mathfrak{r}_v \\ M & N & 0 \end{vmatrix}.$$

Die Koeffizienten α, β, γ in den drei ersten Gleichungen (5) sind die berühmten Christoffelschen Symbole, und zwar die Symbole zweiter Art. Sie werden gewöhnlich durch

$$\begin{Bmatrix}11\\1\end{Bmatrix}, \quad \begin{Bmatrix}11\\2\end{Bmatrix},$$
$$\begin{Bmatrix}12\\2\end{Bmatrix}, \quad \begin{Bmatrix}12\\2\end{Bmatrix},$$
$$\begin{Bmatrix}22\\1\end{Bmatrix}, \quad \begin{Bmatrix}22\\2\end{Bmatrix}$$

bezeichnet. Man muß u als den ersten, v als den zweiten Parameter betrachten, so daß man statt $\mathfrak{r}_u, \mathfrak{r}_v$ die Bezeichnungen $\mathfrak{r}_1, \mathfrak{r}_2$ und statt $\mathfrak{r}_{uu}, \mathfrak{r}_{uv}, \mathfrak{r}_{vv}$ die Bezeichnungen $\mathfrak{r}_{11}, \mathfrak{r}_{12}, \mathfrak{r}_{22}$ benutzen kann. Dann ist $\begin{Bmatrix}ab\\c\end{Bmatrix}$ in der Gleichung für $\mathfrak{r}_{ab}$ der Koeffizient von $\mathfrak{r}_c$. So kann man den Sinn dieser Klammersymbole nie vergessen. Wir werden sie hier aber nicht anwenden, sondern an den Benennungen α, β, γ festhalten. Diese α, β, γ, also die sechs Christoffelschen Symbole, lassen sich durch die Fundamentalgrößen erster Ordnung und ihre Ableitungen nach u, v ausdrücken. Dies ist eine wichtige, schon von Gauß festgestellte Tatsache. Aus (5) entnimmt man

$$\begin{aligned} \mathfrak{r}_{uu} \cdot \mathfrak{r}_u &= \alpha_1 E + \alpha_2 F, & \mathfrak{r}_{uu} \cdot \mathfrak{r}_v &= \alpha_1 F + \alpha_2 G, \\ \mathfrak{r}_{uv} \cdot \mathfrak{r}_u &= \beta_1 E + \beta_2 F, & \mathfrak{r}_{uv} \cdot \mathfrak{r}_v &= \beta_1 F + \beta_2 G, \\ \mathfrak{r}_{vv} \cdot \mathfrak{r}_u &= \gamma_1 E + \gamma_2 F, & \mathfrak{r}_{vv} \cdot \mathfrak{r}_v &= \gamma_1 F + \gamma_2 G. \end{aligned}$$

Es braucht also nur gezeigt zu werden, daß die sechs inneren Produkte, welche die ersten Ableitungen des Ortsvektors mit den zweiten liefern, durch die Fundamentalgrößen erster Ordnung und ihre Ableitungen ausdrückbar sind. Dies läßt sich aber leicht durchführen. Differenziert man die Ausdrücke (7) nach u und v, so findet man zunächst

$$\begin{aligned} 2(\mathfrak{r}_u \cdot \mathfrak{r}_{uu}) &= E_u, & 2(\mathfrak{r}_u \cdot \mathfrak{r}_{uv}) &= E_v, \\ 2(\mathfrak{r}_v \cdot \mathfrak{r}_{uv}) &= G_u, & 2(\mathfrak{r}_v \cdot \mathfrak{r}_{vv}) &= G_v. \end{aligned}$$

Damit sind schon vier der sechs inneren Produkte erledigt. Es fehlen nur $\mathfrak{r}_u \cdot \mathfrak{r}_{vv}$ und $\mathfrak{r}_v \cdot \mathfrak{r}_{uu}$. Wir haben aber noch nicht die Gleichung $\mathfrak{r}_u \cdot \mathfrak{r}_v = F$ ausgenutzt. Sie liefert, nach u und nach v differenziert,

$$\begin{aligned} (\mathfrak{r}_u \cdot \mathfrak{r}_{uv}) + (\mathfrak{r}_v \cdot \mathfrak{r}_{uu}) &= F_u, \\ (\mathfrak{r}_u \cdot \mathfrak{r}_{vv}) + (\mathfrak{r}_v \cdot \mathfrak{r}_{uv}) &= F_v. \end{aligned}$$

Hieraus ergibt sich unter Benutzung der schon erhaltenen Resultate

$$\mathfrak{r}_u \cdot \mathfrak{r}_{vv} = F_v - \tfrac{1}{2} G_u, \quad \mathfrak{r}_v \cdot \mathfrak{r}_{uu} = F_u - \tfrac{1}{2} E_v.$$

Jetzt sind wir imstande, die Koeffizienten α, β, γ, also die Christoffelschen

Symbole $\left\{ {a\,b \atop c} \right\}$, durch die Fundamentalgrößen erster Ordnung auszudrücken. Wir wollen diese Ausdrücke sogleich in die Gaußschen Formeln einsetzen. Dadurch erhalten jene Formeln folgende Gestalt:

$$(5^*)\quad \begin{cases} \mathfrak{r}_{uu} = -(EG-F^2)^{-1} \begin{vmatrix} E & F & \mathfrak{r}_u \\ F & G & \mathfrak{r}_v \\ \frac{1}{2}E_u, & F_u - \frac{1}{2}E_v, & 0 \end{vmatrix} + L\mathfrak{n}, \\ \mathfrak{r}_{uv} = -(EG-F^2)^{-1} \begin{vmatrix} E & F & \mathfrak{r}_u \\ F & G & \mathfrak{r}_v \\ \frac{1}{2}E_v, & \frac{1}{2}G_u & 0 \end{vmatrix} + M\mathfrak{n}, \\ \mathfrak{r}_{vv} = -(EG-F^2)^{-1} \begin{vmatrix} E & F & \mathfrak{r}_u \\ F & G & \mathfrak{r}_v \\ F_v - \frac{1}{2}G_u, & \frac{1}{2}G_v, & 0 \end{vmatrix} + N\mathfrak{n}. \end{cases}$$

Diese Differentialgleichungen bilden das Kernstück des Systems (5). Benutzt man nämlich für $\mathfrak{n}$ den Ausdruck (4), wobei noch

$$(\mathfrak{r}_u \times \mathfrak{r}_v) \cdot (\mathfrak{r}_u \times \mathfrak{r}_v) = EG - F^2$$

gesetzt werden kann, so findet man für $\mathfrak{n}_u, \mathfrak{n}_v$ die Werte (10). Die beiden letzten Gleichungen (5) bieten also im Grunde genommen gegenüber den drei ersten nichts Neues und können durch die Aussage (4) ersetzt werden. Wenn man in (5*) den Vektor $\mathfrak{n}$ durch $(EG-F^2)^{-\frac{1}{2}}(\mathfrak{r}_u \times \mathfrak{r}_v)$ ersetzt, so beziehen sich diese Differentialgleichungen überhaupt nur auf die Vektoren $\mathfrak{r}_u, \mathfrak{r}_v$.

Wenn man bei $\mathfrak{r}$ stetige Ableitungen bis zur dritten Ordnung fordert, so müssen die Gleichungen

$$(11)\qquad (\mathfrak{r}_{uu})_v = (\mathfrak{r}_{uv})_u, \qquad (\mathfrak{r}_{uv})_v = (\mathfrak{r}_{vv})_u$$

gelten. Man nennt sie die Integrabilitätsbedingungen des Systems (5*). Die Durchführung der Bedingungen (11) führt zu drei wichtigen Relationen, deren eine das berühmte Gaußsche theorema egregium enthält.

Um die Rechnungen etwas abzukürzen, empfiehlt es sich, die Vektoren

$$(12)\qquad \mathfrak{U} = D^{-1}(G\mathfrak{r}_u - F\mathfrak{r}_v), \qquad \mathfrak{V} = D^{-1}(E\mathfrak{r}_v - F\mathfrak{r}_u)$$

zu benutzen, wobei $D = EG - F^2$ sein soll. Mit Hilfe dieser Vektoren lassen sich die Gleichungen (5*) in folgender Form schreiben:

$$(13)\qquad \begin{cases} \mathfrak{r}_{uu} = \frac{1}{2}E_u\mathfrak{U} + (F_u - \frac{1}{2}E_v)\mathfrak{V} + L\mathfrak{n}, \\ \mathfrak{r}_{uv} = \frac{1}{2}E_v\mathfrak{U} + \frac{1}{2}G_u\mathfrak{V} + M\mathfrak{n}, \\ \mathfrak{r}_{vv} = (F_v - \frac{1}{2}G_u)\mathfrak{U} + \frac{1}{2}G_v\mathfrak{V} + N\mathfrak{n}. \end{cases}$$

Auch die Gleichungen (10) nehmen eine einfachere Gestalt an, nämlich

$$(14)\qquad \mathfrak{n}_u = -(L\mathfrak{U} + M\mathfrak{V}), \qquad \mathfrak{n}_v = -(M\mathfrak{U} + N\mathfrak{V}).$$

Wenn man die Vektoren $\mathfrak{U}, \mathfrak{V}$ nach u und v differenziert, treten die Bestandteile

$$(D^{-1}G)_u\mathfrak{r}_u - (D^{-1}F)_u\mathfrak{r}_v, \qquad (D^{-1}G)_v\mathfrak{r}_u - (D^{-1}F)_v\mathfrak{r}_v,$$
$$(D^{-1}E)_u\mathfrak{r}_v - (D^{-1}F)_u\mathfrak{r}_u, \qquad (D^{-1}E)_v\mathfrak{r}_v - (D^{-1}F)_v\mathfrak{r}_u$$

auf, die wir mit $\mathfrak{U}^1$, $\mathfrak{U}^2, \mathfrak{V}^1, \mathfrak{V}^2$ bezeichnen wollen. Sie lassen sich linear durch $\mathfrak{U}, \mathfrak{V}$ ausdrücken. Z. B. folgt aus (12) und aus

$$\mathfrak{U}^1 = (D^{-1}G)_u\mathfrak{r}_u - (D^{-1}F)_u\mathfrak{r}_v$$

durch Elimination von $\mathfrak{r}_u, \mathfrak{r}_v$

$$\begin{vmatrix} D^{-1}G, & -D^{-1}F, & \mathfrak{U} \\ -D^{-1}F, & D^{-1}E, & \mathfrak{V} \\ (D^{-1}G)_u, & (-D^{-1}F)_u, & \mathfrak{U}^1 \end{vmatrix} = 0,$$

also

$$\mathfrak{U}^1 = -\begin{vmatrix} G & -F & \mathfrak{U} \\ -F & E & \mathfrak{V} \\ (D^{-1}G)_u & (-D^{-1}F)_u & 0 \end{vmatrix}.$$

Ebenso ist

$$\mathfrak{U}^2 = -\begin{vmatrix} G & -F & \mathfrak{U} \\ -F & E & \mathfrak{V} \\ (D^{-1}G)_v & (-D^{-1}F)_v & 0 \end{vmatrix},$$

ferner

$$\mathfrak{V}^1 = -\begin{vmatrix} G & -F & \mathfrak{U} \\ -F & E & \mathfrak{V} \\ (-D^{-1}F)_u & (D^{-1}E)_u & 0 \end{vmatrix}$$

und

$$\mathfrak{V}^2 = -\begin{vmatrix} G & -F & \mathfrak{U} \\ -F & E & \mathfrak{V} \\ (-D^{-1}F)_v & (D^{-1}E)_v & 0 \end{vmatrix}.$$

Stellen wir nun die erste Gleichung (11) auf, so ergibt sich unter Benutzung von (13) und (14) auf der einen Seite

$$\begin{aligned} &\tfrac{1}{2}E_{uv}\mathfrak{U} + (F_{uv} - \tfrac{1}{2}E_{vv})\mathfrak{V} - L(M\mathfrak{U} + N\mathfrak{V}) \\ &+ \tfrac{1}{2}E_u\mathfrak{U}^2 + (F_u - \tfrac{1}{2}E_v)\mathfrak{V}^2 + L_v\mathfrak{n} \\ &+ \tfrac{1}{2}E_u(D^{-1}G\,\mathfrak{r}_{uv} - D^{-1}F\mathfrak{r}_{vv}) + (F_u - \tfrac{1}{2}E_v)(D^{-1}E\,\mathfrak{r}_{vv} - D^{-1}F\mathfrak{r}_{uv}), \end{aligned}$$

auf der anderen Seite

$$\begin{aligned} &\tfrac{1}{2}E_{uv}\mathfrak{U} + \tfrac{1}{2}G_{uu}\mathfrak{V} - M(L\mathfrak{U} + M\mathfrak{V}) \\ &+ \tfrac{1}{2}E_v\mathfrak{U}^1 + \tfrac{1}{2}G_u\mathfrak{V}^1 + M_u\mathfrak{n} \\ &+ \tfrac{1}{2}E_v(D^{-1}G\,\mathfrak{r}_{uu} - D^{-1}F\mathfrak{r}_{uv}) + \tfrac{1}{2}G_u(D^{-1}E\,\mathfrak{r}_{uv} - D^{-1}F\mathfrak{r}_{uu}). \end{aligned}$$

Man muß nun für $\mathfrak{U}^1$, $\mathfrak{U}^2, \mathfrak{V}^1, \mathfrak{V}^2$ die oben angegebenen Ausdrücke einsetzen, für $\mathfrak{r}_{uu}, \mathfrak{r}_{uv}, \mathfrak{r}_{vv}$ die Ausdrücke (13). Dann baut sich alles aus $\mathfrak{U}, \mathfrak{V}, \mathfrak{n}$ auf, und man hat einfach die Koeffizienten zu vergleichen. Bei $\mathfrak{U}$ stimmen sie links und rechts überein. Bei $\mathfrak{V}$ ergibt sich die von Gauß gefundene Beziehung

$$\begin{aligned} LN - M^2 = F_{uv} &- \tfrac{1}{2}E_{vv} - \tfrac{1}{2}G_{uu} \\ &+ D^{-1}E\,(\tfrac{1}{4}E_vG_v - \tfrac{1}{2}F_uG_v + \tfrac{1}{4}G_u^2) \\ &+ D^{-1}F\,(\tfrac{1}{4}E_uG_v - \tfrac{1}{2}E_vF_v - \tfrac{1}{4}E_vG_u + F_uF_v - \tfrac{1}{2}F_uG_u) \\ &+ D^{-1}G\,(\tfrac{1}{4}E_uG_u - \tfrac{1}{2}E_uF_v + \tfrac{1}{4}E_v^2)\,. \end{aligned}$$

Eine elegantere Formulierung erreicht man unter Zuhilfenahme der für die inneren Produkte $\mathfrak{r}_{ab}\cdot\mathfrak{r}_c$ gewonnenen Ausdrücke, die man auch mit $\begin{bmatrix} a\,b \\ c \end{bmatrix}$ bezeichnet und **Christoffelsche Symbole erster Art** nennt. Nach unsern früheren Feststellungen ist

$$\begin{bmatrix} 11 \\ 1 \end{bmatrix} = \frac{1}{2}E_u, \qquad \begin{bmatrix} 12 \\ 1 \end{bmatrix} = \frac{1}{2}E_v, \qquad \begin{bmatrix} 22 \\ 1 \end{bmatrix} = F_v - \frac{1}{2}G_u,$$

$$\begin{bmatrix} 11 \\ 2 \end{bmatrix} = F_u - \frac{1}{2}E_v, \qquad \begin{bmatrix} 12 \\ 2 \end{bmatrix} = \frac{1}{2}G_u, \qquad \begin{bmatrix} 22 \\ 2 \end{bmatrix} = \frac{1}{2}G_v.$$

Bildet man die Determinante

$$\begin{vmatrix} E & F & G \\ \begin{bmatrix} 11 \\ 1 \end{bmatrix} & \begin{bmatrix} 12 \\ 1 \end{bmatrix} & \begin{bmatrix} 22 \\ 1 \end{bmatrix} \\ \begin{bmatrix} 11 \\ 2 \end{bmatrix} & \begin{bmatrix} 12 \\ 2 \end{bmatrix} & \begin{bmatrix} 22 \\ 2 \end{bmatrix} \end{vmatrix},$$

so erhält man

$$\begin{aligned} &E(\tfrac{1}{4}E_vG_v - \tfrac{1}{2}F_vG_u + \tfrac{1}{4}G_u^2) \\ &+ F(-\tfrac{1}{4}E_uG_v - \tfrac{1}{2}E_vF_v + \tfrac{1}{4}E_vG_u + F_uF_v - \tfrac{1}{2}F_uG_u) \\ &+ G(\tfrac{1}{4}E_uG_u - \tfrac{1}{2}E_vF_u + \tfrac{1}{4}E_v^2)\,. \end{aligned}$$

Vergleicht man hiermit die Glieder erster Ordnung von $LN - M^2$ unter Fortlassung des Faktors D^{-1}, so lautet die Differenz

$$- E\tfrac{1}{2}(F_uG_v - F_vG_u) - F\tfrac{1}{2}(G_uE_v - G_vE_u) - G\tfrac{1}{2}(E_uF_v - E_vF_u)$$

oder

$$-\tfrac{1}{2}\begin{vmatrix} E & F & G \\ E_u & F_u & G_u \\ E_v & F_v & G_v \end{vmatrix}.$$

Wir können also die Gaußsche Formel in folgender Weise schreiben:

$$\text{(15)} \qquad \begin{aligned} LN - M^2 &= F_{uv} - \tfrac{1}{2}E_{vv} - \tfrac{1}{2}G_{uu} \\ &+ D^{-1}\begin{vmatrix} E & F & G \\ \begin{bmatrix} 11 \\ 1 \end{bmatrix} & \begin{bmatrix} 12 \\ 1 \end{bmatrix} & \begin{bmatrix} 22 \\ 1 \end{bmatrix} \\ \begin{bmatrix} 11 \\ 2 \end{bmatrix} & \begin{bmatrix} 12 \\ 2 \end{bmatrix} & \begin{bmatrix} 22 \\ 2 \end{bmatrix} \end{vmatrix} - \tfrac{1}{2}D^{-1}\begin{vmatrix} E & F & G \\ E_u & F_u & G_u \\ E_v & F_v & G_v \end{vmatrix}. \end{aligned}$$

Das Bemerkenswerte und Wichtige an dieser Formel liegt darin, daß die aus den Fundamentalgrößen zweiter Ordnung aufgebaute Verbindung $LN - M^2$ sich durch die Fundamentalgrößen erster Ordnung und ihre Ableitungen ausdrückt. Das ist das theorema egregium von Gauß.

Wir haben die erste Gleichung (11) noch nicht voll ausgenutzt. Es fehlt noch die Koeffizientenvergleichung bei $\mathfrak{n}$. Hier ist es vorteilhafter, sich an die alten Formeln (5) zu halten und beim Aufstellen der Gleichung $(\mathfrak{r}_{uu})_v = (\mathfrak{r}_{uv})_u$ nur auf die Glieder mit $\mathfrak{n}$ zu achten. Auf diese Weise findet man

(16) $$L_v + \alpha_1 M + \alpha_2 N = M_u + \beta_1 L + \beta_2 M.$$

Ebenso ergibt sich aus $(\mathfrak{r}_{uv})_v = (\mathfrak{r}_{vv})_u$ die Relation

(16′) $$N_u + \gamma_1 L + \gamma_2 M = M_v + \beta_1 M + \beta_2 N.$$

(16) und (16′) sind die Formeln von Codazzi. Vor ihm hatte sie ein anderer italienischer Mathematiker Mainardi gefunden. Außer (16′) erhält man bei voller Ausnutzung der Gleichung $(\mathfrak{r}_{uv})_v = (\mathfrak{r}_{vv})_u$ weiter nichts als noch einmal die Gaußsche Gleichung (15).

Wenn die Fundamentalgrößen erster Ordnung E, F, G bekannt, also als Funktion von u, v gegeben sind, so unterliegen die Fundamentalgrößen zweiter Ordnung den Bedingungen (15), (16) und (16′). Diese Bedingungen kommen bei der Lösung wichtiger Probleme der Flächentheorie zur Geltung. Wir wollen dies durch ein Beispiel bestätigen, und zwar behandeln wir die Aufgabe, alle Flächen zu bestimmen, die auf die Ebene abwickelbar oder, wie man auch sagt, isometrisch abbildbar sind. Damit ist gemeint, daß sich die Fläche längentreu auf die Ebene abbilden läßt, wobei also entsprechende Bogenelemente stets gleiche Größe haben. Wenn wir in der Ebene rechtwinklige Koordinaten u, v benutzen, lautet das quadrierte Bogenelement $du^2 + dv^2$. Wir können nun auf einer Fläche, die isometrisch auf die Ebene abgebildet ist, diese u, v als Parameter benutzen. Dann wird das quadrierte Bogenelement der Fläche ebenfalls $du^2 + dv^2$ lauten, so daß $E = 1$, $F = 0$, $G = 1$ ist. Die Ableitungen von E, F, G und die Christoffelschen Symbole sind in diesem Falle sämtlich gleich Null. Daher reduzieren sich die Relationen (15), (16), (16′) auf

(17) $$LN - M^2 = 0,\ L_v = M_u,\ N_u = M_v.$$

Nach den beiden letzten Gleichungen sind die Ausdrücke $L\,du + M\,dv$ und $M\,du + N\,dv$ Differentiale $d\Phi, d\Psi$, so daß man setzen kann

$$L = \Phi_u,\quad M = \Phi_v = \Psi_u,\quad N = \Psi_v.$$

Aus $\Phi_v = \Psi_u$ ersehen wir schließlich, daß auch $\Phi\,du + \Psi\,dv$ ein Differential $d\omega$ ist, also $\Phi = \omega_u$, $\Psi = \omega_v$. Es ergibt sich demnach

(18) $$L = \omega_{uu},\ M = \omega_{uv},\ N = \omega_{vv}\,.$$

Die erste Gleichung (17) legt der Funktion ω dann noch die Bedingung auf

(19) $$\omega_{uu}\omega_{vv} - \omega_{uv}^2 = 0.$$

Wir wollen zuerst den Sonderfall $L = M = N = 0$ erledigen. Nach (13) sind alsdann $\mathfrak{r}_{uu}, \mathfrak{r}_{uv}, \mathfrak{r}_{vv}$ alle gleich Null, also $\mathfrak{r}_u, \mathfrak{r}_v$ konstant und

$$\mathfrak{r} = \mathfrak{A}u + \mathfrak{B}v + \mathfrak{C},$$

d. h. die Fläche ist eine Ebene.

Wenn L, M, N nicht alle drei verschwinden, so reduzieren sich die Differentialgleichungen $L\,du + M\,dv = 0$ und $M\,du + N\,dv = 0$ auf eine einzige, die dann auf der Fläche eine Kurvenschar $\varphi(u, v) = c$ bestimmt. Schreitet man längs einer Kurve dieser Schar fort, so wird nach den Gleichungen (13), die hier wegen $E = 1, F = 0, G = 1$ die Form

$$\mathfrak{r}_{uu} = L\mathfrak{n}, \quad \mathfrak{r}_{uv} = M\mathfrak{n}, \quad \mathfrak{r}_{vv} = N\mathfrak{n}$$

annehmen,

$$\mathfrak{r}_{uu}du + \mathfrak{r}_{uv}dv = (Ldu + Mdv)\,\mathfrak{n} = 0,$$

$$\mathfrak{r}_{uv}du + \mathfrak{r}_{vv}dv = (Mdu + Ndv)\,\mathfrak{n} = 0,$$

d. h. $d\mathfrak{r}_u = 0$, $d\mathfrak{r}_v = 0$. Längs jeder Kurve der Schar $\varphi(u, v) = c$ bleiben also $\mathfrak{r}_u$ und $\mathfrak{r}_v$ konstant. Dasselbe gilt von dem Vektor $\mathfrak{n}$. Nach (14) ist nämlich

$$d\mathfrak{n} = -(Ldu + Mdv)\,\mathfrak{U} - (Mdu + Ndv)\,\mathfrak{V} = 0.$$

Übrigens bilden $\mathfrak{r}_u, \mathfrak{r}_v, \mathfrak{n}$ ein orthogonales Tripel von Einheitsvektoren. Man denke an $E = G = 1$ und $F = 0$.

In allen Punkten einer Kurve $\varphi(u, v) = c$ hat die Fläche dieselbe Tangentialebene. Die Gleichung der Tangentialebene lautet nämlich $(\mathfrak{R} - \mathfrak{r}) \cdot \mathfrak{n} = 0$ oder $(\mathfrak{R} \cdot \mathfrak{n}) - (\mathfrak{r} \cdot \mathfrak{n}) = 0$. Wir wissen bereits, daß beim Fortschreiten längs der genannten Kurve $d\mathfrak{n} = 0$ ist. Es ist aber auch $d(\mathfrak{r} \cdot \mathfrak{n}) = (\mathfrak{r}_u \cdot \mathfrak{n})\,du + (\mathfrak{r}_v \cdot \mathfrak{n})\,dv = 0$, so daß die Tangentialebene tatsächlich dieselbe bleibt.

Um nun zu erkennen, von welcher Art die Kurven $\varphi(u, v) = c$ sind, wollen wir einmal annehmen, daß L und M nicht beide verschwinden. Da beim Fortschreiten längs einer solchen Kurve die Gleichung $Ldu + Mdv = 0$ stattfindet, so sind du, dv proportional zu M und $-L$, also $d\mathfrak{r} = \mathfrak{r}_u du + \mathfrak{r}_v dv$ proportional zu $M\mathfrak{r}_u - L\mathfrak{r}_v$. Reduziert man diesen Vektor auf die Länge 1, so ergibt sich, da $\mathfrak{r}_u$ und $\mathfrak{r}_v$ orthogonale Einheitsvektoren sind,

$$\mathfrak{t} = \frac{M\mathfrak{r}_u - L\mathfrak{r}_v}{\sqrt{L^2 + M^2}}.$$

Das ist der Tangentialvektor der Kurve $\varphi(u, v) = c$. Wir wissen, daß $\mathfrak{r}_u, \mathfrak{r}_v$ beim Fortschreiten längs einer solchen Kurve konstant bleiben. Also wird

$$d\mathfrak{t} = \frac{\mathfrak{r}_u dM - \mathfrak{r}_v dL}{\sqrt{L^2 + M^2}} - \frac{M\mathfrak{r}_u - L\mathfrak{r}_v}{(\sqrt{L^2 + M^2})^3}(LdL + MdM),$$

d. h.

$$d\mathfrak{t} = \frac{LdM - MdL}{(\sqrt{L^2 + M^2})^3}(L\mathfrak{r}_u + M\mathfrak{r}_v).$$

Da du und dv proportional zu M und $-L$ sind, so ist $LdM - MdL$ proportional zu

$$(20) \qquad (LM_u - ML_u)M - (LM_v - ML_v)L.$$

Benutzt man die Ausdrücke (18), so verwandelt sich (20) in

$$2\omega_{uu}\omega_{uv}\omega_{uuv} - \omega_{uu}^2\omega_{uvv} - \omega_{uv}^2\omega_{uuu}.$$

Ersetzt man noch (19) ω_{uv}^2 durch $\omega_{uu}\omega_{vv}$, so kann man schreiben

$$\omega_{uu}(2\omega_{uv}\omega_{uuv} - \omega_{uu}\omega_{uvv} - \omega_{vv}\omega_{uuu}).$$

Das Eingeklammerte ist die Ableitung von $\omega_{uv}^2 - \omega_{uu}\omega_{vv}$ nach u, also gleich Null. Somit folgt $LdM - MdL = 0$. Ebenso würde sich $MdN - NdM = 0$

ergeben. Auf alle Fälle ist also $dt = 0$, d. h. $\mathfrak{t} = \mathfrak{C}$ und $\mathfrak{r} = \mathfrak{C}s + \mathfrak{c}$, wobei wir mit s den Bogen der Kurve $\varphi(u, v) = c$ bezeichnen, längs welcher wir fortschreiten. $\mathfrak{C}$ und $\mathfrak{c}$ sind konstante Vektoren. Unser Ergebnis läßt erkennen, daß die auf der Fläche liegende Kurvenschar $\varphi(u, v) = c$ aus lauter Geraden besteht. Die Fläche enthält also eine Schar von ∞^1 Geraden, sie ist eine sogenannte Regelfläche. Wir können aber noch mehr aussagen, weil wir außerdem wissen, daß längs jeder Geraden die Tangentialebene dieselbe bleibt. Hierdurch erhält die Regelfläche einen besondern Charakter. Darüber werden wir uns durch folgende Betrachtung klar werden: Jede Regelfläche läßt sich in der Form

$$\begin{aligned} x &= \xi_1(u)v + \xi_2(u), \\ y &= \eta_1(u)v + \eta_2(u), \\ z &= \zeta_1(u)v + \zeta_2(u) \end{aligned}$$

darstellen. Die Geraden der Fläche erscheinen hierbei als v-Linien. Wir können, indem wir $\{\xi_1^2(u) + \eta_1^2(u) + \zeta_1^2(u)\}^{\frac{1}{2}} v$ als neues v benutzen, die Relation

$$\xi_1^2(u) + \eta_1^2(u) + \zeta_1^2(u) = 1 \tag{21}$$

herbeiführen. In vektorieller Schreibung lautet die obige Darstellung

$$\mathfrak{r} = v\mathfrak{a}_1(u) + \mathfrak{a}_2(u). \tag{22}$$

Dabei haben wir gesetzt

$$\begin{aligned} \mathfrak{a}_1(u) &= \mathfrak{i}\xi_1(u) + \mathfrak{j}\eta_1(u) + \mathfrak{k}\zeta_1(u), \\ \mathfrak{a}_2(u) &= \mathfrak{i}\xi_2(u) + \mathfrak{j}\eta_2(u) + \mathfrak{k}\zeta_2(u). \end{aligned}$$

Nach (21) ist $\mathfrak{a}_1 \cdot \mathfrak{a}_1 = 1$.

Nun müssen wir zusehen, wie sich die Eigenschaft analytisch auswirkt, daß die Fläche (22) in allen Punkten einer v-Linie dieselbe Tangentialebene hat. Zu diesem Zweck wenden wir auf unsere Fläche die zweite Formel (14) an und finden, daß $\mathfrak{n}_v = 0$ die Gleichungen $M = 0$, $N = 0$ nach sich zieht. Es muß also $\mathfrak{r}_{uv} \cdot \mathfrak{n} = 0$, $\mathfrak{r}_{vv} \cdot \mathfrak{n} = 0$ sein. Die zweite Aussage erweist sich als trivial, da nach (22) offenbar $\mathfrak{r}_{vv} = 0$ ist. Die erste kann auch in der Form $[\mathfrak{r}_{uv}, \mathfrak{r}_u, \mathfrak{r}_v] = 0$ geschrieben werden. Nun ist $\mathfrak{r}_u = v\mathfrak{a}_1'(u) + \mathfrak{a}_2'(u)$, $\mathfrak{r}_v = \mathfrak{a}_1(u)$, $\mathfrak{r}_{uv} = \mathfrak{a}_1'(u)$. Es ergibt sich also

$$[\mathfrak{a}_1(u), \mathfrak{a}_1'(u), \mathfrak{a}_2'(u)] = 0 \tag{23}$$

als Bedingung dafür, daß die Fläche (22) in allen Punkten einer v-Linie dieselbe Tangentialebene hat. Wenn nämlich längs einer solchen Linie $\mathfrak{n}$ konstant ist, so hat auch $\mathfrak{r} \cdot \mathfrak{n}$ einen konstanten Wert, und die Gleichung der Tangentialebene $(\mathfrak{R} \cdot \mathfrak{n}) - (\mathfrak{r} \cdot \mathfrak{n}) = 0$ bleibt längs der ganzen Linie dieselbe.

Die Bedingung (23), die mit $(\mathfrak{a}_1(u) \times \mathfrak{a}_1'(u)) \cdot \mathfrak{a}_2'(u) = 0$ gleichbedeutend ist, kann in der Weise erfüllt sein, daß $\mathfrak{a}_1(u) \times \mathfrak{a}_1'(u)$ verschwindet. Die Norm dieses Vektors lautet

$$\begin{vmatrix} \mathfrak{a}_1(u) \cdot \mathfrak{a}_1(u), & \mathfrak{a}_1(u) \cdot \mathfrak{a}_1'(u) \\ \mathfrak{a}_1'(u) \cdot \mathfrak{a}_1(u), & \mathfrak{a}_1'(u) \cdot \mathfrak{a}_1'(u) \end{vmatrix}$$

oder, da $\mathfrak{a}_1 \cdot \mathfrak{a}_1 = 1$, also $\mathfrak{a}_1 \cdot \mathfrak{a}_1' = 0$ ist, $\mathfrak{a}_1'(u) \cdot \mathfrak{a}_1'(u)$. Ihr Verschwinden bedeutet also, daß $\mathfrak{a}_1'(u) = 0$ ist, d. h. $\mathfrak{a}_1(u)$ konstant. Offenbar sind dann die Geraden der Regelfläche (22) alle parallel, die Fläche also ein Zylinder.

Eine zweite Möglichkeit, die Bedingung (23) zu erfüllen, ist, $\mathfrak{a}_2'(u) = 0$ anzunehmen, d. h. $\mathfrak{a}_2(u)$ konstant zu setzen. Die Geraden der Regelfläche (22) gehen in diesem Falle sämtlich durch den Punkt, dessen Ortvektor durch $\mathfrak{a}_2(u)$ bezeichnet wird. Die Fläche ist also ein Kegel.

Bei diesen beiden Flächentypen, Zylinder und Kegel, ist die Abwickelbarkeit auf die Ebene geometrisch evident, kann aber auch analytisch sofort bestätigt werden. Im Falle eines konstanten $\mathfrak{a}_1(u)$ folgt aus $\mathfrak{r} = v\mathfrak{a}_1 + \mathfrak{a}_2(u)$

$$d\mathfrak{r} = \mathfrak{a}_1 dv + \mathfrak{a}_2'(u)du$$

und

$$ds^2 = d\mathfrak{r} \cdot d\mathfrak{r} = dv^2 + 2(\mathfrak{a}_1 \cdot \mathfrak{a}_2'(u))du\,dv + (\mathfrak{a}_2'(u) \cdot \mathfrak{a}_2'(u))du^2.$$

Es ist also

$$ds^2 = dv^2 + 2F(u)du\,dv + E(u)du^2,$$

wofür man auch schreiben kann

$$ds^2 = \{dv + F(u)du\}^2 + \{E(u) - F^2(u)\}du^2.$$

Man braucht nur

$$U = \int \sqrt{E - F^2}\, du,$$
$$V = v + \int F du$$

als neue Parameter einzuführen, um ds^2 auf die Form $dU^2 + dV^2$ zu bringen. Im Falle eines konstanten $\mathfrak{a}_2(u)$ ergibt sich aus (22)

$$d\mathfrak{r} = \mathfrak{a}_1(u)dv + v\,\mathfrak{a}_1'(u)du\,,$$

mithin

$$ds^2 = dv^2 + v^2(\mathfrak{a}_1' \cdot \mathfrak{a}_1')du^2$$

oder, wenn man statt u

$$U = \int \sqrt{\mathfrak{a}_1' \cdot \mathfrak{a}_1'}\, du$$

einführt,

$$ds^2 = dv^2 + v^2 dU^2.$$

Setzt man $\mathfrak{x} = v \cos U$, $\mathfrak{y} = v \sin U$, so wird $ds^2 = d\mathfrak{x}^2 + d\mathfrak{y}^2$.

Nach Erledigung der beiden Sonderfälle des Zylinders und Kegels wollen wir nun nochmals zur Bedingung (23) zurückkehren, um ihren Inhalt zu begreifen. Wir wählen auf jeder Geraden der Fläche (22) nach einem stetigen Gesetz einen Punkt, was analytisch darauf hinausläuft, $v = \varphi(u)$ zu setzen. Die so gewählten Punkte bilden eine Kurve K. Es wird sich zeigen, daß bei passender Wahl von $\varphi(u)$ die Tangenten dieser Kurve mit den Geraden der Fläche (22) zusammenfallen. Offenbar ist

$$\varphi'(u)\mathfrak{a}_1(u) + \varphi(u)\mathfrak{a}_1'(u) + \mathfrak{a}_2'(u)$$

ein Tangentialvektor der Kurve. Wir wollen erreichen, daß er proportional zu $\mathfrak{a}_1(u)$ wird, daß also eine Gleichung von der Form

(24) $$\{\varphi'(u) - \lambda\}\mathfrak{a}_1(u) + \varphi(u)\mathfrak{a}_1'(u) + \mathfrak{a}_2'(u) = 0$$

besteht. Nach (23) sind die Vektoren $\mathfrak{a}_1(u)$, $\mathfrak{a}_1'(u)$, $\mathfrak{a}_2'(u)$ komplanar. Da wir ferner annehmen dürfen, daß $\mathfrak{a}_1(u) \times \mathfrak{a}_1'(u)$ nicht verschwindet, so sind $\mathfrak{a}_1(u)$, $\mathfrak{a}_1'(u)$ nicht kollinear. Daher gibt es zwei Funktionen $A(u)$, $B(u)$, welche die Gleichung

$$\mathfrak{a}_2'(u) + A(u)\mathfrak{a}_1(u) + B(u)\mathfrak{a}_1'(u) = 0$$

herbeiführen. Um (24) zu verwirklichen, genügt es also, $\varphi(u) = B(u)$ zu setzen. λ wird dann den Wert $\varphi'(u) - A(u)$ haben.

Daß die Tangentenfläche einer Kurve auf die Ebene abwickelbar ist, kann man leicht nachweisen. u sei die Bogenlänge längs der betrachteten Kurve. Dann hat ein Punkt, der auf einer Tangente der Kurve liegt, den Ortsvektor

$$\mathfrak{R} = \mathfrak{r}(u) + v\mathfrak{r}'(u)$$

oder, wenn wir $\mathfrak{r}'(u) = \mathfrak{t}(u)$ setzen,

(25) $$\mathfrak{R} = \mathfrak{r}(u) + v\,\mathfrak{t}(u).$$

$\mathfrak{r}(u)$ ist, wie wir kaum zu sagen brauchen, der Ortsvektor eines Kurvenpunktes, betrachtet als Funktion des Bogens u, und $\mathfrak{t}(u)$ der tangentiale Einheitsvektor der Kurve. Benutzt man nun die erste Frenetsche Gleichung $d\mathfrak{t}(u) = \mathfrak{h}(u)\varkappa du$, so ergibt sich

$$d\mathfrak{R} = \mathfrak{t}(u)(du + dv) + \mathfrak{h}(u)v\varkappa du.$$

Das quadrierte Bogenelement der Fläche (25) drückt sich also in folgender Weise aus:

(26) $$dS^2 = d\mathfrak{R} \cdot d\mathfrak{R} = (du + dv)^2 + v^2\varkappa^2 du^2.$$

Wenn man eine ebene Kurve betrachtet, längs welcher zwischen der Krümmung $\varkappa$ und dem Bogen u dieselbe Relation besteht wie bei der Raumkurve (25), so ist ihre Tangentenfläche ein Stück der Ebene. Für das quadrierte Bogenelement in diesem Ebenenstück gilt ebenfalls die Gleichung (26). Damit haben wir bewiesen, daß die Tangentenfläche einer Raumkurve auf die Ebene abwickelbar ist. Außer den Zylindern und Kegeln sind die Tangentenflächen der Raumkurven die einzigen auf die Ebene abwickelbaren Flächen. Man nennt sie auch kurz abwickelbare Flächen.

§ 3. Kurven auf Flächen.

Zum Studium der auf einer Fläche gezogenen Kurven benutzt man ein begleitendes Dreibein, an welchem der Normalvektor $\mathfrak{n}$ der Fläche und der Tangentialvektor $\mathfrak{t}$ der betrachteten Kurve beteiligt sind. Der dritte Vektor des Dreibeins wird durch $\mathfrak{n} \times \mathfrak{t} = \bar{\mathfrak{t}}$ dargestellt. $\mathfrak{t}$, $\bar{\mathfrak{t}}$, $\mathfrak{n}$ bilden offenbar ein Rechtstripel. $\bar{\mathfrak{t}}$ ist ein zur Fläche tangentialer Normalvektor der Kurve. Wenn wir unter s den längs der Kurve gerechneten Bogen verstehen und Differentiationen nach s durch Newtonsche Punkte bezeichnen, so ist

$$\mathfrak{t} = \dot{\mathfrak{r}} = \dot{u}\mathfrak{r}_u + \dot{v}\mathfrak{r}_v.$$

Andererseits hat man

$$\mathfrak{n} = \frac{\mathfrak{r}_u \times \mathfrak{r}_v}{\sqrt{(\mathfrak{r}_u \times \mathfrak{r}_v) \cdot (\mathfrak{r}_u \times \mathfrak{r}_v)}} = \frac{\mathfrak{r}_u \times \mathfrak{r}_v}{\sqrt{EG - F^2}}.$$

Hieraus folgt

$$\bar{\mathfrak{t}} = \mathfrak{n} \times \mathfrak{t} = \frac{\dot{u}((\mathfrak{r}_u \times \mathfrak{r}_v) \times \mathfrak{r}_u) + \dot{v}((\mathfrak{r}_u \times \mathfrak{r}_v) \times \mathfrak{r}_v)}{\sqrt{EG - F^2}}.$$

Nach dem Entwicklungsgesetz ist aber

$$\begin{aligned}(\mathfrak{r}_u \times \mathfrak{r}_v) \times \mathfrak{r}_u &= E\mathfrak{r}_v - F\mathfrak{r}_u, \\ (\mathfrak{r}_u \times \mathfrak{r}_v) \times \mathfrak{r}_v &= F\mathfrak{r}_v - G\mathfrak{r}_u,\end{aligned}$$

so daß man schreiben kann

$$\bar{\mathfrak{t}} = \frac{(E\dot{u} + F\dot{v})\mathfrak{r}_v - (F\dot{u} + G\dot{v})\mathfrak{r}_u}{\sqrt{EG - F^2}}.$$

An die Stelle der Frenetschen Formeln treten die drei Gleichungen, welche $\frac{d\mathfrak{t}}{ds}, \frac{d\bar{\mathfrak{t}}}{ds}, \frac{d\mathfrak{n}}{ds}$ durch $\mathfrak{t}, \bar{\mathfrak{t}}, \mathfrak{n}$ ausdrücken.

Diese Gleichungen haben, weil $\mathfrak{t}, \bar{\mathfrak{t}}, \mathfrak{n}$ ein orthogonales Tripel von Einheitsvektoren bilden, folgende Form:

$$(1) \qquad \left\{\begin{aligned}\frac{d\mathfrak{t}}{ds} &= -\nu\bar{\mathfrak{t}} + \mu\mathfrak{n}, \\ \frac{d\bar{\mathfrak{t}}}{ds} &= \nu\mathfrak{t} - \lambda\mathfrak{n}, \\ \frac{d\mathfrak{n}}{ds} &= -\mu\mathfrak{t} + \lambda\bar{\mathfrak{t}}.\end{aligned}\right.$$

Nach den Gaußschen Grundformeln ist

$$(2) \qquad \left\{\begin{aligned}\dot{\mathfrak{t}} = {} & \ddot{u}\mathfrak{r}_u + \ddot{v}\mathfrak{r}_v \\ & + (\alpha_1\dot{u}^2 + 2\beta_1\dot{u}\dot{v} + \gamma_1\dot{v}^2)\mathfrak{r}_u \\ & + (\alpha_2\dot{u}^2 + 2\beta_2\dot{u}\dot{v} + \gamma_2\dot{v}^2)\mathfrak{r}_v \\ & + (L\dot{u}^2 + 2M\dot{u}\dot{v} + N\dot{v}^2)\mathfrak{n}.\end{aligned}\right.$$

Durch innere Multiplikation mit $\mathfrak{n}$ findet man

$$\mu = L\dot{u}^2 + 2M\dot{u}\dot{v} + N\dot{v}^2$$

oder ausführlicher geschrieben

$$\mu = \frac{Ldu^2 + 2Mdudv + Ndv^2}{Edu^2 + 2Fdudv + Gdv^2}.$$

Der Nenner dieses Bruches ist nichts anderes als ds^2, die sogenannte erste Fundamentalform. Der Zähler wird als die zweite Fundamentalform bezeichnet. Bemerkenswert ist es, daß μ nur von den ersten Differentialen der Größen u, v abhängt. Wenn sich zwei Kurven der Fläche in einem Punkte berühren, so hat μ bei beiden denselben Wert. Nun stelle man sich vor, daß die eine Kurve ein Normalschnitt ist, d. h. in einer durch $\mathfrak{n}$ gelegten Ebene liegt. Wendet man auf diesen Normalschnitt die erste Formel (1) an und bedenkt, daß $\bar{\mathfrak{t}}$ auf dem Normalschnitt senkrecht steht, also auch senkrecht auf $\mathfrak{t}$ und $\frac{d\mathfrak{t}}{ds}$, so erkennt man, daß ν verschwindet und die genannte Formel $\frac{d\mathfrak{t}}{ds} = \mu\,\mathfrak{n}$ lautet. μ ist demnach nichts anderes als die Krümmung des betrachteten Normalschnitts. Man kann daher sagen, daß in den Formeln (1) der Koeffizient μ die Krümmung des die Kurve berührenden Normalschnitts ist. Man nennt deshalb μ die Normalkrümmung.

Es gibt in den Formeln (1), die man dem italienischen Mathematiker Burali-Forti zuschreibt, noch einen anderen Koeffizienten, der nur von den ersten Differentialen der Größen u, v abhängt. Das ist der Koeffizient λ. Um dies zu erkennen, knüpfen wir an die Gleichungen (10) in § 2 an. Aus ihnen folgt

$$\frac{d\mathfrak{n}}{ds} = (EG - F^2)^{-1} \begin{vmatrix} E & F & \mathfrak{r}_u \\ F & G & \mathfrak{r}_v \\ L\dot{u} + M\dot{v}, & M\dot{u} + N\dot{v} & 0 \end{vmatrix}.$$

Um nun λ zu finden, muß man diesen Vektor mit

$$\bar{\mathfrak{t}} = (EG - F^2)^{-\frac{1}{2}} \{(E\dot{u} + F\dot{v})\,\mathfrak{r}_v - (F\dot{u} + G\dot{v})\,\mathfrak{r}_u\}$$

innerlich multiplizieren. Dadurch ergibt sich, abgesehen vom Faktor $(EG - F^2)^{-\frac{3}{2}}$,

$$\begin{vmatrix} E & F & F \\ F & G & G \\ L\dot{u} + M\dot{v}, & M\dot{u} + N\dot{v} & 0 \end{vmatrix} (E\dot{u} + F\dot{v}) - \begin{vmatrix} E & F & E \\ F & G & F \\ L\dot{u} + M\dot{v} & M\dot{u} + N\dot{v} & 0 \end{vmatrix} (F\dot{u} + G\dot{v})$$

oder

$$(EG - F^2)\{(L\dot{u} + M\dot{v})(F\dot{u} + G\dot{v}) - (M\dot{u} + N\dot{v})(E\dot{u} + F\dot{v})\},$$

so daß für λ folgende Formel gilt:

$$(4) \qquad \lambda = \frac{\begin{vmatrix} L\,du + M\,dv, & M\,du + N\,dv \\ E\,du + F\,dv, & F\,du + G\,dv \end{vmatrix}}{(E\,du^2 + 2F\,du\,dv + G\,dv^2)\sqrt{EG - F^2}}.$$

Wenn zwei Kurven der Fläche sich in einem Punkte berühren, so hat λ bei beiden denselben Wert. Man nennt λ die geodätische Torsion. Daß die Koeffizienten in der dritten Gleichung (1) nur von du und dv abhängen, ist im wesentlichen der Inhalt des berühmten Theorems von Olinde Rodrigues.

Nun fehlt uns noch der Koeffizient ν. Dieser hängt nicht nur von den ersten, sondern auch von den zweiten Differentialen der Größen u, v ab. Um $-\nu$ zu erhalten, genügt es, den Ausdruck (2) mit $\bar{\mathfrak{t}}$ innerlich zu multiplizieren, also

$$(\ddot{u} + \alpha_1 \dot{u}^2 + 2\beta_1 \dot{u}\dot{v} + \gamma_1 \dot{v}^2)\mathfrak{r}_u + (\ddot{v} + \alpha_2 \dot{u}^2 + 2\beta_2 \dot{u}\dot{v} + \gamma_2 \dot{v}^2)\mathfrak{r}_v + (L\dot{u}^2 + 2M\dot{u}\dot{v} + N\dot{v}^2)\mathfrak{n}$$

mit

$$(E\dot{u} + F\dot{v})\mathfrak{r}_v - (F\dot{u} + G\dot{v})\mathfrak{r}_u,$$

wobei noch der Faktor $(EG - F^2)^{-\frac{1}{2}}$ hinzukommt. Es ergibt sich auf diese Weise

$$\nu = \sqrt{EG - F^2} \begin{vmatrix} \ddot{u} + \alpha_1 \dot{u}^2 + 2\beta_1 \dot{u}\dot{v} + \gamma_1 \dot{v}^2, & \ddot{v} + \alpha_2 \dot{u}^2 + 2\beta_2 \dot{u}\dot{v} + \gamma_2 \dot{v}^2 \\ \dot{u} \quad , & \dot{v} \end{vmatrix}.$$

Wir ziehen die Schreibung in Differentialen vor und bemerken, um den Übergang durchzuführen, daß $\dot{u} = \frac{du}{ds}$, $\dot{v} = \frac{dv}{ds}$, also

$$\ddot{u} = \frac{d\left(\frac{du}{ds}\right)}{ds}, \quad \ddot{v} = \frac{d\left(\frac{dv}{ds}\right)}{ds},$$

ist, d. h.

$$\ddot{u} = \frac{ds\,d^2u - du\,d^2s}{ds^3}, \quad \ddot{v} = \frac{ds\,d^2v - dv\,d^2s}{ds^3}.$$

Es entsteht dann folgende Formel für ν:

$$\text{(5)} \qquad \nu = \frac{\sqrt{EG - F^2} \begin{vmatrix} d^2u + \alpha_1 du^2 + 2\beta_1 du\,dv + \gamma_1 dv^2, & d^2v + \alpha_2 du + 2\beta_2 du\,dv + \gamma_2 dv^2 \\ du \quad , & dv \end{vmatrix}}{(E du^2 + 2F du\,dv + G dv^2)^{\frac{3}{2}}}.$$

Man nennt ν die geodätische Krümmung.

Wenn man fordert, daß die geodätische Krümmung verschwindet, so entsteht zwischen den Veränderlichen u, v eine Differentialgleichung zweiter Ordnung. Es gibt also auf einer Fläche ∞^2 Kurven mit verschwindender geodätischer Krümmung. Man nennt sie die geodätischen Linien der Fläche. Wir können hier auf die Eigenschaften dieser wichtigen Kurven nicht näher eingehen und wollen ohne Beweis erwähnen, daß sie ähnlich den Geraden der Ebene die kürzesten Verbindungen zwischen zwei Flächenpunkten geben, wenigstens innerhalb gewisser Grenzen.

Man beachte, daß ν nur von den Fundamentalgrößen erster Ordnung und ihren Ableitungen abhängt. Bei isometrischer Abbildung verhält sich also ν invariant.

Euler hat das Gesetz aufgedeckt, nach welchem die Krümmung eines Normalschnitts variiert, wenn seine Ebene sich um die Flächennormale dreht. Es gibt auf der Fläche zwei Scharen von ∞^1 Kurven, die man als Krümmungslinien bezeichnet. Sie sind dadurch gekennzeichnet, daß längs jeder solchen Kurve die geodätische Torsion λ verschwindet, genügen also der Differentialgleichung

$$\text{(6)} \qquad \begin{vmatrix} L du + M dv, & M du + N dv \\ E du + F dv, & F du + G dv \end{vmatrix} = 0.$$

Man kann den Sinn dieser Aussage in folgender Weise erfassen: Zwei von einem Punkte ausgehende Fortschreitungen

$$d\mathfrak{r} = \mathfrak{r}_u du + \mathfrak{r}_v dv, \quad \delta\mathfrak{r} = \mathfrak{r}_u \delta u + \mathfrak{r}_v \delta v$$

sind zueinander orthogonal, wenn $d\mathfrak{r} \cdot \delta\mathfrak{r} = 0$ ist, d. h.

$$E du \delta u + F(du \delta v + dv \delta u) + G dv \delta v = 0 .$$

Hiernach verhalten sich $E du + F dv$ und $F du + G dv$ zueinander wie $-\delta v$ und δu. Führt man in (6) die Größen $\delta u, \delta v$ ein, so nimmt diese Gleichung folgende Gestalt an:

$$L du \delta u + M(du \delta v + dv \delta u) + N dv \delta v = 0 .$$

Aus der Symmetrie in bezug auf du, dv und $\delta u, \delta v$ kann man schließen, daß die beiden durch einen Flächenpunkt hindurchgehenden Krümmungslinien sich unter rechtem Winkel schneiden. Es tritt nun bei vielen Fragen eine große Vereinfachung ein, wenn man die beiden Scharen von Krümmungslinien zu u-Linien und v-Linien macht. Es ist dann so, daß die Differentialgleichung (6) bis auf einen Faktor mit $du dv = 0$ zusammenfällt. Außerdem wird wegen der Orthogonalität von $\mathfrak{r}_u$ und $\mathfrak{r}_v$ der Koeffizient F verschwinden. Soll sich (6) auf $du dv = 0$ reduzieren, so muß dann auch $M = 0$ sein. Ist nun $\mathfrak{t}$ der Tangentialvektor eines Normalschnitts, so hat man $\mathfrak{t} = \dot{u}\mathfrak{r}_u + \dot{v}\mathfrak{r}_v$ oder, wenn man die Einheitsvektoren

$$\mathfrak{u} = \frac{1}{\sqrt{E}} \mathfrak{r}_u , \qquad \mathfrak{v} = \frac{1}{\sqrt{G}} \mathfrak{r}_v$$

einführt,

$$\mathfrak{t} = \mathfrak{u}\dot{u}\sqrt{E} + \mathfrak{v}\dot{v}\sqrt{G} .$$

Man kann nun, wenn φ der Winkel zwischen $\mathfrak{u}$ und $\mathfrak{t}$ ist,

$$\dot{u}\sqrt{E} = \cos\varphi , \qquad \dot{v}\sqrt{G} = \sin\varphi$$

setzen. Die Krümmung des Normalschnitts wird, wie uns bekannt, durch

$$L\dot{u}^2 + N\dot{v}^2$$

ausgedrückt. Sie läßt sich mit Hilfe jenes Winkels φ auf folgende Form bringen:

$$\frac{L}{E}\cos^2\varphi + \frac{N}{G}\sin^2\varphi .$$

Für $\varphi = 0$ und $\varphi = \frac{\pi}{2}$ erhält man die sogenannten **Hauptnormalschnitte**, die zu den Krümmungslinien tangential sind. Zu ihnen gehören die Krümmungen $\frac{L}{E}$ und $\frac{N}{G}$, zwischen denen sich der obige Wert bei variierendem φ bewegt.

Funktionen einer komplexen Veränderlichen.

§ 1. Rückblick auf die komplexen Zahlen.

Im ersten Bande sind wir von einem höheren Gesichtspunkt aus zu den komplexen Zahlen $x + iy$ gelangt. Es zeigte sich, daß man koaxiale Quaternionen durch solche Zahlen kennzeichnen kann. Es läßt sich auch ein anderer direkter Zugang zu diesen Zahlen eröffnen, und zwar in der Weise, daß man anstatt mit einzelnen reellen Zahlen mit geordneten Paaren solcher Zahlen operiert und diese Paare komplexe Zahlen nennt. Geordnet heißt ein Paar, wenn darin ein erstes und ein zweites Glied unterschieden wird.

Sind (x_1, y_1) und (x_2, y_2) zwei komplexe Zahlen, so kann man zunächst in naheliegender Weise die Addition und Subtraktion erklären, indem man festsetzt, daß

$$(1) \qquad \begin{cases} (x_1, y_1) + (x_2, y_2) = (x_1 + x_2, y_1 + y_2), \\ (x_1, y_1) - (x_2, y_2) = (x_1 - x_2, y_1 - y_2) \end{cases}$$

sein soll. Die Multiplikation kann man ferner, was allerdings nicht so naheliegt, durch die Formel

$$(2) \qquad (x_1, y_1)(x_2, y_2) = (x_1x_2 - y_1y_2, x_1y_2 + y_1x_2)$$

definieren. Offenbar ist dieses Produkt kommutativ.

Die komplexen Zahlen mit verschwindendem y geben bei Addition, Subtraktion und Multiplikation wieder solche Zahlen, und zwar ist

$$\begin{aligned} (x_1, 0) + (x_2, 0) &= (x_1 + x_2, 0), \\ (x_1, 0) - (x_2, 0) &= (x_1 - x_2, 0), \\ (x_1, 0) \cdot (x_2, 0) &= (x_1x_2, 0). \end{aligned}$$

Die Bestandteile x werden also ebenfalls addiert, subtrahiert oder multipliziert. Hierdurch wird man veranlaßt, die komplexe Zahl $(x, 0)$ mit der reellen Zahl x zu identifizieren. Multipliziert man die reelle Zahl x_1 und die komplexe Zahl $(x_2 y_2)$, so hat man nach (2)

$$x_1(x_2, y_2) = (x_1, 0)(x_2, y_2) = (x_1x_2, x_1y_2).$$

Die beiden Bestandteile von (x_2, y_2) erhalten also den Faktor x_1. Hiernach ist nun

$$(x, y) = (x, 0) + (0, y) = x(1, 0) + y(0, 1)$$

oder, da $(1, 0) = 1$ ist,

$$(x, y) = x + y(0, 1).$$

Setzt man $(0, 1) = i$, so ergibt sich $x + yi$ oder, da die Multiplikation kommutativ ist,

$$(x, y) = x + iy.$$

Für i gilt die Formel

$$i^2 = (0, 1)(0, 1) = (-1, 0) = -1.$$

Man überzeugt sich leicht, daß für die in obiger Weise definierten komplexen Zahlen alle Rechnungsregeln gelten, die wir von den reellen Zahlen her kennen. Greifen wir z. B. die Regel $z_1(z_2 + z_3) = z_1z_2 + z_1z_3$ heraus, so läßt sich sofort bestätigen, daß sie auch für drei komplexe Zahlen gilt. Ist nämlich

$$z_1 = x_1 + iy_1, \ z_2 = x_2 + iy_2, \ z_3 = x_3 + iy_3,$$

so hat man nach (1)

$$z_2 + z_3 = (x_2 + x_3) + i(y_2 + y_3)$$

und nach (2)

$$\begin{aligned} z_1(z_2 + z_3) &= (x_1 + iy_1)\{(x_2 + x_3) + i(y_2 + y_3)\} \\ &= x_1(x_2 + x_3) - y_1(y_2 + y_3) + i\{x_1(y_2 + y_3) + y_1(x_2 + x_3)\}. \end{aligned}$$

Andererseits ist

$$\begin{aligned} z_1z_2 &= (x_1 + iy_1)(x_2 + iy_2) = x_1x_2 - y_1y_2 + i(x_1y_2 + y_1x_2), \\ z_1z_3 &= (x_1 + iy_1)(x_3 + iy_3) = x_1x_3 - y_1y_3 + i(x_1y_3 + y_1x_3) \end{aligned}$$

und daher

$$\begin{aligned} z_1z_2 + z_1z_3 &= x_1x_2 - y_1y_2 + x_1x_3 - y_1y_3 + i(x_1y_2 + y_1x_2 + x_1y_3 + y_1x_3) \\ &= x_1(x_2 + x_3) - y_1(y_2 + y_3) + i\{x_1(y_2 + y_3) + y_1(x_2 + x_3)\}, \end{aligned}$$

also tatsächlich $z_1(z_2 + z_3) = z_1z_2 + z_1z_3$.

Zwei komplexe Zahlen $z_1 = x_1 + iy_1, z_2 = x_2 + iy_2$ gelten dann und nur dann als gleich, wenn $x_1 = x_2, y_1 = y_2$ ist. Die Gleichung $z_1 = z_2$ behauptet dasselbe wie jene beiden Gleichungen zusammen. Sind z_1 und z_2 einander gleich, so gilt dies auch von den konjugierten Zahlen $\bar{z}_1 = x_1 - iy_1$, $\bar{z}_2 = x_2 - iy_2$. Aus $z_1 = z_2$ folgt also stets $\bar{z}_1 = \bar{z}_2$. Wenn man $z = x + iy$ und $\bar{z} = x - iy$ multipliziert, so ergibt sich $x^2 - (iy)^2$, d. h. $x^2 + y^2$. Man nennt $x^2 + y^2$ die Norm von z und die positive Quadratwurzel $\sqrt{x^2 + y^2}$ den Betrag von z. Der Betrag von z wird mit $|z|$ bezeichnet. Aus (2) ersieht man, daß z_1z_2 oder $(x_1 + iy_1)(x_2 + iy_2)$ die Norm

$$\begin{aligned} (x_1x_2 - y_1y_2)^2 + (x_1y_2 + y_1x_2)^2 &= x_1^2x_2^2 + y_1^2y_2^2 + x_1^2y_2^2 + y_1^2x_2^2 \\ &= (x_1^2 + y_1^2)(x_2^2 + y_2^2) \end{aligned}$$

hat. Die Norm eines Produktes ist also gleich dem Produkt der Normen, folglich auch der Betrag eines Produktes gleich dem Produkt der Beträge, $|z_1z_2| = |z_1||z_2|$.

Unter $\frac{z_2}{z_1}$ wird diejenige komplexe Zahl z verstanden, die mit z_1 verbunden das Produkt z_2 liefert. $\frac{z_2}{z_1} = z$ ist also gleichbedeutend mit $z_1z = z_2$.

Multipliziert man mit $\bar{z}_1$, so ergibt sich

$$z_1\bar{z}_1 z = \bar{z}_1 z_2$$

und hieraus

$$z = \frac{\bar{z}_1 z_2}{z_1\bar{z}_1}.$$

Voraussetzung ist hierbei, daß $z_1\bar{z}_1 = x_1^2 + y_1^2$ nicht verschwindet, also z_1 nicht die Zahl (0, 0) oder 0 ist. Eine komplexe Zahl durch die nicht verschwindende reelle Zahl k dividieren heißt sie mit $\frac{1}{k}$ multiplizieren.

Aus $z_1 z = z_2$ folgt $|z_1|\,|z| = |z_2|$, d. h. $\left|\frac{z_2}{z_1}\right| = \frac{|z_2|}{|z_1|}$. Der Betrag eines Quotienten ist also gleich dem Quotienten der Beträge.

Auch über den Betrag einer Summe und einer Differenz läßt sich eine Aussage machen. Um zu erkennen, ob

$$|z_1 + z_2| = \sqrt{(x_1 + x_2)^2 + (y_1 + y_2)^2}$$

oder

$$|z_1| + |z_2| = \sqrt{x_1^2 + y_1^2} + \sqrt{x_2^2 + y_2^2}$$

die größere Zahl ist, erhebe man beide Zahlen ins Quadrat. Dann erhält man

$$(3) \qquad (x_1 + x_2)^2 + (y_1 + y_2)^2 = x_1^2 + y_1^2 + x_2^2 + y_2^2 + 2(x_1x_2 + y_1y_2)$$

und

$$(4) \qquad x_1^2 + y_1^2 + x_2^2 + y_2^2 + 2\sqrt{(x_1^2 + y_1^2)(x_2^2 + y_2^2)}.$$

Nun kann man $(x_1^2 + y_1^2)(x_2^2 + y_2^2)$ als das Normenprodukt der komplexen Zahlen $x_1 + iy_1$ und $x_2 - iy_2$ betrachten. Da

$$(x_1 + iy_1)(x_2 - iy_2) = x_1x_2 + y_1y_2 + i(y_1x_2 - x_1y_2)$$

ist, so hat man

$$(x_1^2 + y_1^2)(x_2^2 + y_2^2) = (x_1x_2 + y_1y_2)^2 + (x_1y_2 - x_2y_1)^2,$$

mithin

$$(\sqrt{x_1^2 + y_1^2)(x_2^2 + y_2^2}) \geqq |x_1x_2 + y_1y_2|.$$

Jedenfalls ist also die Zahl (4) größer oder gleich der Zahl (3), d. h.

$$(5) \qquad |z_1 + z_2| \leqq |z_1| + |z_2|.$$

Das Gleichheitszeichen kann nur eintreten, wenn $x_1y_2 - x_2y_1 = 0$ ist. Kommt diese Gleichung dadurch zustande, daß z_1 oder z_2 verschwindet, so ist tatsächlich $|z_1 + z_2| = |z_1| + |z_2|$. Sind z_1, z_2 beide von Null verschieden, so kann man im Falle $x_1y_2 - x_2y_1 = 0$ setzen $x_2 = \lambda x_1$, $y_2 = \lambda y_1$. Dann lautet die Zahl (3)

$$(x_1^2 + y_1^2)(1 + \lambda^2 + 2\lambda),$$

die Zahl (4)

$$(x_1^2 + y_1^2)(1 + \lambda^2 + 2|\lambda|),$$

und man sieht, daß nur bei positiven λ in (5) das Gleichheitszeichen eintritt.

Es ist also stets $|z_1 + z_2| < |z_1| + |z_2|$ und nur dann $|z_1 + z_2| = |z_1| + |z_2|$, wenn die Punkte x_1, y_1 und x_2, y_2 auf demselben Strahl vom Anfangspunkt liegen, wobei auch einer von ihnen oder beide in den Anfangspunkt fallen dürfen. Wir denken uns hier x, y als rechtwinklige cartesische Koordinaten. Der Punkt x, y dient zur geometrischen Versinnlichung der Zahl $x + iy$ und heißt ihr Bildpunkt. Diese naheliegende Darstellung der komplexen Zahlen kennen wir aus dem ersten Bande. Dort haben wir auch gesehen, daß man zur bildlichen Darstellung der komplexen Zahl $x + iy$ einen Vektor mit den Koordinaten x, y benutzen kann. Ist $\mathfrak{B}_1$ der Bildvektor von z_1 und $\mathfrak{B}_2$ der von z_2, so gehört zu $z_1 + z_2$ der Bildvektor $\mathfrak{B}_1 + \mathfrak{B}_2$. Geht man von einem Punkte P aus und wählt Q und R derart, daß $PQ = \mathfrak{B}_1$, $QR = \mathfrak{B}_2$ ist, so wird $PR = \mathfrak{B}_1 + \mathfrak{B}_2$ sein. Da nun der Betrag von z die Länge des zugehörigen Bildvektors ist, so besagt die Ungleichung (5) nichts anderes als $|PR| \leqq |PQ| + |QR|$, wobei $|PQ|$, $|QR|$ und $|PR|$ die Seitenlängen des Dreiecks PQR bezeichnen. Es liegt hier also der bekannte Satz vor, daß eine Dreiecksseite nie größer ist als die Summe der beiden andern. Mit ihm hängt der andere Satz zusammen, daß eine Dreiecksseite nie kleiner ist als die Differenz der beiden andern. Wendet man ihn auf das Dreieck an, das aus den Bildpunkten der Zahlen $0, z_1, z_2$ besteht, so ergibt sich die Ungleichung

$$|z_1 - z_2| \geqq |z_1| - |z_2|. \tag{6}$$

Die komplexe Zahl $z_1 - z_2$ gehört nämlich zu dem Vektor, der von z_2 nach z_1 hinführt. Da $|z_2 - z_1| = |z_1 - z_2|$ ist, so gilt auch die Ungleichung $|z_1 - z_2| \geqq |z_2| - |z_1|$. Eine von beiden ist trivial, weil auf der rechten Seite etwas Negatives steht. Es bedarf kaum der Erwähnung, daß die Beziehung (5) auch für mehr als zwei Summanden gilt.

Wir erinnern noch an die trigonometrische Schreibung einer komplexen Zahl

$$z = x + iy = r(\cos\varphi + i\sin\varphi).$$

Dabei ist $r = |z|$ und φ, der Arcus oder die Amplitende von z, gleich dem Winkel, um den man die positive x-Achse drehen muß, damit sie durch den Punkt z hindurchgeht. Linksdrehungen werden positiv, Rechtsdrehungen negativ gerechnet. Die positive y-Achse entsteht aus der positiven x-Achse durch eine Linksdrehung um einen rechten Winkel, also durch die Drehung $\frac{\pi}{2}$. Auf ihr liegt z. B. der Punkt $i = (0, 1)$. Die trigonometrische Darstellung von i lautet $i = \cos\frac{\pi}{2} + i\sin\frac{\pi}{2}$. Beim Multiplizieren komplexer Zahlen addieren sich die Amplituden der Faktoren und multiplizieren sich ihre Beträge.

Eine Folge komplexer Zahlen $z_1, z_2, z_3, \ldots$ konvergiert nach dem Grenzwert $z = x + iy$, wenn $\lim x_n = x$ und $\lim y_n = y$ ist, wobei wir $z_n = x_n + iy_n$ gesetzt haben. Die beiden Aussagen

$$\lim x_n = x, \quad \lim y_n = y$$

kann man durch

$$\lim |z - z_n| = 0$$

ersetzen. In der Tat ist

$$(7) \qquad |x - x_n| \leqq |z - z_n|, \qquad |y - y_n| \leqq |z - z_n|$$

und

$$(8) \qquad |z - z_n| \leqq |x - x_n| + |y - y_n|.$$

Es folgt also aus $\lim x_n = x$, $\lim y_n = y$ noch (8) sofort $\lim |z - z_n| = 0$ und aus $\lim |z - z_n| = 0$ nach (7) $\lim x_n = x$, $\lim y_n = y$. Geometrisch bedeutet $\lim |z - z_n| = 0$, daß die Entfernung des Punktes z_n vom Punkte z der Null zustrebt.

Eine unendliche Reihe $z_1 + z_2 + z_3 + \cdots$ heißt konvergent und ihre Summe ist gleich s, wenn die n-te Partialsumme $s_n = z_1 + z_2 + \cdots + z_n$ einem Grenzwert s zustrebt. Dies bedeutet nichts anderes, als daß die reellen Reihen $x_1 + x_2 + x_3 + \cdots$ und $y_1 + y_2 + y_3 + \cdots$ konvergent sind. Ist $|z_1| + |z_2| + |z_3| + \cdots$ eine konvergente Reihe, so sind, da $|x_n|$ und $|y_n|$ unterhalb $|z_n| = \sqrt{x_n^2 + y_n^2}$ liegen, die Reihen $x_1 + x_2 + x_3 + \cdots$, $y_1 + y_2 + y_3 + \cdots$ absolut konvergent. Also konvergiert auch die Reihe $z_1 + z_2 + z_3 \cdots$. Wir sprechen aber in diesem Falle von **absoluter Konvergenz**. Bei einer solchen Reihe gilt wie bei absolut konvergenten reellen Reihen der Umordnungs- und der Gruppierungssatz. Konvergenz und Summenwert bleiben erhalten, wenn man die Glieder in beliebiger Weise umordnet und zu Gruppen vereinigt, wobei die einzelne Gruppe auch aus unendlich vielen Gliedern bestehen darf. Mit absolut konvergenten Reihen darf man so rechnen wie mit Summen aus endlich vielen Gliedern. Das gilt insbesondere von der Multiplikation. Auf die Beweise brauchen wir nicht einzugehen, weil wir sie bei reellen Reihen durchgeführt haben und es sich hier schließlich nur um Paare solcher Reihen handelt.

§ 2. Analytische Funktionen.

Jedem Punkte z eines gewissen Bereiches, z. B. jedem Punkte innerhalb eines um z_0 beschriebenen Kreises, sei ein komplexer Wert Z zugeordnet. Wir sagen dann, daß in jenem Bereich eine Funktion der komplexen Variablen z definiert ist, und schreiben $Z = f(z)$. Setzen wir $z = x + iy$, $Z = X + iY$, so sind offenbar X, Y Funktionen von x, y, also

$$X = u(x, y), \qquad Y = v(x, y).$$

$f(z)$ ist nichts anderes als die Zusammenfassung dieser beiden reellen Funktionen zu dem komplexen Ausdruck $u + iv$.

Wir sagen, daß **sich $f(z)$ um z_0 herum analytisch verhält**, wenn innerhalb eines um z_0 beschriebenen Kreises überall die Ableitung

$$(1) \qquad \lim_{h \to 0} \frac{f(z + h) - f(z)}{h} = f'(z)$$

existiert. Diese Ableitung ist, wie man sieht, ebenso definiert wie im reellen

Gebiet. Man bildet, um sie zu erhalten, den Differenzenquotienten

$$\frac{f(z+h)-f(z)}{h}$$

und läßt das Inkrement h, hier eine komplexe Größe, nach 0 konvergieren, also irgendeine Folge $h_1, h_2, h_3, \ldots$ mit dem Grenzwert 0 durchlaufen. Setzt man $h_n = \varrho_n(\cos\alpha_n + i\sin\alpha_n)$, so ist die Aussage $\lim h_n = 0$ gleichbedeutend mit $\lim \varrho_n = 0$. Die Folge $\alpha_1, \alpha_2, \alpha_3, \ldots$ unterliegt keiner einschränkenden Bedingung. Die Ableitung existiert, wenn der Differenzenquotient immer demselben Grenzwert zustrebt, wie auch h nach Null konvergieren mag. Zwei besondere Arten dieses Grenzüberganges ergeben sich, wenn man h durch reelle Werte oder durch rein imaginäre Werte der Null zustreben läßt. Setzt man $h = \Delta x$, so lautet der Differenzenquotient von $f(z) = u + iv$

$$\frac{u(x+\Delta x, y)-u(x,y)}{\Delta x} + i\,\frac{v(x+\Delta x, y)-v(x,y)}{\Delta x},$$

und es ergibt sich

$$f'(z) = u_x + iv_x.$$

Setzt man $h = i\Delta y$, so hat man es mit dem Ausdruck

$$\frac{u(x, y+\Delta y)-u(x,y)}{i\Delta y} + \frac{v(x, y+\Delta y)-v(x,y)}{\Delta y}$$

zu tun und findet

$$f'(z) = v_y - iu_y.$$

Da in beiden Fällen derselbe Grenzwert herauskommen soll, so müssen die Beziehungen gelten

$$(2) \qquad u_x = v_y, \qquad u_y = -v_x.$$

Man nennt sie die Cauchy-Riemannschen Bedingungen. Soll $f(z)$ existieren, so müssen, wie die obige Überlegung zeigt, auch u_x, u_y, v_x, v_y existieren und den Gleichungen (2) genügen. Setzen wir

$$f'(z) = u^*(x,y) + iv^*(x,y),$$

so ist nach (1)

$$\frac{\Delta u + i\Delta v}{\Delta x + i\Delta y} = u^* + iv^* + \alpha + i\beta$$

und α, β konvergieren gleichzeitig mit Δx, Δy nach Null. Man hat also

$$\Delta u + i\Delta v = \{(u^*+\alpha) + i(v^*+\beta)\}(\Delta x + i\Delta y),$$

d. h.

$$(3) \qquad \begin{cases} \Delta u = (u^*+\alpha)\,\Delta x - (v^*+\beta)\,\Delta y, \\ \Delta v = (v^*+\beta)\,\Delta x + (u^*+\alpha)\,\Delta y. \end{cases}$$

Wenn bei einer reellen Funktion $\varphi(x, y)$ die Differenz $\Delta\varphi$ in der Form

$$\{\varphi_1(x,y) + \varepsilon_1\}\,\Delta x + \{\varphi_2(x,y) + \varepsilon_2\}\,\Delta y$$

darstellbar ist und $\varepsilon_1, \varepsilon_2$ gleichzeitig mit Δx, Δy der Null zustreben, so sagt man, φ habe das Differential $d\varphi = \varphi_1\,\Delta x + \varphi_2\,\Delta y$, und nennt φ differenzierbar. φ_x, φ_y sind dann gleich φ_1, φ_2. Wie man sieht, kann $f'(z)$ nur dann existieren, wenn u, v differenzierbar sind und ihre Differentiale $u^* \Delta x - v^* \Delta y$, $v^* \Delta x + u^* \Delta y$ lauten, so daß also u_x, u_y gleich $u^*, -v^*$ und v_x, v_y gleich v^*, u^* sind, womit wir nochmals auf die Bedingungen (2) kommen. Wir wissen jetzt aber nicht nur, daß die Ableitungen u_x, u_y, v_x, v_y existieren, sondern ausserdem, daß u und v differenzierbar sind, daß also Δu und Δv von $u_x \Delta x + u_y \Delta y$ und $v_x \Delta x + v_y \Delta y$ um $\alpha_1 \Delta x + \beta_1 \Delta y$ und $\alpha_2 \Delta x + \beta_2 \Delta y$ abweichen, wobei $\alpha_1, \beta_1, \alpha_2, \beta_2$ gleichzeitig mit Δx, Δy der Null zustreben.

Jetzt wollen wir zeigen, daß die Differenzierbarkeit von u, v zusammen mit den Relationen (2) hinreicht, um die Existenz von $f'(z)$ zu sichern. Weiß man, daß Δu, Δv in der Form

$$(3') \qquad \begin{cases} \Delta u = (u^* + \alpha_1) \Delta x + (-v^* + \beta_1) \Delta y, \\ \Delta v = (v^* + \alpha_2) \Delta x + (u^* + \beta_2) \Delta y \end{cases}$$

ausdrückbar sind, wobei $\alpha_1, \beta_1, \alpha_2, \beta_2$ zusammen mit Δx, Δy nach Null konvergieren, so folgt

$$\frac{\Delta u + i \Delta v}{\Delta x + i \Delta y} = u^* + iv^* + \frac{(\alpha_1 + i\alpha_2) \Delta x + (\beta_1 + \beta_2) \Delta y}{\Delta x + i \Delta y}.$$

Da

$$\frac{\Delta x}{\Delta x + i \Delta y}, \qquad \frac{\Delta y}{\Delta x + i \Delta y}$$

ihrem Betrage nach kleiner als 1 sind, so ist der Unterschied zwischen $\frac{\Delta u + i \Delta v}{\Delta x + i \Delta y}$ oder $\frac{\Delta f(z)}{\Delta z}$ und $u^* + iv^*$ seinem Betrage nach kleiner als

$$|\alpha_1| + |\alpha_2| + |\beta_1| + |\beta_2|$$

und strebt also gleichzeitig mit Δz der Null zu. Damit ist bewiesen, daß $f'(z)$ existiert und den Wert $u^* + iv^*$ hat.

Wenn sich $f(z)$ und $g(z)$ um z_0 herum analytisch verhalten, so gilt dasselbe von $f(z) + g(z)$ und $f(z) - g(z)$. Hierüber brauchen wir kein Wort zu verlieren. Aber auch das Produkt $f(z)\, g(z)$ verhält sich analytisch. Es ist nämlich

$$\begin{aligned} \frac{\Delta (fg)}{\Delta z} &= \frac{(f + \Delta f)(g + \Delta g) - fg}{\Delta z} \\ &= f \frac{\Delta g}{\Delta z} + g \frac{\Delta f}{\Delta z} + \frac{\Delta f}{\Delta z} \frac{\Delta g}{\Delta z} \Delta z. \end{aligned}$$

Hieraus folgt

$$\lim \frac{\Delta (fg)}{\Delta z} = fg' + gf'.$$

Es braucht kaum gesagt zu werden, daß auch im komplexen Gebiet die Grenzwertregel gilt: Der Grenzwert einer Summe oder Differenz oder eines Produktes oder Quotienten ist gleich der Summe oder Differenz oder dem

Produkt oder Quotienten der Grenzwerte. Beim Quotienten ist ein verschwindender Divisor auszuschließen.

Wenn $g(z)$ um z_0 herum nirgends verschwindet und $f'(z)$ und $g'(z)$ existieren, so verhält sich dort auch $\frac{f(z)}{g(z)}$ analytisch. Setzen wir $w(z) = \frac{f(z)}{g(z)}$, so ist $f(z) = w(z)\,g(z)$ und

$$\Delta f(z) = \{w(z + \Delta z) - w(z)\}\,g(z) + w(z + \Delta z)\,\{g(z + \Delta z) - g(z)\},$$

also

$$\frac{w(z + \Delta z) - \Delta(z)}{\Delta z} = \frac{1}{g(z)}\,\frac{\Delta f(z)}{\Delta z} - \frac{w(z + \Delta z)}{g(z)}\,\frac{\Delta g(z)}{\Delta z}.$$

Hieraus folgt, da $\lim f(z + \Delta z) = f(z)$, $\lim g(z + \Delta z) = g(z)$ und daher $\lim w(z + \Delta z) = w(z) = \frac{f(z)}{g(z)}$ ist,

$$\lim \frac{\Delta\left(\frac{f}{g}\right)}{\Delta z} = \frac{f'}{g} - \frac{fg'}{g^2} = \frac{gf' - fg'}{g^2}.$$

Die elementaren Rechnungsoperationen geben also, angewandt auf analytische Funktionen, wieder analytische Funktionen, wobei nur verschwindende Nenner zu vermeiden sind.

Eine komplexe Konstante ist die allereinfachste, aber auch trivialste analytische Funktion. Ihre Ableitung ist gleich Null. Auch $f(z) = z$ ist sofort als analytische Funktion erkennbar. Hier hat man nämlich

$$\frac{f(z + h) - f(z)}{h} = \frac{z + h - z}{h} = 1,$$

also auch $f'(z) = 1$. Dann sind auch $z^2, z^2 \cdot z = z^3, \ldots$ analytische Funktionen, und es wird nach der Regel $(fg)' = fg' + gf'$, die sich sofort auf n Faktoren überträgt,

$$(z^n)' = nz^{n-1}.$$

Für cz^n findet man nach dieser Regel die Ableitung ncz^{n-1} und für

$$P(z) = c_0 z^n + c_1 z^{n-1} + \cdots + c_{n-1} z + c_n,$$

wenn man noch die Regel $(f + g)' = f' + g'$ heranzieht,

$$P'(z) = nc_0 z^{n-1} + (n - 1)\,c_1 z^{n-1} + \cdots + c_{n-1}.$$

Die Polynome verhalten sich also überall analytisch. Ein Quotient zweier Polynome $P(z), Q(z)$, eine sogenannte rationale Funktion, ist überall analytisch, wo $Q(z)$ nicht verschwindet.

Eine umfassendere Mannigfaltigkeit analytischer Funktionen erschließt sich durch Betrachtung der Potenzreihen. Wenn eine Potenzreihe $a_0 + a_1 z + a_2 z^2 + \cdots$ vorliegt, so hat die reelle Potenzreihe

$$(4) \qquad A_0 + A_1 x + A_2 x^2 + \cdots \qquad (A_n = |a_n|)$$

ein Konvergenzintervall $-R \ldots R$. Wir wissen, daß $\frac{1}{R}$ der oberste Häufungswert der Folge $A_1, A_2^{\frac{1}{2}}, A_3^{\frac{1}{3}}, \ldots$ ist. Im Falle $R = 0$ ist $\frac{1}{R} = \infty$, im Falle $R = \infty$ aber $\frac{1}{R} = 0$ zu setzen. Im Falle $R = 0$ konvergiert die Reihe (4) nur für $x = 0$, im Falle $R = \infty$ für jeden Wert von x.

Wir wollen zunächst annehmen, daß R von 0 und ∞ verschieden ist, und beweisen, daß die Reihe

$$(5) \qquad a_0 + a_1 z + a_2 z^2 + \cdots$$

für $|z| < R$ konvergiert, für $|z| > R$ dagegen divergiert. Im Falle $|z| < R$ wählen wir zwischen $|z|$ und R eine reelle Zahl x. Dann ist die Reihe $A_0 + A_1 x + A_2 x^2 + \cdots$ konvergent. Andererseits hat man $|a_n z^n| < A_n x^n$, so daß erst recht die Reihe $|a_0| + |a_1 z| + |a_2 z^2| + \cdots$ konvergiert. Die Reihe (5) ist also für $|z| < R$, d. h. innerhalb des um den Nullpunkt beschriebenen Kreises vom Radius R, absolut konvergent. Wäre sie nun irgendwo außerhalb dieses Kreises auch noch konvergent, also für irgendein z_1, das der Bedingung $|z_1| > R$ genügt, so hätte man $\lim(a_n z_1^n) = 0$, da auch bei komplexen Reihen das allgemeine Glied als Differenz aufeinanderfolgender Partialsummen der Null zustrebt. Wenn man um den Nullpunkt einen kleinen Kreis beschreibt, so liegen die Punkte $a_n z_1^n$ innerhalb dieses Kreises, sobald n einen gewissen Wert p überschritten hat. Hat unter den $p + 1$ ersten Gliedern $a_n z_1^n$ etwa $a_\nu z_1^\nu$ den größten Betrag G, so findet ausnahmslos die Ungleichung

$$|a_n z_1^n| < G$$

statt. Ist nun x_1 ein reeller Wert zwischen R und $|z_1|$, so kann man schließen

$$A_n x_1^n = A_n |z_1|^n \left(\frac{x_1}{|z_1|}\right)^n < G \left(\frac{x_1}{|z_1|}\right)^n.$$

Da die Reihe

$$G + G\frac{x_1}{|z_1|} + G\left(\frac{x_1}{|z_1|}\right)^2 + \cdots$$

konvergiert, so müßte auch $A_0 + A_1 x_1 + A_2 x_1^2 + \cdots$ konvergent sein. Das ist aber unmöglich, weil die Reihe (4) außerhalb ihres Konvergenzintervalles divergiert.

Im Falle $R = \infty$ ist die Reihe (4) für jedes x konvergent. Greift man irgend ein z heraus, so wähle man $x > |z|$. Dann ist $|a_n z^n| < A_n x^n$. Daher folgt aus der Konvergenz der Reihe $A_0 + A_1 x + A_2 x^2 + \cdots$ die der Reihe $|a_0| + |a_1 z| + |a_2 z^2| + \cdots$. Im Falle $R = \infty$ oder $\lim |a_n|^{\frac{1}{n}} = 0$ ist also die Reihe (5) überall absolut konvergent.

Jetzt müssen wir noch über den Fall $R = 0$ eine Bemerkung machen. Da hat die Folge $|a_1|, |a_2|^{\frac{1}{2}}, |a_3|^{\frac{1}{3}}, \cdots$ keine endliche obere Schranke. Der oberste Häufungswert ist sozusagen ∞. Wäre die Reihe (5) für irgendein von Null verschiedenes z_1 konvergent, so gäbe es für $|a_0|, |a_1 z_1|, |a_2 z_1^2|, \cdots$ eine endliche obere Schranke G. Dann wäre die Reihe (4) für jedes zwischen

$-|z_1|$ und $|z_1|$ liegende x konvergent, während wir doch wissen, daß sie nur für $x = 0$ konvergiert.

Man nennt R den Konvergenzradius der Reihe (5) und spricht im Falle $R = \infty$ von einer **beständig konvergenten** Potenzreihe. Im Falle $R = 0$ ist mit der Reihe (5) nichts anzufangen, weil sie nur für $z = 0$ konvergiert.

Ist der Konvergenzradius größer als Null, so hat die Reihe (5) an jeder Stelle z im Innern des Konvergenzkreises eine bestimmte Summe $f(z)$, die als Funktion von z anzusehen ist. Wir werden jetzt zeigen, daß hier eine analytische Funktion vorliegt. z und $z + h$ seien zwei Punkte innerhalb des Konvergenzkreises. Wir setzen $|z| = r$ und $|h| = \varrho$ und nehmen an, daß nicht nur $r < R$ ist, sondern auch $r + \varrho < R$. Wenn $z + h$ nahe genug an z liegt, also ϱ hinreichend klein ist, wird das sicher zutreffen. Bilden wir nun

$$f(z + h) = a_0 + a_1(z + h) + a_2(z + h)^2 + \cdots,$$

so liegt hier eine bestimmte Anordnung und Gruppierung der Glieder

$$(6) \qquad a_0,\ a_1 z,\ a_1 h,\ a_2 z^2,\ 2a_2 zh,\ a_2 h^2, \ldots$$

vor. Da die Reihe (4) im Innern des Intervalles $-R \ldots R$ konvergiert, so ist insbesondere

$$(7) \qquad A_0 + A_1(r + \varrho) + A_2(r + \varrho)^2 + \cdots$$

konvergent, d. h. die Glieder

$$(6') \qquad A_0,\ A_1 r,\ A_1 \varrho,\ A_2 r^2,\ 2A_2 r\varrho,\ A_2 \varrho^2, \ldots$$

geben in der Anordnung und Gruppierung (7) eine konvergente Reihe. Dann tun sie es aber auch in jeder andern Anordnung und Gruppierung. Insbesondere ist die Reihe

$$A_0 + A_1 r + A_1 \varrho + A_2 r^2 + 2A_2 r\varrho + A_2 \varrho^2 + \cdots$$

konvergent. Ihre Glieder sind aber nichts anderes als die Beträge der Glieder (6). Wir können also sagen, daß die Reihe

$$a_0 + a_1 z + a_1 h + a_2 z^2 + 2a_2 zh + a_2 h^2 + \cdots$$

absolut konvergent ist. Die Summe einer solchen Reihe bleibt immer dieselbe, wie man auch die Glieder ordnen und gruppieren mag. Bei einer bestimmten Anordnung und Gruppierung lautet sie, wie wir wissen, $f(z + h)$. Also ist sie immer gleich $f(z + h)$. Insbesondere können wir schreiben

$$f(z + h) = (a_0 + a_1 z + a_2 z^2 + \cdots) + (a_1 h + 2a_2 zh + \cdots) \\ + (a_2 h^2 + \cdots) + \cdots.$$

Dabei haben wir immer diejenigen Glieder zu einer Gruppe vereinigt, die mit derselben Potenz von h behaftet sind, und innerhalb jeder Gruppe nach steigenden Potenzen von z geordnet. Jede Gliedergruppe gibt für sich eine absolut konvergente Reihe, auch wenn wir die zugehörige Potenz von h herausziehen, so daß eine Potenzreihe in z übrig bleibt. Unser Resultat lautet also

$$(8) \qquad f(z + h) = f(z) + h f_1(z) + h^2 f_2(z) + \cdots.$$

Dabei haben wir gesetzt

$$f_1(z) = a_1 + 2a_2 z + \cdots, f_2(z) = a_2 + \cdots, \cdots$$

Aus (8) folgt

$$(9) \qquad \frac{f(z+h)-f(z)}{h} - f_1(z) = h\{f_2(z) + h\,f_3(z) + \cdots\},$$

und es fragt sich jetzt, was bei hinschwindendem h geschieht. Wir wollen mit $F(r), F_1(r), F_2(r)$ das bezeichnen, was aus $f(z), f_1(z), f_2(z), \ldots$ entsteht, wenn die Glieder dieser Reihen durch ihre absoluten Beträge ersetzt werden. Dann gilt neben (9) die Gleichung

$$(9') \qquad \frac{F(r+\varrho)-F(r)}{\varrho} - F_1(r) = \varrho\{F_2(r) + \varrho F_3(r) + \cdots\}.$$

Dieselben Gruppierungen, die von den Bausteinen (6) zur Gleichung (8) führten, liefern nämlich auf (6') angewandt die Gleichung

$$(8') \qquad F(r+\varrho) = F(r) + \varrho F_1(r) + \varrho^2 F_2(r) + \cdots,$$

von der (9') nur eine andere Schreibung ist. Nun gilt für eine absolut konvergente Reihe wie für die additive Verbindung endlich vieler Glieder der Satz, daß der Betrag der Summe nicht größer ist als die Summe der Beträge. Man beweist diesen Satz in naheliegender Weise unter Rückgang auf die Partialsummen. Wendet man ihn auf $f_2(z), f_3(z), \ldots$ an, so ergibt sich

$$|f_2(z)| \leqq F_2(r), \quad |f_3(z)| \leqq F_3(r), \ldots.$$

Bei der Reihe $f_2(z) + hf_3(z) + \cdots$ liefert er die Aussage

$$|f_2(z) + hf_3(z) + \cdots| \leqq F_2(r) + \varrho F_3(r) + \cdots.$$

Sie berechtigt uns nun, aus (9) folgenden Schluß zu ziehen:

$$\left|\frac{f(z+h)-f(z)}{h} - f_1(z)\right| \leqq \varrho\{F_2(r) + \varrho\, F_3(r) + \cdots\}.$$

Ist ϱ_1 ein Zwischenwert zwischen ϱ und $R-r$, so gilt erst recht die Ungleichung

$$\left|\frac{f(z+h)-f(z)}{h} - f_1(z)\right| \leqq \varrho\{F_2(r) + \varrho_1 F_3(r) + \cdots\}.$$

Hält man ϱ_1 fest und läßt h nach Null konvergieren, so strebt auf der rechten Seite der erste Faktor $\varrho = |h|$ der Null zu, während der zweite Faktor fest bleibt. Man kann also schließen, daß bei hinschwindendem h die rechte Seite, folglich auch die linke nach Null konvergiert. Es gilt demnach die Limesrelation

$$\lim \frac{f(z+h)-f(z)}{h} = f_1(z).$$

Die Funktion $f(z) = a_0 + a_1 z + a_2 z^2 + \cdots$ hat also im Innern des Konvergenzkreises dieser Potenzreihe überall eine Ableitung, und zwar ist

$$(10) \qquad f'(z) = a_1 + 2a_2 z + 3a_3 z^2 + \cdots,$$

d. h. man berechnet die Ableitung genau so wie bei einem Polynom. Die Potenzreihe $a_1 + 2a_2 z + 3a_3 z^2 + \cdots$, die nach dem Obigen für $|z| < R$

konvergiert, hat nicht etwa einen größeren Konvergenzradius als R. Wäre es der Fall, so würde dasselbe auch von $a_0 + a_1 z + 2a_2 z^2 + 3a_3 z^3 + \cdots$ gelten. Da im Innern des Konvergenzkreises absolute Konvergenz stattfindet, so würde mit $|a_0| + |a_1 z| + 2|a_2 z_2^2| + 3|a_3 z^3| + \cdots$ zugleich auch $|a_0| + |a_1 z| + |a_2 z^2| + |a_3 z^3| + \cdots$ konvergent sein. Letztere Reihe hat aber keinen größeren Konvergenzradius als R.

Auf die Potenzreihe (10) kann man nun dieselbe Betrachtung anwenden und schließen, daß $f'(z)$ für $|z| < R$ ebenfalls eine Ableitung besitzt, die man mit $f''(z)$ bezeichnet und die zweite Ableitung von $f(z)$ nennt. Diese zweite Ableitung drückt sich in folgender Weise aus:

$$f''(z) = 2a_2 + 3 \cdot 2a_3 z + \cdots. \tag{11}$$

Während $f'(z) = f_1(z)$ war, ist offenbar $f''(z) = 2f_2(z)$. Ebenso ergibt sich $f'''(z) = 3 \cdot 2f_3(z), \ldots,$ allgemein $f^{(n)}(z) = n!f_n(z)$.

Die durch eine Potenzreihe innerhalb des Konvergenzkreises dargestellte Funktion hat also Ableitungen von beliebig hoher Ordnung. Ferner können wir aus (8) eine andere wichtige Eigenschaft dieser Funktion entnehmen. Wenn wir dort die Werte

$$f_n(z) = \frac{f^{(n)}(z)}{n!}$$

einsetzen, so ergibt sich

$$f(z+h) = f(z) + \frac{hf'(z)}{1!} + \frac{h^2 f''(z)}{2!} + \cdots. \tag{8*}$$

Hierbei ist z ein Punkt im Innern des Konvergenzkreises der Reihe $f(z) = a_0 + a_1 z + a_2 z^2 + \cdots$, und die Formel (8*) gilt für $|h| < R - |z|$. Man erkennt in (8*) die Taylorsche Reihe wieder. Diese Reihenentwicklung gilt also in der Umgebung jedes inneren Punktes z des Konvergenzkreises. Sie gibt $f(z+h)$ richtig an, solange sich der Punkt $z + h$ innerhalb eines um z beschriebenen Kreises hält, der nicht über den Konvergenzkreis hinausgreift. Dieser Kreis hat den Radius $R - |z|$.

Es ist durchaus möglich, daß der Konvergenzradius der Potenzreihe (8*) $R - |z|$ übertrifft. Dann greift der um z mit diesem Radius beschriebene Kreis über den Konvergenzkreis der Reihe $f(z) = a_0 + a_1 z + a_2 z^2 + \cdots$ hinaus. Wir erobern auf diese Weise neuen Boden, dessen Punkten $z + h$ wir die Summenwerte der Reihe $f(z) + \frac{hf'(z)}{1!} + \frac{h^2 f''(z)}{2!} + \cdots$ zuordnen. Während $f(z)$ nur innerhalb des Kreises $|z| = R$ existierte, haben wir jetzt eine analytische Funktion in einem erweiterten Bereiche vor uns. Man nennt diesen Vorgang analytische Fortsetzung. Der Prozeß läßt sich, wenn er Erfolg hat, wiederholt anwenden.

Daß eine Potenzreihe innerhalb ihres Konvergenzkreises eine analytische Funktion darstellt, kann auch auf andere Weise gezeigt werden, und zwar mit Hilfe des Integralbegriffs, über den wir zunächst einige Bemerkungen machen müssen.

Sind $\varphi(t)$, $\psi(t)$ reelle stetige Funktionen in einem Intervall $\alpha \ldots \beta$, so beschreibt der Punkt $z = \varphi(t) + i\psi(t)$, wenn t dieses Intervall durchläuft, einen **Weg** in der Zahlenebene. Lassen wir t bei der Wanderung von α nach β an den Stationen $t_1, t_2, \ldots, t_{n-1}$ halten, so entsprechen ihnen gewisse Stationen $z_1, z_2, \ldots, z_{n-1}$, die der Punkt z auf seinem Wege macht. Setzen wir $\varphi(\alpha) + i\psi(\alpha) = z_0$ und $\varphi(\beta) + i\psi(\beta) = z_n$, so können wir sagen, daß der Weg in die Stücke $z_0 z_1, z_1 z_2, \ldots, z_{n-1} z_n$ zerlegt ist. Wir wollen diese Zerlegung mit $\mathfrak{Z}$ und die entsprechende Zerlegung des Intervalls $\alpha \ldots \beta$ mit $\mathfrak{T}$ bezeichnen. Es sollen hier nur solche Wege betrachtet werden, die eine Länge besitzen. Darüber ist folgendes zu sagen: Jeder Zerlegung $\mathfrak{Z}$ des betrachteten Weges entspricht ein einbeschriebener Sehnenzug von der Länge

$$|z_1 - z_0| + |z_2 - z_1| + \cdots + |z_n - z_{n-1}| = \mathfrak{l}(\mathfrak{Z}).$$

Hat $\mathfrak{l}(\mathfrak{Z})$ keine obere Schranke, läßt sich also durch passende Wahl von $\mathfrak{Z}$ eine beliebige Vergrößerung von $\mathfrak{l}(\mathfrak{Z})$ erreichen, so kann von einer Länge des vorliegenden Weges nicht gesprochen werden. Ist eine obere Schranke für $\mathfrak{l}(\mathfrak{Z})$ vorhanden, so sei $\mathfrak{l}$ die kleinste obere Schranke, also die obere Grenze dieser Größe. Dieses $\mathfrak{l}$ wird als die **Länge** des betrachteten Weges bezeichnet.

Ist nun jedem Punkte z des Weges ein komplexer Wert w zugeordnet, so sagen wir, daß längs des Weges eine Funktion $w(z)$ definiert ist. Wir wollen diese Funktion als stetig voraussetzen und für sie folgende Summe bilden:

$$S(\mathfrak{Z}) = \Sigma w(\bar{z}_\nu)(z_\nu - z_{\nu-1}).$$

Dabei soll $\bar{z}_\nu$ irgend ein Punkt auf dem Wegstück $z_{\nu-1} z_\nu$ sein. Nun betrachten wir eine Folge solcher Summen, $S(\mathfrak{Z}_1), S(\mathfrak{Z}_2), S(\mathfrak{Z}_3), \ldots$, und nehmen an, daß sich $\mathfrak{Z}_n$ bei zunehmendem n unendlich verfeinert, also die Längen der Wegstücke nach Null konvergieren. Wir sprechen in diesem Falle von einer **ausgezeichneten** S**-Folge**. Es läßt sich dann zeigen, daß jede solche Folge konvergent ist. Um dies zu beweisen, müssen wir eine Hilfsbetrachtung vorausschicken. $\mathfrak{Z}'$ möge aus $\mathfrak{Z}$ durch Hinzufügung neuer Teilpunkte entstehen. Ist $z_{\nu-1} \ldots z_\nu$ ein Wegstück von $\mathfrak{Z}$, das neue Teilpunkte erhält, so tritt beim Übergange von $S(\mathfrak{Z})$ zu $S(\mathfrak{Z}')$ an die Stelle des Gliedes

$$w(\bar{z}_\nu)(z_\nu - z_{\nu-1})$$

eine Summe

$$w(\bar{z}_{\nu 1})(z_{\nu 1} - z_{\nu-1}) + \cdots + w(\bar{z}_{\nu p})(z_\nu - z_{\nu, p-1}).$$

Schreibt man das genannte Glied in der Form

$$w(\bar{z}_\nu)(z_{\nu 1} - z_{\nu-1}) + \cdots + w(\bar{z}_\nu)(z_\nu - z_{\nu, p-1}),$$

so erkennt man, daß die Differenz beider Größen folgendermaßen lautet:

$$\{w(\bar{z}_\nu) - w(\bar{z}_{\nu 1})\}(z_{\nu 1} - z_{\nu-1}) + \cdots + \{w(\bar{z}_\nu) - w(\bar{z}_{\nu p})\}(z_\nu - z_{\nu, p-1}).$$

Unter den ersten Faktoren habe etwa

$$w(\bar{z}_\nu) - w(\bar{z}_{\nu q})$$

den größten Betrag. Dann ist die vorliegende Differenz ihrem Betrage nach kleiner als

$$|w(\bar{z}_\nu) - w(\bar{z}_{\nu q})|\{|z_{\nu 1} - z_{\nu-1}| + \cdots + |z_\nu - z_{\nu, p-1}|\}.$$

Unter den Beträgen $|w(\bar{z}_\nu) - w(\bar{z}_{\nu\varrho})|$ wird es, wenn ν die in Betracht kommenden Werte durchläuft, einen größten geben, den wir in der Form $|w(z^{**}) - w(z^*)|$ schreiben wollen. z^{**} und z^* sind dann jedenfalls Punkte auf demselben Wegstück der Zerlegung $\mathfrak{Z}$. Aus obiger Überlegung geht hervor, daß beim Hinzufügen neuer Teilpunkte stets die Ungleichung

$$(12) \qquad |S(\mathfrak{Z}) - S(\mathfrak{Z}')| < |w(z^{**}) - w(z^*)|\, l$$

gilt. Nun betrachten wir neben $S(\mathfrak{Z})$ irgend eine andere Summe $S(\mathfrak{Z}_\mathrm{I})$ und fassen $\mathfrak{Z}$, $\mathfrak{Z}_\mathrm{I}$ zu einer dritten Zerlegung $\mathfrak{Z}'$ zusammen, an der also die Teilpunkte von $\mathfrak{Z}$ und $\mathfrak{Z}_\mathrm{I}$ beteiligt sind. Dann tritt neben die Ungleichung (12) die folgende:

$$(12_\mathrm{I}) \qquad |S(\mathfrak{Z}_\mathrm{I}) - S(\mathfrak{Z}')| < |w(z_\mathrm{I}^{**}) - w(z_\mathrm{I}^*)|\, l,$$

wobei z_I^{**} und z_I^* beide demselben Wegstück der Zerlegung $\mathfrak{Z}_\mathrm{I}$ angehören. Aus (12) und (12_I) folgt, da

$$S(\mathfrak{Z}) - S(\mathfrak{Z}_\mathrm{I}) = \{S(\mathfrak{Z}) - S(\mathfrak{Z}')\} + \{S(\mathfrak{Z}') - S(\mathfrak{Z}_\mathrm{I})\}$$

ist,

$$(13) \quad |S(\mathfrak{Z}) - S(\mathfrak{Z}_\mathrm{I})| < \{|w(z^{**}) - w(z^*)| + |w(z_\mathrm{I}^{**}) - w(z_\mathrm{I}^*)|\}\, l.$$

Jetzt sind wir mit allen Hilfsmitteln ausgerüstet, um zu beweisen, daß jede ausgezeichnete S-Folge konvergent ist. $S(\mathfrak{Z}_1)$, $S(\mathfrak{Z}_2)$, $S(\mathfrak{Z}_3), \ldots$ sei eine solche Folge und $S(\mathfrak{Z}_{p_1})$, $S(\mathfrak{Z}_{p_2})$, $S(\mathfrak{Z}_{p_3}), \ldots$ eine beliebige Teilfolge, also $p_1 < p_2 < p_3, \ldots$. Dann ist nach (13)

$$|S(\mathfrak{Z}_n) - S(\mathfrak{Z}_{p_n})| < \{|w(z_n^{**}) - w(z_n^*)| + |w(z_{p_n}^{**}) - w(z_{p_n}^*)|\}\, l.$$

Dabei liegen z_n^*, z_n^{**} auf demselben Wegstück von $\mathfrak{Z}_n$ und $z_{p_n}^*$, $z_{p_n}^{**}$ auf demselben Wegstück von $\mathfrak{Z}_{p_n}$. Da sich nun $\mathfrak{Z}_n$ und $\mathfrak{Z}_{p_n}$ bei zunehmendem n unendlich verfeinern, konvergieren die Differenzen

$$z_n^{**} - z_n^*, \quad z_{p_n}^{**} - z_{p_n}^*$$

nach Null. Wegen der Stetigkeit von $w(z)$ streben dann auch

$$w(z_n^{**}) - w(z_n^*), \quad w(z_{p_n}^{**}) - w(z_{p_n}^*)$$

der Null zu. Um so mehr gilt dies von $S(\mathfrak{Z}_n) - S(\mathfrak{Z}_{p_n})$. Die Folge $S(\mathfrak{Z}_1)$, $S(\mathfrak{Z}_2)$, $S(\mathfrak{Z}_3), \ldots$ erfüllt demnach das Cauchysche Kriterium, das wir im reellen Zahlengebiet kennenlernten, das sich aber sofort auf komplexe Folgen überträgt. Wir wissen jetzt also, daß jede ausgezeichnete S-Folge konvergent ist. Hat man zwei solche Folgen, neben $S(\mathfrak{Z}_1), S(\mathfrak{Z}_2), S(\mathfrak{Z}_3), \ldots$ etwa $S(\overline{\mathfrak{Z}}_1), S(\overline{\mathfrak{Z}}_2), S(\overline{\mathfrak{Z}}_3), \ldots$, so ist auch

$$S(\mathfrak{Z}_1), S(\overline{\mathfrak{Z}}_1), S(\mathfrak{Z}_2), S(\overline{\mathfrak{Z}}_2), \ldots$$

eine ausgezeichnete S-Folge und daher konvergent. Alle Teilfolgen einer konvergenten Folge haben aber denselben Grenzwert wie die Folge selbst. Daher muß

$$\lim S(\mathfrak{Z}_n) = \lim S(\overline{\mathfrak{Z}}_n)$$

sein, d. h. alle ausgezeichneten S-Folgen konvergieren nach demselben Grenzwert. Dieser Grenzwert wird mit

$$\int w(z)\,dz$$

bezeichnet und heißt das Integral von $w(z)dz$ längs des betrachteten Weges, des sogenannten Integrationsweges, den man gewöhnlich in irgendeiner Weise am Integralzeichen vermerkt. Ist z_0 der Anfangspunkt und z_0^* der Endpunkt des Weges, so kann man z. B. schreiben

$$\int\limits_{\underbrace{z_0 z_0^*}} w(z)\,dz. \tag{14}$$

Aus der Erklärung des Integrals folgt sofort

$$\int\limits_{\underbrace{z_0 z_0^*}} w(z)\,dz = -\int\limits_{\underbrace{z_0^* z_0}} w(z)\,dz, \tag{15}$$

d. h. das Integral multipliziert sich mit -1, wenn man denselben Weg in umgekehrtem Sinne durchläuft. Ebenso leicht erkennt man, daß

$$\int\limits_{\underbrace{z_0 z_0^*}} \{w_1(z) + w_2(z)\}\,dz = \int\limits_{\underbrace{z_0 z_0^*}} w_1(z)\,dz + \int\limits_{\underbrace{z_0 z_0^*}} w_2(z)\,dz \tag{16}$$

ist und bei konstantem k

$$\int\limits_{\underbrace{z_0 z_0^*}} k\,w(z)\,dz = k\int\limits_{\underbrace{z_0 z_0^*}} w(z)\,dz. \tag{17}$$

Manchmal läßt sich das Integral (14) unmittelbar berechnen. Ist z. B. $w(z) = 1$, so hat man

$$S(\mathfrak{Z}) = \Sigma(z_\nu - z_{\nu-1}) = z_0^* - z_0,$$

also auch

$$\int\limits_{\underbrace{z_0 z_0^*}} dz = z_0^* - z_0\,.$$

Im Falle $w = z$ kann man das Integral sowohl als Grenzwert von

$$\Sigma z_\nu(z_\nu - z_{\nu-1})$$

als auch von

$$\Sigma z_{\nu-1}(z_\nu - z_{\nu-1})$$

betrachten, folglich das zweifache Integral als Grenzwert von

$$\Sigma(z_\nu + z_{\nu-1})(z_\nu - z_{\nu-1}) = \Sigma(z_\nu^2 - z_{\nu-1}^2) = z_0^{*2} - z_0^2\,.$$

Daher ist

$$\int\limits_{\underbrace{z_0 z_0^*}} z\,dz = \tfrac{1}{2}(z_0^{*2} - z_0^2)\,.$$

Im Falle $w = z^2$ kann man

$$I = \int\limits_{\underbrace{z_0 z_0^*}} z^2\,dz$$

als Grenzwert von $\Sigma z_{\nu-1}^2(z_\nu - z_{\nu-1})$ und $\Sigma z_\nu^2(z_\nu - z_{\nu-1})$ betrachten, aber auch, wie Pringsheim bemerkt hat, als Grenzwert von

$$\Sigma z_{\nu-1} z_\nu (z_\nu - z_{\nu-1})\,.$$

Dies beruht darauf, daß

$$\Sigma z_\nu^2(z_\nu - z_{\nu-1}) - \Sigma z_{\nu-1} z_\nu (z_\nu - z_{\nu-1}) = \Sigma z_\nu (z_\nu - z_{\nu-1})^2$$

den Grenzwert Null hat. Ist nämlich m der Maximalbetrag von z längs des Integrationsweges und $|z_{\nu^*} - z_{\nu^*-1}|$ der größte unter den Beträgen $|z_\nu - z_{\nu-1}|$, so wird die obige Differenz ihrem Betrage nach kleiner sein als $m\,|z_{\nu^*} - z_{\nu^*-1}|\,l$. Bei unendlicher Verfeinerung der Zerlegung konvergiert aber diese Schranke nach Null.

Nun ist $3I$ der Grenzwert von

$$\Sigma(z_{\nu-1}^2 + z_{\nu-1} z_\nu + z_\nu^2)(z_\nu - z_{\nu-1}) = \Sigma(z_\nu^3 - z_{\nu-1}^3).$$

Also folgt

$$\int\limits_{\widetilde{z_0 z_0^*}} z^2 dz = \tfrac{1}{3}(z_0^{*3} - z_0^3).$$

In ähnlicher Weise findet man für $n = 3, 4, \ldots$

$$\int\limits_{\widetilde{z_0 z_0^*}} z^n dz = \frac{1}{n+1}\,(z_0^{*\,n+1} - z_0^{n+1}).$$

Bemerkenswert ist die Unabhängigkeit des Integrals vom Wege.

Wenn auf einem von z_0 nach z_0^* führenden Wege die stetigen Funktionen $w_1(z)$, $w_2(z)$, $w_3(z), \ldots$ definiert sind, so hat jede von ihnen längs des Weges ihren Maximalbetrag. Wir wollen diese Maximalbeträge mit M_1, M_2, $M_3, \ldots$ bezeichnen. Es kann nun sein, daß die Reihe $M_1 + M_2 + M_3 + \cdots$ konvergiert. Dann ist wegen der Ungleichungen $|w_n(z)| \leqq M_n$ auch $|w_1(z)| + |w_2(z)| + |w_3(z)| + \cdots$ längs des ganzen Weges konvergent, also $w_1(z) + w_2(z) + w_3(z) + \cdots$ absolut konvergent. Diese besondere Art absoluter Konvergenz wird vielfach als normale Konvergenz bezeichnet. Ist sie vorhanden, so kann man zunächst zeigen, daß die Funktion

$$W(z) = w_1(z) + w_2(z) + w_3(z) + \cdots$$

längs des betrachteten Weges stetig ist. Eine normal konvergente Reihe stetiger Funktionen hat also eine stetige Summe.

Ist $z_1, z_2, z_3, \ldots$ eine konvergente Punktfolge auf dem vorliegenden Wege, so hat man $|W(z_n)| \leqq M_1 + M_2 + \ldots$. Die Folge $W(z_1), W(z_2), W(z_3), \ldots$ ist also beschränkt. Man muß nachweisen, daß sie nur einen Häufungswert hat. Hätte sie verschiedene Häufungswerte H^* und H^{**}, so gäbe es in $z_1, z_2, z_3, \ldots$ zwei Teilfolgen $z_1^*, z_2^*, z_3^*, \ldots$ und $z_1^{**}, z_2^{**}, z_3^{**}, \ldots$ mit der Eigenschaft

$$\lim W(z_n^*) = H^*, \ \lim W(z_n^{**}) = H^{**}.$$

Nun können wir aus

$$W(z_n^*) = w_1(z_n^*) + \cdots + w_p(z_n^*) + \sum_{p+1}^{\infty} w_\nu(z_n^*),$$

$$W(z_n^{**}) = w_1(z_n^{**}) + \cdots + w_p(z_n^{**}) + \sum_{p+1}^{\infty} w_\nu(z_n^{**})$$

folgern

$$W(z_n^{**}) - W(z_n^*) = w_1(z_n^{**}) - w_1(z_n^*) + \cdots + w_p(z_n^{**}) - w_p(z_n^*) + \sum_{p+1}^{\infty} w_\nu(z_n^{**}) - \sum_{p+1}^{\infty} w_\nu(z_n^*),$$

mithin

$$|W(z_n^{**}) - W(z_n^*)| \leqq |w_1(z_n^{**}) - w_1(z_n^*)| + \cdots + |w_p(z_n^{**}) - w_p(z_n^*)| + 2(M_{p+1} + M_{p+2} + \cdots).$$

Läßt man n unendlich zunehmen, so ergibt sich wegen der Stetigkeit von $w_1(z)$, $w_2(z)$, ...

$$|H^{**} - H^*| \leqq 2(M_{p+1} + M_{p+2} + \cdots).$$

Da die Reihe $M_1 + M_2 + M_3 + \cdots$ konvergent sein soll, so ist bei zunehmendem p

$$\lim(M_{p+1} + M_{p-2} + \cdots) = 0.$$

Also folgt $H^* = H^{**}$. Damit ist die Stetigkeit der Funktion $W(z)$ längs des betrachteten Weges bewiesen. Dann wissen wir, daß das Integral

$$\int_{\underbrace{z_0 z_0^*}} W(z)\,dz$$

existiert. Es wird sich zeigen, daß

$$(18) \qquad \int_{\underbrace{z_0 z_0^*}} W(z)dz = \int_{\underbrace{z_0 z_0^*}} w_1(z)dz + \int_{\underbrace{z_0 z_0^*}} w_2(z)dz + \cdots$$

ist, daß man also eine normal konvergente Reihe gliedweise integrieren kann. Um dies zu beweisen, müssen wir uns auf eine auch sonst sehr wichtige Abschätzungsformel stützen. Ist die Funktion $w(z)$ längs des Integrationsweges stetig und $|w(\zeta)|$ ihr Maximalbetrag, so hat man

$$|\Sigma w(\bar{z}_\nu)(z_\nu - z_{\nu-1})| \leqq |w(\zeta)|\,\Sigma|z_\nu - z_{\nu-1}| \leqq |w(\zeta)|\,\mathfrak{l},$$

folglich auch

$$(19) \qquad \left|\int_{\underbrace{z_0 z_0^*}} w(z)dz\right| \leqq |w(\zeta)|\,\mathfrak{l},$$

d. h. der Betrag eines Integrals ist kleiner als der Maximalbetrag des Integranden mal der Länge des Integrationsweges. Nach dieser Abschätzungsformel ist nun

$$\left|\int_{\underbrace{z_0 z_0^*}} \{W(z) - w_1(z) - \cdots - w_p(z)\}\,dz\right| \leqq (M_{p+1} + M_{p+2} + \cdots)\mathfrak{l},$$

d. h. nach (16) und (17)

$$\left|\int_{\underbrace{z_0 z_0^*}} W(z)dz - \int_{\underbrace{z_0 z_0^*}} w_1(z)dz - \cdots - \int_{\underbrace{z_0 z_0^*}} w(z)dz\right| \leqq (M_{p+1} + M_{p+1} + \cdots)\mathfrak{l}.$$

Da die rechte Seite bei wachsendem p nach Null konvergiert, so gilt in der Tat die Gleichung (18).

Wenn wir nun eine Potenzreihe $f(z) = a_0 + a_1 z + a_2 z^2 + \cdots$ mit dem Konvergenzradius R betrachten und um den Nullpunkt einen Kreis mit einem kleineren Radius R^* beschreiben, so ist die Potenzreihe für $|z| \leqq R^*$ normal konvergent, $f(z)$ also stetig. Dies beruht darauf, daß die Ungleichungen

$$|a_n z^n| \leqq |a_n| R^{*n}$$

gelten und die Reihe

$$|a_0| + |a_1| R^* + |a_2| R^{*2} + \cdots$$

konvergiert. Betrachtet man nun einen Weg $z_0 z_0^*$, der in dem Kreise $|z| \leqq R^*$ enthalten ist, so ergibt sich

$$\int\limits_{\smile\atop z_0 z_0^*} f(z)dz = \Sigma a_n \int\limits_{\smile\atop z_0 z_0^*} z^n dz = \Sigma a_n \frac{z_0^{*\,n+1} - z_0^{n+1}}{n+1}.$$

Die Potenzreihe

$$a_0 z + \frac{a_1 z^2}{2} + \frac{a_2 z^3}{3} + \cdots$$

konvergiert, wie man sofort sieht, ebenso wie $a_0 + a_1 z + a_2 z^2 + \cdots$ und $a_0 z + a_1 z^2 + a_2 z^3 + \cdots$ für $|z| < R$, weil der Betrag von $\frac{a_n z^{n+1}}{n+1}$ kleiner ist als der von $a_n z^{n+1}$. Sie hat aber nicht etwa einen größeren Konvergenzradius als R. Wäre das der Fall und R' dieser größere Konvergenzradius, so wähle man r und δ derart, daß $R < r < r + \delta < R'$ ist. Dann konvergiert die Reihe

$$|a_0| (r + \delta) + \frac{|a_1| (r + \delta)^2}{2} + \frac{|a_2| (r + \delta)^3}{3} + \cdots$$

Da nun $(r + \delta)^{n+1} = r^{n+1} + (n+1) r^n \delta + \cdots$ größer als $(n+1) r^n \delta$ ist, so wäre auch

$$|a_0| \delta + |a_1| r\delta + |a_2| r^2 \delta + \cdots,$$

also auch $|a_0| + |a_1| r + |a_2| r^2 + \cdots$ konvergent, während doch $a_0 + a_1 z + a_2 z^2 + \cdots$ für $|z| > R$ divergent ist.

Setzen wir innerhalb des Konvergenzkreises

$$f_I(z) = a_0 z + \frac{a_1 z^2}{2} + \frac{a_2 z^3}{3} + \cdots,$$

so lautet unser Ergebnis

$$(20) \qquad \int\limits_{\smile\atop z_0 z_0^*} f(z)dz = f_I(z_0^*) - f_I(z_0).$$

Das Integral einer Potenzreihe $f(z)$ längs eines Weges $z_0 z_0^*$, der ganz im Innern des Konvergenzkreises verläuft, hängt also nur ab vom Anfangspunkt und Endpunkt des Weges. Integriert man $f(z)$ von z_0 nach z_0^* längs verschiedener Wege, so ergibt sich stets derselbe Integralwert, nämlich der Zuwachs, den $f_I(z)$ beim Übergange von z_0 zu z_0^* erfährt. $f_I(z)$ spielt hier die Rolle der Stammfunktion. Es sei noch erwähnt, daß im Falle $z_0^* = z_0$, d. h. für geschlossene Wege, ein verschwindender Integralwert herauskommt. Integriert man also eine Potenzreihe längs eines geschlossenen Weges, der ganz innerhalb des Konvergenzkreises verläuft, so erhält man stets Null. Wenn ein Weg $z = \varphi(t) + i\psi(t)$, $\alpha \leqq t \leqq \beta$, ganz im Innern des Konvergenzkreises liegt, so ist $\varphi^2(t) + \psi^2(t) < R^2$. Diese Ungleichung erfüllt auch der größte Wert von $\varphi^2(t) + \psi^2(t)$ im Intervall $\alpha \ldots \beta$. Nennen wir ihn R^{*2}, so ist

$$\varphi^2(t) + \psi^2(t) \leqq R^{*2} < R^2.$$

Der Weg liegt also in dem Kreise $|z| \leqq R^*$. Hierbei machen wir Gebrauch von der Stetigkeit der Funktionen φ, ψ.

Nachdem man sich über die Integration der Potenzreihe $f(z) = a_0 + a_1 z + a_2 z^2 + \cdots$ klar geworden ist und die Formel (20) gewonnen hat, kann man auch die Differentiation leicht erledigen. z und $z + h$ seien zwei Punkte innerhalb des Konvergenzkreises, die man sich etwa geradlinig verbunden denke. Dann ist nach (20)

$$f_I(z+h) - f_I(z) = \int\limits_{\underbrace{z,\,z+h}} f(\mathfrak{z})\,d\mathfrak{z}.$$

Setzt man

$$f(\mathfrak{z}) = f(z) + \{f(\mathfrak{z}) - f(z)\},$$

so ergibt sich

$$f_I(z+h) - f_I(z) = \int\limits_{\underbrace{z,\,z+h}} f(z)\,dz + \int\limits_{\underbrace{z,\,z+h}} \{f(\mathfrak{z}) - f(z)\}\,d\mathfrak{z}.$$

Das erste Integral hat den Wert $hf(z)$. Das zweite ist seinem Betrage nach kleiner als $|h|\,|f(\mathfrak{z}^*) - f(z)|$, wobei $\mathfrak{z}^*$ auf dem Wege $z, z+h$ liegt, also in der Form $\mathfrak{z}^* = z + \vartheta h$ darstellbar ist mit einem ϑ-Wert aus dem Intervall $0 \ldots 1$. Es ergibt sich also

$$\left|\frac{f_I(z+h) - f_I(z)}{h} - f(z)\right| \leqq |f(z+\vartheta h) - f(z)|$$

und bei hinschwindendem h in Anbetracht der Stetigkeit von $f(z)$

$$\lim \frac{f_I(z+h) - f_I(z)}{h} = f(z). \tag{21}$$

Damit ist bewiesen, daß die Potenzreihe $a_0 z + \frac{a_1 z^3}{2} + \frac{a_2 z^3}{3} + \cdots$ innerhalb ihres Konvergenzkreises die Ableitung $a_0 + a_1 z + a_2 z^2 + \cdots$ besitzt. Da man jede Potenzreihe bis auf eine additive Konstante in der Form $\Sigma \frac{a_n z^{n+1}}{n+1}$ schreiben kann, so ist hiermit die Frage der Differentiation einer Potenzreihe allgemein erledigt, und man hat aufs neue bewiesen, daß jede solche Reihe innerhalb ihres Konvergenzkreises eine analytische Funktion darstellt.

§ 3. Integralsätze von Cauchy.

Eine Funktion $f(z)$, die sich um z_0 herum analytisch verhält, kann man stets durch eine Potenzreihe $a_0 + a_1(z - z_0) + a_2(z - z_0)^2 + \cdots$ darstellen. Die Darstellung gilt innerhalb eines um z_0 beschriebenen Kreises von hinreichend kleinem Radius. Dieser grundlegende Satz läßt sich nach Cauchy und Goursat auf folgendem Wege beweisen:

Wir betrachten zunächst ein Rechteck $\mathfrak{R}$, dessen Seiten zu den Achsen parallel sind. Ein solches Rechteck läßt sich durch Aussagen von der Form

$$a \leqq x \leqq b, \quad c \leqq y \leqq d$$

kennzeichnen. Man sieht, daß wir den Rand von $\mathfrak{R}$ mit zu $\mathfrak{R}$ rechnen. In $\mathfrak{R}$ sei nun eine Funktion $F(z) = U(x, y) + iV(x, y)$ definiert, die sich dort überall analytisch verhält. Damit ist, um es nochmals genau festzulegen, folgendes gemeint: Es gibt in $\mathfrak{R}$ eine zweite Funktion $F_1(z)$, die mit $F(z)$ derart zusammenhängt, daß aus $z_n \neq z$ und $\lim z_n = z$ stets folgt

$$(1) \qquad \lim \frac{F(z_n) - F(z)}{z_n - z} = F_1(z).$$

Dabei ist z irgendein Punkt des Bereiches $\mathfrak{R}$, also ein innerer Punkt oder ein Randpunkt dieses Rechtecks. Auch die Punkte $z_1, z_2, z_3, \ldots$, aus denen die nach z konvergierende Folge sich aufbaut, sollen zu $\mathfrak{R}$ gehören. Die Funktion ist auf Grund der Eigenschaft (1) in $\mathfrak{R}$ überall stetig. Dasselbe gilt von $U(x, y)$ und $V(x, y)$.

Wir werden uns nun mit dem Integral

$$(2) \qquad \int\limits_{\mathfrak{R}\uparrow} F(z)\, dz$$

beschäftigen, wobei die Markierung $\mathfrak{R}\uparrow$ andeuten soll, daß längs des Randes von $\mathfrak{R}$ nach links herum zu integrieren ist. Das Integral (2) ist hier nichts anderes als die Zusammenfassung von acht gewöhnlichen Integralen. Integriert man $F(z)\,dz$ längs des unteren Randes von $\mathfrak{R}$, von $z = a + ic$ bis $z = b + ic$, so erhält man

$$\int\limits_a^b U(x, c)\, dx + i \int\limits_a^b V(x, c).$$

Längs des rechten Randes von $\mathfrak{R}$, von $z = b + ic$ bis $z = b + id$, findet man

$$i \int\limits_c^d U(b, y)\, dy - \int\limits_c^d V(b, y)\, dy,$$

längs des oberen Randes, von $z = b + id$ bis $z = a + id$,

$$\int\limits_b^a U(x, d)\, dx + i \int\limits_b^a V(x, d)\, dy,$$

endlich längs des linken Randes, von $z = a + id$ bis $z = a + ic$,

$$i \int\limits_d^c U(a, y)\, dy - \int\limits_d^c V(a, y)\, dy.$$

Die Summe dieser vier Ausdrücke ist das Integral (2).

Wenn man in $\mathfrak{R}$ die Mittellinien zieht, also die Punkte $\frac{a+b}{2} + ic$ und $\frac{a+b}{2} + id$ sowie die Punkte $a + i\frac{c+d}{2}$ und $b + i\frac{c+d}{2}$ geradlinig verbindet, so zerfällt das Rechteck in vier Teilrechtecke $\mathfrak{R}_I, \mathfrak{R}_{II}, \mathfrak{R}_{III}, \mathfrak{R}_{IV}$, und man stellt leicht fest, daß folgende Relation besteht:

$$\int\limits_{\mathfrak{R}\uparrow} = \int\limits_{\mathfrak{R}_I\uparrow} + \int\limits_{\mathfrak{R}_{II}\uparrow} + \int\limits_{\mathfrak{R}_{III}\uparrow} + \int\limits_{\mathfrak{R}_{IV}\uparrow}$$

Unter den Integralen der rechten Seite möge nun

$$\int_{\mathfrak{R}_1\uparrow}$$

von größtem Betrage sein. Dann können wir schließen

(3) $$\left|\int_{\mathfrak{R}\uparrow}\right| \leqq 4\left|\int_{\mathfrak{R}_1\uparrow}\right| .$$

Unter den Vierteln von $\mathfrak{R}$ gibt es also immer eins, das die Ungleichung (3) erfüllt. Das gilt nun auch für das Rechteck $\mathfrak{R}_1$. Unter den Vierteln von $\mathfrak{R}_1$ ist eins vorhanden, sagen wir $\mathfrak{R}_2$, das die Ungleichung

(3′) $$\left|\int_{\mathfrak{R}_1\uparrow}\right| \leqq 4\left|\int_{\mathfrak{R}_2\uparrow}\right|$$

erfüllt. Wir können diesen Schluß immer wieder anwenden und erhalten dadurch eine Folge von Rechtecken $\mathfrak{R}, \mathfrak{R}_1, \mathfrak{R}_2, \ldots$, in der jedes das nächstfolgende als Viertel enthält. Offenbar ergibt sich dann aus (3), (3′), ... die Aussage

(4) $$\left|\int_{\mathfrak{R}\uparrow}\right| \leqq 4^n\left|\int_{\mathfrak{R}_n\uparrow}\right| .$$

Bevor wir nun weitergehen, unterwerfen wir das Integral $\int_{\mathfrak{R}_n\uparrow}$ einer Umformung. $z_* = x_* + iy_*$ sei der Punkt, auf dem das Rechteck $\mathfrak{R}_n$ bei wachsendem n hinschrumpft. Wird das Rechteck $\mathfrak{R}_n$ durch die Ungleichungen

$$a_n \leqq x \leqq b_n, \quad c_n \leqq y \leqq d_n$$

bestimmt, so ist x_* der gemeinsame Grenzwert von a_n, b_n und y_* der von c_n, d_n. Diese Grenzwerte existieren, weil

$$a \leqq a_1 \leqq a_2 \ldots . b_2 \leqq b_1 \leqq b,$$
$$c \leqq c_1 \leqq c_2 \ldots . d_2 \leqq d_1 \leqq d$$

und

$$b_n - a_n = \frac{b-a}{2^n}, \quad d_n - c_n = \frac{d-c}{2^n}$$

ist. Wir schreiben nun unter Benutzung des Punktes z_*

(5) $$\int_{\mathfrak{R}_n\uparrow} F(z)\,dz = \int_{\mathfrak{R}_n\uparrow} \{F(z) - F(z_*) - (z - z_*)\,F_1(z_*)\}\,dz .$$

Die Umformung rechtfertigt sich durch Hinweis auf die Gleichungen

$$\int_{\mathfrak{R}_n\uparrow} dz = 0, \quad \int_{\mathfrak{R}_n\uparrow} z\,dz = 0 .$$

Nach der Abschätzungsformel (19) ist der Betrag des Integrals (5) kleiner als

$$l_n\,|\,F(z_n) - F(z_*) - (z_n - z_*)\,F_1(z_*)\,| .$$

Dabei bedeutet l_n den Umfang des Rechtecks $\mathfrak{R}_n$, und z_n ist ein Randpunkt von $\mathfrak{R}_n$. Verwertet man diese Abschätzung für die Ungleichung (4), so ergibt sich

(4′) $$\left|\int_{\mathfrak{R}\uparrow} F(z)\,dz\right| \leqq 4^n l_n\,|\,F(z_n) - F(z_*) - (z_n - z_*)\,F_1(z_*)\,| .$$

Hieraus läßt sich nun schließen, daß die linke Seite verschwindet. Wäre dies nicht der Fall, so müßte immer $z_n \neq z_*$ sein, so daß man auf der rechten Seite schreiben kann

$$4^n l_n \,|z_n - z_*|\, \left| \frac{F(z_n) - F(z_*)}{z_n - z_*} - F_1(z_*) \right| .$$

Nun sind die Punkte z_* und z_n beide in $\mathfrak{R}_n$ enthalten. Ihre Entfernung ist kleiner als die Diagonale von $\mathfrak{R}_n$ und erst recht kleiner als l_n. Man verstärkt also die Ungleichung, wenn man $|z_n - z_*|$ durch l_n ersetzt. Bedenkt man, daß $l_n = \frac{l}{2^n}$ ist, wenn l den Umfang von $\mathfrak{R}$ bezeichnet, so kann man $4^n l_n^2$ durch l^2 ersetzen und erhält dann die Aussage

$$\left| \int_{\mathfrak{R}\uparrow} F(z)\, dz \right| < l^2 \left| \frac{F(z_n) - F(z_*)}{z_n - z_*} - F_1(z_*) \right| .$$

Läßt man n unendlich zunehmen, so wird $\lim z_n = z_*$ und die rechte Seite konvergiert auf Grund der Voraussetzung (1) nach Null. Folglich kann die linke Seite nicht von Null verschieden sein. Es ist also, wenn sich $F(z)$ in $\mathfrak{R}$ analytisch verhält,

$$\int_{\mathfrak{R}\uparrow} F(z)\, dz = 0 . \tag{6}$$

Damit haben wir den Cauchyschen Fundamentalsatz, allerdings nur für das Rechteck $\mathfrak{R}$, bewiesen.

Jetzt sind wir in der Lage, den am Anfang dieses Paragraphen ausgesprochenen Satz zu beweisen. Wenn sich $f(z)$ um z_0 analytisch verhält, so können wir um z_0 als Mitte ein Quadrat $\mathfrak{Q}$ parallel zu den Achsen konstruieren, so daß $f(z)$ in $\mathfrak{Q}$ einschließlich des Randes überall analytisch ist. Bezeichnen wir mit $\mathfrak{z}$ einen inneren Punkt von $\mathfrak{Q}$ und konstruieren um $\mathfrak{z}$ als Mitte parallel zu den Achsen ein kleines Quadrat $\mathfrak{q}$, so liegt zwischen $\mathfrak{Q}$ und $\mathfrak{q}$ ein Bereich $\mathfrak{B}$, zu welchem wir die Ränder der beiden Quadrate rechnen wollen. In diesem Bereich verhält sich die Funktion

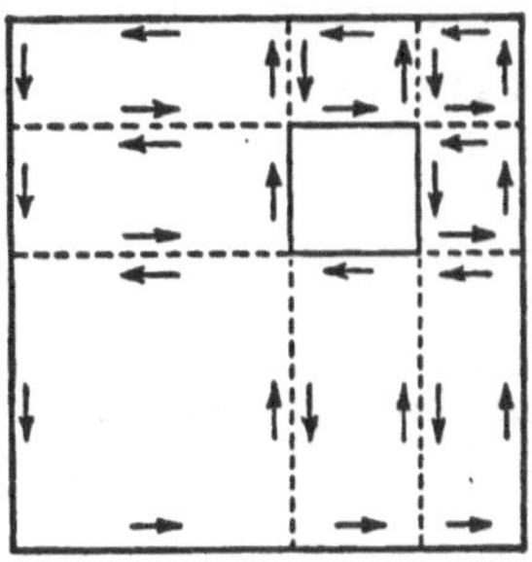

Fig. 12.

$$F(z) = \frac{f(z)}{z - \mathfrak{z}}$$

analytisch. Man kann den Bereich $\mathfrak{B}$ in acht Rechtecke aufteilen, indem man die Seiten des Quadrats $\mathfrak{q}$ verlängert. Wendet man den Cauchyschen Fundamentalsatz auf diese acht Rechtecke an, so ergibt sich durch Addition

$$\int_{\mathfrak{Q}\uparrow} \frac{f(z)\,dz}{z - \mathfrak{z}} + \int_{\mathfrak{q}\downarrow} \frac{f(z)\,dz}{z - \mathfrak{z}} = 0. \tag{7}$$

Es heben sich nämlich alle andern Bestandteile fort, wie man sich an Hand der Fig. 12 leicht überzeugt. Dabei kommt der Satz in Betracht, daß ein Integral sich mit -1 multipliziert, wenn man den Integrationsweg in umgekehrtem Sinne durchläuft. Das zweite Integral in (7) formen wir in der Weise um, daß wir schreiben

$$(8)\qquad \int\limits_{\mathfrak{q}\downarrow}\frac{f(z)\,dz}{z-\mathfrak{z}} = f(\mathfrak{z})\int\limits_{\mathfrak{q}\downarrow}\frac{dz}{z-\mathfrak{z}} + \int\limits_{\mathfrak{q}\downarrow}\frac{f(z)-f(\mathfrak{z})}{z-\mathfrak{z}}\,dz.$$

Das linke Integral ist auf Grund der Gleichung (7) unabhängig von der Größe des Quadrats $\mathfrak{q}$. Da die Gleichung (7) insbesondere für $f(z) = 1$ gilt, so ist auch

$$(9)\qquad \int\limits_{\mathfrak{q}\downarrow}\frac{dz}{z-\mathfrak{z}} = -\int\limits_{\mathfrak{Q}\uparrow}\frac{dz}{z-\mathfrak{z}}$$

von $\mathfrak{q}$ unabhängig. Aus (8) ersieht man, daß dasselbe von

$$(10)\qquad \int\limits_{\mathfrak{q}\downarrow}\frac{f(z)-f(z)}{z-\mathfrak{z}}\,dz$$

gilt. Nun ist aber der Betrag dieses Integrals kleiner als

$$(11)\qquad u\left|\frac{f(z^*)-f(\mathfrak{z})}{z^*-\mathfrak{z}}\right|,$$

wobei u den Umfang von $\mathfrak{q}$ bezeichnet und z^* auf dem Rande von $\mathfrak{q}$ liegt. Der erste Faktor von (11) konvergiert bei unendlicher Verkleinerung von $\mathfrak{q}$ nach Null, der zweite nach $f'(\mathfrak{z})$, also das Produkt nach Null. Das von $\mathfrak{q}$ unabhängige Integral (10) kann hiernach nur gleich Null sein, so daß in Gleichung (8) das zweite Glied der rechten Seite fortfällt. Wir müssen jetzt noch das Integral (9) berechnen. Man erkennt sofort, daß gegenüberliegende Seiten von $\mathfrak{q}$ denselben Beitrag zum Integral liefern. Es genügt also die obere und die rechte Quadratseite in Betracht zu ziehen und die erhaltenen Integralbeiträge zu verdoppeln. Integriert man von $\mathfrak{z} - \varepsilon + i\varepsilon$ bis $\mathfrak{z} + \varepsilon + i\varepsilon$, so ist es zweckmäßig, $z = \mathfrak{z} + i\varepsilon + t\varepsilon$ zu setzen. Man erhält dann

$$\int\limits_{-1}^{1}\frac{dt}{i+t} = \int\limits_{-1}^{1}\frac{(t-i)\,dt}{1+t^2} = \left\{\frac{1}{2}\,ln(1+t^2)\right\}_{-1}^{1} - i(\operatorname{arctan} t)_{-1}^{1} = -\frac{\pi i}{2}.$$

Beim Integrieren von $\mathfrak{z} + \varepsilon + i\varepsilon$ bis $\mathfrak{z} + \varepsilon - i\varepsilon$ macht man die Einsetzung $z = \mathfrak{z} + \varepsilon - it\varepsilon$ und findet dann

$$-\int\limits_{-1}^{1}\frac{i\,dt}{1-it} = \int\limits_{-1}^{1}\frac{(t-i)\,dt}{1+t^2},$$

also wieder denselben Beitrag. Das Integral (9) hat demnach den Wert $-2\pi i$, so daß Gleichung (7) folgende Aussage liefert:

$$(7^*)\qquad f(\mathfrak{z}) = \frac{1}{2\pi i}\int\limits_{\mathfrak{Q}\uparrow}\frac{f(z)\,dz}{z-\mathfrak{z}}.$$

Hiermit haben wir die Cauchysche Integralformel gewonnen, allerdings nur für das Quadrat $\mathfrak{Q}$. Man ersieht aus dieser Formel, daß bei einer analytischen Funktion die Werte im Innern durch die Randwerte bestimmt sind.

Wenn der Punkt $\mathfrak{z}$ dem Mittelpunkt z_0 des Quadrats $\mathfrak{Q}$ näher liegt als irgend ein Randpunkt z, d. h. wenn $\mathfrak{z}$ ins Innere des einbeschriebenen Kreises fällt, so kann man $\frac{1}{z-\mathfrak{z}}$ durch die Reihe

$$(12) \qquad \frac{1}{z-z_0}+\frac{\mathfrak{z}-z_0}{(z-z_0)^2}+\frac{(\mathfrak{z}-z_0)^2}{(z-z_0)^3}+\cdots$$

darstellen. Es ist nämlich

$$\frac{1}{z-\mathfrak{z}}=\frac{1}{z-z_0}+\frac{\mathfrak{z}-z_0}{(z-z_0)(z-\mathfrak{z})}.$$

Setzt man rechts für $\frac{1}{z-\mathfrak{z}}$ wieder dieses Binom ein, so ergibt sich

$$\frac{1}{z-\mathfrak{z}}=\frac{1}{z-z_0}+\frac{\mathfrak{z}-z_0}{(z-z_0)^2}+\frac{(\mathfrak{z}-z_0)^2}{(z-z_0)^2(z-\mathfrak{z})},$$

und man kann im letzten Gliede nochmals $\frac{1}{z-\mathfrak{z}}$ durch jenes Binom ersetzen. Man gelangt durch Fortsetzung dieses Verfahrens zu der Gleichung

$$(13) \quad \frac{1}{z-\mathfrak{z}}=\frac{1}{z-z_0}+\frac{\mathfrak{z}-z_0}{(z-z_0)^2}+\cdots+\frac{(\mathfrak{z}-z_0)^{n-1}}{(z-z_0)^n}+\frac{(\mathfrak{z}-z_0)^n}{(z-z_0)^n(z-\mathfrak{z})}.$$

Ist 2ϱ die Seite des Quadrats $\mathfrak{Q}$, also der Durchmesser des einbeschriebenen Kreises, und $\delta=|\mathfrak{z}-z_0|$, so hat man $\delta<\varrho$. Andererseits gelten für die Randpunkte von $\mathfrak{Q}$ in Ungleichungen $|z-z_0|\geqq\varrho$ und $|z-\mathfrak{z}|=|(z-z_0)-(\mathfrak{z}-z_0)|\geqq\varrho-\delta$, so daß das Restglied in (13) seinem Betrage nach kleiner ist als

$$\frac{\delta^n}{\varrho^n(\varrho-\delta)}$$

und bei zunehmendem n nach Null konvergiert. Die Reihe (12) hat also tatsächlich die Summe $\frac{1}{z-\mathfrak{z}}$. Sie ist ferner auf dem Rande von $\mathfrak{Q}$ normal konvergent, da der Betrag ihres allgemeinen Gliedes kleiner ist als $\frac{\delta^n}{\varrho^{n+1}}$ und die Reihe $\frac{1}{\varrho}+\frac{\delta}{\varrho^2}+\frac{\delta^2}{\varrho^3}+\cdots$ selbst konvergiert. Auch die Reihe

$$(14) \quad \frac{f(z)}{z-\mathfrak{z}}=\frac{f(z)}{z-z_0}+\frac{(\mathfrak{z}-z_0)\,f(z)}{(z-z_0)^2}+\frac{(\mathfrak{z}-z_0)^2 f(z)}{(z-z_0)^3}+\cdots$$

ist auf dem Rande von $\mathfrak{Q}$ normal konvergent. Die Beträge ihrer Glieder sind nämlich kleiner als die der konvergenten Reihe

$$\frac{M}{\varrho}+\frac{M\delta}{\varrho^2}+\frac{M^2\delta}{\varrho^3}+\cdots,$$

wobei M den Maximalbetrag von $f(z)$ auf dem Rande von $\mathfrak{Q}$ bezeichnet, der wegen der Stetigkeit existiert. Wegen der normalen Konvergenz kann man bei der Integration der Reihe (14) gliedweise vorgehen und erhält auf diese Weise

$$(15) \qquad f(\mathfrak{z}) = J_0 + (\mathfrak{z} - z_0)\, J_1 + (\mathfrak{z} - z_0)^2\, J_2 + \cdots.$$

Dabei ist

$$(16) \qquad J_n = \frac{1}{2\pi i} \int\limits_{\mathfrak{Q}\uparrow} \frac{f(z)\,dz}{(z - z_0)^{n+1}}.$$

$f(\mathfrak{z})$ wird also innerhalb des Kreises $|\,\mathfrak{z} - z_0\,| = \varrho$ durch eine Potenzreihe in $\mathfrak{z} - z_0$ dargestellt. Das ist der zu Anfang ausgesprochene Satz. Auf Grund unserer Kenntnisse über die Potenzreihen können wir nun aus (15) schließen

$$(15') \quad \begin{cases} f'(\mathfrak{z}) = J_1 + 2(\mathfrak{z} - z_0)\, J_2 + 3(\mathfrak{z} - z_0)^2 J_3 + \cdots, \\ f''(\mathfrak{z}) = 2J_2 + 3 \,.\, 2(\mathfrak{z} - \mathfrak{z}_0)\, J_3 + 4 \,.\, 3(\mathfrak{z} - z_0)^2 J_4 + \cdots, \end{cases}$$

Diese Gleichung gelten wie (15) innerhalb des Kreises $|\,\mathfrak{z} - z_0\,| = \varrho$. Setzt man in (15) und (15') $\mathfrak{z} = z_0$, so ergibt sich

$$f(z_0) = J_0, \quad f'(z_0) = 1!\, J_1, \quad f''(z_0) = 2!\, J_2, \ldots,$$

und man kann statt (15) schreiben

$$(15^*) \quad f(\mathfrak{z}) = f(z_0) + \frac{(\mathfrak{z} - z_0)\, f'(z_0)}{1!} + \frac{(\mathfrak{z} - z_0)^2 f''(z_0)}{2!} + \cdots.$$

(15) ist also nichts anderes als die Taylorsche Reihe. Eine Funktion, die sich um z_0 herum analytisch verhält, ist dort durch die Taylorsche Reihe darstellbar.

§ 4. Theorem von Liouville.

Wenn sich eine Funktion $f(z)$ in der ganzen Ebene analytisch verhält, so können wir in der Betrachtung des § 3 $z_0 = 0$ setzen und das Quadrat $\mathfrak{Q}$ beliebig groß wählen. Es ergibt sich dann, daß eine solche Funktion durch eine beständig konvergente Potenzreihe dargestellt wird:

$$f(z) = a_0 + a_1 z + a_2 z^2 + \cdots$$

Nach Formel (16) in § 3 ist hierbei

$$(1) \qquad a_n = \frac{1}{2\pi i} \int\limits_{\mathfrak{Q}\uparrow} \frac{f(z)\,dz}{z^{n+1}}.$$

Wir wollen nun annehmen, daß eine für die ganze Ebene geltende obere Betragschranke für $f(z)$ vorhanden ist, daß also für beliebiges z die Ungleichung $|\,f(z)\,| \leqq G$ stattfindet. Dann folgt aus (1)

$$|\,a_n\,| \leqq \frac{1}{2\pi}\,\frac{Gl}{\varrho^{n+1}}$$

Hierbei ist 2ϱ die Seite des Quadrats $\mathfrak{Q}$ und l sein Umfang, also $l = 8\varrho$. Setzt man $\dfrac{4G}{\pi} = K$, so kann man schreiben

$$|\,a_n\,| \leqq \frac{K}{\varrho^n}.$$

Läßt man nun ϱ über alle Grenzen wachsen, so erkennt man, daß die Koeffizienten $a_1, a_2, a_3, \ldots$ alle gleich Null sein müssen, also $f(z) = a_0$. Hiernach gilt folgender Satz, den man das Theorem von Liouville nennt: Wenn eine in der ganzen Ebene analytische Funktion eine obere Betragschranke zuläßt, so ist sie eine Konstante.

Um eine Anwendung dieses wichtigen Satzes zu zeigen, betrachten wir ein Polynom

$$P(z) = z^n + c_1 z^{n-1} + \cdots + c_n \,. \qquad (n > 0) \,.$$

Angenommen, $P(z)$ hätte nirgends eine Nullstelle. Dann würde sich nicht nur $P(z)$, sondern auch $\frac{1}{P(z)}$ in der ganzen Ebene analytisch verhalten. Schreibt man

$$z^n = P(z) - c_1 z^{n-1} - \cdots - c_n$$

und setzt $|z| = r$, so folgt

$$r^n \leqq |P(z)| + |c_1| r^{n-1} + \cdots + |c_n| \,,$$

also

$$|P(z)| \geqq r^n \left(1 - \frac{|c_1|}{r} - \cdots - \frac{|c_n|}{r^n}\right) .$$

Da $\frac{|c_1|}{r} + \cdots + \frac{|c_n|}{r^n}$ bei unendlich zunehmendem r nach Null konvergiert, so läßt sich R derart wählen, daß

$$\frac{|c_1|}{R} + \cdots + \frac{|c_n|}{R^n} < \frac{1}{2} \tag{2}$$

wird. Dann hat man für $r > R$

$$|P(z)| > \frac{1}{2} R^n \,,$$

also

$$\left|\frac{1}{P(z)}\right| < 2R^{-n}. \tag{3}$$

Anderes gibt es für $\frac{1}{P(z)}$ in dem Gebiet $|z| \leqq R$ einen Maximalbetrag M auf Grund der Stetigkeit. Die größere der beiden Zahlen M und $2R^{-n}$ liefert also in der ganzen Ebene eine obere Betragschranke für $\frac{1}{P(z)}$. Nach dem Theorem von Liouville bleibt nichts anderes übrig, als daß sich $\frac{1}{P(z)}$ auf eine Konstante reduziert. Da $P(0) = c_n \neq 0$ ist, so lautet diese Konstante $\frac{1}{c_n}$. Nach (3) müßte aber

$$\left|\frac{1}{c_n}\right| < 2R^{-n}$$

sein, wobei man R beliebig groß wählen darf, weil es nur der Bedingung (2) unterworfen ist. Es ergibt sich also ein unlösbarer Widerspruch, wenn wir annehmen, daß $P(z)$ nirgends verschwindet, und es gibt demnach sicher einen Wert z_1, der $P(z)$ zu Null macht. Schreibt man

$$\begin{aligned}P(z) = P(z) - P(z_1) &= (z^n - z_1^n) + c_1(z^{n-1} - z_1^{n-1}) + \cdots + c_{n-1}(z - z_1)\\ &= (z - z_1)\{z^{n-1} + z^{n-2}z_1 + z^{n-3}z_1^2 + \cdots + z_1^{n-1}\\ &\qquad + c_1 z^{n-2} + c_1 z^{n-3}z_1 + \cdots + c_1 z_1^{n-2}\\ &\qquad + c_2 z^{n-3} + \cdots + c_2 z_1^{n-3}\\ &\qquad \cdots\cdots\cdots\\ &\qquad + c_{n-1}\},\end{aligned}$$

so erkennt man, daß folgende Zerlegung gilt:

$$P(z) = (z - z_1)\, P_1(z).$$

Dabei ist

$$\begin{aligned}P_1(z) = z^{n-1} &+ (z_1 + c_1)\, z^{n-2} + (z_1^2 + c_1 z_1 + c_2)\, z^{n-3} + \cdots\\ &+ (z_1^{n-1} + c_1 z_1^{n-2} + \cdots + c_{n-1}),\end{aligned}$$

also ein Polynom $(n-1)$-ten Grades mit dem Höchstkoeffizienten 1.

Auch $P_1(z)$ hat eine Nullstelle z_2, und es gilt die Zerlegung

$$P_1(z) = (z - z_2)\, P_2(z),$$

wo nun $P_2(z)$ ein Polynom $(n-2)$-ten Grades mit dem Höchstkoeffizienten 1 bedeutet. So kann man fortfahren, bis man zu

$$P_{n-1}(z) = z - z_n$$

gelangt. Aus allen diesen Zerlegungen folgt dann

$$P(z) = (z - z_1)\,(z - z_2) \ldots (z - z_n).$$

Ein Polynom n-ten Grades ist also stets das Produkt von n Polynomen ersten Grades. Damit haben wir den Fundamentalsatz der Algebra bewiesen.

Eine beständig konvergente Potenzreihe könnte man, wenn unendlich viele von Null verschiedene Koeffizienten in ihr auftreten, als Polynom von unendlichem Grade betrachten. Diese Benennung hat aber keinerlei Wert, weil hier im Vergleich zu den Polynomen doch wesentlich andere Eigenschaften in die Erscheinung treten. So kann es z. B. vorkommen, daß ein solches Polynom überhaupt keine Nullstelle hat. Ein Beispiel hierfür bietet die beständig konvergente Potenzreihe

$$1 + \frac{z}{1!} + \frac{z^2}{2!} + \cdots,$$

deren Summe wir, auch wenn z nicht reell ist, mit e^z bezeichnen. Da diese Reihe in der ganzen Ebene absolut konvergiert und man mit solchen Reihen wie mit Summen endlich vieler Glieder rechnen darf, so ist

$$e^{z_1} \cdot e^{z_2} = \sum \frac{z_1^r\, z_2^s}{r!\, s!}.$$

Die Summation erstreckt sich über alle Produkte, die man aus einem Glied der Reihe e^{z_1} und einem Glied der Reihe e^{z_2} bilden kann. Wie man diese Glieder zu einer Reihe ordnet, ist gleichgültig. Immer kommt dieselbe Summe heraus. Auch darf man beliebige Zusammenfassungen unter den Gliedern vornehmen. Faßt man nun alle Glieder mit übereinstimmender Exponentensumme $r + s$ zu einer Gruppe zusammen, so erhält man im Falle $r + s = n$

$$\frac{z_1^n}{n!} + \frac{z_1^{n-1} z_2}{(n-1)!\,1!} + \frac{z_1^{n-2} z_2^2}{(n-2)!\,2!} + \cdots + \frac{z_2^n}{n!} = \frac{(z_1 + z_2)^n}{n!}.$$

Daher ist

$$(4) \qquad e^{z_1} e^{z_2} = e^{z_1 + z_2}.$$

Hieraus folgt, wenn man irgendeinen komplexen Wert $z = x + iy$ ins Auge faßt,

$$e^z = e^{x+iy} = e^x e^{iy}.$$

Nun ist

$$e^{iy} = 1 + \frac{iy}{1!} - \frac{y^2}{2!} - \frac{iy^3}{3!} + \frac{y^4}{4!} + \frac{iy^5}{5!} - \cdots$$
$$= \left(1 - \frac{y^2}{2!} + \frac{y^4}{4!} - \cdots\right) + i\left(\frac{y}{1!} - \frac{y^3}{3!} + \frac{y^5}{5!} - \cdots\right),$$

also

$$e^{iy} = \cos y + i \sin y$$

und daher

$$(5) \qquad e^z = e^x(\cos y + i \sin y).$$

Hieraus ersicht man, daß e^z oder e^{x+iy} den Betrag e^x und den Arcus y hat. Da e^x immer von Null verschieden ist, so hat e^z keine Nullstelle. Man kann dies übrigens auch aus der Eigenschaft (4) folgern, wonach

$$e^z e^{-z} = e^0 = 1$$

ist. Aus Formel (5) läßt sich eine andere wichtige Eigenschaft der Exponentialfunktion e^z ablesen. e^z bleibt ungeändert, wenn man y den Zuwachs 2π erteilt. Dabei ändert sich $z = x + iy$ um $2\pi i$. Es ist also

$$e^{z+2\pi i} = e^z,$$

d. h. e^z hat die Periode $2\pi i$. Daß dies im wesentlichen die einzige Periode ist, daß also die andern Perioden nur Vielfache von $2\pi i$ sind, erkennt man auf folgende Weise: Soll die Gleichung

$$e^{z+\omega} = e^z$$

stattfinden, so muß $e^\omega = 1$ sein. Setzt man nun $\omega = \alpha + i\beta$, so wird also verlangt

$$e^\alpha(\cos\beta + i \sin\beta) = 1,$$

d. h.

$$e^\alpha \cos\beta = 1, \quad e^\alpha \sin\beta = 0.$$

Nach der zweiten Gleichung muß $\sin\beta = 0$ sein. Da nach der ersten Gleichung $\cos\beta$ positiv ist, so folgt $\cos\beta = 1$ und $e^\alpha = 1$, also $\alpha = 0$. Aus $\cos\beta = 1$, $\sin\beta = 0$ ersieht man, daß β ein Vielfaches von 2π sein muß, also $\omega = 2k\pi i$. Man kann daher sagen, daß e^z dann und nur dann an zwei Stellen z_1, z_2 gleiche Werte annimmt, wenn $z_2 = z_1 + 2k\pi i$ ist.

Die durch eine beständig konvergente Potenzreihe dargestellte Funktion bezeichnet man auch als ganze Funktion und spricht von einer ganzen rationalen Funktion, wenn es sich um ein Polynom handelt, andernfalls von einer ganzen transzendenten Funktion.

§ 5. Abbildung durch analytische Funktionen.

Wenn $Z = f(z)$ eine analytische Funktion ist, so kann man z als Punkt in einer ersten und Z als Punkt in einer zweiten Ebene deuten. Es entspricht dann wenigstens in einem gewissen Bereiche jedem Punkt der ersten ein Punkt der zweiten Ebene. Die erste Ebene wird durch die analytische Funktion auf die zweite Ebene abgebildet. Wenn man durch z eine Kurve $z = \varphi(t) + i\psi(t)$ hindurchlegt, so entspricht ihr eine Kurve durch Z. Offenbar ist $\varphi'(t) + i\psi'(t)$ ein Tangentialvektor der ersten Kurve. Wir sind gewöhnt, einer komplexen Zahl nicht nur einen Punkt, sondern auch einen Vektor zuzuordnen. Der in z angebrachte Vektor $\varphi'(t) + i\psi'(t)$ fällt auf die Tangente der durch z gelegten Kurve und ist im Sinne wachsender t-Werte gerichtet. Um den Tangentialvektor der durch Z laufenden Kurve zu finden, müssen wir den Grenzwert von $\frac{\Delta Z}{\Delta t}$ bilden. Da

$$\frac{\Delta Z}{\Delta t} = \frac{\Delta Z}{\Delta z}\frac{\Delta z}{\Delta t}$$

ist, so ergibt sich

$$\lim \frac{\Delta Z}{\Delta t} = f'(z)\{\varphi'(t) + i\,\psi'(t)\}\,.$$

Hat nun $f'(z)$ den Betrag k und den Arcus $\varkappa$, so bedeutet das Hinzutreten des Faktors $f'(z)$, daß der Tangentialvektor um $\varkappa$ gedreht und im Verhältnis $1 : k$ gestreckt wird. Das gilt nun für jede durch z gelegte Kurve und ihre Bildkurve durch Z. Der Tangentialvektor der Bildkurve ist immer gegen den Tangentialvektor der Urkurve um den Winkel $\varkappa$ gedreht. Daher bleibt der Winkel, unter dem sich zwei Kurven schneiden, bei der Abbildung ungeändert und erfährt keine Umlegung. Voraussetzung ist hierbei, daß $f'(z)$ nicht verschwindet. Sonst hätte $f'(z)$ keinen bestimmten Arcus. Wir sehen also, daß die analytische Funktion $f(z)$ überall da, wo $f'(z) \neq 0$ ist, winkeltreu abbildet.

Entsprechende Bogenelemente $|\,dz\,|$ und $|\,dZ\,|$ stehen in dem Verhältnis $1 : |f'(z)|$. Alle vom Punkte z ausgehenden Bogenelemente werden bei der Abbildung mit demselben Faktor multipliziert, und die Winkel zwischen ihnen bleiben erhalten. Die durch eine analytische Funktion vermittelte Abbildung ist also im Kleinen nichts anderes als eine Drehstreckung.

Auf Grund dieser Eigenschaft sind die analytischen Funktionen z. B. überall da von Bedeutung, wo winkeltreue Abbildungen gebraucht werden, also in zahlreichen Gebieten der mathematischen Physik und in der Kartographie. Wir können hier auf diese wichtigen Zusammenhänge nicht näher eingehen.

Einige Probleme der Variationsrechnung.

§ 1. Das älteste Variationsproblem.

Wenn man die euklidische Erklärung, daß die Gerade die kürzeste Verbindung zwischen zwei Punkten ist, durch eine analytisch-geometrische Betrachtung rechtfertigen will, so muß man unter allen Kurven $y = f(x)$, die durch die Punkte x_1, y_1 und x_2, y_2 hindurchgehen, diejenige heraussuchen, welche dem Integral

$$(1) \qquad \int_{x_1}^{x_2} \sqrt{1 + \{f'(x)\}^2}\, dx$$

den kleinsten Wert erteilt, und zusehen, ob sie wirklich mit

$$y = \frac{x_2 - x}{x_2 - x_1} y_1 + \frac{x - x_1}{x_2 - x_1} y_2$$

zusammenfällt.

Will man mit dem gewöhnlichen Integralbegriff auskommen, wie wir ihn früher erklärt haben, so wird man nur solche Funktionen $f(x)$ in den Wettbewerb eintreten lassen, die im Intervall $x_1 \ldots x_2$ eine stetige Ableitung haben. Das bedeutet natürlich eine starke Einschränkung. Um den Kreis der konkurrierenden Funktionen zu erweitern und damit das Problem zu vertiefen, kann man z. B. das Intervall $x_1 \ldots x_2$ in irgendeine endliche Anzahl von Teilen zerlegen und nur in jedem Teilintervall die Stetigkeit von $f'(x)$ fordern, während $f(x)$ im ganzen Intervall $x_1 \ldots x_2$ stetig gedacht wird. Noch mehr läßt sich durch eine allgemeinere Fassung des Integralbegriffs erreichen. Doch wollen wir hier auf diese Verfeinerungen nicht eingehen und $f'(x)$ im ganzen Intervall als stetig voraussetzen.

Wenn die Kurve $y = f(x)$ tatsächlich das Integral (1) auf einen kleineren Wert herabdrückt als die andern durch x_1, y_1 und x_2, y_2 hindurchgehenden Kurven, so kann man auf folgende Weise eine Aussage über $f(x)$ herleiten: Wir wollen mit der Kurve $y = f(x)$ diejenigen Kurven konkurrieren lassen, die durch folgende Gleichung dargestellt werden:

$$(2) \qquad y = f(x) + \varepsilon \xi(x).$$

Dabei ist $\xi(x_1) = \xi(x_2) = 0$, und $\xi(x)$ hat ebenso wie $f(x)$ im Intervall $x_1 \ldots x_2$ eine stetige Ableitung. Bilden wir für die Kurve (2) das Integral (1), so lautet der Integrand

$$\sqrt{1 + \{f'(x)\}^2} \sqrt{1 + \frac{2\varepsilon f'(x)\, \xi'(x) + \varepsilon^2 \{\xi'(x)\}^2}{1 + \{f'(x)\}^2}}\,.$$

Wir wollen mit M_1 und M_2 die Maximalbeträge von $f'(x)$ und $\xi'(x)$ im Intervall bezeichnen und die größere der beiden Zahlen M_1 und M_2 mit M. Dann ist

$$u = \frac{2\varepsilon f'(x)\,\xi'(x) + \varepsilon^2\{\xi'(x)\}^2}{1 + \{f'(x)\}^2} \tag{3}$$

dem Betrage nach kleiner als

$$U = (2\,|\varepsilon| + \varepsilon^2)\,M^2\,.$$

Jetzt führen wir noch die Bedingung $U < 1$ ein, d. h. wir lassen von den Kurven (2) nur diejenigen zu, bei denen $|\varepsilon|$ eine gewisse Kleinheit hat. Da die Reihe

$$\sqrt{1+U} = 1 + \frac{1}{2}\,U - \frac{1}{2\,.\,4}\,U^2 + \frac{1\,.\,3}{2\,.\,4\,.\,6}\,U^3 - \cdots$$

absolut konvergent ist, so dürfen wir die Bestandteile der Reihe

$$\sqrt{1+u} = 1 + \frac{1}{2}\,u - \frac{1}{2\,.\,4}\,u^2 + \frac{1\,.\,3}{2\,.\,4\,.\,6}\,u^3 - \ldots$$

beliebig gruppieren und ordnen, ohne ein Aufhören der Konvergenz oder eine Änderung der Summe befürchten zu müssen. Aus (3) ersieht man, daß $u^2, u^3, \ldots$ Polynome sind und u^n als niedrigste Potenz ε^n enthält. Ordnen wir also nach Potenzen von ε, so ergibt sich

$$\sqrt{1+u} = 1 + \frac{\varepsilon f'(x)\,\xi'(x)}{1+\{f'(x)\}^2} + \frac{\varepsilon^2\{\xi'(x)\}^2}{2[1+\{f'(x)\}^2]^2} + \cdots \tag{4}$$

Der Zusammenhang mit der Reihe $1 + \frac{1}{2}\,U + \frac{1}{2\,.\,4}\,U^2 + \cdots$ zeigt, daß (4) im Intervall $x_1 \ldots x_2$ normal konvergiert. Auch die Hinzufügung des Faktors $\sqrt{1+\{f'(x)\}^2}$ ändert nichts an dieser Eigenschaft. Wir können also beim Integrieren gliedweise vorgehen und erhalten auf diese Weise

$$I_{f+\varepsilon\xi} = I_f + \varepsilon \int\limits_{x_1}^{x_2} \frac{f'(x)\,\xi'(x)\,dx}{\sqrt{1+\{f'(x)\}^2}} + \frac{\varepsilon^2}{2} \int\limits_{x_1}^{x_2} \frac{\{\xi'(x)\}^2\,dx}{(\sqrt{1+\{f'(x)\}^2})^3} + \cdots.$$

Dabei haben wir das Integral (1), um seine Abhängigkeit von f hervorzuheben, mit I_f bezeichnet. $I_{f+\varepsilon\xi}$ ist dasselbe Integral, gebildet für $f + \varepsilon\xi$.

Soll nun f die minimierende Funktion sein, d. h. diejenige Funktion, die I_f auf den kleinsten Wert herabdrückt, so gilt insbesondere $I_f < I_{f+\varepsilon\xi}$, wobei wir uns unter $\xi(x)$ eine bestimmte stetig differenzierbare Funktion mit verschwindenden Randwerten denken und ε auf kleine Beträge beschränken. Da $f(x)$ und $\xi(x)$ festliegen, so ist in $I_{f+\varepsilon\xi}$ nur ε variabel. Es liegt also eine Funktion $\varphi(\varepsilon)$ vor, die für $\varepsilon = 0$ ein Minimum hat. Dafür ist $\varphi'(0) = 0$, d. h.

$$\int\limits_{x_1}^{x_2} \frac{f'(x)\xi'(x)\,dx}{\sqrt{1+\{f'(x)\}^2}} = 0 \tag{5}$$

eine notwendige Bedingung. Im vorliegenden Falle ist

$$\varphi''(0) = \int\limits_{x_1}^{x_2} \frac{\{\xi'(x)\}^2 dx}{(\sqrt{1 + \{f'(x)\}^2})^3} > 0\,.$$

Es handelt sich also tatsächlich um ein Minimum. $\varphi''(0)$ würde nur dann verschwinden, wenn die stetige Funktion $\xi'(x)$ im ganzen Intervall gleich Null, also $\xi(x)$ konstant wäre. Da nun $\xi(x_1) = \xi(x_2) = 0$ sein soll, so hätte man durchweg $\xi(x) = 0$, was natürlich auszuschließen ist.

Die weiteren Überlegungen knüpfen sich an die Aussage (5). Sie ist die Zusammenfassung einer Unendlichkeit von Bedingungen, denen die minimierende Funktion unterliegt. Wir können nämlich für $\xi(x)$ jede stetig differenzierbare Funktion mit verschwindenden Randwerten einsetzen. Zu jeder solchen Funktion soll

$$F(x) = \frac{f'(x)}{\sqrt{1 + \{f'(x)\}^2}}$$

in der Beziehung

$$(5') \qquad \int\limits_{x_1}^{x_2} F(x)\,\xi'(x)\,dx = 0$$

stehen.

Wenn $F(x)$ die Eigenschaft (5') besitzt, so gilt dasselbe von $F_1(x) = F(x) + C$, weil

$$\int\limits_{x_1}^{x_2} C\,\xi'(x)\,dx = C\{\xi(x_2) - \xi(x_1)\} = 0$$

ist. Wir können die Konstante C insbesondere so wählen, daß $\int\limits_{x_1}^{x_2} F_1(x)\,dx = 0$ wird. Wie man aus

$$\int\limits_{x_1}^{x_2} F_1(x)\,dx = \int\limits_{x_1}^{x_2} F(x)\,dx + C(x_2 - x_1)$$

ersieht, genügt es,

$$C = -\frac{1}{x_2 - x_1} \int\limits_{x_1}^{x_2} F(x)\,dx$$

zu setzen.

Offenbar erfüllt nun

$$\xi(x) = \int\limits_{x_1}^{x} F_1(\mathfrak{x})\,d\mathfrak{x}$$

die für $\xi(x)$ geltenden Bedingungen, da $\xi(x_1) = \xi(x_2) = 0$ ist und $\xi'(x) = F_1(x)$. Es muß also die Gleichung

$$(6) \qquad \int\limits_{x_1}^{x_2} F_1(x)\,\xi'(x)\,dx = 0$$

auch für diese besondere Funktion $\xi(x)$ gelten, d. h. es muß

$$(6') \qquad \int_{x_1}^{x_2} \{F_1(x)\}^2 dx = 0$$

sein. Das Integral einer nirgends negativen stetigen Funktion ist aber nur dann gleich Null, wenn die Funktion im ganzen Intervall verschwindet. Das haben wir bereits einmal benutzt und wollen nun einige Worte des Beweises beifügen. Die Gleichung (6') gilt, wie man sofort erkennt, auch für jedes Teilintervall von $x_1 \ldots x_2$. Wendet man den Mittelwertsatz an, so ergibt sich in jedem Teilintervall irgendwo ein verschwindender Funktionswert. In jeder noch so kleinen Umgebung irgendeiner Stelle x sind also verschwindende Funktionswerte vorhanden. Die Stetigkeit erfordert dann, daß die Funktion auch an der Stelle x gleich Null ist.

Aus (6') folgt also $F_1(x) = 0$. Dann ist aber auch die Bedingung (6) erfüllt. Über $F(x)$ gilt die Aussage

$$F(x) = \frac{1}{x_2 - x_1} \int_{x_1}^{x_2} F(x)\, dx\,,$$

d. h. $F(x)$ ist konstant, folglich auch $f'(x)$. Setzt man $f'(x) = a$, so wird $f(x) = ax + b$. Die Konstanten a und b bestimmen sich aus $y_1 = f(x_1)$, $y_2 = f(x_2)$, und man kommt also auf die geradlinige Verbindung der Punkte x_1, y_1 und x_2, y_2. Unsere Betrachtung berechtigt uns zu der Behauptung, daß diese Verbindungsgerade $y = ax + b$ wenigstens im Vergleich zu den Kurven $y = ax + b + \varepsilon\xi(x)$ als minimierende Kurve gelten muß, wobei ε auf eine gewisse Umgebung der Null beschränkt wird. Ob sie diesen Vorrang auch gegenüber den andern hier zugelassenen Kurven genießt, ist noch nicht ausgemacht. Im vorliegenden Falle kann man hierüber auf folgende Weise Klarheit gewinnen: Es handelt sich hier um die Abschätzung des Quotienten

$$\frac{\int_{x_1}^{x_2} \sqrt{1 + \varphi^2}\, dx}{\sqrt{(x_2 - x_1)^2 + \left(\int_{x_1}^{x_2} \varphi\, dx\right)^2}}\,.$$

Die in (1) auftretende Ableitung haben wir durch $\varphi(x)$ ersetzt. Im Nenner steht $\sqrt{(x_2 - x_1)^2 + (y_2 - y_1)^2}$, weil $f(x_1) = y_1, f(x_2) = y_2$ gefordert wird. Der Bequemlichkeit halber wollen wir den Zähler mit $Z(x_1, x_2)$, den Nenner mit $N(x_1, x_2)$ bezeichnen. Halbieren wir das Intervall $x_1 \ldots x_2$ durch x_3, so ist

$$(7) \qquad Z(x_1, x_2) = Z(x_1, x_3) + Z(x_3, x_2),$$

dagegen

$$(8) \qquad N(x_1, x_2) \leqq N(x_1, x_3) + N(x_3, x_1).$$

Setzt man nämlich

$$a_1 = x_3 - x_1, \qquad b_1 = \int_{x_1}^{x_3} \varphi\, dx,$$

$$a_2 = x_2 - x_3, \qquad b_2 = \int_{x_3}^{x_2} \varphi\, dx,$$

so besagt die Ungleichung (8) nichts anderes als

$$\sqrt{(a_1 + a_2)^2 + (b_1 + b_2)^2} \leqq \sqrt{a_1^2 + b_1^2} + \sqrt{a_2^2 + b_2^2}\,,$$

eine wohlbekannte Beziehung, die nur dann zur Gleichung wird, wenn $a_1 b_2 - a_2 b_1 = 0$ ist, d. h.

$$\frac{1}{x_3 - x_1}\int_{x_1}^{x_3} \varphi\, dx = \frac{1}{x_2 - x_3}\int_{x_3}^{x_2} \varphi\, dx\,,$$

also der Mittelwert von φ in beiden Intervallhälften derselbe wie im ganzen Intervall.

Wir wollen nun $x_1 \ldots x_3$ und $x_3 \ldots x_2$ nochmals halbieren und dieses Verfahren irgendeine Anzahl von Malen fortsetzen. Sind dabei die Teilintervalle

$$x_1 \ldots x_2', \; x_2' \ldots x_3', \ldots, \; x_n' \ldots x_2$$

entstanden, so hat man nach (7)

$$(7^*) \qquad Z(x_1, x_2) = Z(x_1, x_2') + Z(x_2', x_3') + \cdots + Z(x_n', x_2)$$

und nach (8)

$$(8^*) \qquad N(x_1, x_2) \leqq N(x_1, x_2') + N(x_2', x_3') + \cdots + N(x_n', x_2).$$

Das Gleichheitszeichen tritt in (8*) nur dann ein, wenn φ in jedem Teilintervalle denselben Mittelwert hat wie in $x_1 \ldots x_2$. Bliebe das Gleichheitszeichen immer bestehen, wie groß auch $n = 2^\nu$ werden mag, so hätte man in jedem der n Teilintervalle einen Funktionswert, der mit $\frac{1}{x_2 - x_1}\int_{x_1}^{x_2} \varphi\, dx$ übereinstimmt. Daraus folgt dann wegen der Stetigkeit von φ, daß durchweg $\varphi(x) = \frac{y_2 - y_1}{x_2 - x_1}$ ist, so daß die Kurve $y = f(x)$ mit der Verbindungsstrecke der Punkte x_1, y_1 und x_2, y_2 zusammenfällt. Liegt eine andere Kurve $y = f(x)$ vor, so muß also irgendeinmal in (8*) das Zeichen $<$ auftreten. Dann folgt aber aus (7*) und (8*)

$$(9) \qquad \frac{Z(x_1, x_2)}{N(x_1, x_2)} > \frac{Z(x_1, x_2') + Z(x_2', x_3') + \cdots + Z(x_n', x_2)}{N(x_1, x_2') + N(x_2', x_3') + \cdots + N(x_n', x_2)}\,.$$

Bezeichnet man nun mit Q den kleinsten der Brüche

$$\frac{Z(x_1, x_2')}{N(x_1, x_2')}, \; \frac{Z(x_2', x_3')}{N(x_2', x_3')}, \ldots, \; \frac{Z(x_n', x_2)}{N(x_n', x_2)}\,,$$

so erkennt man aus

$$Z(x_1, x_2') \geqq QN(x_1, x_2'),$$
$$Z(x_2', x_3') \geqq QN(x_2', x_3'),$$
$$\dots\dots\dots\dots$$
$$Z(x_n', x_2) \geqq QN(x_n', x_2)$$

durch Addition, daß die rechte Seite in (9) größer oder gleich Q ist. Durch fortgesetztes Halbieren kommt man also sicher auf ein Teilintervall $x_1^1 \dots x_2^1$, für welches die Ungleichung

$$\frac{Z(x_1, x_2)}{N(x_1, x_2)} > \frac{Z(x_1^1, x_2^1)}{N(x_1^1, x_2^1)} \tag{10}$$

gilt. Ebenso ergibt sich durch fortgesetztes Halbieren von $x_1^1 \dots x_2^1$ ein Teilintervall $x_1^2 \dots x_2^2$ mit der Eigenschaft

$$\frac{Z(x_1^1, x_2^1)}{N(x_1^1, x_2^1)} > \frac{Z(x_1^2, x_2^2)}{N(x_1^2, x_2^2)} \tag{10'}$$

usw. Nun konvergieren $x_1^{(n)}$ und $x_2^{(n)}$ nach einem gemeinsamen Gegenwert x^*, und es wird

$$\lim \frac{Z(x_1^{(n)}, x_2^{(n)})}{N(x_1^{(n)}, x_2^{(n)})} = 1,$$

wie man unter Anwendung des Mittelwertsatzes feststellt. Aus den Ungleichungen (10), (10'), ... folgt also

$$\frac{Z(x_1, x_2)}{N(x_1, x_2)} > 1,$$

d. h.

$$\sqrt{(x_2 - x_1)^2 + (y_2 - y_1)^2} < \int_{x_1}^{x_2} \sqrt{1 + \{f'(x)\}^2}\, dx,$$

sobald die Kurve $y = f(x)$ keine Gerade ist. Hiermit haben wir das Problem der kürzesten Linie zwischen zwei Punkten, eins der ältesten Variationsprobleme, auf ganz einfache Weise erledigt, ohne die zuerst benutzte Methode in Anspruch zu nehmen. Wir stellten uns absichtlich am Anfang so hilflos, damit diese Methode, die der Variationsrechnung entstammt, zu Worte kommen sollte.

§ 2. Problem der Brachistochrone.

In einer Vertikalebene sind zwei Punkte P_1, P_2 gegeben, die in verschiedener Höhe, aber nicht senkrecht untereinander liegen. Die x-Achse gehe vertikal nach unten. P_1 liege höher als P_2 und sei zugleich der Anfangspunkt, P_2 habe die Koordinaten x_2, y_2. Sie sind beide von Null verschieden und positiv, wenn wir die y-Achse passend orientieren. Wenn wir P_1 und P_2 durch eine Kurve $y = f(x)$ verbinden, so wird ein Massenpunkt, der auf ihr von P_1 aus ohne Anfangsgeschwindigkeit nach P_2 heruntergleitet, zu dieser Reise eine bestimmte Zeit T_f brauchen. Diese Zeit hängt von der Wahl der Kurve $y = f(x)$ ab, was wir durch den Index f andeuten. Jakob Bernoulli hat das Problem gestellt, die Kurve so zu wählen, daß T_f möglichst klein wird. Er nannte diese Kurve die **Brachistochrone**. Bei Behandlung der Aufgabe entwickelte er eine allgemeine Methode zur Erledigung solcher Probleme, bei denen es sich um die Auffindung einer minimierenden Kurve handelt. Man nennt sie **Variationsprobleme** und den zu ihrer Lösung dienenden Kalkül **Variationsrechnung**. Bei diesen Problemen handelt es sich immer um Größen, die von einer Kurve oder in andern Fällen von einer Fläche abhängen, welche noch gewissen Bedingungen, vor allem Randbedingungen, unterworfen ist. Bei der Brachistochrone gelangt man auf folgende Weise zum mathematischen Ansatz des Problems: Wenn der Massenpunkt m auf seiner Gleitfahrt bis zum Kurvenpunkte x, y gelangt ist, hat er eine gewisse Geschwindigkeit v und damit die lebendige Kraft $\frac{mv^2}{2}$ erlangt, die ein Arbeitsergebnis der Schwerkraft mg ist. Da m auf ein um x tieferes Niveau gesunken ist, hat die von der Schwere geleistete Arbeit den Wert mgx. Aus der Gleichung $\frac{mv^2}{2} = mgx$ ergibt sich $v^2 = 2gx$. Ist ds das Bogenelement der Kurve und dt das Zeitelement, in welchem ds vom Massenpunkt durchlaufen wird, so hat man $v = \frac{ds}{dt}$. Setzt man diesen Wert ein und löst nach dt auf, so ergibt sich

$$dt = \frac{ds}{\sqrt{2gx}} = \sqrt{\frac{1+y'^2}{2gx}}\,dx$$

und daher

$$(1) \qquad T_f = \frac{1}{\sqrt{2g}} \int_0^{x_1} x^{-\frac{1}{2}} (1 + y'^2)^{\frac{1}{2}}\,dx.$$

Dieses Beispiel bietet im Vergleich zum vorigen insofern etwas Neues, als hier der Integrand bei Annäherung an die untere Integralgrenze unendlich wird. Trotzdem existiert das Integral, wenn man es als Grenzwert von $\int_\delta^{x_1}$ bei hinschwindendem δ betrachtet. Benutzen wir wieder die Abkürzung $u = (1 + y'^2)^{-1}(2\varepsilon y'\xi' + \varepsilon^2\xi'^2)$, so ergibt sich

$$T_{f+\varepsilon\xi} - T_f = \frac{1}{\sqrt{2g}} \int_0^{x_1} x^{-\frac{1}{2}} (1 + y'^2)^{\frac{1}{2}} \left(\sqrt{1+u} - 1\right) dx.$$

Wir beschränken uns auf so kleine Beträge von ε, daß im Integrationsintervall $|u| < 1$ ist, und entnehmen der Identität

$$\sqrt{1+u} - 1 = \frac{u}{2} - \frac{u^2}{4\left(1 + \frac{u}{2} + \sqrt{1+u}\right)},$$

daß

$$(2) \qquad \sqrt{1+u}-1=\frac{u}{2}-\left(\frac{1}{8}+\alpha\right)u^2$$

ist, wobei α gleichzeitig mit u nach Null konvergiert. Soll $T_{f+\varepsilon\xi}$ für $\varepsilon=0$ ein Minimum haben, so muß bei hinschwindendem ε

$$\lim \frac{T_{f+\varepsilon\xi}-T_f}{\varepsilon}=0$$

werden. Mit Hilfe von (2) ergibt sich

$$(3) \qquad \int_0^{x_1} \frac{x^{-\frac{1}{2}}\, y'\, \xi'\, dx}{\sqrt{1+y'^2}}=0\,.$$

Hieraus folgt, daß

$$\frac{x^{-\frac{1}{2}}\, y'}{\sqrt{1+y'^2}}=c$$

sein muß. Setzt man $y'=\tan\varphi$, so vereinfacht sich diese Gleichung zu $x^{-\frac{1}{2}}\sin\varphi=c$. Es ist also

$$x=\frac{\sin^2\varphi}{c^2}\,.$$

Dann folgt weiter aus $y'=\tan\varphi$

$$dy=\tan\varphi\, dx=\frac{2\sin^2\varphi\, d\varphi}{c^2}\,,$$

also

$$y=\frac{1}{c^2}\left(\varphi-\frac{1}{2}\sin 2\varphi\right)+c_1\,.$$

Ersetzt man 2φ durch ψ, $\frac{1}{2c^2}$ durch a und c_1 durch y_0, so lautet das Ergebnis

$$(4) \qquad \begin{cases} x=a(1-\cos\psi), \\ y=a(\psi-\sin\psi)+y_0. \end{cases}$$

Diese Kurve ist die berühmte Zykloide, die in viele mathematische Fragen hineinspielt. Man kann sie durch Rollen eines Kreises vom Radius a auf der y-Achse erzeugen, und zwar wird sie von einem Peripheriepunkt des rollenden Kreises beschrieben. Daß auf diese Weise tatsächlich die Kurve (4) herauskommt, kann man auf folgende Weise erkennen. Wenn der Bogen $a\psi$ abgerollt ist, so hat sich der ganze Kreis mit allen seinen Punkten um $a\psi$ in der y-Richtung verschoben. Zugleich hat er aber um seinen Mittelpunkt die Drehung ψ ausgeführt. Irgendeinmal wird der Punkt, der die Kurve beschreibt, auf die y-Achse fallen und dann die Koordinaten $0, y_0$ haben. Diese Lage betrachten wir als die Anfangslage und verfolgen von da aus die Rollbewegung. Der Mittelpunkt des Kreises hat in diesem Anfangsstadium die Koordinaten a, y_0. Nun kommt zuerst die Drehung ψ um diesen Mittelpunkt. Sie wird durch folgende Formeln dargestellt

$$(5)\qquad \begin{cases} \mathfrak{x} - a = (x-a)\cos\psi - (y-y_0)\sin\psi, \\ \mathfrak{y} - y_0 = (x-a)\sin\psi + (y-y_0)\cos\psi. \end{cases}$$

Dann folgt die Verschiebung $a\psi$ in der y-Richtung, eine Operation, die sich durch

$$(6)\qquad X = \mathfrak{x}, \quad Y = \mathfrak{y} + a\psi$$

ausdrückt. Da uns nur das Schicksal des Punktes $0, y_0$ interessiert, müssen wir in (5) die Einsetzungen $x = 0$, $y = y_0$ machen und erhalten auf diese Weise

$$\mathfrak{x} = a(1-\cos\psi), \quad \mathfrak{y} = y_0 - a\sin\psi.$$

Setzen wir diese Werte in (6) ein, so ergibt sich

$$X = a(1-\cos\psi), \quad \mathfrak{y} = a(\psi - \sin\psi) + y_0.$$

Das ist tatsächlich die Kurve (4).

Es ist bei dem vorliegenden Problem nicht ganz leicht, die Konstanten a und y_0 in den Gleichungen (4) so zu bestimmen, daß die Kurve durch die vorgeschriebenen Punkte $0, 0$ und x_2, y_2 hindurchgeht. Diese Bedingung drückt sich in folgenden Gleichungen aus:

$$(7)\qquad \begin{cases} 0 = a(1-\cos\psi_1), \\ 0 = a(\psi_1 - \sin\psi_1) + y_0, \\ x_2 = a(1-\cos\psi_2), \\ y_2 = a(\psi_2 - \sin\psi_2) + y_0. \end{cases}$$

Wenn man die Kurve (4) in der y-Richtung um $2\pi a$ oder $-2\pi a$ verschiebt, so geht sie in sich über. Da nun die beiden ersten Gleichungen (7) erkennen lassen, daß y_0 ein Vielfaches von $2\pi a$ ist, so kann man mit Hilfe der erwähnten Translationen y_0 zu Null machen. Dann folgt aus den genannten Gleichungen $\psi_1 = 0$, und man hat jetzt nur noch die beiden letzten Gleichungen (7), also

$$x_2 = a(1-\cos\psi_2), \quad y_2 = a(\psi_2 - \sin\psi_2)$$

zu erfüllen, wobei x_2, y_2, wie wir uns erinnern, positive Werte sind. Für ψ_2 ergibt sich die Gleichung

$$(8)\qquad \frac{x_2}{y_2} = \frac{1-\cos\psi_2}{\psi_2 - \sin\psi_2}.$$

Über die hier auftretende Funktion

$$F(\psi) = \frac{1-\cos\psi}{\psi - \sin\psi}$$

ist folgendes zu sagen: Der Zähler wird nie negativ. Der Nenner hat die Ableitung $1-\cos\psi$, nimmt also bei wachsendem ψ beständig zu, geht gleichzeitig mit ψ von $-\infty$ bis ∞. Da er für $\psi = 0$ verschwindet, ist er für $\psi > 0$ stets positiv. Rückt man nun von rechts, also durch positive Werte, an die Null heran, so ersieht man aus

$$F(\psi) = \frac{\frac{\psi^2}{2} - \cdots}{\frac{\psi^3}{6} - \cdots} = \frac{3}{\psi} \frac{1 - \cdots}{1 - \cdots},$$

daß $F(\psi)$ über alle Grenzen zunimmt. Da $F(2\pi) = 0$ ist, so nimmt $F(\psi)$ zwischen $\psi = 0$ und $\psi = 2\pi$ jeden positiven Wert an. Es fragt sich noch, ob dies einmal oder mehrmals geschieht. Bilden wir im Innern des Intervalls $0 \ldots 2\pi$ die Ableitung von $F(\psi)$, so ergibt sich

$$F'(\psi) = \frac{\psi \sin \psi - 2 + 2 \cos \psi}{(\psi - \sin \psi)^2}.$$

Der Zähler kann in folgender Form geschrieben werden:

$$4 \sin \frac{\psi}{2} \left(\frac{\psi}{2} \cos \frac{\psi}{2} - \sin \frac{\psi}{2} \right). \tag{9}$$

Die Funktion

$$t \cos t - \sin t$$

hat im Intervall $0 \ldots \pi$, das hier in Frage kommt, die negative Ableitung $-t \sin t$. Da sie für $t = 0$ verschwindet, so ist sie zwischen 0 und π stets negativ. Der zweite Faktor des Ausdrucks (9) ist also zwischen $\psi = 0$ und $\psi = 2\pi$ negativ, der erste hingegen positiv. Somit hat $F(\psi)$ innerhalb des Intervalls $0 \ldots 2\pi$ eine negative Ableitung, kann also jeden Wert nur einmal annehmen. Es gibt also zwischen 0 und 2π nur eine Lösung ψ_2 für die Gleichung (8). Hat man sie bestimmt, so findet man a aus der Gleichung $x_2 = a(1 - \cos \psi_2)$. Die Zykloide (4) geht also bei passender Wahl von y_0 und a tatsächlich durch die Punkte $0, 0$ und x_2, y_2 hindurch. Nun wäre zu untersuchen, ob diese Kurve auch wirklich unter allen hier zugelassenen Kurven das Integral (1) auf den kleinsten Wert herabdrückt. Für solche Untersuchungen sind in neuerer Zeit, besonders durch Weierstraß und Hilbert, zweckmäßige Methoden entwickelt worden, auf die wir jedoch nicht eingehen wollen. Es sollte hier nur die Eigenart der Variationsprobleme veranschaulicht werden.

Sachregister.

MATHEMATIK

VERLAG WALTER DE GRUYTER & CO. / BERLIN W 10 UND LEIPZIG

Zeitschriften, Sammelwerke

Journal für die reine und angewandte Mathematik. Gegründet von A. L. CRELLE 1826. Herausgegeben von K. HENSEL, H. HASSE, L. SCHLESINGER. Wissenschaftlicher Beirat: H. Brandt, M. Dehn, G. Doetsch, A. Fraenkel, O. Haupt, F. Hausdorff, E. Hellinger, G. Kowalewski, H. Rademacher, K. Reidemeister, A. Rosenthal, C. Schaefer, W. Schmeidler, F. Schottky, O. Toeplitz. Band 1—140 Preise auf Anfrage, Band 141—144 je RM 16.—, Band 145—147 je RM 12.—, Band 148—151 je RM 10.—, Band 152 RM 12.—, Band 153 RM 17.50, Band 154 RM 30.—, Band 155—156 je RM 36.—, Band 157 u. 158 (Jubiläumsband I/II), Band 159—166 je RM 36.—, Band 167 RM 56.—, Band 168 RM 36.—, Band 169 RM 35.—.

Das von A. L. Crelle gegründete „Journal für die reine und angewandte Mathematik" darf auf eine über hundertjährige Vergangenheit zurückblicken. Seit seiner Gründung im Jahre 1826 wurde es der Sammelplatz für die Arbeiten der großen Männer, welche seit dieser Zeit der Mathematik einen neuen Aufschwung gaben.

Jahrbuch über die Fortschritte der Mathematik. Gegründet von CARL OHRTMANN und FELIX MÜLLER, fortgeführt von EMIL LAMPE, ARTHUR KORN, LEON LICHTENSTEIN. Herausgegeben ab Band 51 von der Preußischen Akademie der Wissenschaften. Schriftleiter: Georg Feigl. Band 1—57: Jahrgang 1868—1931. Band 1—44 (1868—1913) Preise auf Anfrage, Band 45 (1914/15) RM 75.—, Band 46 (1916/18) RM 92.—, Band 47 (1919/20) RM 74.—, Band 48 (1921/22) RM 121.—, Band 49 (1923) RM 77.—, Band 50 (1924) RM 78.—, Band 51 (1925) RM 100.—, Band 53 (1927) RM 117.—, Band 54 (1928) RM 135.—, Band 55, 1. Halbband (1929 I) RM 65.—. In Bearbeitung: Band 52 (1926), Band 55, 2. Halbband (1929 II), Band 56 (1930), Band 57 (1931).

Das „Jahrbuch über die Fortschritte der Mathematik" bringt eingehende Besprechungen sämtlicher periodischen und nichtperiodischen Neuerscheinungen auf dem Gebiete der reinen Mathematik, Mechanik, Relativitätstheorie, Astronomie und mathematischen Physik. Auch die Geschichte und Philosophie der Mathematik wie die Fragen der Didaktik finden sorgfältige Berücksichtigung.

Das Jahrbuch kann ab Band 51 (1925) nicht nur als Ganzes, sondern auch in einzelnen Sonderheften bezogen werden. Jedes Sonderheft umfaßt einen oder zwei der Hauptabschnitte des Jahrbuchs. Es erscheinen folgende Sonderhefte: I. Geschichte, Philosophie, Pädagogik; Mengenlehre. II. Arithmetik und Algebra. III. Analysis. IV. Geometrie. V. Angewandte Mathematik. — Preise auf Anfrage.

Revue semestrielle des publications mathématiques vereenigd met Jahrbuch über die Fortschritte der Mathematik uitgegeven door de Preußische Akademie der Wissenschaften met bijzondere medewerking van het Wiskundig Genootschap te Amsterdam. Redactie: Georg Feigl, Hendrik de Vries. Band 37 (Jahrgang 1932), Band 38 (Jahrgang 1933) je RM 12.—, Band 1—36 Preise auf Anfrage.

Mit Beginn des Jahres 1932 wurden das „Jahrbuch über die Fortschritte der Mathematik" und die „Revue semestrielle des publications mathématiques" zu einer deutsch-niederländischen Publikation vereinigt. Die Ausgabe erfolgt in zwei Teilen, die auch einzeln bezogen werden können, und zwar unter den Titeln

Revue semestrielle des publications mathématiques vereenigd met Jahrbuch über die Fortschritte der Mathematik uitgegeven door de Preußische Akademie der Wissenschaften met bijzondere medewerking van het Wiskundig Genootschap te Amsterdam. Redactie Georg Feigl, Hendrik de Vries. Revue semestrielle des publications mathématiques.

Jahrbuch über die Fortschritte der Mathematik vereinigt mit Revue semestrielle des publications mathématiques herausgegeben von der Preußischen Akademie der Wissenschaften unter besonderer Mitwirkung der Wiskundig Genootschap te Amsterdam. Schriftleiter Georg Feigl, Hendrik de Vries. Jahrbuch über die Fortschritte der Mathematik.

Die »Revue semestrielle« hat die Aufgabe, schnellstens einen Überblick über die in Betracht kommenden Veröffentlichungen zu geben, und erscheint dementsprechend, statt wie bisher halbjährlich, in Zweimonatsheften. Sie enthält ein nach Zeitschriften geordnetes Verzeichnis der in den einschlägigen Zeitschriften erschienenen Arbeiten, falls nötig mit verdeutlichenden Untertiteln, sowie ein Titelverzeichnis der erschienenen Bücher und ein Titelverzeichnis der erschienenen Buchbesprechungen; bei jedem Titel wird die Gebietsmarke des »Jahrbuchs« und der »Revue semestrielle« angegeben. Der Preis dieses Teils ist so niedrig bemessen, daß auch Privatpersonen sich die Anschaffung nicht zu versagen brauchen. Er beträgt jährlich RM 12.—. Das »Jahrbuch« enthält in der bisher üblichen Form die Referate.

C. W. Borchardts gesammelte Werke. Auf Veranlassung der Königl. Preuß. Akademie der Wissenschaften herausg. von G. HETTNER. Mit dem Bildnis Borchardts. Quart. IX, 511 Seiten. 1888. RM 17.—.

G. Lejeune Dirichlets Werke. Herausg. auf Veranlassung der Königl. Preuß. Akademie der Wissenschaften von L. KRONECKER. 2 Bände. Quart. 1. Band. Mit Dirichlets Bildnis. X, 644 Seiten. 1889. RM 21.—. 2. Band. Fortgesetzt von L. Fuchs. X, 422 Seiten. 1897. RM 18.—

Carl Gustav Jakob Jacobi, Gesammelte Werke. Auf Veranlassung der Königl. Preuß. Akademie der Wissenschaften. Quart. 1. Band. Herausg. von C. W. BORCHARDT. Mit dem Bildnis Jacobis. X, 546 Seiten. 1881. 2.—7. Band. Herausg. von K. WEIERSTRASS. 1882—1891. Preise auf Anfrage.

J. L. Lagrange, Mathematische Werke. Deutsch herausg. von A. L. CRELLE. 3 Bände. Oktav. 1. Band. Die Theorie der analytischen Funktionen. CXXVIII, 694 S. 1823. 2. Band. Vorlesungen über die Functionen-Rechnung. XXII, 1023 S. 1823. 3. Band. Theorie der Gleichungen. XVI, 552 Seiten. 1824. Preise auf Anfrage. Band 3 ist vergriffen.

Jacob Steiner, Gesammelte Werke. Auf Veranlassung der Königl. Preuß. Akademie der Wissenschaften herausg. von K. WEIERSTRASS. 2 Bände. Oktav. 1. Band. Mit 44 Figurentafeln und Steiners Bildnis. VIII, 527 S. 1881. RM 16.—, 2. Band. Mit 23 Figurentafeln. X, 743 Seiten. 1882. RM 18.—.

Festschrift zur Feier des 20jährigen Bestehens der Calcutta Mathematical Society. Groß-Oktav. VIII, 310 Seiten. 1930. Geb. RM 20.—.

Dieser stattliche Festband enthält 27 wertvolle Beiträge hervorragender Mathematiker aus Amerika, Deutschland, Frankreich, Großbritannien, Japan, Indien, Italien, Österreich, Polen, Rußland, der Schweiz und Ungarn.

Geschichte, Tafelwerke, Allgemeines

Geschichte der Mathematik. Von Oberstud.-Dir. Dr. H. WIELEITNER. 2 Bde. I: Von den ältesten Zeiten bis zur Wende des 17. Jahrhunderts. 136 Seiten. 1922. II: Von 1700 bis zur Mitte des 19. Jahrhunderts. 154 Seiten. 1923. (Samml. Göschen Bd. 226, 875.) Geb. je RM 1.62.

Geschichte der Mathematik. I. Teil: Von den ältesten Zeiten bis Cartesius. Von Professor Dr. S. GÜNTHER in München. Mit 56 Figuren. VIII, 428 Seiten. Neudruck 1927. (Sammlung Schubert Bd. XVIII.) Geb. RM 17.40.

II. Teil: Von Cartesius bis zur Wende des 18. Jahrhunderts. Von Oberstudiendirektor Dr. H. WIELEITNER in München. 1. Hälfte: Arithmetik, Algebra, Analysis. Mit 6 Figuren. VIII, 251 Seiten. 1911. (Sammlung Schubert Bd. LXIII.) Geb. RM. 8.40 2. Hälfte: Geometrie und Trigonometrie. Mit 13 Fig. VI, 222 Seiten. 1921. (Sammlung Schubert Bd. LXIV.) Geb. RM 3.50.

„Es zeigt sich auch in diesem Buche wieder die große Meisterschaft des Verfassers in der zielbewußten Auswahl und klaren, anregenden Darstellung eines großen Stoffes, die auch seine anderen größeren Kompendien auszeichnet.“ Monatshefte für Mathematik und Physik.

Geschichte der Elementar-Mathematik in systematischer Darstellung. Von Professor Dr. JOHANNES TROPFKE, ehem. Direktor der Kirschner-Oberrealschule zu Berlin. Lex.-Oktav. Band 1: Rechnen. VII, 222 Seiten. 3. Aufl. 1930. RM 12.—, geb. RM 13.20. Band 2: Allgemeine Arithmetik. IV, 266 Seiten. 3. Aufl. 1933. RM 12.—, geb. RM 13.20. Band 3: Proportionen, Gleichungen. IV, 151 Seiten, 2. Aufl. 1922. RM 6.—, geb. RM 7.—. Band 4: Ebene Geometrie. IV, 240 Seiten. 2. Aufl. 1922. RM 9.—, geb. RM 10.—. Band 5: I. Ebene Trigonometrie. II. Sphärik und sphärische Trigonometrie. IV, 185 Seiten. 2. Aufl. 1923. RM 7,50, geb. RM 8,50. Band 6: Analysis, Analytische Geometrie. IV, 169 S. 2. Aufl. 1924. RM 7.—, geb. RM 8.—. Band 7: Stereometrie. Verzeichnisse. V, 128 Seiten, 2. Aufl. 1924. RM 6.50, geb. RM 7.50.

„Dem Verfasser gebührt unser Dank für sein die neuesten Ergebnisse historischer Forschungen berücksichtigendes, durch Vollständigkeit und Klarheit sich auszeichnendes Werk. Es verdient seinen Platz im Bücherschrank eines jeden Mathematikers." *Naturwissenschaften.*

Mathematische Forschung in den letzten Jahren. Rede, gehalten am 31. Januar 1921 vor der Mathematischen Gesellschaft Benares von deren Vorsitzendem GANESH PRASAD. Aus dem Englischen übersetzt von Dr. FRIEDRICH LANGE. Groß-Oktav. 37 Seiten. 1923. RM 0.80.

In leichtverständlicher Darstellung berichtet der Verfasser über den Aufbau der Theorie der Integralgleichungen und ihre Anwendungen, die Erforschung der Grundlagen der mathematischen Physik, die Verallgemeinerung des Begriffs der konvergenten Reihen und die Entwicklung der modernen Relativitätstheorie.

Dasselbe in englischer Sprache. 1923. RM 0.80.

Neue Rechentafeln. Für Multiplikation und Division mit allen ein- bis vierstelligen Zahlen. Herausgegeben von Professor Dr. J. PETERS, Observator am Astronomischen Recheninstitut. Folio-Format. VI, 378 Seiten. 1909. Geb. RM 20.—. Diese Rechentafeln von Peters sind auch in französischer und englischer Ausgabe zu haben. Je geb. RM 20.—.

Dr. A. L. Crelles Rechentafeln, welche alles Multiplizieren und Dividieren mit Zahlen unter Tausend ganz ersparen, bei größeren Zahlen aber die Rechnung erleichtern und sicherer machen. Neue Ausgabe. Besorgt von O. SEELIGER. Mit Tafeln der Quadrat- u. Kubikzahlen von 1—1000. VII, 501 Seiten. Folio. Geb. RM 26.—. Diese Rechentafeln von Crelle liegen auch in englischer und französischer Ausgabe vor. Je geb. RM 26.—.

Fünfstellige Logarithmen. Mit mehreren graphischen Rechentafeln und häufig vorkommenden Zahlwerten. Von Regierungsrat Professor A. ADLER. Zweite Aufl. 117 Seiten u. 1 Tafel. 1929. (Samml. Göschen Bd. 423.) Geb. RM 1.62.

Der Band enthält die gemeinen Logarithmen der ganzen Zahlen bis 1000, die der goniometrischen Funktionen, die wirklichen Werte dieser Funktionen und die Reihe der mathematischen, physikalischen und astronomischen Hilfstafeln, wie sie fünfstelligen Logarithmentafeln gewöhnlich beigegeben sind.

Fünfstellige Logarithmentafeln der trigonometrischen Funktionen für jede Zeitsekunde des Quadranten. Herausgegeben von Prof. Dr. J. PETERS, Observator am Astronomischen Recheninstitut. Lex.-Oktav. IV, 82 Seiten. 1912. RM 6.—, geb. RM 7.—.

In den vorliegenden Tafeln bietet der Herausgeber, unter Benutzung des wertvollen Materials, das ihm als Resultat der mit J. Bauschinger ausgeführten Bearbeitung der achtstelligen Tafeln der trigonometrischen Funktionen zur Verfügung stand, der rechnenden Astronomie ein Hilfsmittel von großem Nutzen.

Vollständige logarithmische und trigonometrische Tafeln. Von Professor Dr. E. F. AUGUST, weiland Direktor des Köllnischen Realgymnaisums, Berlin. Neunundvierzigste Auflage in der Bearbeitung von Dr. F. AUGUST, weiland Prof. a. d. Artillerie- u. Ingenieur-Schule, Berlin. Oktav. VII, 204 S. 1931. Geb. RM 2.—.

„Die Anordnungen des Zahlenmaterials in den Tafeln, der klare Druck, handliches Format und gediegene Ausstattung empfehlen das Buch allein." *Allgemeine Vermessungs-Nachrichten.*

Vierstellige Tafeln und Gegentafeln für logarithmisches und trigonometrisches Rechnen in zwei Farben zusammengestellt. Von Professor Dr. HERMANN SCHUBERT. Neue Ausgabe von Dr. ROBERT HAUSSNER, o. ö. Professor a. d. Universität Jena. 175 S. Neudruck 1926. (Samml. Göschen Bd. 81.) Geb. RM. 1.62.

„Die vierstelligen Logarithmen sind in der Form recht handlich und gefällig. Besonders zu empfehlen sind die Tafeln für Schulen, wo es von Vorteil ist, die Lernenden nicht mit umfangreichen Büchern zu belasten." *Zeitschrift d. Österr. Ingenieur- und Architekten-Vereins.*

Vierstellige Logarithmentafeln. Von Dr. MAX ZACHARIAS, Studienrat am Vereinigten Friedrichs- und Humboldt-Gymnasium in Berlin, und Dr. PAUL METH, Studienrat a. d. Herderschule in Charlottenburg. Groß-Oktav. 44 Seiten. 1927. Geb. RM. 1.50.

„Diese Logarithmentafel zeichnet sich durch übersichtliche Anordnung und Reichtum des Gebotenen aus." *Deutsche Schulzeitung in Polen.*

Logarithmische Rechentafeln für Chemiker, Pharmazeuten, Mediziner und Physiker. Gegründet von Professor Dr. F. W. KÜSTER †. Für den Gebrauch im Unterrichtslaboratorium und in der Praxis berechnet sowie mit Erläuterungen versehen. Nach dem gegenwärtigen Stande der Forschung bearbeitet von Dr. A. THIEL, o. ö. Professor der physikalischen Chemie, Direktor des Physik.-Chem. Instituts der Universität Marburg. Fünfunddreißigste bis vierzigste, verbesserte und vermehrte Auflage. Oktav. 188 Seiten und eine Tafel. 1929. Geb. RM 6.75.

„Die wohl allseitig bekannten Küsterschen Rechentafeln sind dem Chemiker, der sich ihrer einmal bedient hat, zum ungern entbehrten Werkzeug geworden, das sich in seiner bewährten Anordnung des Stoffes zu einem wirklich nützlichen und fast notwendigen Hilfsbuch entwickelt hat. Die Neuauflage erscheint wie üblich nach dem neuesten Stande der Forschung." *Zeitschrift für angewandte Chemie.*

Fünfstellige Tafeln der Kreis- und Hyperbelfunktionen sowie der Funktionen e^x und e^{-x} mit den natürlichen Zahlen als Argument. Von Dr.-Ing. KEIICHI HAYASHI, Professor an der Kaiserlichen Kyushu-Universität Fukuoka-Hakosaki, Japan. Oktav. IV, 182 Seiten. Neudruck 1931. RM 9.—.

„Der bekannte japanische Verfasser hat aus der Notwendigkeit, die Werte beider Funktionsarten gleichzeitig zur Verfügung zu haben, Tafeln berechnet, in denen nicht nur die Hyperbelfunktionen, sondern auch die Kreisfunktionen mit verschieden großen Abstufungen, auf fünf Dezimalstellen angewendet sind. Die Anordnung dieser Tafeln ist äußerst praktisch, Druck und Papier sind ausgezeichnet, so daß die Benutzung sich bequem und einfach gestaltet. Für alle, die zahlenmäßige Rechnungen mit den genannten Funktionen häufiger auszuführen haben, ist der Gebrauch der Tafeln als praktisch und zeitsparend zu empfehlen." *Zeitschrift des Vereins Deutscher Ingenieure.*

Mathematische Formelsammlung. Von Professor O. TH. BÜRKLEN †. Vollständig umgearbeitete Neuausgabe von Dr. F. RINGLEB. Mit 38 Figuren. Zweite, verbesserte Aufl. 256 Seiten. 1931. (Sammlung Göschen Bd. 51.) Geb. RM. 1.62.

Die neue Auflage ist um die Abschnitte über Zahlentheorie und Differentialgleichungen wesentlich erweitert.

Mathematische Mußestunden. Eine Sammlung von Geduldspielen, Kunststücken und Unterhaltungsaufgaben mathematischer Natur. Von Professor Dr. HERMANN SCHUBERT. Vierte Auflage, neubearbeitet von Professor Dr. F. FITTING, München-Gladbach. Oktav. 245 Seiten. 1924. Geb. RM 6.—.

„Das kleine, auch äußerlich hübsch ausgestattete Buch wird allen Lesern Freude machen, und insbesondere der Lehrer wird in ihm eine Fülle von Anregungen für den Unterricht vorfinden. Wir empfehlen die ‚Mußestunden' allgemeiner Beachtung." *Zeitschrift für das Realschulwesen.*

Lehrbuch der Mathematik für Studierende der Naturwissenschaften und der Technik. Eine Einführung in die Differential- und Integralrechnung und in die analytische Geometrie. Von Dr. GEORG SCHEFFERS, Geh. Regierungsrat, Prof. a. d. Techn. Hochschule Charlottenburg. Mit 438 Figuren. Sechste, verbesserte Auflage. Neue Ausgabe. Lexikon-Oktav. VIII, 743 Seiten. 1932. Geb. RM 15.—.

Dieses vor allem für Studierende der Naturwissenschaften und der Technik geschriebene Lehrbuch ist in erster Linie für den Selbstunterricht bestimmt und geht daher von dem denkbar geringsten Maß von Vorkenntnissen aus: der Leser braucht nur im Buchstabenrechnen, in der Auflösung von Gleichungen ersten Grades mit einer Unbekannten und in der niederen Geometrie bewandert zu sein.

Arithmetik und Algebra

Arithmetik nebst Gleichungen 1. und 2. Grades. Von Professor Dr. HERMANN SCHUBERT. Dritte Auflage, neubearbeitet von Professor P. B. FISCHER, Studienrat am Gymnasium zu Berlin-Steglitz. Mit 5 Figuren. 132 Seiten. 1923. (Sammlung Göschen Bd. 47.) Geb. RM 1.62.

Die neue Bearbeitung des vorliegenden Bandes ist durch einen Abschnitt über Kombinatorik bereichert.

Elementare Algebra. Von Professor P. B. FISCHER, Studienrat am Gymnasium zu Berlin-Steglitz. Mit 20 Figuren. 149 Seiten. 1926. (Samml. Göschen Bd. 930.) Geb. RM 1.62.

„Der erste Teil des Bandes behandelt die allgemeine Theorie der algebraischen Gleichungen, der zweite besondere Gleichungen und Lösungsverfahren. Dem Text sind gut gewählte Zahlensbeispiele beigegeben." Allgem. Vermessungs-Nachrichten.

Einführung in die Axiomatik der Algebra. Von Dr. H. BECK, o. Professor an der Universität Bonn. 1926. X, 198 Seiten. (Göschens Lehrbücherei Bd. 6.) RM 9.—, geb. RM 10.50.

Das vorliegende Buch enthält im wesentlichen den Stoff einer an der Bonner Universität gehaltenen Anfängervorlesung; es erschöpft sich nicht in axiomatischen Dingen, sondern bringt darüber hinaus eine Reihe anderer Gebiete, die der Studierende braucht.

Lehrbuch der Algebra. Von Dr. ALFRED LOEWY, o. Professor an der Universität in Freiburg i. Br. I. Teil: Grundlagen der Arithmetik. Groß-Oktav. VI, 398 Seiten. 1915. RM 12.—, geb. RM 13.20.

Algebra I: Die Grundlagen. Von Dr. OSKAR PERRON, o. ö. Professor an der Universität München. Zweite, verbesserte Auflage. Mit 4 Figuren. 1932. VIII, 301 Seiten. (Göschens Lehrbücherei Bd. 8.) Geb. RM 11.50.

Algebra II: Theorie der algebraischen Gleichungen. Von Dr. OSKAR PERRON, o. ö. Professor an der Universität München. Zweite, verbesserte Auflage. Mit 5 Figuren. 1933. VIII, 261 Seiten. (Göschens Lehrbücherei Bd. 9.) Geb. RM 9.50.

Band I enthält die Grundbegriffe, es folgt ein Kapitel über den polynomischen und den Taylorschen Satz und der für den Ingenieur wichtige Abschnitt über Determinanten. Anschließend folgen Kapitel über symmetrische Funktionen, Teilbarkeit und über die Existenz von Wurzeln. Band II ist der Gleichungstheorie gewidmet.

Höhere Algebra. Von Dr. HELMUT HASSE, o. ö. Professor der Mathematik an der Universität Marburg. I: Lineare Gleichungen. Zweite, verbesserte Auflage. 160 Seiten. 1933. (Samml. Göschen Bd. 931.) Geb. RM 1.62. II: Gleichungen höheren Grades. 160 Seiten. 1927. (Samml. Göschen Bd. 932.) Geb. RM 1.62.

„Es ist dem Verfasser gelungen, in engstem Rahmen das Gebäude der allgemeinen Algebra vor den Augen des Lesers aufzurichten, einer Algebra, die auf dem Fundament der Definitionen der Ringe, Körper und Integritätsbereiche aufgebaut ist." Zeitschrift für mathem. und naturw. Unterr.

Algebraische Theorie der Körper. Von Professor Dr. ERNST STEINITZ. Neu herausgegeben, mit Erläuterungen und einem Anhang: Abriß der Galoisschen Theorie versehen von Dr. REINHOLD BAER u. Professor Dr. HELMUT HASSE. Oktav. 134 Seiten und 27 Seiten Erläuterungsheft. 1930. RM 9.—, geb. RM 10.20.

Praxis der Gleichungen. Von Dr. C. RUNGE, Professor an der Universität Göttingen. Zweite, verbesserte Auflage. Mit 8 Figuren. 1921. V, 172 Seiten. (Göschens Lehrbücherei Bd. 2.) RM 6.—, geb. RM 7.—

Eine erschöpfende Darstellung der Verfahren zur numerischen Auswertung der linearen und nichtlinearen Gleichungen mit einer und mehreren Unbekannten. Dient das Werk auch in erster Linie den Bedürfnissen des praktischen Rechnens, so findet doch auch der Lehrer viele wertvolle Anregungen darin.

Beispielsammlung zur Arithmetik und Algebra. Von Professor Dr. HERMANN SCHUBERT. Vierte, neubearbeitete und erweiterte Auflage von Professor P. B. FISCHER, Studienrat am Gymnasium zu Berlin-Steglitz. Mit 8 Figuren. 139 Seiten. Neudruck. 1931. (Samml. Göschen Bd. 48.) Geb. RM 1.62.

Die bekannte Beispielsammlung zur Arithmetik und Algebra von H. Schubert erscheint hiermit in einer neuen Bearbeitung. Änderungen gegen die alten Auflagen sind neben unerheblichen Kürzungen und mehrfachen Verbesserungen insofern eingetreten, als die Aufgaben zur Algebra ganz erheblich erweitert wurden.

Gruppentheorie. Von Dr. LUDWIG BAUMGARTNER in München. Mit 8 Figuren. 120 Seiten. 1921. (Samml. Göschen Bd. 837.) Geb. RM 1.62.

Einführung in die Determinantentheorie einschließlich der Fredholmschen Determinanten. Von Dr. GERHARD KOWALEWSKI, o. Prof. an der Techn. Hochsch. in Dresden. Zweite, verk. Aufl. Gr.-Okt. IV, 304 S. 1925. RM 14.—, geb. RM 15.50.

„Die Kowalewskische Darstellung des umfangreichen Gebietes zeichnet sich durch die anschauliche Kraft und Klarheit der Sprache vor anderen aus. Die Beschäftigung mit diesem Buche gewährt neben dem wissenschaftlichen Gewinn einen reichen ästhetischen Genuß." Schulwart.

Determinanten. Von Studienrat Professor PAUL B. FISCHER. Dritte Auflage. 136 Seiten. 1932. (Samml. Göschen Bd. 402.) Geb. RM. 1.62.

Der in einer wesentlich umgearbeiteten Auflage vorliegende Band soll die Studierenden der Mathematik, Physik und technischen Wissenschaften in die Grundzüge der Determinanten einführen.

Zahlentheorie. Von Dr. KURT HENSEL, o. ö. Professor an der Universität Marburg. Groß-Oktav. XII, 356 Seiten. 1913. RM 10.—, geb. RM 12.—.

Grundlehren der neueren Zahlentheorie. Von Professor Dr. PAUL BACHMANN. Dritte, neu durchgesehene Auflage. Mit einem Geleitwort herausgegeben von Dr. ROBERT HAUSSNER, ord. Professor an der Universität Jena. Mit 10 Figuren. 1931. XVI, 252 Seiten. (Göschens Lehrbücherei Bd. 3.) RM 9.50, geb. RM 10.50

Der erste Abschnitt umfaßt die klassische Theorie der rationalen Zahlen, der zweite eine Einführung in die Theorie der algebraischen Zahlen, deren verschiedene Methoden am Beispiel des quadratischen Körpers zu einem harmonischen, in sich geschlossenen Bau zusammengefügt werden.

Synthetische Zahlentheorie. Von Dr. RUDOLF FUETER, o. Professor an der Universität Zürich. Zweite, verbesserte Auflage. 1925. VIII, 277 Seiten. (Göschens Lehrbücherei Bd. 4.) RM 10.—, geb. RM 12.—.

Die vorliegende zweite Auflage des bewährten Lehrbuches weist gegen die erste zahlreiche Änderungen und Ergänzungen auf.

Das Fermatproblem in seiner bisherigen Entwicklung. Von Professor Dr. PAUL BACHMANN. Oktav. VIII, 160 Seiten. 1919. RM 2.50.

In der vorliegenden Abhandlung gibt der Verfasser eine Übersicht von den Beweisverfahren und den Theorien, welche Euler, Legendre, Gauß, Dirichlet, Kummer und andere Forscher in ihren Studien über das allgemeine Fermatproblem angewandt und entwickelt haben.

Irrationalzahlen. Von Dr. OSKAR PERRON, o. ö. Professor an der Universität München. 1921. VIII, 186 Seiten. (Göschens Lehrbücherei Bd. 1.) RM 6.—, geb. RM 7.—.

Inhalt: Die Grundlagen — Der Begriff der Grenze — Potenzen und Logarithmen — Verschiedene Darstellungsformen irrationaler Zahlen — Approximation irrationaler Zahlen durch rationale — Algebraische und transzendente Zahlen.

Mengenlehre

Mengenlehre. Von Professor Dr. E. KAMKE. Mit 6 Figuren. 160 Seiten. 1928. (Samml. Göschen Bd. 999.) Geb. RM 1.62.

Der Band behandelt die grundlegenden Tatsachen der Mengenlehre, die für alle Zweige der Mathematik so große Bedeutung gewonnen hat. Die Definition der Menge erfolgt im Anschluß an Cantor. Besondere Vorkenntnisse werden nicht vorausgesetzt.

Mengenlehre. Von Dr. F. HAUSDORFF, o. Professor an der Universität Bonn. Zweite, neubearbeitete Auflage. Mit 12 Figuren. 1927. 285 Seiten. (Göschens Lehrbücherei Bd. 7.) Geb. RM 12.—, geb. RM 13.50.

Das Lehrbuch setzt beim Lesen keine höheren mathematischen Kenntnisse als die Anfangsgründe der Differential- und Integralrechnung, allerdings aber eine gewisse Schärfe des abstrakten Denkens voraus und wird von Studierenden in mittleren Semestern mit Erfolg gelesen werden können.

Analysis

Das Kontinuum. Kritische Untersuchungen über die Grundlagen der Analysis. Von Dr. HERMANN WEYL, o. Prof. d. Mathematik an der Universität Göttingen. Unveränderter Neudruck. 1932. V, 84 Seiten. RM 3.—.

Elementare Reihenlehre. Von Dr. HANS FALCKENBERG, Professor an der Universität Gießen. Mit 4 Figuren im Text. 136 Seiten. 1926. (Samml. Göschen Bd. 943.) Geb. RM. 1.62.

Das Bändchen will mehr bieten als das, was in jedem Lehrbuch der Infinitesimalrechnung über unendliche Reihen enthalten ist, und fügt deshalb z. B. der Erörterung über das Cauchysche Divergenz- und Konvergenzkriterium auch solche über das Raabesche, das logarithmische und das Gaußsche an.

Komplexe Reihen nebst Aufgaben über reelle und komplexe Reihen. Von Dr. HANS FALCKENBERG, Professor an der Universität Gießen. Mit 3 Figuren im Text. 140 Seiten. 1931. (Samml. Göschen Bd. 1027.) Geb. RM 1.62.

Fouriersche Reihen. Von Dr. W. ROGOSINSKI, a. o. Professor an der Universität Königsberg i. Pr. Mit 4 Figuren. 135 Seiten. 1930. (Samml. Göschen Bd. 1022.) Geb. RM 1.62.

Lebesguesche Integrale und Fouriersche Reihen. Von Dr. L. SCHLESINGER, o. Professor an der Universität Gießen, und Dr. A. PLESSNER. Groß-Oktav. VIII, 229 Seiten. 1926. RM 14.—, geb. RM 16.—.

„Das System ist so durchgeführt, daß fast keine Vorkenntnisse gefordert und trotzdem das volle Beherrschen des Materials erzielt werden kann." Allgemeine Österr. Chemiker- u. Techniker-Zeitung.

Niedere Analysis. Von Professor Dr. BENEDIKT SPORER. Mit 5 Figuren. Zweite, verbesserte Auflage. Sechster Abdruck. 179 Seiten. 1919. (Samml. Göschen Bd. 53.) Geb. RM 1.62.

Ohne den wissenschaftlichen Boden zu verlassen, war es das Bestreben des Verfassers, alle Ableitungen in den verschiedenen Kapiteln dieses umfangreichen Gebietes so einfach und verständlich wie möglich darzustellen und durch Beispiele klarer zu machen.

Differentialrechnung. Von Professor Dr. A. WITTING in Dresden. Mit 94 Figuren und 185 Beispielen. 191 Seiten. 1931. (Samml. Göschen Bd. 87.) Geb. RM 1.62.

Integralrechnung. Von Rektor Dr. FR. JUNKER. Mit 50 Figuren. Vierte Auflage. Neudruck. 132 Seiten. 1929. (Samml. Göschen Bd. 88.) Geb. RM 1.62.

„Die Bändchen sind eine wahre Hochschule des abstrakten Denkens, und sie genießen in Fachkreisen mit Recht das höchste Ansehen." Magazin für Pädagogik.

Repetitorium und Aufgabensammlung zur Differentialrechnung. Von Rektor Dr. FR. JUNKER. Vierte, verbesserte Auflage von Oberstudienrat Professor Dr. A. WITTING. Mit 47 Figuren im Text. 130 Seiten. 1928. (Samml. Göschen Bd. 146.) Geb. RM 1.62.

Der Band, der sich als vorzügliches Mittel zur Einübung der elementaren Sätze und Formeln der Differentialrechnung bewährt hat, erfuhr bei seiner Neuauflage eine bedeutende Verbesserung und Erweiterung.

Repetitorium und Aufgabensammlung zur Integralrechnung. Von Rektor Dr. FR. JUNKER. Mit 52 Figuren im Text. Dritte, verbesserte Auflage. Neudruck. 135 Seiten. 1929. (Samml. Göschen Bd. 147.) Geb. RM 1.62.

„Die reichhaltige Aufgabensammlung ist für den Selbstunterricht sehr geeignet. Das nützliche Büchlein wird weiterhin die verdiente große Verwendung finden." Schweizer Pädagogische Zeitschrift.

Lehrbuch der Differentialgleichungen. Von Dr. HEINRICH LIEBMANN, o. Prof. an der Universität Heidelberg. Groß-Oktav. VI, 226 Seiten. Mit 31 Figuren. 1901. RM 6.—, geb. RM 7.20.

Einführung in die Theorie der gewöhnlichen Differentialgleichungen auf funktionentheoretischer Grundlage. Von Dr. LUDW. SCHLESINGER, o. Professor an der Universität Gießen. Dritte, neubearbeitete Auflage. Groß-Oktav. VIII, 326 Seiten. 1922. RM 10.—, geb. RM 11.—.

Es war das Bestreben des Verfassers, durch die hier gegebene Darstellung die Theorie der Differentialgleichungen auch denjenigen leichter zugänglich zu machen, die es mit den Anwendungen der Analysis zu tun haben.

Gewöhnliche Differentialgleichungen. Von Professor Dr. G. HOHEISEL. Zweite, verbesserte Auflage. 159 Seiten. 1930. (Samml. Göschen Bd. 920.) Geb. RM 1.62.

Der Band beginnt mit einer elementar gehaltenen Einführung in die Theorie der gewöhnlichen Differentialgleichungen, geht aber in den späteren Teilen über die Anfangsgründe hinaus. Bei der Auswahl des Stoffes wurden Gegenstände, welche Anwendungen zulassen, bevorzugt.

Gewöhnliche Differentialgleichungen. Von Dr. J. HORN, o. Professor an der Technischen Hochschule Darmstadt. Zweite, völlig umgearb. Auflage. Mit 4 Fig. 1927. VIII, 197 Seiten. (Göschens Lehrbücherei Bd. 10.) RM 9.—, geb. RM 10.50.

Inhalt: Elementare Integrationsmethoden, Existenzbeweise, Methode der schrittweisen Annäherung, numerische und graphische Näherungsmethoden, lineare Differentialgleichungen, elementare Integrationsmethoden und weitere Untersuchungen im reellen Gebiet, Existenzbeweise im komplexen Gebiet, Abhängigkeit der Lösungen von Parametern und Anfangswerten, Singularitäten nichtlinearer Differentialgleichungen.

Partielle Differentialgleichungen. Von Professor Dr. G. HOHEISEL. 159 Seiten. 1928. (Samml. Göschen Bd. 1003.) Geb. RM 1.62.

Das Buch enthält alle wichtigen Lehrsätze und Methoden für die Integration der partiellen Differentialgleichungen. Trotz der Kürze sind alle wesentlichen Ideen und Wege aufgezeigt.

Partielle Differentialgleichungen. Von Dr. J. HORN, o. Professor an der Technischen Hochschule Darmstadt. Zweite, umgearbeitete Auflage. Mit 8 Figuren. VIII, 228 Seiten. 1929. (Göschens Lehrbücherei Bd. 14.) RM 11.—, geb. RM 12.—.

In diesem einführenden Lehrbuch, das seine Eigenart ganz aus dem bewährten Programm von „Göschens Lehrbücherei" herleitet, werden sowohl lineare partielle Differentialgleichungen zweiter Ordnung, wie sie in der mathematischen Physik vorkommen, als auch nichtlineare partielle Differentialgleichungen erster und zweiter Ordnung behandelt, sowohl Randwert- als auch Anfangswertprobleme, durchweg unter Beschränkung auf zwei unabhängige Veränderliche; es wird auch eine Einführung in die häufig benutzte Theorie der Integralgleichungen gegeben.

Aufgabensammlung zu den gewöhnlichen und partiellen Differentialgleichungen. Von Professor Dr. G. HOHEISEL. 148 Seiten. 1932. (Samml. Göschen Bd. 1059.) Geb. RM 1.62.

Integralgleichungen. Von Dr. GERHARD KOWALEWSKI, o. Professor an der Technischen Hochschule Dresden. Mit 11 Figuren. Groß-Oktav. 302 Seiten. 1930. (Göschens Lehrbücherei Bd. 18.) RM 15.—, geb. RM 16.50.

Funktionentheoretische Vorlesungen. Von HEINRICH BURKHARDT. Neu herausgegeb. von Dr. GEORG FABER, o. Prof. a. d. Techn. Hochsch. in München. I. Band 1. Heft. Dritte, umgearbeitete Auflage. Groß-Oktav. X, 182 Seiten. 1920. RM 6.—, geb. RM 7.20. I. Band 2. Heft. Fünfte, umgearbeitete Auflage. Groß-Oktav. X, 286 Seiten. 1921. RM 9.—, geb. RM 10.50. II. Band. Dritte, vollständig umgearbeitete Auflage. Groß-Oktav. VI, 444 Seiten. 1920. RM 14.—, geb. RM 15.50.

Das Buch will in einer für Studierende geeigneten Form den Zugang zu den Funktionentheorien von Weierstraß und von Riemann zugleich erschließen.

Funktionentheorie. Von Dr. KONRAD KNOPP, o. Professor an der Universität Tübingen. Erster Teil: Grundlagen der allgemeinen Theorie der analytischen Funktionen. Mit 8 Figuren. Vierte, verbesserte Auflage. 140 Seiten. 1930. (Sammlung Göschen Bd. 668.) Geb. RM 1.62. Zweiter Teil: Anwendungen und Weiterführung der allgemeinen Theorie. Mit 7 Figuren. Vierte, verbesserte Auflage. 138 Seiten. 1931. (Samml. Göschen Bd. 703.) Geb. RM 1.62.

„Die beiden vollständig neubearbeiteten Bände seien allen Studierenden der Mathematik als Muster klarer und strenger Darstellung aufs wärmste empfohlen." *Monatsschrift für Mathematik und Physik.*

Aufgabensammlung zur Funktionentheorie. Von Dr. KONRAD KNOPP, o. Professor an der Universität Tübingen. Erster Teil: Aufgaben zur elementaren Funktionentheorie. 136 Seiten. Zweite, verbesserte Auflage. 1931. (Samml. Göschen Bd. 877.) Geb. RM 1.62. Zweiter Teil: Aufgaben zur höheren Funktionentheorie. 143 Seiten. 1928. (Samml. Göschen Bd. 878.) Geb. RM 1.62.

Die Mehrzahl der in den beiden Bänden enthaltenen Aufgaben beziehen sich auf Knopps »Funktionentheorie« (Samml. Göschen Bd. 668 und 703). Sämtlichen Aufgaben sind die Lösungen beigegeben.

Einführung in die konforme Abbildung. Von Dr. LUDWIG BIEBERBACH, o. ö. Professor an der Universität Berlin. Zweite, neubearbeitete Auflage. Mit 38 Figuren. 131 Seiten. 1927. (Samml. Göschen Bd. 768.) Geb. RM 1.62.

„Der Autor faßt seine Aufgabe, eine Einführung in die konforme Abbildung zu geben, in doppeltem Sinne auf. Er vermittelt dem Leser die eigentlich elementaren Teile der Theorie der konformen Abbildung; andererseits eröffnet er durch Eingehen auf einzelne neue Entwicklungen den Zugang zu den modernsten und tiefsten Untersuchungen der gesamten Funktionentheorie." *Jahrbuch über die Fortschritte der Mathematik.*

Automorphe Funktionen. Von Dr. L. SCHLESINGER, o. Professor an der Universität Gießen. X, 205 Seiten. 1924. (Göschens Lehrbücherei Bd. 5.) RM 8.—, geb. 9.20.

Im ersten Abschnitt wird die Kernfrage an einfachen Beispielen behandelt, darauf die notwendigsten Sätze aus der nichteuklidischen Geometrie unter Heranziehung der Kreisverwandtschaften. Es folgt der Diskontinuitätsbeweis der zugehörigen Gruppe von Verschiebungen und der Existenzbeweis für die zu einem Normalpolygon gehörigen automorphen Funktionen.

Elliptische Funktionen. Von Dr. R. KÖNIG, o. Professor der Mathematik an der Universität Jena, und Dr. M. KRAFFT, a. o. Professor an der Universität Marburg i. H. Mit 4 Figuren. 263 Seiten. 1928. (Göschens Lehrbücherei Bd. 11.) RM 13.—, geb. RM 14.50.

Das Buch will dem Studierenden und Fachmann die elliptischen Funktionen als Glied eines großen Organismus verstehen lehren, der mit den einfachsten analytischen Funktionen, den rationalen, beginnt und schließlich zu den Riemannschen Funktionensystemen emporwächst.

Elliptische Funktionen. Von Dr. KARL BOEHM, Professor an der Technischen Hochschule in Karlsruhe. Erster Teil: Theorie der elliptischen Funktionen aus analytischen Ausdrücken entwickelt. Mit 11 Figuren im Text. XII, 356 Seiten. Neudruck. 1930. (Samml. Schubert Bd. XXX.) Geb. RM 20.—. Zweiter Teil: Theorie der elliptischen Integrale. Umkehrproblem. Mit 28 Figuren im Text. VII, 180 Seiten. 1910. (Samml. Schubert Bd. LXI.) Geb. RM 7.80.

Einführung in die Theorie der algebraischen Funktionen einer Veränderlichen. Von HEINRICH W. E. JUNG, o. ö. Prof. an der Universität Halle-Wittenberg. Mit 35 Abb. im Text. Groß-Oktav. VI, 246 S. 1923. RM 3.50, geb. RM 4.—.

„Das überaus klar und anschaulich geschriebene Buch wird allen denjenigen, die sich mit den grundlegenden Methoden der arithmetischen Theorie der algebraischen Funktionen vertraut machen wollen, von Nutzen sein.“ *Zeitschrift für mathem. u. naturwiss. Unterricht.*

Theorie des Potentials und der Kugelfunktionen. Von Professor Dr. A. WANGERIN in Halle a. d. S. I. Teil: Mit 46 Fig. VIII, 255 S. Unveränd. Neudruck. 1922. (Slg. Schubert Bd. LVIII.) Geb. RM 4.—. II. Teil: Mit 17 Fig. VIII, 286 Seiten. 1921. (Samml. Schubert Bd. LIX.) Geb. RM 4.—.

„Wer in die Potentialtheorie eindringen will, findet in dem leichtverständlichen Buch einen zuverlässigen und angenehmen Führer.“ *Zeitschrift für mathem. u. naturwiss. Unterricht.*

Potentialtheorie. Von Dr. W. STERNBERG, a. o. Professor in Breslau. I. Die Elemente der Potentialtheorie. Mit 5 Figuren. 136 Seiten. 1925. (Samml. Göschen Bd. 901.) Geb. RM 1.62. II. Die Randwertaufgaben der Potentialtheorie. Mit 1 Figur. 133 Seiten. 1926. (Samml. Göschen Bd. 944.) Geb. RM 1.62.

„Die Bände geben einen klaren Einblick in die Gedankengänge und Beweismethoden der Potentialtheorie. Da es dem Verfasser gelungen ist, trotz der räumlichen Enge alle erforderlichen Beweise exakt durchzuführen, ist das Werk als Hilfsbuch neben einer Vorlesung durchaus zu empfehlen.“
Zeitschrift für mathem. u. naturwiss. Unterricht.

Geometrie

Taschenbuch für praktische Geometrie. Von Dr. H. LÖSCHNER, o. ö. Professor an der Deutschen Technischen Hochschule in Brünn. Mit 10 Figuren im Text. Klein-Oktav. X, 147 Seiten. 1922. Geb. RM 2.—.

Der vorliegende Band enthält die wichtigsten Formeln der praktischen Geometrie, die Konstanten und Genauigkeitsangaben, Leitsätze für die Beobachtungen und Merkregeln für die Behandlung, Beförderung und Aufbewahrung geodätischer Instrumente und Geräte.

Grundzüge der ebenen Geometrie. Von Professor Dr. FR. BOHNERT in Hamburg. Mit 220 Fig. VIII, 223 Seiten. 1915. (Samml. Schubert Bd. II.) Geb. RM 3.90.

Ebene Geometrie. Von G. MAHLER, Professor der Mathematik am Gymnasium in Ulm. Mit 110 zweifarbigen Figuren. Vierte, verbesserte Auflage. Neudruck. 166 Seiten. 1922. (Samml. Göschen Bd. 41.) Geb. RM 1.62.

Ebene und sphärische Trigonometrie. Von Prof. Dr. F. BOHNERT in Hamburg. Zweite Auflage. Dritter Neudruck. Mit 63 Figuren. VIII, 167 Seiten. 1919. (Samml. Schubert Bd. III.) Geb. RM 4.40.

Das Buch enthält die Grundbegriffe der Trigonometrie. Die beigegebenen Beispiele sollen den unentbehrlichen Übungsstoff liefern und gleichzeitig einen Überblick über die vielfache Verwendbarkeit und Bedeutsamkeit der Trigonometrie gewähren. Das letzte Kapitel bietet die wichtigsten Anwendungen der Sphärik auf die mathematische Geographie.

Ebene und sphärische Trigonometrie. Von Professor Dr. GERHARD HESSENBERG. Mit 59 Figuren. Dritte, neubearbeitete Auflage. Durchgesehener Neudruck. 171 Seiten. 1926. (Samml. Göschen Bd. 99.) Geb. RM 1.62.

„Der Verfasser hat seine Aufgabe, in dem engen Rahmen nicht bloß alle wichtigen Formeln mitzuteilen, sondern auch die Grundgedanken, auf welchen dieselben beruhen, klar darzustellen und den Zusammenhang derselben, ihre Bedeutung und Anwendbarkeit hervorzuheben, vortrefflich gelöst."
Archiv der Mathematik und Physik.

Sammlung von Aufgaben aus der ebenen und sphärischen Trigonometrie. Von Dr. FRITZ HEILAND, Studienrat am Gymnasium in Jena. Mit 26 Figuren. 152 Seiten 1922. (Samml. Göschen Bd. 848.) Geb. RM 1.62.

Die Sammlung schließt sich nach Anordnung und Bezeichnung dem Lehrbuch Hessenbergs (Samml. Göschen Bd. 99) an. Wichtigere Formeln sind vorangestellt, zum Teil mit Ableitung. Zu sämtlichen Aufgaben sind die Lösungen angegeben.

Stereometrie. Von Professor Dr. ROBERT GLASER. Dritte, verbesserte Auflage. Neudruck. Mit 81 Figuren. 139 Seiten. 1920. (Samml. Göschen Bd. 97.) Geb. RM 1.62.

Sammlung von Aufgaben aus der Stereometrie. Von Professor Dr. ROBERT GLASER. Mit 54 Figuren. 168 Seiten. 1917. (Samml. Göschen Bd. 779.) Geb. RM. 1.62.

Aufgaben über Prisma und Zylinder — Projektionszeichnen — Pyramiden und Kegel — Kugel und Kugelteile — konoidartige Körper — Prismatoide — schief abgeschnittene Prismen und Zylinder — Guldinsche Regel.

Grundlagen der Geometrie. Von Professor Dr. GERHARD HESSENBERG. Herausgegeben von Dr. W. SCHWAN, Studienrat in Meseritz. Mit 77 Figuren. Groß-Oktav. 143 Seiten. 1930. (Göschens Lehrbücherei Bd. 17.) RM 6.50, geb. RM 7.80.

Elementargeometrie der Ebene und des Raumes. Von Professor Dr. MAX ZACHARIAS in Berlin. Mit 196 Figuren im Text. 252 Seiten. 1929. (Göschens Lehrbücherei Bd. 16.) RM 13.—, geb. RM 14.50.

Die Elementargeometrie wird nicht vom Standpunkte des Schulunterrichts, sondern von dem der Wissenschaft aus behandelt. Ausgangspunkt ist das (etwas modifizierte) Hilbertsche Axiomensystem. In der Darstellung treten zwei Momente in den Vordergrund: die geschichtliche Entwicklung und die prinzipielle Begründung der einzelnen Gebiete.

Nichteuklidische Geometrie. Von Prof. Dr. H. LIEBMANN in Heidelberg. Mit 40 Figuren. Dritte Auflage. 150 Seiten. 1923. RM 6.—, geb. RM 7.—.

Das vorliegende Buch will, möglichst wenig an mathematischen Kenntnissen voraussetzend, in die nichteuklidische Geometrie einführen, und zwar nur auf einem Gebiete — dem der Ebene —, auf diesem aber gründlich dargestellt.

Nichteuklidische Geometrie. Von Professor Dr. RICHARD BALDUS. Mit 71 Figuren. 152 Seiten. 1927. (Sammlung Göschen Bd. 970.) Geb. RM 1.62.

Wenn auch der Band durch möglichste Klarheit und zahlreiche Figuren, auf die besondere Sorgfalt verwendet wurde, zunächst auf den Neuling auf diesem Gebiet Rücksicht nimmt, so dürfte doch auch der Fachmann manches Neue darin finden. Daß bis zu den Übergängen aus dem mathematischen in das rein philosophische Gebiet vorgedrungen wird, dürfte philosophisch interessierten Lesern willkommen sein.

Punkt- und Vektor-Rechnung. Von Dr. ALFRED LOTZE, Privatdoz. für Mathematik an der Technischen Hochschule Stuttgart. Mit 7 Figuren. 192 Seiten. 1929. (Göschens Lehrbücherei Bd. 13.) RM 12.—, geb. RM 13.—.

Vektoranalysis in ihren Grundzügen und wichtigsten physikalischen Anwendungen. Von Dr. ARTHUR HAAS, a. o. Professor an der Universität Wien. Zweite, verbesserte Auflage. Mit 37 Abbildungen im Text. Groß-Oktav. VI, 147 Seiten. 1929. RM 5.—, geb. RM 6.—.

Vektoranalysis. Von Dr. SIEGFRIED VALENTINER, Professor für Physik an der Bergakademie Clausthal. Mit 16 Figuren. Vierte, umgearbeitete Auflage. 136 Seiten. 1929. (Samml. Göschen Bd. 354.) Geb. RM 1.62.

Vorlesungen über allgemeine natürliche Geometrie und Liesche Transformationsgruppen. Von Dr. GERHARD KOWALSKI, o. ö. Professor an der Technischen Hochschule zu Dresden. Mit 16 Figuren. Groß-Oktav. 280 Seiten. 1931. (Göschens Lehrbücherei Bd. 19.) RM 15.50, geb. RM 17.—.

Der Verfasser bietet hiermit eine ganz neuartige Einführung in die Liesche Gruppentheorie: er geht von dem Grundsatz aus, daß man mit einer Theorie am besten und eindrucksvollsten in ihren Anwendungen vertraut wird. Dementsprechend macht er den Leser mit einem ihrer Hauptanwendungsgebiete, der natürlichen Geometrie, eingehend bekannt, wobei sich dieser die Lieschen Grundbegriffe nach und nach aneignet. Im Schlußkapitel werden die unterwegs erworbenen gruppentheoretischen Kenntnisse zum Grundgerüst der Theorie der Transformationsgruppen zusammengefaßt.

Lehrbuch der analytischen Geometrie. Von Dr. FRIEDRICH SCHUR, o. Professor an der Universität Breslau. Zweite, verbesserte und vermehrte Auflage. Mit 81 Figuren. Groß-Oktav. XII, 248 Seiten. 1912. RM 6.50, geb. RM 7.70.

Einführung in die analytische Geometrie. Von Professor Dr. GERHARD KOWALEWSKI. Mit 112 Figuren. Dritte, unveränderte Auflage. Lexikon-Oktav. VIII, 360 Seiten. 1929. Geb. RM 11.20.

Das aus Vorlesungen entstandene Buch ist namentlich zum Gebrauch für Studierende bestimmt.

Analytische Geometrie der Ebene. Von Dr. R. HAUSSNER, o. ö. Professor an der Universität Jena. Mit 60 Figuren. 164 Seiten. 1928. (Samml. Göschen Bd. 65.) Geb. RM 1.62.

Die Darstellung beginnt elementar und setzt nur die nötigsten planimetrischen und algebraischen Schulkenntnisse voraus. Es ist nicht nur die allgemeine Theorie der analytischen Gebilde ersten und zweiten Grades vollständig gegeben, sondern auch eine größere Zahl von speziellen Sätzen, vornehmlich über die Kegelschnitte.

Sammlung von Aufgaben und Beispielen zur analytischen Geometrie der Ebene mit den vollständigen Lösungen. Von Dr. R. HAUSSNER, o. ö. Professor an der Universität Jena. Mit 22 Figuren im Text. 139 Seiten. 1930. (Samml. Göschen Bd. 256.) Geb. RM 1.62.

Analytische Geometrie des Raumes. Von Professor Dr. MAX SIMON, Straßburg i. E. Mit 28 Abbildungen. Dritte, verbesserte Auflage. Neudruck. 208 Seiten. 1922. (Samml. Göschen Bd. 89.) Geb. RM 1.62.

Aufgaben zur analytischen Geometrie des Raumes. Von O. TH. BÜRKLEN, Professor am Realgymnasium in Schwäb.-Gmünd. Mit 8 Figuren. Zweite, verbesserte und vermehrte Auflage. Neudruck. 109 Seiten. 1923. (Samml. Göschen Bd. 309.) Geb. RM 1.62.

Kreis und Kugel. Von Dr. WILHELM BLASCHKE, o. Prof. an der Universität Hamburg. Mit 27 Fig. im Text. Groß-Oktav. X, 169 Seiten. 1916. RM 4.40, geb. RM 5.50.

Anwendung der Differential- und Integralrechnung auf Geometrie. Von Dr. GEORG SCHEFFERS, Geh. Reg.-Rat, Professor an der Technischen Hochschule Charlottenburg. I. Mit 107 Figuren. Dritte, verbesserte Auflage. XII, 482 Seiten. 1923. RM 13.—, geb. RM 14.50. II. Mit 110 Fig. Dritte, verbesserte Aufl. XI, 582 Seiten. 1922. RM 15.—, geb. RM 16.50.

Die besprochenen Probleme werden alle mit großer Ausführlichkeit behandelt. Die am Schluß beigefügten Formeltafeln und Register erhöhen den Wert des Werkes, das nicht nur einführen, sondern auch zu selbständigen Forschungen anregen soll.

Theorie der Raumkurven und krummen Flächen. Von Dr. V. KOMMERELL, Oberstudiendirektor, Honorarprofessor an der Universität Tübingen, und Dr. K. KOMMERELL, o. ö. Professor an der Universität Tübingen. Groß-Oktav. Vierte Auflage. (Göschens Lehrbücherei Bd. 20 und 21.) I: Krümmung der Raumkurven und Flächen. Mit 38 Figuren. 205 Seiten. 1931. Geb. RM 10.—. II: Kurven auf Flächen. Spezielle Flächen. Theorie der Strahlensysteme. Mit 22 Figuren. 194 Seiten. 1931. Geb. RM 10.—.

Die vierte Auflage des früher in der Sammlung Schubert erschienenen Werkes wurde unter Verwertung der neueren Literatur vollständig umgearbeitet und erheblich erweitert. Von den Ergänzungen der Neuauflage seien die Ausgestaltung der Theorie der Differentialparameter, die Gauß-Bonnetsche Integralformel, besonders aber die Parallelverschiebung von Levi-Cività mit einem Ausblick auf die Relativitätstheorie erwähnt. Eine reichhaltige, ebenfalls wesentlich vermehrte Sammlung von Aufgaben und sonstigem Übungsmaterial schließt das Werk ab.

Liniengeometrie mit Anwendungen. Von Professor Dr. KONRAD ZINDLER in Innsbruck. I. Teil. Mit 87 Figuren. Neudruck. VIII, 380 Seiten. 1928. (Samml. Schubert Bd. XXXIV.) Geb. RM 18.—. II. Teil. Mit 24 Figuren. VII, 252 Seiten. 1906. (Samml. Schubert Bd. LI.) Geb. RM. 9.50.

Ein besonderer Vorzug dieses vorliegenden Lehr- und Einführungsbuches sind die jedem Bande beigegebenen Übungsaufgaben, zu deren Lösung sich am Schluß eine Anleitung befindet.

Projektive Geometrie in synthetischer Behandlung. Von Dr. KARL DOEHLEMANN, weil. Professor an der Technischen Hochschule München. Fünfte Auflage. Erster Teil. Mit 59 Figuren. 132 Seiten. 1922. (Samml. Göschen Bd. 72.) Geb.

RM 1.62. Zweiter Teil. Mit 55 Figuren. 138 Seiten. 1924. (Samml. Göschen Bd. 876.) Geb. RM 1.62.

„Die Darstellung ist musterhaft klar und leichtverständlich und wird durch übersichtliche Zeichnungen und zahlreiche Aufgaben aufs trefflichste illustriert." Bayerische Blätter für das Gymnasialschulwesen.

Aufgabensammlung zur Projektiven Geometrie. Von Dr. HEINRICH TIMERDING, Professor an der Technischen Hochschule Braunschweig. Mit 65 Figuren. 140 Seiten. 1933. (Samml. Göschen Bd. 1060.) Geb. RM 1.62.

Geometrische Transformationen. Von Dr. KARL DOEHLEMANN, weil. Professor an der Technischen Hochschule München. Zweite Auflage, herausgeg. von Dr. WILHELM OLBRICH, Prof. an der Hochschule für Bodenkultur in Wien. Mit 89 Figuren im Text und 4 Abbildungen. 254 Seiten. 1930. (Göschens Lehrbücherei Bd. 15.) RM 13.—, geb. RM 14.50.

Lehrbuch der darstellenden Geometrie. Von Dr. KARL ROHN, Geh. Rat, weiland Professor an der Universität Leipzig, und Dr. ERWIN PAPPERITZ, Geh. Rat, Professor an der Bergakademie in Freiberg i. Sa. Drei Bände. Groß-Oktav. I. Orthogonalprojektion. Vielflache, Perspektivität ebener Figuren, Kurven, Zylinder, Kugel, Kegel, Rotations- und Schraubenflächen. Vierte, erweiterte Auflage. XX, 502 Seiten. Mit 351 Figuren. Neudruck. 1932. Geb. RM 18.90. II. Axonometrie, Perspektive, Beleuchtung. Vierte, umgearbeitete Auflage. Neudruck. 1932. VI, 194 Seiten. Mit 118 Figuren. Geb. RM 8.55. III. Kegelschnitte, Flächen zweiten Grades, Regel-, abwickelbare und andere Flächen. Flächenkrümmung. Vierte, unveränderte Auflage. X, 334 Seiten. Mit 157 Figuren. 1923. RM 10.80, geb. RM 12.—.

Darstellende Geometrie. Von THEODOR SCHMID, o. ö. Profesor an der Technischen Hochschule in Wien. I. Teil: Eckige Körper, Kugel, Zylinder, Kegel, Plankurven und Raumkurven mit den zugehörigen Torsen im Normalrißverfahren und in orthogonaler Axonometrie. Dritte Auflage. Mit 170 Figuren. 283 Seiten. 1922. (Samml. Schubert Bd. LXV.) Geb. RM 6.—. II. Teil: Schiefe u. zentrale Projektion. Dreh-, Rohr-, Schrauben- und Regelflächen. Geländedarstellung, Kartenprojektion, Nomographie. Zweite Auflage. Mit 163 Figuren. 340 Seiten. 1923. (Samml. Schubert Bd. LXVI.) Geb. RM 7.50.

Darstellende Geometrie. Von Dr. ROBERT HAUSSNER, o. ö. Professor der Mathematik an der Universität Jena. Erster Teil: Elemente; Ebenflächige Gebilde. Vierte, verbesserte Auflage. Mit 110 Figuren im Text. 207 Seiten. 1929. (Samml. Göschen Bd. 142.) Geb. RM 1.62. Zweiter Teil: Perspektive ebener Gebilde; Kegelschnitte. Dritte, verbesserte und vermehrte Auflage. Mit 88 Figuren im Text. 168 Seiten. 1929. (Samml. Göschen Bd. 143.) Geb. RM 1.62.

Darstellende Geometrie. Von Dr. ROBERT HAUSSNER, o. ö. Professor der Mathematik an der Universität Jena, und Dr. WOLFGANG HAACK, Privatdozent für Mathematik an der Technischen Hochschule Danzig-Langfuhr. Dritter Teil: Zylinder, Kegel, Kugel, Rotations- und Schraubenflächen, Schattenkonstruktionen, Axonometrie. Mit 65 Figuren im Text. 141 Seiten. 1931. (Samml. Göschen Bd. 144.) Geb. RM 1.62. Vierter Teil: Freie und gebundene Perspektive, Photogrammetrie, kotierte Projektion. Mit 76 Figuren im Text. 144 Seiten. 1933. (Samml. Göschen Bd. 1063.) Geb. RM 1.62.

Koordinatensysteme. Von Professor PAUL B. FISCHER, Studienrat am Gymnasium zu Berlin-Steglitz. Mit 8 Figuren. Zweite, verbesserte Auflage. 128 Seiten. 1919. (Samml. Göschen Bd. 507.) Geb. RM 1.62.

Der Verfasser versucht den Koordinatenbegriff von einem allgemeinen Standpunkt aus darzustellen. Durch sorgfältig ausgewählte, zahlreiche Literaturangaben wird der Wert des Bandes erhöht.

Algebraische Kurven. Neue Bearbeitung von Dr. H. WIELEITNER, Oberstudiendirektor in München. Erster Teil: Gestaltliche Verhältnisse. Mit 97 Figuren. Durchgesehener Neudruck. 146 Seiten. 1930. (Samml. Göschen Bd. 435.) Geb. RM 1.62. Zweiter Teil: Allgemeine Eigenschaften. Mit 35 Figuren. Neudruck. 123 Seiten. 1919. (Samml. Göschen Bd. 436.) Geb. RM 1.62.

Mechanik

Statik. I. Teil: Die Grundlagen der Statik starrer Körper. Von Privatdozent Dr. Ing. FERD. SCHLEICHER in Karlsruhe. Mit 47 Abbild. 143 Seiten. 1930. (Samml. Göschen Bd. 178.) Geb. RM 1.62. II. Teil: Angewandte (techn.) Statik. Von Professor Dipl.-Ing. W. HAUBER in Stuttgart. Mit 61 Figuren. Sechster Neudruck. 149 Seiten. 1922. (Samml. Göschen Bd. 179.) Geb. RM 1.62.

Mit dem ersten Teile ist beabsichtigt, eine kurze Darstellung der wichtigsten der technischen Statik zugrunde liegenden allgemeinen statischen Gesetze zu geben. Der zweite Teil umfaßt die statische Berechnung starrer Stabverbindungen, der statisch bestimmten Fachwerksträger für Dächer und Brücken, der Spreng- und Hängwerke, enthält die Lehre über die Standfestigkeit der Mauern und Tonnengewölbe und gibt das Wichtigste aus der Theorie des Erddrucks und dem Gebiet des Gleichgewichts der seilartigen Körper.

Graphische Statik mit besonderer Berücksichtigung der Einflußlinien. Von Dipl.-Ing. OTTO HENKEL, Bauingenieur und Studienrat an der Baugewerkschule in Erfurt. I. Teil: Zusammensetzung und Zerlegung der Kräfte in der Ebene. Schwerpunkte. Trägheitsmomente. Spannungen in geraden Stäben. Der einfache Vollwand- und Fachwerkträger. Der Dreigelenkbogen. Gewölbe. Erddruck und Wasserdruck. Mit 127 Figuren. Zweite Auflage. 150 Seiten. 1929. (Samml. Göschen Bd. 603.) Geb. RM 1.62. II. Teil: Durchgehende Gelenkträger. Dreigelenkbogen. Formänderungen gerader Träger. Durchlaufende (kontinuierliche) Träger. Formänderungen gebogener Träger. Zweigelenkboegen und Zweigelenkrahmen. Eingespannter Bogen und Steifrahmen. Mit 91 Figuren. Zweite Auflage. 176 Seiten. 1928. (Samml. Göschen Bd. 695.) Geb. RM 1.62.

Analysis der ebenen Bewegung. Von Dr. MARTIN KRAUSE, Professor an der Technischen Hochschule Dresden. Unter Mitwirkung von Dr. phil. et rer. techn. ALEXANDER CARL in Leisnig. Oktav. VII, 216 Seiten. 1920. RM 3.—.

Das Buch beschäftigt sich mit den analytischen Beziehungen zwischen den Punkten zweier, in der gleichen Ebene gelegener Koordinatensysteme, von denen das eine fest, das andere bewegt ist, ausgehend von den Transformationsgleichungen.

Festigkeitslehre. Von Professor Dipl.-Ing. W. HAUBER in Stuttgart. Mit 56 Figuren und 1 Tafel. Achter Neudruck. 127 Seiten u. 1 Tafel. 1923. (Samml. Göschen Bd. 288.) Geb. RM 1.62.

In dem Band gibt der Verfasser eine kurze Übersicht über die Fundamentalsätze der elastischen Kräfte in ihrer Anwendung auf die einfacheren Fälle der Festigkeit, soweit sie für die gewöhnlichen Aufgaben des praktischen Lebens in Frage kommen.

Aufgabensammlung zur Festigkeitslehre mit Lösungen. Von R. HAREN. Dritte, vollständig neubearbeitete Auflage von JOSEF FURTMAYR, Dipl.-Ing. in Stuttgart. Mit 43 Figuren. 116 Seiten. 1923. (Samml. Göschen Bd. 491.) Geb. RM 1.62.

Der Band bietet in 8 Abschnitten 66 Aufgaben nebst Lösungen über Zug, Druck, Biegung, Schub, Verdrehung, Knickung, Festigkeit plattenförmiger Körper und zusammengesetzte Festigkeit; in einem Anhang sind die benötigten Zahlenwerte kurz zusammengestellt.

Hydraulik. Von Professor Dipl.-Ing. W. HAUBER in Stuttgart. Zweite, verbesserte und vermehrte Auflage. Neudruck. Mit 45 Figuren. 156 Seiten. 1925. (Samml. Göschen Bd. 397.) Geb. RM 1.62.

Das Buch enthält eine Darstellung der Hydrostatik und bringt aus der Hydrodynamik: Ausfluß des Wassers aus Gefäßen; Überfall des Wassers über Wehre; Die Bewegung des Wassers in Flüssen und Kanälen; Die Bewegung des Wassers in Röhren mit konstantem Querschnitt; Stoß eines zylindrischen oder prismatischen Wasserstrahls auf eine Zylinderfläche.

Elastizitätslehre für Ingenieure. Von Professor Dr.-Ing. MAX ENSSLIN an der Höheren Maschinenbauschule Eßlingen. I. Grundlagen und Allgemeines über Spannungszustände, Zylinder, ebene Platten, Torsion, gekrümmte Träger. Mit 65 Figuren. Zweite, verbesserte Auflage. 147 Seiten. 1921. (Samml. Göschen Bd. 519.) Geb. RM. 1.62. II. Statisch unbestimmte Konstruktionen, Sätze von Castigliano und Maxwell, Dreimomentensatz, Vorspannungen, Temperaturspannungen, Fachwerke mit überzähligen Stützpunkten und überzähligen Stäben, Prinzip der virtuellen Verrückungen, Verschiebungsplan. Mit 44 Figuren. 120 Seiten. 1927. (Samml. Göschen Bd. 957.) Geb. RM 1.62.

Band I bespricht die Grundlagen der Elastizitätslehre sowie Allgemeines über Spannungszustände, Zylinder, ebene Platten, Torsion und gekrümmte Träger. Band II gibt eine Einführung in die Methoden zur Berechnung der statisch unbestimmten Konstruktion des Bau- und Maschineningenieurs.

Kinematik. Von Dr.-Ing. HANS POLSTER, Betriebsingenieur der Badischen Anilin- und Sodafabrik Merseburg-Leuna. Mit 76 Abbildungen. Zweite Auflage. 151 Seiten. 1920. (Samml. Göschen Bd. 584.) Geb. RM 1.62.

Der Band bietet dem Studierenden eine Einführung, will aber darüber hinaus den in der Praxis stehenden Ingenieuren, die sich in die schwierigen Bewegungsverhältnisse von Nocken-, Schwingdaumen- und Wälzhebelsteuerungen oder von anderen Gebieten tieferen Einblick verschaffen wollen, ein bequemer Führer sein.

Dynamik. Von Prof. Dr. WILHELM MÜLLER. I: Dynamik des Einzelkörpers. Mit 70 Figuren. 160 Seiten. 1925. (Samml. Göschen Bd. 902.) Geb. RM 1.62. II: Dynamik von Körpersystemen. Mit 51 Figuren. 137 Seiten. 1925. (Samml. Göschen Bd. 903.) Geb. RM 1.62.

Aerodynamik des Fluges. Eine Einführung in die mathematische Tragflächentheorie. Von Professor Dr. HARRY SCHMIDT. Mit 81 Figuren. 1929. VII, 258 Seiten. RM 15.—, geb. RM 16.50.

Der Verfasser gibt mit diesem Werk ein exakt einführendes Lehrbuch für Studierende und bereits in der Praxis stehende Ingenieure, das auf einem Minimum an hydrodynamischen und mathematischen Kenntnissen aufbaut.
Es entwickelt dementsprechend ausführlich die erforderlichen hydrodynamischen und funktionentheoretischen Hilfsmittel und insbesondere die Methoden der konformen Abbildungen. Im Zusammenhang mit diesen wurden die Kutta-Joukowski- von Misessche Theorie der unendlich breiten Tragfläche wie auch die Prandtlsche Tragflügeltheorie besonders ausführlich entwickelt.

Ballistik. Von Dr. THEODOR VAHLEN, o. ö. Professor der reinen und angewandten Mathematik an der Technischen Hochschule Wien. Mit 53 Abbildungen. Groß-Oktav. XII, 231 Seiten. 1922. RM 9.—, geb. RM 10.—.

Mathematische Physik

Reihenentwicklungen in der mathematischen Physik. Von Dr. JOSEF LENSE, o. ö. Professor an der Technischen Hochschule München. Mit 30 Abbildungen. 1933. Im Druck.

Einführung in die Differentialgleichungen der Physik. Von Professor LUDWIG HOPF an der Technischen Hochschule Aachen. Mit 49 Abbildungen. 1933. (Samml. Göschen Bd. 1070.) Geb. RM 1.62.

Elastizitätslehre für Ingenieure. Von Professor Dr.-Ing. MAX ENSSLIN an der Höheren Maschinenbauschule Eßlingen. I. Grundlagen und Allgemeines über Spannungszustände, Zylinder, ebene Platten, Torsion, gekrümmte Träger. Mit 65 Figuren. Zweite, verbesserte Auflage. 147 Seiten. 1921. (Samml. Göschen Bd. 519.) Geb. RM 1.62. II. Statisch unbestimmte Konstruktionen, Sätze von Castigliano und Maxwell, Dreimomentensatz, Vorspannungen, Temperaturspannungen, Fachwerke mit überzähligen Stützpunkten und überzähligen Stäben, Prinzip der virtuellen Verrückungen, Verschiebungsplan. Mit 44 Figuren. 120 Seiten. 1927. (Samml. Göschen Bd. 957.) Geb. RM 1.62.

Band I bespricht die Grundlagen der Elastizitätslehre sowie Allgemeines über Spannungszustände, Zylinder, ebene Platten, Torsion und gekrümmte Träger. Band II gibt eine Einführung in die Methoden zur Berechnung der statisch unbestimmten Konstruktion des Bau- und Maschineningenieurs.

Einführung in die geometrische Optik. Von Dr. W. HINRICHS, Berlin-Wilmersdorf. Mit 56 Figuren. Zweite, verbesserte Auflage. 143 Seiten. 1924. (Samml. Göschen Bd. 532.) Geb. RM 1.62.

Photogrammetrie und Stereophotogrammetrie. Von Dr. HANS DOCK, Privat- und Honorardozent an der Hochschule für Bodenkultur in Wien. Zweite Auflage. Mit 57 Figuren. 133 Seiten. 1923. (Samml. Göschen Bd. 699.) Geb. RM 1.62.

Angewandte Mathematik

Graphische Darstellung in Wissenschaft und Technik. Von Professor Dr. M. PIRANI. Zweite, verbesserte Auflage, besorgt durch Dr. I. RUNGE. Mit 71 Abbildungen. 149 Seiten. 1931. (Samml. Göschen Bd. 728.) Geb. RM 1.62.

Von der einfachen Darstellung von Größen mit unbekanntem Zusammenhang in Form von Kurven oder Skalen ausgehend, geht der Verfasser zur Darstellung von Größen bekannter Abhängigkeit (Funktionsskalen, insbesondere logarithmische projektive Teilung) über und bespricht dann die Aufstellung von Rechentafeln, namentlich mit der Methode der fluchtrechten Punkte oder mit Hilfe mehrerer gekreuzter Linien.

Kartenkunde. Von Dr. M. GROLL. Zweite Auflage, neubearbeitet von Dr. OTTO GRAF. I: Die Projektionen. Mit 56 Abbild. im Text und auf Tafeln. Neudruck. 1931. 117 Seiten. II: Der Karteninhalt und das Messen auf Karten. Mit 39 Abbild. im Text und auf Tafeln. 1923. 133 Seiten. (Samml. Göschen Bd. 30 u. 599.) Geb. je RM 1.62.

Geodäsie (Landesvermessung und Erdmessung). Von Prof. Dr. GUSTAV FÖRSTER. Mit 33 Figuren. 122 Seiten. 1927. (Samml. Göschen Bd. 102.) Geb. RM 1.62.

Vermessungskunde. Von Dr.-Ing. P. WERKMEISTER, o. Professor an der Technischen Hochschule Dresden. I: Stückmessung und Nivellieren. Mit 146 Figuren. Fünfte Auflage. 163 Seiten. 1932. (Samml. Göschen Bd. 468.) Geb. RM 1.62. II: Messung von Horizontalwinkeln, Festlegung von Punkten im Koordinatensystem, Absteckungen. Mit 93 Figuren. Dritte Auflage. 148 Seiten. 1930. (Samml. Göschen Bd. 469.) Geb. RM 1.62. III: Trigonometrische und barometrische Höhenmessung, Tachymetrie und Topographie. Mit 61 Figuren. Zweite Auflage. 136 Seiten. 1923. (Samml. Göschen Bd. 862.) Geb. RM 1.62.

Praktisches Zahlenrechnen. Von Professor Dr.-Ing. P. WERKMEISTER in Dresden. Mit 60 Figuren. Zweite, verbesserte Auflage. 136 Seiten. 1929. (Samml. Göschen Bd. 405.) Geb. RM 1.62.

Das Buch gibt eine übersichtliche Auskunft über die in der Praxis angewendeten Arten des Rechnens. Es wird daher in allen Kreisen der Technik und Naturwissenschaft ein willkommener Führer und Ratgeber sein.

Mathematische Instrumente. Von Professor Dr. FR. A. WILLERS. Mit 68 Figuren. 144 Seiten. 1926. (Samml. Göschen Bd. 922.) Geb. RM 1.62.

Der Band bringt nicht nur eine Beschreibung der mathematischen Instrumente, sondern auch eine genaue Theorie, aus der die Anwendungsmöglichkeiten, die beste Art des Gebrauchs, sowie die Größe der auftretenden Ungenauigkeiten abgeleitet werden.

Politische Arithmetik. (Zinseszinsen-, Renten- und Anleiherechnung.) Von Dr. EMIL FOERSTER, Honorardozent an der Technischen Hochschule in Wien. Mit 7 Figuren. 155 Seiten. 1924. (Samml. Göschen Bd. 879.) Geb. RM. 1.62.

In 6 Kapiteln wird der Reihe nach die einfache Zinsenrechnung, die Zinseszinsrechnung für Einzelkapitalien und Renten, das Rechnen mit vorschüssigen Zinsen, die Schuldentilgung sowie die Kurs- und Rentabilitätsrechnung behandelt.

Wahrscheinlichkeitsrechnung. Von Dr. OTTO KNOPF, o. Professor der Astronomie an der Universität Jena. I. 112 Seiten. 1923. II. Mit 10 Figuren. 112 Seiten. 1923. (Samml. Göschen Bd. 508 und 871.) Geb. je RM 1.62.

Eine knappe, klare Darstellung der Wahrscheinlichkeitsrechnung, deren Wert für die mathematischen Grundlagen des Versicherungswesens, für die statistische Mechanik und neuerdings auch für das Fernsprechwesen auf der Hand liegt.

Ausgleichungsrechnung nach der Methode der kleinsten Quadrate. Von WILHELM WEITBRECHT, Professor der Geodäsie in Stuttgart. Zweite, veränderte Auflage. I. Teil: Ableitung der grundlegenden Sätze und Formeln. Mit 8 Figuren. Neudruck. 127 Seiten. 1919. (Samml. Göschen Bd. 302.) Geb. RM 1.62.
II. Teil: Zahlenbeispiele. Mit 8 Figuren. Neudruck. 141 Seiten. 1920. (Samml. Göschen Bd. 641.) Geb. RM 1.62.

Jeder der beiden Teile bildet ein das ganze Gebiet umfassendes, für sich geschlossenes Ganzes. Der erste enthält die Ableitung der grundlegenden Sätze und Formeln, während im zweiten die ertigen Ergebnisse dieser Ableitungen zusammengestellt und auf hauptsächlich dem Gebiet der Geodäsie entnommene Zahlenbeispiele angewendet werden.

Versicherungsmathematik. Von Dr. FRIEDRICH BOEHM, Professor an der Universität München. I: Elemente der Versicherungsrechnung. 144 Seiten. 1925. (Samml. Göschen Bd. 180.) Geb. RM. 1.62. II: Lebensversicherungsmathematik. Einführung in die technischen Grundlagen der Sozialversicherung. 171 Seiten. 1926. (Samml. Göschen Bd. 917.) Geb. RM 1.62.

Der erste Band behandelt den Zins als erste, die Sterbetafel als zweite Rechnungsgrundlage, die Prämienreserve und die Versicherung verbundener Leben. Der zweite Band enthält außer einer eingehenden Behandlung der Lebensversicherungsmathematik eine Einführung in die technischen Grundlagen der Sozialversicherung.

Methoden der praktischen Analysis. Von Dr. FR. A. WILLERS, o. Professor an der Bergakademie Freiberg (Sachsen). 344 Seiten. 1928. (Göschens Lehrbücherei Bd. 12.) RM 20.—, geb. RM 21.50.

Der Band gibt dem Mathematiker einen Einblick in die Anwendungsmöglichkeiten der Methoden und macht den Naturwissenschaftler und Ingenieur mit den theoretischen Grundlagen bekannt.

Numerische Integration. Von Professor Dr. FR. A. WILLERS. Mit 2 Figuren. 116 Seiten. 1923. (Samml. Göschen Bd. 864.) Geb. RM 1.62.

Die Darstellung ist sehr übersichtlich und so elementar als möglich gehalten. Sie setzt nur die Kenntnisse der Grundgesetze der Differential- und Integralrechnung voraus und wendet sich an Mathematiker, Physiker und vor allem an Ingenieure, für die das Buch eine gute Anleitung und Einführung ist.

Graphische Integration. Von Professor Dr. FR. A. WILLERS. Mit 53 Figuren. 142 Seiten. 1920. (Samml. Göschen Bd. 801.) Geb. RM 1.62.

Der Verfasser versucht, einem weiteren Kreise die immer noch zu wenig benutzten zeichnerischen Methoden bekanntzumachen. Er setzt dabei so wenig Vorkenntnisse wie möglich voraus.

Astronomie

Astronomie. Größe, Bewegung und Entfernung der Himmelskörper. Von A. F. MÖBIUS. Bearbeitet von Dr. HERM. KOBOLD, o. Hon.-Professor an der Universität Kiel. I. Das Planetensystem. Mit 33 Figuren. Elfte Auflage. Durchgesehener Neudruck. 136 Seiten. 1925. (Samml. Göschen Bd. 11.) Geb. RM 1.62 II. Kometen, Meteore und das Sternsystem. Mit 15 Figuren und 2 Sternkarten. Dreizehnte Auflage. 128 Seiten. 1923. (Samml. Göschen Bd. 529.) Geb. RM 1.62.

Der erste Teil beschränkt sich auf die Darstellung der Bewegungserscheinungen und der Größenverhältnisse der Planeten und ihrer Trabanten. Im zweiten Teil leitet die zunächst gegebene Behandlung der dem Sonnensysteme weniger innig verbundenen Glieder, der Kometen und Meteore, zu dem Hauptgegenstande der Betrachtung, dem Fixsternsystem, über. Im letzten Kapitel wird der Leser mit den Theorien über die Entwicklungsvorgänge im Universum bekanntgemacht.

Einleitung in die Astronomie. Von Dr. A. VON FLOTOW, Observator am Geodät. Institut in Potsdam. Mit 1 Tafel. Groß-Oktav. 1911. (Samml. Schubert Bd. XV.) Geb. RM 7.—.

Astronomische Chronologie. Von Professor Dr. P. V. NEUGEBAUER, Observator am Astronomischen Rechen-Institut in Berlin-Dahlem. Erster Band: Text. Groß-Oktav. 190 Seiten. Zweiter Band: Tafeln. Groß-Oktav. 136 Seiten. 1929. Beide Bände RM 37.—, geb. RM 40.—.

Die Mechanik des Himmels. Von Prof. Dr. CARL LUDWIG CHARLIER. Vorlesungen. 2 Bände. Lex.-Oktav. Zweite Auflage. Mit zahlreichen Figuren. I: VIII, 488 Seiten, 1927. II: VIII, 480 Seiten, 1927. Zusammen RM 54.—, geb. RM 60.—.

Astronomischer Jahresbericht. Gegründet von WALTER F. WISLICENUS. Mit Unterstützung der Astronomischen Gesellschaft herausgegeben von dem Astronomischen Rechen-Institut zu Berlin-Dahlem. Oktav. Ab 1900, zuletzt erschien der 33. Band (Literatur des Jahres 1931, Preis RM 24.—). Preise der früheren Bände auf Anfrage.

Zeitfracht Medien GmbH
Ferdinand-Jühlke-Straße 7
99095 Erfurt, Deutschland
produktsicherheit@kolibri360.de